面向新工科普通高等教育系列教材

数 控 技 术

主　编　刘　伟
副主编　雷保珍
参　编　田宏宇　刘冰冰　张建成

机械工业出版社

本书是"数控原理""数控机床"和"数控编程"三门课程主要内容的有机结合,内容包括绪论、数控编程基础、数控车削编程、数控铣削编程、数控插补原理、伺服驱动系统、检测系统、数控机床的主传动系统、数控机床的进给传动系统、数控机床的典型结构。本书以对数控机床的应用为主线,以数控工艺的制订到数控程序的编制为重点,从易到难,由浅至深,循序渐进。通过对实际应用的介绍,加深学生对理论知识的理解和掌握,从而培养学生的实践能力、系统思维、工程意识、质量与标准意识以及创新意识。本书内容丰富,图文并茂,逻辑性强,便于学生自主学习。

　　本书可作为工科院校的机械、机电、数控相关专业的教材,也可供从事机床数控行业的工程技术人员、研究人员参考使用。

　　本书配套授课电子课件,需要的教师可登录 www.cmpedu.com 免费注册,审核通过后下载,或联系编辑索取(微信:18515977506,电话:010-88379753)。

图书在版编目(CIP)数据

数控技术/刘伟主编. —北京:机械工业出版社,2019.6(2024.10重印)
面向新工科普通高等教育系列教材
ISBN 978-7-111-62560-5

Ⅰ.①数… Ⅱ.①刘… Ⅲ.①数控技术-高等学校-教材 Ⅳ.①TP273

中国版本图书馆 CIP 数据核字(2019)第 076897 号

机械工业出版社(北京市百万庄大街22号　邮政编码100037)
策划编辑:时　静　责任编辑:汤　枫
责任校对:张　薇　责任印制:单爱军
北京虎彩文化传播有限公司印刷
2024年10月第1版第9次印刷
184mm×260mm·18印张·437千字
标准书号:ISBN 978-7-111-62560-5
定价:59.00元

电话服务　　　　　　　　网络服务
客服电话:010-88361066　　机 工 官 网:www.cmpbook.com
　　　　　010-88379833　　机 工 官 博:weibo.com/cmp1952
　　　　　010-68326294　　金 书 网:www.golden-book.com
封底无防伪标均为盗版　　　机工教育服务网:www.cmpedu.com

前　　言

　　进入 21 世纪以来，传统制造业面临着全球产业结构调整带来的机遇和挑战。特别是 2008 年金融危机之后，世界各国为了寻找促进经济增长的新出路，开始重新重视制造业。美国于 2011 年提出"先进制造业伙伴计划"，旨在增加就业机会，实现美国经济的持续强劲增长。美国国家科学技术委员会于 2012 年 2 月正式发布了"先进制造业国家战略计划"。欧盟整体上也开始加大制造业科技创新扶持力度，德国于 2013 年 4 月推出了"工业 4.0"战略，意图奠定德国在关键工业技术上的国际领先地位。党的二十大报告指出："坚持把发展经济的着力点放在实体经济上，推进新型工业化，加快建设制造强国、质量强国、航天强国、交通强国、网络强国、数字中国。实施产业基础再造工程和重大技术装备攻关工程，支持专精特新企业发展，推动制造业高端化、智能化、绿色化发展。"新一轮工业革命的本质是未来全球新工业革命的标准之争，各个国家都在构建自己的智能制造体系，而其背后是技术体系、标准体系和产业体系。

　　在现代制造系统中，数控技术是关键技术，具有高精度、高效率、柔性自动化等特点，对制造业实现柔性自动化、集成化、智能化起着举足轻重的作用。它是关系到国家战略地位和体现国家综合国力水平的重要基础性产业，其水平高低是衡量一个国家制造业现代化程度的核心标志。机械制造的竞争，其实质是数控技术的竞争。现代数控技术集传统的机械制造技术、计算机技术、成组技术与现代控制技术、传感检测技术、信息处理技术、网络通信技术、液压气动技术、光机电技术于一体，是制造业实现自动化、柔性化、集成化生产的基础，CAD/CAM、FMS、CIMS 等技术都建立在数控技术之上，离开了数控技术，先进制造技术就成了无本之木。目前，数控技术正由专用型封闭式开环控制模式向通用型开放式实时动态全闭环控制模式发展。

　　数控技术的发展离不开人才的培养，本科教育阶段，与数控技术相关的主要有数控机床、数控编程和数控原理三门课程。但应用型大学为提高学生的实践能力，强化了第二课堂和课外科技活动，压缩了课内学时。因此，许多学校将三门数控课程合并成了一门课，这就需要对已有的教材进行整合和内容的更新。本书将数控技术相关知识分为三个单元，通过原理—机床—应用将一个较为完整的知识体系传授给学生，然后通过实际的案例和项目加深学生对知识点的理解及应用，着重培养学生的动手能力、应用能力，以及系统思维、工程意识、质量与标准意识。

本书在编写形式上，将理论融于应用，突出实践；在编写风格上，力求图文并茂，便于学生自学，提升自主学习意识和能力；在编写内容上，注重先进性、科学性、系统完整性和实用性，以数控编程作为重点，培养学生对数控机床的应用能力。

本书由北京联合大学的刘伟任主编，雷保珍任副主编，田宏宇、刘冰冰、张建成参加编写。具体分工如下：第1、2、4、10章由刘伟编写，第3章由雷保珍编写，第5、6、7章由田宏宇编写，第8章由刘冰冰编写，第9章由张建成编写。全书由刘伟、刘冰冰统稿。

本书得到北京联合大学规划教材建设项目资助。

由于编者水平有限，书中不足和错误之处在所难免。希望广大读者批评指正，提出宝贵意见。编者联系邮箱：liuw0616@163.com。

编　者

目 录

前言
第1章 绪论 ………………………………… 1
1.1 数控机床的产生与发展 …………………… 1
1.1.1 数控机床的产生 …………………… 1
1.1.2 我国数控机床的现状 ……………… 2
1.1.3 数控机床的发展趋势 ……………… 3
1.2 数控机床的组成及工作过程 ……………… 6
1.2.1 CNC机床的组成 …………………… 6
1.2.2 数控机床的工作过程 ……………… 8
1.3 数控机床的特点 …………………………… 9
1.4 数控机床的分类 …………………………… 10
1.4.1 按工艺用途分类 …………………… 10
1.4.2 按运动方式分类 …………………… 12
1.4.3 按控制方式分类 …………………… 14
1.4.4 按功能水平分类 …………………… 15
1.5 数控机床的主要性能指标 ………………… 16
1.5.1 运动性能指标 ……………………… 16
1.5.2 精度指标 …………………………… 17
1.5.3 可控轴数与联动轴数 ……………… 17
本章小结 …………………………………………… 18
练习题 ……………………………………………… 18

单元1 数控编程篇

第2章 数控编程基础 ……………………… 21
2.1 概述 ………………………………………… 21
2.2 数控机床的坐标系 ………………………… 22
2.2.1 机床坐标系 ………………………… 22
2.2.2 工件坐标系（WCS）的设定 ……… 25
2.3 手工零件编程的基础知识 ………………… 26
2.3.1 加工程序的编制 …………………… 26
2.3.2 手工编程的方法及步骤 …………… 28
2.3.3 加工程序的结构与格式 …………… 29
2.3.4 加工程序指令代码 ………………… 33
2.4 数控加工工艺设计 ………………………… 38
2.4.1 数控加工工艺的分析 ……………… 39
2.4.2 数控加工工艺的设计 ……………… 43
2.5 手工编程中的数值计算 …………………… 50
2.5.1 基点与节点坐标的计算 …………… 51
2.5.2 刀具中心轨迹的计算 ……………… 51
2.5.3 手工编程的辅助计算 ……………… 52
2.5.4 平面轮廓基点坐标计算 …………… 52
2.6 数控加工工艺文件的编写 ………………… 54
2.6.1 数控加工工艺文件的格式 ………… 54
2.6.2 数控加工工艺文件的编写要求 …… 60
2.6.3 典型零件数控铣床加工工艺分析实例 …………………………………… 60
本章小结 …………………………………………… 62
练习题 ……………………………………………… 63

第3章 数控车削编程 ……………………… 64
3.1 数控车削编程特点及坐标系 ……………… 64
3.1.1 数控车削编程特点 ………………… 64
3.1.2 数控车床的坐标系与对刀操作 …… 64
3.2 数控车削工艺 ……………………………… 69
3.2.1 车削加工方案的确定 ……………… 69
3.2.2 工序的确定 ………………………… 70
3.2.3 加工顺序的确定 …………………… 70
3.2.4 走刀路线的确定 …………………… 71
3.2.5 数控车床的装夹和定位 …………… 73
3.2.6 数控车床刀具 ……………………… 78
3.2.7 切削用量的选择 …………………… 88
3.3 数控车削编程指令 ………………………… 90
3.3.1 基本编程指令 ……………………… 91
3.3.2 固定循环功能 ……………………… 96
3.3.3 螺纹加工 …………………………… 101
3.3.4 刀具补偿功能与编程 ……………… 105
3.3.5 子程序 ……………………………… 109
3.4 数控车削编程综合实例 …………………… 111
本章小结 …………………………………………… 113
练习题 ……………………………………………… 113

第4章 数控铣削编程 ... 116
4.1 数控铣削编程特点及坐标系 ... 116
4.1.1 数控铣削编程特点 ... 116
4.1.2 数控铣床的坐标系与对刀操作 ... 118
4.2 数控铣削工艺 ... 124
4.2.1 选择并确定数控铣削部位及工序内容 ... 124
4.2.2 零件图及零件毛坯的工艺性分析 ... 125
4.2.3 走刀路线的确定 ... 126
4.2.4 铣削刀具 ... 129
4.2.5 切削用量的选择 ... 135
4.3 数控铣削编程指令 ... 136
4.3.1 基本编程指令 ... 137
4.3.2 固定循环功能 ... 151
4.3.3 子程序 ... 161
4.3.4 可编程镜像指令 ... 163
4.4 数控铣削编程综合实例 ... 164
本章小结 ... 166
练习题 ... 166

单元2 数控原理篇

第5章 数控插补原理 ... 175
5.1 插补的基本概念 ... 175
5.1.1 插补的概念 ... 175
5.1.2 插补的分类 ... 176
5.2 逐点比较插补法 ... 177
5.3 数字积分插补法 ... 181
5.4 数据采样插补法 ... 184
本章小结 ... 187
练习题 ... 187

第6章 伺服驱动系统 ... 188
6.1 伺服驱动系统概述 ... 188
6.2 开环伺服驱动系统 ... 188
6.2.1 步进电动机的工作原理 ... 188
6.2.2 步进电动机的主要工作特性 ... 191
6.2.3 步进电动机的选用 ... 192
6.2.4 步进电动机驱动装置 ... 193
6.3 闭环伺服驱动系统 ... 196
6.3.1 直流伺服电动机 ... 196
6.3.2 交流伺服电动机 ... 198
6.3.3 直流驱动装置 ... 199
6.3.4 交流驱动装置 ... 199
本章小结 ... 201
练习题 ... 201

第7章 检测系统 ... 202
7.1 检测系统概述 ... 202
7.2 脉冲编码器 ... 202
7.2.1 增量式脉冲编码器 ... 203
7.2.2 绝对式脉冲编码器 ... 204
7.3 光栅 ... 205
7.3.1 光栅的种类 ... 205
7.3.2 直线透射光栅的组成及工作原理 ... 206
7.3.3 直线光栅检测装置的辨向 ... 207
7.3.4 提高光栅分辨精度的措施 ... 207
7.3.5 光栅检测装置的特点 ... 208
7.4 旋转变压器和感应同步器 ... 208
7.4.1 旋转变压器 ... 208
7.4.2 感应同步器 ... 211
本章小结 ... 212
练习题 ... 212

单元3 数控机床篇

第8章 数控机床的主传动系统 ... 215
8.1 对主传动系统的基本要求和变速方式 ... 215
8.1.1 对主传动系统的基本要求 ... 215
8.1.2 主传动的变速方式 ... 216
8.2 数控机床的主轴部件 ... 220
8.2.1 主轴端部结构 ... 220
8.2.2 主轴轴承 ... 221
8.2.3 主轴准停装置 ... 224
8.3 典型数控机床的主轴部件 ... 225
8.3.1 数控车床的主轴部件 ... 225
8.3.2 数控铣床的主轴部件 ... 228
8.3.3 加工中心的主轴部件 ... 229
本章小结 ... 230
练习题 ... 231

第 9 章 数控机床的进给传动系统 ······ 232
- 9.1 对进给传动系统的基本要求 ········ 232
- 9.2 数控机床进给传动系统的基本型式 ··· 233
  - 9.2.1 滚珠丝杠副 ······················ 233
  - 9.2.2 静压丝杠副 ······················ 239
  - 9.2.3 静压蜗杆-蜗轮条副 ············· 241
  - 9.2.4 双齿轮-齿条副 ·················· 242
  - 9.2.5 直线电动机直接驱动 ··········· 243
- 9.3 进给传动系统齿轮传动间隙消除方法 ································ 244
  - 9.3.1 刚性调整法 ······················ 244
  - 9.3.2 柔性调整法 ······················ 245
- 本章小结 ··································· 247
- 练习题 ····································· 248

第 10 章 数控机床的典型结构 ·········· 249
- 10.1 数控机床机械结构的组成、特点及要求 ································ 249
  - 10.1.1 数控机床机械结构的主要组成 ···························· 249
  - 10.1.2 数控机床机械结构的主要特点 ···························· 249
  - 10.1.3 数控机床机械结构的基本要求 ···························· 251
- 10.2 数控机床的整体布局 ··············· 252
  - 10.2.1 数控车床常见布局型式 ······· 252
  - 10.2.2 加工中心常见布局型式 ······· 253
  - 10.2.3 高速数控机床的布局型式 ···· 254
  - 10.2.4 并联运动机床的布局型式 ···· 255
- 10.3 数控机床的导轨 ···················· 256
  - 10.3.1 数控机床对导轨的基本要求 ·· 256
  - 10.3.2 数控机床导轨的种类与特点 ·· 257
  - 10.3.3 塑料滑动导轨 ··················· 259
  - 10.3.4 滚动导轨 ························· 261
  - 10.3.5 静压导轨 ························· 263
  - 10.3.6 导轨的润滑与防护 ·············· 264
- 10.4 数控机床的自动换刀装置 ········· 264
  - 10.4.1 数控机床对自动换刀装置的基本要求 ······················ 265
  - 10.4.2 数控车床刀架 ··················· 265
  - 10.4.3 加工中心的自动换刀装置 ···· 267
- 10.5 数控机床的回转工作台 ··········· 272
  - 10.5.1 分度工作台 ······················ 273
  - 10.5.2 数控回转工作台 ················ 276
- 本章小结 ··································· 277
- 练习题 ····································· 277

参考文献 ··································· 279

第 1 章 绪 论

本章介绍数控机床的产生与发展、数控机床的组成及工作过程、数控机床的特点、数控机床的分类以及数控机床的主要性能指标,旨在给出关于数控机床整体的宏观概念。

1.1 数控机床的产生与发展

新的机械加工装备都是应更高的制造工艺需求而产生的,或者说机械加工装备对促进制造技术的发展起着重要的作用。数控机床就是为了实现复杂零件的自动化加工而产生的,同时数控机床也随着制造技术的发展而发展。

1.1.1 数控机床的产生

1948 年美国帕森(Parsons Company)公司接受美国空军委托,研制直升机螺旋桨叶片轮廓样板的加工设备。由于样板形状复杂多样,精度要求高,一般加工设备难以适应,于是提出计算机控制机床的设想。1949 年,该公司与美国麻省理工学院(MIT)伺服机构研究所合作,开始数控机床的研究,并于 1952 年试制成功世界上第一台由大型立式仿形铣床改装而成的、用专用电子计算机控制的三坐标立式数控铣床。研制过程中采用了自动控制、伺服驱动、精密测量和新型机械结构等方面的技术成果。后来又经过改进,于 1955 年实现了产业化,并批量投放市场,但由于技术上和价格上的原因,只局限在航空工业中应用。数控机床的诞生,对复杂曲线、形面的加工起到了非常重要的作用,同时也推动了美国航空工业和军事工业的发展。

数控机床的产生,不仅为复杂零件的加工提供了方便,而且加工精度高,尺寸一致性好,生产率高,能够大大减轻工人的劳动强度,使机械制造业从刚性自动化时代进入了柔性自动化时代,因而很快受到了人们的关注。世界各国竞相投入大量的人力、物力进行研究,使数控机床得到了迅速的发展。继数控铣床、数控车床、数控钻床等单工序加工类机床之后,1959 年,克耐-杜列克公司(Keaney & Trecker Company)开发出了装有自动换刀装置、能够一次装夹、多工序加工的加工中心。1967 年,英国首先把几台数控机床连接成具有一定柔性的加工系统,即柔性制造系统(Flexible Manufacture System,FMS)。20 世纪 80 年代初,国际上又出现了以数台加工中心为主体,再配上工件自动装卸和监控检验装置而构成的柔性制造单元(Flexible Manufacture Cell,FMC)。20 世纪 80 年代末 90 年代初,计算机集成制造系统(Computer Integrated Manufacture System,CIMS)逐渐投入使用,并呈现出迅猛发展的态势。几十年来,数控机床无论在品种、数量还是在功能上都取得了长足的进展,为机械制造业注入了新的生机和活力。

数控系统发展到今天,经历了两个阶段和六代的发展。

1. 数控(NC)阶段(1952—1970 年)

早期计算机的运算速度低,这对当时的科学计算和数据处理影响还不大,但不能实应机床实时控制的要求。人们不得不采用数字逻辑电路"搭"成一台机床专用计算机作为数控系统，被称为硬件连接数控（HARD-WIRED NC），简称数控（NC）。随着元器件的发展，这个阶段经历了三代，即

- 第一代数控：1952—1959年采用电子管元件构成的专用NC装置。
- 第二代数控：1959—1964年采用晶体管电路的NC装置。
- 第三代数控：1965—1970年采用小、中规模集成电路的NC装置。

2. 计算机数控（CNC）阶段（1970年至今）

到1970年，通用小型计算机业已出现成批生产。其运算速度比20世纪五六十年代有了大幅度的提高，这比专门"搭"成的专用计算机成本低、可靠性高。于是将它移植过来作为数控系统的核心部件，从此进入了计算机数控（CNC）阶段。随着计算机技术的发展，这个阶段也经历了三代，即

- 第四代数控：1970—1974年采用大规模集成电路的小型通用计算机控制系统。
- 第五代数控：1974—1990年微处理器应用于数控系统。
- 第六代数控：1990年以后PC（个人计算机，国内习惯称微机）的性能已发展到很高的阶段，可满足作为数控系统核心部件的要求，数控系统从此进入了基于PC（PC-BASED）的时代。

1.1.2 我国数控机床的现状

我国从1958年开始研究数控机床，于1966年研制成功晶体管数控系统，并生产出了数控线切割机、数控铣床等产品。由于受当时条件的限制，数控系统的稳定性及可靠性较差，数控机床品种不全，数量较少，数控机床的发展处于初步阶段。

20世纪80年代初期，我国先后从德国、日本、美国等国家引进了一些数控系统和伺服技术，在一定程度上促进了数控机床的发展。改革开放为数控机床的发展奠定了物质基础。此时我国研制的数控机床性能逐步提高，品种和数量不断增加。到1985年，我国已经拥有加工中心、数控铣床、数控磨床等80多个品种的数控机床，数控机床的发展进入了实用阶段。

20世纪90年代以后，我国逐渐由计划经济转向市场经济，国民经济进入高速发展阶段，研究开发数控系统、应用数控机床已经成了各企业的自发行为，数控机床的发展速度逐年加快，多轴、全功能中高档数控系统及交、直流伺服系统相继研制成功，FMS和CIMS也先后投入使用，数控机床的发展进入了快速阶段。

"九五"起，我国形成了数控车床和加工中心（包括数控铣床）的产业化生产基地。从产量来看，2010年我国机床产值和数控机床产量均列世界第一位。从技术发展水平来看，我国所生产的中档普及型数控机床的功能、性能和可靠性方面已具有较强的市场竞争力。随着"高档数控机床与基础制造装备"科技重大专项陆续完成，我国国产机床数控化率由"十五"末的35.5%提高到"十一五"末的51.9%。我国在数控系统方面已经开发出多轴多通道、总线式高档数控装置产品。武汉华中数控股份有限公司、沈阳高精数控智能技术股份有限公司等已完成开放式全数字高档数控装置的生产。国产数控机床产品覆盖超重型机床、高精度机床、特种加工机床、锻压设备、前沿高技术机床等领域。特别是在五轴联动数控机床、数控超重型机床、立式卧式加工中心、数控车床、数控齿轮加工机床等领域，部分技术

已经达到世界先进水平。国产五轴联动数控机床品种日趋增多，改变了国际强手对数控机床产业的垄断局面，我国已进入世界高速数控机床和高精度数控机床生产国的行列，因而加速了我国从机床生产大国走向机床制造强国的进程。

尽管已经取得了巨大进步，我国数控机床产业仍然存在着主机大而不强、数控系统和功能部件发展滞后、高档数控机床关键技术差距大、产品质量稳定性不高、行业整体经济效益差、高档数控机床产品仍需大量从国外进口等问题。特别是在中、高档数控机床方面，与国外一些先进产品相比，仍存在比较大的差距。这是由于欧美日等先进工业国家于20世纪80年代先后完成了数控机床产业进程，其中一些著名机床公司一直致力于科技创新和新产品的研发，引导着数控机床技术发展，如美国英格索尔公司和德国惠勒喜乐公司对用于汽车工业和航空工业高速数控铣床的发展，日本牧野公司对高效精密加工中心所做的贡献，德国瓦德里希公司在重型龙门五面加工铣床方面的开发，以及日本马扎克公司研发的车铣中心对高效复合加工的推进等。相比之下，我国大部分数控机床产品在技术上还处于跟踪阶段。表1-1以40号刀柄的中型加工中心为例，列出了国内外先进产品的主要技术指标，由此可以看到效率、精度和可靠性等方面均有明显差距。

表1-1 中型加工中心主要技术指标对比

主要技术指标	国内	国外
主轴最高转速/(r/min)	6000~40000	15000~100000
快移速度/(m/min)	24~60	60~120
金属切除率(45钢)/(cm³/min)	200~300	400~600
定位精度/mm(全行程)	0.01~0.016	0.004~0.006
重复定位精度/mm	0.005~0.008	0.002~0.003
平均无故障运行时间 MTBF/h	500~600	>1000

1.1.3 数控机床的发展趋势

以数字化为特征的数控机床是柔性化制造系统和敏捷化制造系统的基础装备，其总的发展趋势是高精化、高速化、高效化、柔性化、智能化和集成化，并注重工艺适用性和经济性。具体可归纳为下列方面：

1. 持续地提高经济加工精度

1950—2000年的50年内加工精度提升了100倍左右，即加工精度平均每8年提高1倍，当前的普通加工精度已达到20世纪五六十年代的精密加工水平。

随着高新技术的发展和对机电产品性能与质量要求的提高，机床用户对机床加工精度的要求也越来越高。为了满足用户的需要，近十多年来，普通级数控机床的加工精度已由 $\pm 10\mu m$ 提高到 $\pm 5\mu m$。

2. 推进全面高速化，实现高效制造

高速化机床向高速化方向发展，可充分发挥现代刀具材料的性能，不但可大幅度提高加工效率、降低加工成本，而且可提高零件的表面加工质量和精度。超高速加工技术对制造业实现高效、优质、低成本生产有广泛的适用性。20世纪90年代以来，随着超高速切削机理、超硬耐磨长寿命刀具材料和磨料磨具，大功率高速电主轴、高加/减速度直线电动机驱动进给部件以及高性能控制系统和防护装置等一系列领域中关键技术的解决,新一代高速数控机床加快了高速化发展的步伐。高速主轴单元(电主轴,转速为 15000~100000r/min)、高速且高加/减速度的进给运动部件(快移速度为 60~200m/min,切削进给速度高于 60m/min)、高性能数控和伺服系统以及数控工具系统都出现了新的突破,达到了新的技术水平。高速化加工的另一个特点是大多从单一的高速切削发展至全面高速化,不仅要缩短切削时间,也要力求降低辅助时间和技术准备时间。

3. 复合加工机床促进新一代高效机床的形成

复合加工机床的含义是实现或尽可能实现工件在一台机床上一次装夹完成大部分或全部加工工序,从而达到减少机床和夹具、免去工序间的搬运和储存、提高工件加工精度、缩短加工周期和节约作业面积的目的。复合加工机床根据其结构特点,分为工艺复合型和工序复合型两类。

工艺复合型为跨加工类别的复合加工机床,包括不同加工方法和工艺的复合,如车铣中心、铣车中心、激光铣削加工机床、冲压与激光切割复合、金属烧结与镜面切削复合等。

工序复合型应用刀具(铣头)自动交换装置、主轴立卧转换头、双摆铣头、多主轴头和多回转刀架等配置,增加工件在一次安装下的加工工序数,如多面多轴联动加工的复合加工机床和主副双主轴车削中心等。

4. 工艺适用性的专门化数控机床正不断涌现

通过对机床布局和结构的创新,使其对不同类型的零件加工具有最佳的适用性,避免一方面出现不能发挥最佳性能,另一方面又存在功能冗余的现象。

要解决品种多样化与经济性的矛盾,就要对机床的模块化设计提出更高的要求。近年来,对并联机构机床和混联机构机床的研究以及对可重构机床(Reconfigurable Machine Tools,RMT)技术的探索,反映了对制造装备能更方便地实现个性化、多样化发展的追求。

5. 智能化和集成化成为数字化制造的重要支撑技术

信息技术的发展及其与传统机床的相融合,使机床朝着数字化、集成化和智能化的方向发展。数字化制造装备、数字化生产线、数字化工厂的应用空间将越来越大;而采用智能技术来实现多信息融合下的重构优化的智能决策、过程适应控制、误差补偿智能控制、复杂曲面加工运动轨迹优化控制、故障自诊断和智能维护以及信息集成等功能,将大大提升成形和加工精度、提高制造效率。

6. 发展适应敏捷制造和网络化分布式的制造系统

回顾制造系统的发展历程,基本上遵循以下两个方向:①增强制造系统的智能化和自治管理功能,以提高 FMC/FMS 的快速响应能力;②发展兼顾柔性、高效、低成本和高质量且便于重构的新型制造系统,以适应不确定性的市场环境。

这类制造系统称为快速重构制造系统(Rapidly Reconfigurable Manufacturing System,RRMS)或可重构制造系统(Reconfigurable Manufacturing System,RMS)。其原理为通过对制造系统中的设备配置的调整或更换设备上的功能模块来迅速构成适应新产品生产的制造系统。这就要求设备和系统不仅软件具有开放性,而且硬件也要有开放性,成为功能可重构的机床,即前面提到的可重构机床。

7. 向大型化和微小化两极发展

能源装备的大型化及航空航天事业等的发展,需要重型立式卧式加工中心和铣车中心。

从精密加工发展到超精密加工，是世界各工业强国致力发展的方向。其精度从微米级到亚微米级，乃至纳米级（<10nm），应用范围日趋广泛。超精密加工技术和微纳米技术是21世纪的战略高技术，正在形成一个产业。因此，需要发展能适应微小型尺寸结构和微纳米加工精度的新型制造工艺和装备。微型机床同时具有高速和精密的特点，最小的微型机床可以放在掌心之中，一个微型工厂可以放在手提箱中。操作者通过手柄和监视屏幕控制整个工厂的运作。

航空航天、信息技术和国防高新技术的需求推进了超精加工技术及设备的发展。20世纪60年代，美国开发出第一台商品化超精密机床，其加工尺寸精度为±0.8μm，20世纪70年代英国克兰菲尔德精密工程研究所批量生产的超精密车床加工的平面精度优于0.1μm，20世纪80年代美国LLL实验室和Y-12工厂合作生产的大型超精密金刚石车床加工的平面精度达0.0125μm，最大加工直径为2100mm。由于晶片和光学镜片等硬脆材料加工的需要，超精密磨削和研抛以及采用光、电、化学等能源的非机械能的特种加工方法使加工精度可达到纳米级（0.001μm）。通过机床结构设计优化，机床零部件的超精加工和精密装配，采用高精度的全闭环控制及温度、振动等动态误差补偿技术，提高了机床加工的几何精度，降低了几何误差和表面粗糙度值等，从而进入亚微米、纳米级超精加工时代。

8. 配套装置和功能部件的品种质量日臻完善

功能部件不断向高速度、高精度、大功率和智能化方向发展，并取得成熟的应用。不仅数控系统（含数控装置和伺服驱动装置）有专业化生产厂，凡关键的通用性功能部件如高精度主轴单元、电主轴、力矩电动机、直线电动机、刀具自动交换系统、滚动导轨副、直线滚动丝杠驱动副、双摆主轴头、双摆回转台和自动转位刀塔等在国外均有一些著名的专业化生产厂，这对保证产品质量、提高整机的可靠性和降低成本起着重要的作用。

完善的高集成度的专用电路系统的研发，仍是数控系统可靠性继续提高和结构小型化的一项重要措施。

9. 虚拟数控机床技术

虚拟数控机床实际上是虚拟环境中数控机床的模型。与真实机床相比，虚拟数控机床应具有以下功能：①应与真实机床的结构完全相同；②应比真实机床具有可观性；③强大的网络功能，为各种真正的制造资源服务，从而提高其与外界制造资源的相互操作性，快速地、并行地组织各部门、各集团成员将新产品从设计转入生产；④完善的图形和标准数据接口。

虚拟数控机床的应用将给制造业带来革命性的飞跃。由于虚拟数控机床是数字模型，所以容易实现对数字模型进行显示、分析、传递和迭代更新，为设计提供并行作业可能。虚拟数控机床和各设计软件的接口，为建模提供了方便，尤其是在特定的环境下，方便对产品的可靠性、产品的生产全过程、工艺规范以及产品方案的工艺计划进行性能评价。强化创新水平，用经济快捷的方式提高产品设计质量，缩短产品开发周期。虚拟数控机床的强大网络功能为真正实现远程合作提供了保证。

10. 开放式数控系统

为适应数控机床普及、个性化、多品种、小批量、柔性化的要求，最重要的发展趋势是数控系统体系结构的开放性，设计生产出开放式的数控系统。美国、欧盟及日本等在研究开放式数控系统方面具有一定优势。由于个人计算机（Personal Computer，PC）所具有的开放性、低成本、软硬件资源丰富等特点，基于PC的开放式数控系统将成为一个主要趋势。

11. 向标准化方向发展

数控标准是制造业信息化发展的一种趋势。数控技术诞生后的 50 多年间的信息交换都是基于 ISO 6983 标准，即采用 G、M 代码对加工过程进行描述，显然，这种面向过程的描述方法已越来越不能满足现代数控技术高速发展的需要。为此，国际上正在研究和制定一种新的 CNC 系统标准 ISO 14649（STEP-NC），其目的是提供一种不依赖于具体系统的中性机制，能够描述产品整个生命周期内的统一数据模型，从而实现整个制造过程，乃至各个工业领域产品信息的标准化。

12. 向高可靠性方向发展

数控机床的可靠性一直是用户最关心的主要指标，它主要取决于数控系统各伺服驱动单元的可靠性。为提高可靠性，目前主要采取以下措施：①采用更高集成度的电路芯片，采用大规模或超大规模的专用及混合式集成电路，以减少元器件的数量，提高可靠性；②通过硬件功能软件化，以适应各种控制功能的要求，同时通过硬件结构的模块化、标准化、通用化及系列化，提高硬件的生产批量和质量；③增强故障自诊断、自恢复和保护功能，对系统内硬件、软件和各种外部设备进行故障诊断、报警。当发生加工超程、刀损、干扰、断电等各种意外时，自动进行相应的保护。

13. 绿色化

为了追求符合环保要求的机床，干式切削和微量润滑剂切削方法因其可大大减少润滑剂的挥发而得到越来越广泛的应用，同时，机床操作者在工作时的环境、位置会被考虑得非常舒适。此外，无污染的清洁加工技术也受到极大重视。

1.2 数控机床的组成及工作过程

数控机床已由硬件数控机床（即采用硬件数控系统）发展到了 CNC 机床（Computer Numerical Control Machine Tool），故本节仅介绍 CNC 机床。

1.2.1 CNC 机床的组成

CNC 机床是带有嵌入式计算机的数控机床。硬件数控机床的控制功能是由其控制系统内的电气元件功能决定的。而 CNC 机床的控制功能是在制造数控系统时通过程序代码形式存入计算机，在 CNC 机床关机时，存在只读存储器（ROM）中。CNC 机床由信息输入、数控装置、伺服驱动及检测反馈装置、机床本体和机电接口五大部分组成。

图 1-1 所示为三坐标数控铣床的组成，它是由 X、Y、Z 三个坐标来实现刀具和工件间的相对运动的立式数控铣床。

1. 信息输入

这一部分是数控机床的信息输入通道，加工零件的程序和各种参数、数据通过输入设备送进数控装置。早期的输入方式为穿孔纸带、磁带。目前较多采用软盘；在生产现场，特别是一些简单的零件程序都采用按键、配合显示器（CRT）的手动数据输入（MDI）方式；手摇脉冲发生器输入多用于调整机床和对刀时使用；通过通信接口，可由上位机输入。

2. 数控装置

数控装置是由中央处理单元（CPU）、存储器、总线、输入输出接口和相应的软件构成

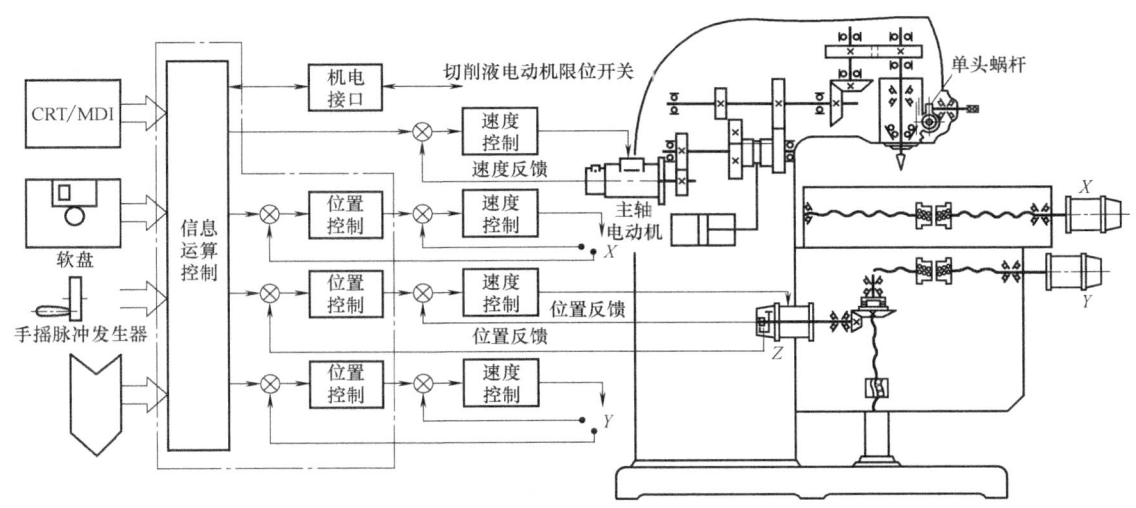

图 1-1 三坐标数控铣床的组成

的专用计算机，它接收到输入信息后，经过译码、轨迹计算（速度计算）、插补运算和补偿计算，再给各个坐标的伺服驱动系统分配速度、位移指令。这一部分是数控机床的核心。整个数控机床的功能强弱主要由这一部分决定。数控装置具备的主要功能如下：

1) 多轴联动、多坐标控制。
2) 实现多种函数的插补（直线、圆弧、抛物线、螺旋线、极坐标、样条等）。
3) 多种程序输入功能（人机对话、手动数据输入、由上级计算机及其他输入设备的程序输入），以及编辑和修改功能。
4) 信息转换功能：包括 EIA/ISO 代码转换、米制/寸制转换、坐标转换、绝对值/增量值转换等。
5) 补偿功能：刀具半径补偿、刀具长度补偿、传动间隙补偿、螺距误差补偿等。
6) 多种加工方式选择。可以实现各种加工循环、重复加工、凸凹模加工和镜像加工等。
7) 具有故障自诊断功能。
8) 显示功能。用 CRT 可以显示字符、轨迹、平面图形和动态三维图形。
9) 通信和联网功能。

3. 伺服驱动及检测反馈装置

伺服驱动装置又称为伺服系统，它接收计算机运算处理后分配来的信号。该信号经过调解、转换、放大以后去驱动伺服电动机，带动机床的执行部件运动；并且随时检测伺服电动机或工作台的实际运动情况，进行严格的速度和位置反馈控制。数控机床的伺服驱动装置分为主轴驱动单元（主要是速度控制）、进给驱动单元（包括速度控制和位置控制）、回转工作台和刀库伺服控制装置以及它们相应的伺服电动机等。伺服系统分为直流伺服系统和交流伺服系统，而交流伺服系统正在取代直流伺服系统；以步进电动机驱动的伺服系统在某些具体场合仍可采用；直线电动机系统是适应高速、高精度的一种伺服机构。在伺服系统中还包括安装在伺服电动机上（或机床的执行部件上）的速度、位移检测元件及相应电路，该部分能及时将信息反馈回来，构成闭环控制（交流数字闭环控制中还包括电流检测反馈）。常用检测装置有测速发电机、旋转变压器、脉冲编码器、感应同步器、光栅、磁性检测元件、霍尔检测元件等。一般来说，数控机床的伺服系统应具有很好的快速响应性能，以及能够灵敏而准确地跟踪指令的功能。所以，伺服驱动及检测反馈是数控机床的关键环节。

4. 机床本体

机床本体包括机床的主运动部件、进给运动部件、执行部件和基础部件，如底座、立柱、滑鞍、工作台（刀架）、导轨等。数控机床与普通机床不同，它的主运动及各个坐标轴的进给运动都由单独的伺服电动机（无级变速）驱动，所以它的传动链短、结构比较简单。普通机床上各个传动链之间有复杂的齿轮联系，在数控机床上改由计算机来协调控制各个坐标轴之间的运动关系。为了保证数控机床的快速响应特性，在数控机床上普遍采用精密滚珠丝杠、直线滚动导轨副、摩擦特性良好的滑动（贴塑）导轨副。为了保证数控机床的高精度、高效率和高自动化加工，机床的机械结构应具有较高的动态特性、动态刚度、阻尼精度、耐磨性以及抗热变形性能。在加工中心上还具有刀库和自动交换刀具的机械手。同时还有一些良好的配套设施，如冷却装置、自动排屑装置、防护装置、可靠的润滑装置、程编机和对刀仪等，以利于充分发挥数控机床的功能。

5. 机电接口

数控机床除了实现加工零件轮廓轨迹的数字控制外，还有许多其他的控制，如主轴的起停、自动换刀、切削液开、关、工件的夹紧、松开、各种辅助交流电动机的起停、电磁铁的吸合、释放、离合器的开、合、电磁铁的通、断、电磁阀的打开与关闭等。这些逻辑开关量的动力来源是由电源变压器、控制变压器、各种断路器、保护开关、接触器及熔断器等组成的强电线路提供的，而这种强电线路不能与低压下工作的控制电路或弱电线路直接连接，只能通过断路器、热动开关、中间继电器等转换成直流低压下工作的触点的开、合（关）工作，成为继电器逻辑电路或可编程序控制器（Programmable Logic Controller, PLC）可接收的信号。

以上这些都属于数控装置和机床之间的接口问题，统称为机电接口。解决这些问题，首先要知道机床上有哪些动作，其次是这些动作的先后顺序，以及它们之间的逻辑（联锁、互锁等）关系等。

1.2.2 数控机床的工作过程

数控机床是用数字信息进行控制的机床。数控机床的工作过程是，将加工零件的几何信息和工艺信息进行数字化处理，即将所有的操作步骤（如机床的起动或停止、主轴的变速、工件的夹紧或松开、刀具的选择和交换、切削液的开或关等）和刀具与工件之间的相对位移以及进给速度等都用数字化的代码表示。在加工前由编程人员按规定的代码将零件的图样编制成程序，然后通过程序载体（如磁带、软盘、光盘和半导体存储器等）或 MDI 方式将数字信息送入数控系统的计算机中进行寄存、运算和处理，最后通过驱动电路由伺服装置控制机床实现自动加工。数控加工过程示意图如图 1-2 所示。

在加工前要分析零件图，拟定零件加工工艺方案，明确加工工艺参数，然后按编程规则编制数控加工程序，通过 MDI 键盘将程序输入机床的数控系统中，经检查无误即可起动机床，运行数控加工程序。数控装置会自动按照数控加工程序发出的各种控制指令进行加工，

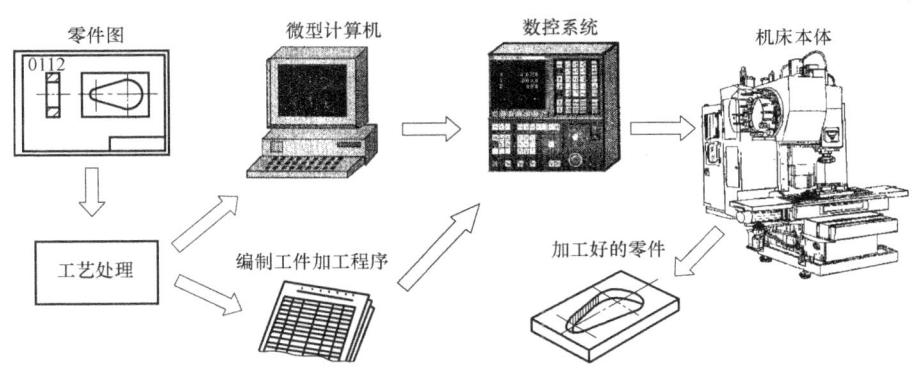

图 1-2 数控加工过程示意图

如果不出现故障,则直到加工程序运行结束,零件加工完毕为止。或者在进行工艺处理后,用 CAM 软件在微型计算机上进行几何造型,并自动生成数控加工程序,通过通信接口输入机床的数控系统中,实现工件的自动化加工。

1.3 数控机床的特点

数控机床是由普通机床发展演变而来的,与普通机床相比,数控机床具有鲜明的特点,因此数控机床的普及率越来越高。数控机床的特点主要包括以下方面:

1. 自动化程度高

数控机床集中了机、电、数控、气、液等综合技术,从最初的单台数控机床发展到目前的单机多轴、柔性制造单元、柔性制造系统。自动运行控制形式,从最初单一纸带方式发展到目前的多种方式,包括分布式数字控制(Distributed Numerical Control,DNC)和远程控制方式,并且可以实现多种形式的自动上下料,加工过程能对工件和刀具进行监控和测量,并能有效地补偿和修正,排屑冷却都实现了自动化。

2. 适应性强,柔性好

适应性是指数控机床随生产对象变化而变化的适应能力。由于市场对产品的需求逐渐趋于多样化,实现单件、小批量产品的生产自动化是制造业的当务之急。当产品改变时,对数控机床来说,仅仅需要改变数控机床的输入程序就能适应新产品的生产需要,而不需要改变机械部分和控制部分的硬件,而且生产过程是自动完成的。因此,数控机床的生产准备周期短、灵活性强,为多品种小批量生产和新产品的研制提供了方便条件。

3. 精度高

数控机床是按照预定程序自动工作的,工作过程一般不需要人工干预,这就消除了操作者人为产生的误差。在设计制造设备时,采取了许多措施,从而使数控机床达到较高的精度。数控装置的脉冲当量目前可达 0.0001~0.01mm,同时,可以通过实时检测误差修正或补偿来获得更高的精度。

4. 功能强

数控机床利用计算机的高速计算处理能力,实现了许多复杂的数控功能,如二次曲线插补运算、多轴联动、固定循环加工、坐标偏移、图形显示、刀具补偿等,使刀具在三维空间中能实现任意轨迹，完成复杂形面的加工过程。

5. 可靠性高

数控机床零件程序的存储容量大，非常复杂的零件程序也可以一次输入存储器，方便进行程序调试和仿真试运行，确保加工安全。数控机床还易于设立各种诊断程序，能进行故障预检和自动查找，便于维修和减少停机时间。

6. 效率高

由于数控机床可采用较大的切削用量，有效地减少了加工中的切削工时；数控机床还具有自动变速、自动换刀和其他辅助操作自动化等功能，并且无须工序间的检验与测量，使辅助时间大为缩短；对于多功能的加工中心，在一次装夹后几乎可以完成零件的全部加工，这样不仅可减少装夹误差，还可减少半成品的周转时间。因此，与普通机床相比，数控机床的生产率高出许多倍，对于复杂形面的加工，生产率可提高几倍，甚至十几倍。

7. 减轻劳动强度、改善劳动条件

利用数控机床进行加工，只需按图样要求编制零件的加工程序单，然后输入并调试程序，安装坯件进行加工，监督加工过程并装卸零件。这样大大减轻了操作者的劳动强度和紧张程度，劳动条件也得到了相应的改善。

8. 有利于生产管理的现代化

用数控机床加工零件，能准确地计算产品生产的工时，并有效地简化检验、工夹具和半成品的管理工作；采用数控信息的标准代码输入，有利于与计算机连接，构成由计算机控制和管理的生产系统，实现制造和生产管理的现代化。

9. 良好的经济效益

数控机床虽然设备昂贵，分摊到每个工件的设备费用较高，但用数控机床加工工件可以节省许多其他费用，如用数控机床加工工件可以节省划线工时，减少调整、加工和检验时间，节省了直接生产的费用；数控机床加工不需设计制造专门工装夹具，节省了工艺装备费用；数控机床加工精度稳定，废品率低，使生产成本下降，另外，数控机床可以一机多用，节省厂房面积，减少建厂投资。因此，使用数控机床加工可以获得良好的经济效益。

由于数控机床的特点，使其在生产过程中得到了十分广泛的应用。能显示数控机床加工优越性的零件包括：小批量而又重复生产的零件；几何形状复杂的零件；在加工过程中必须进行多种工序加工的零件；必须严格控制公差（即公差带范围很小）的零件；工艺设计会经常变化的零件；加工过程中的错误会造成严重浪费的贵重零件；需全部检测的零件等。

1.4 数控机床的分类

随着数控技术的发展，数控机床出现了许多分类方法，通常按以下四种方法进行分类。

1.4.1 按工艺用途分类

1. 金属切削类数控机床

这类机床和传统的通用机床品种一样，有数控车床、数控铣床、数控钻床、数控磨床、数控镗床以及加工中心等。加工中心是一种带有自动换刀装置（刀库和自动交换刀具的机械手）能进行铣削、钻削、镗削加工的复合型数控机床。特别是箱体类零件，在加工中心上一次定位装夹后,即能在多个侧面上完成铣削、钻孔、扩孔、铰孔、镗孔、攻螺纹等工作,所以在生产上应用越来越多,加工中心还分为车削中心、磨削中心等。目前还出现了在加工中心上增加交换工作台,以及采用主轴或工作台进行立、卧转换的五面体加工中心等。

2. 金属成形类及特种加工类数控机床

金属成形是指利用金属材料所具有的塑性变形能力,在外力的作用下使金属材料产生预期的塑性变形来获得具有一定形状、尺寸和机械性能的零件或毛坯的加工方法,其工艺常可分为自由锻、模锻、板料冲压、挤压、压制等。利用金属成形类机床实现工件成形的制造方法,具有制件质量好、材料耗费少、生产率高和改善制件的内部组织及机械性能等显著特点,常见的金属成形类数控机床有数控弯管机、数控折弯机、数控压力机等。

将电、磁、声、光、化学等能量或其组合施加在工件的被加工部位上,从而实现材料被去除、变形、改变性能或被镀覆等的非传统加工方法统称为特种加工。特种加工的范围很广,有几十个门类。

电火花加工是通过工件和工具电极间的放电而有控制地去除工件材料,以及使材料变形、改变性能或被镀覆的特种加工。其中成形加工适用于各种孔、槽模具,还可刻字、表面强化、涂覆等;切割加工适用于各种冲模、粉末冶金模及工件,各种样板、磁钢及硅钢片的冲片,钼、钨、半导体或贵重金属。

电化学加工是通过电化学反应去除工件材料或在其上镀覆金属材料等的特种加工。其中电解加工适用于深孔、型孔、型腔、型面、倒角去毛刺、抛光等。电铸加工适用于形状复杂、精度高的空心零件,如波导管,注塑用的模具,薄壁零件,复制精密的表面轮廓,表面粗糙度样板、反光镜、表盘等零件。涂覆加工可针对表面磨损、划伤、锈蚀的零件进行涂覆以恢复尺寸;对尺寸超差产品进行涂覆补救;对大型、复杂、小批工件表面的局部镀防腐层、耐腐层,以改善表面性能。

高能束加工是利用能量密度很高的激光束、电子束或离子束等去除工件材料的特种加工方法的总称。其中激光束加工的主要应用有打孔、切割、焊接、金属表面的激光强化、微调和存储等。电子束加工有热型和非热型两种,热型加工是利用电子束将材料的局部加热至熔化或汽化点进行加工的,适合打孔、切割槽缝、焊接及其他深结构的微细加工;非热型加工是利用电子束的化学效应进行刻蚀、大面积薄层的微细加工等。离子束加工主要应用于微细加工、溅射加工和注入加工。等离子弧加工适用于各种金属材料的切割、焊接、热处理,还可制造高纯度氧化铝、氧化硅和工件表面强化,还可进行等离子弧堆焊及喷涂。

超声加工是利用超声振动的工具在有磨料的液体介质中或干磨料中,产生磨料的冲击、抛光、液压冲击及由此产生的气蚀作用来去除材料,以及超声振动使工件相互结合的加工方法。其适用于成形加工、切割加工、焊接加工和超声清洗。

液体喷射加工是利用水或水中加添加剂的液体,经水泵及增压器产生高速液体束流,喷射到工件表面,从而达到去除材料的目的。其可加工薄、软的金属及非金属材料,去除腔体零件内部毛刺,使金属表面产生塑性变形。磨料喷射加工适用于去毛刺加工、表面清理、切割加工、雕刻、落料及打孔等。

化学加工是利用化学溶液与金属产生化学反应,使金属腐蚀溶解,改变工件形状、尺寸的加工方法。用于去除材料表层,以减重;有选择地加工较浅或较深的空腔及凹槽;对板材、片材、成形零件及挤压成形零件进行锥孔加工。

复合加工是指同时在加工部位上组合两种或两种以上的不同类型能量去除工件材料的特种加工。

特种加工类数控机床有数控电火花成形机床、数控线切割机床、数控电化学加工成形机床、数控电子加工机床、数控离子加工机床、数控激光切割机床、数控超声波加工机床、数控水喷射加工机床等。

1.4.2 按运动方式分类

1. 定位控制数控机床

对于一些加工孔用的数控机床，如数控钻床、数控镗床、数控压力机、数控点焊机、印制电路板钻床等，它们只要求获得精确的孔系坐标定位精度，在运动和定位过程中不进行任何加工工序。数控系统只需要控制行程的起点和终点的坐标值，而不控制运动部件的运动轨迹，因为运动轨迹不影响最终的定位精度。具有这种运动控制的机床称为定位控制数控机床。定位控制数控机床加工的都是平面内的孔系（图1-3），它控制平面内的两个坐标轴带动刀具与工件做相对运动，运动停止后，控制刀具进行钻、镗切削加工；为了尽可能减少运动部件的运动、定位时间和确保精确的定位精度，首先系统控制进给部件高速运行，接近目标点时，采用分级或连续降速，低速趋近目标点，从而减少运动部件的惯性过冲和因此而引起的定位误差。

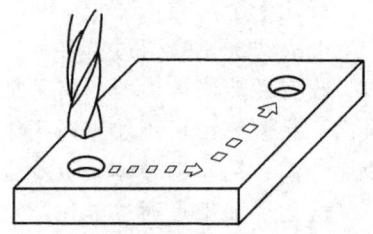

图1-3 定位控制数控机床加工示意图

2. 直线运动控制数控机床

直线运动控制数控机床是指控制机床工作台或刀具（刀架）以要求的进给速度，沿着平行于坐标轴的方向进行直线移动和切削加工（图1-4）或控制两个坐标轴实现斜线移动和切削加工的机床。如数控车床、某些数控镗铣床和加工中心等，都具有直线运动控制功能。这一类数控机床不仅要求具有准确的定位功能，而且要控制位移的速度。由于在移动过程中进行切削加工，所以对于不同的刀具和工件，需要选用不同的切削用量。一般情况下，这些数控机床有2~3个可控制的轴，但同时控制轴只有一个。为了能在刀具磨损或更换刀具后，仍可加工出合格的零件，这类机床的数控系统常常要求它具有刀具半径和刀具长度补偿功能，以及主轴转速的控制功能等。

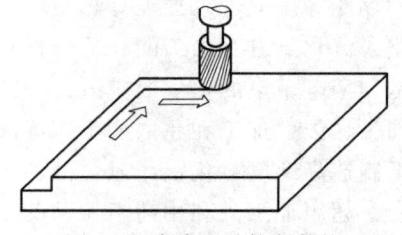

图1-4 直线运动控制数控机床加工示意图

现代组合机床采用数控技术，驱动各种动力头、多轴箱轴向进给进行钻、镗、铣等加工，也算是一种直线运动控制数控机床。直线运动控制也称为单轴数控。

3. 轮廓控制数控机床

轮廓控制数控机床是可以加工斜线、曲线、曲面的数控机床，如数控车床、数控铣床、数控磨床、数控切割机床和加工中心等，它们都是具有同时控制两个或两个以上坐标进行联动（即进行插补）的数控机床。在加工过程中，该类机床每时每刻都对各坐标的位移和速度进行严格的不间断的控制，故称具有这种控制功能的机床为轮廓控制数控机床。现代数控机床绝大部分都具有两坐标或两坐标以上联动的功能，以及刀具半径补偿、刀具长度补偿、机床轴向运动误差补偿、丝杠螺距误差补偿、齿侧间隙误差补偿等一系列功能。

按照可联动（同时控制）轴数，可以分为两轴联动控制、两轴半联动控制、三轴联动控制、四轴联动控制和五轴联动控制等。

在数控车床上采用两轴联动控制，可以加工出手把类零件，如图 1-5a 所示。在数控铣床上采用两轴联动控制，可以加工出平面凸轮的轮廓曲线，如图 1-5b 所示。在三轴数控铣床上加工圆锥台零件，一般都是两坐标（X、Y）联动加工一圈，再沿另一坐标（Z）提升一个高度 ΔZ，如此继续下去，即可加工出一个锥台，如图 1-5c 所示，因为这里的 Z 坐标没有参加联动，故一般称这种情况为 2.5 坐标（两个半坐标）联动。此外，属于 2.5 坐标控

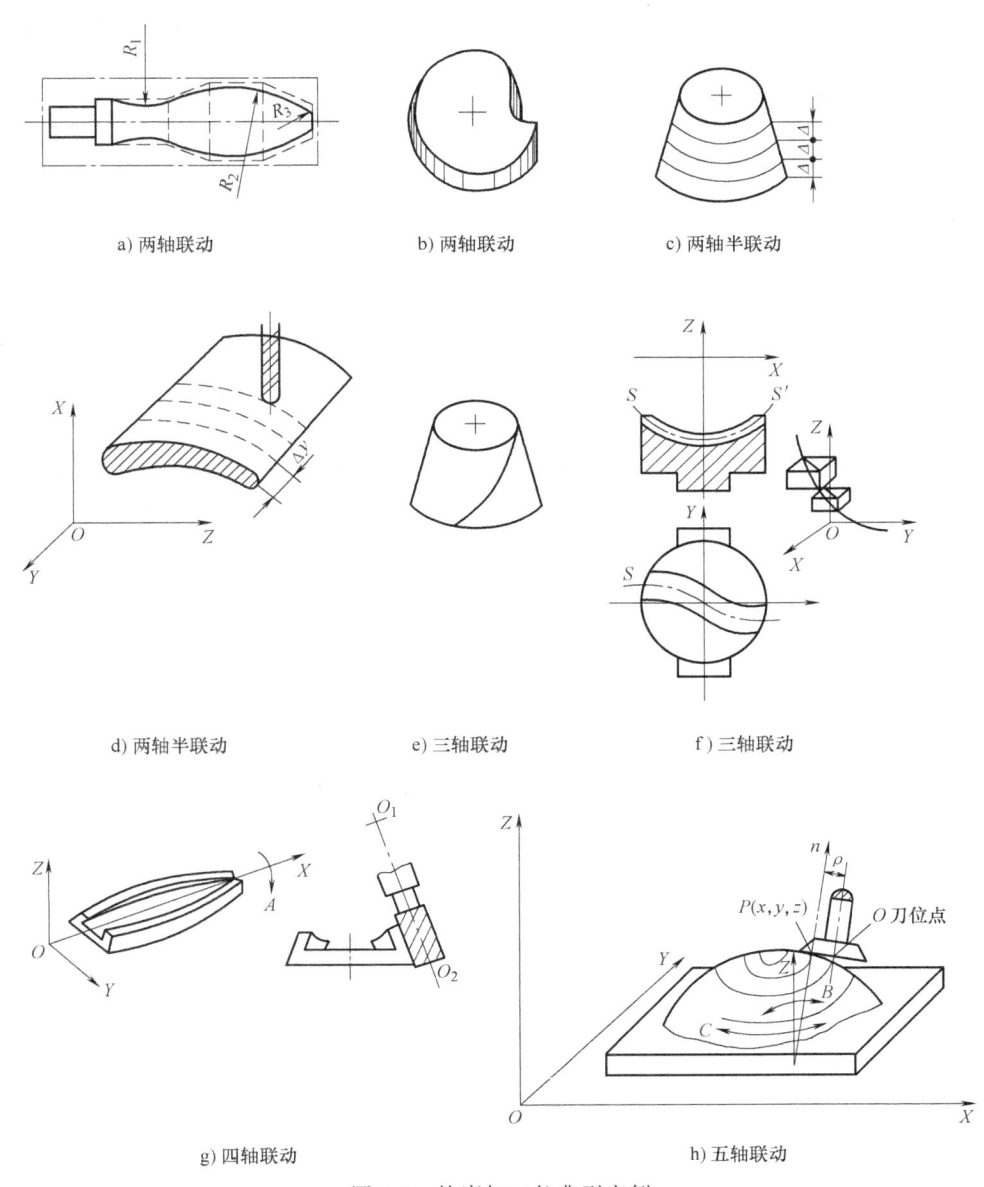

图 1-5 轮廓加工的典型实例

制的加工，还有用"行切法"加工空间轮廓，如图 1-5d 所示，一般以 X、Y、Z 三坐标轴中任意两轴做插补运动，第三轴做周期性进给来实现加工控制。当采用球头刀加工时，只要 ΔZ（ΔY）足够小时，加工表面的表面粗糙度足以满足要求；在三坐标联动控制的数控铣床上，可以在锥体上加工出螺旋线，如图 1-5e 所示。当然，也可以加工出内循环滚珠丝杠螺母回珠器的回珠槽（空间曲线），如图 1-5f 所示。在四轴联动的数控机床上加工飞机大梁零件，如图 1-5g 所示，除了三个（X、Y、Z）移动坐标外，还需要一个绕 X 轴回转（也称摆动）的坐标 A，方能保证刀具与工件型面在全长上始终贴合，显然在加工中需要每时每刻的 X、Y、Z、A 坐标值，这是很复杂的。图 1-5h 所示为五轴联动控制加工的实例，显然这时联动的坐标除 X、Y、Z 三个直线坐标以外，还有工件的回转 C 和刀具的摆动 B。

多轴（三坐标以上）控制与编程技术是高技术领域开发研究的课题，随着现代制造技术领域中许多形状复杂、精度要求很高的零件不断涌现，多坐标联动控制技术及其加工编程技术的应用也越来越普遍。

1.4.3 按控制方式分类

1. 开环控制系统（Opened Loop Control System）

开环控制系统是指没有位置检测反馈装置的控制系统。这类数控机床、数控装置发出的指令信号流程是单向的，其精度主要取决于驱动元器件和电动机（步进电动机）的性能。由功率型步进电动机作为驱动元件的控制系统是典型的开环控制系统。数控装置根据所要求的运动速度和位移量，向环形分配器和功率放大电路输出一定频率和数量的脉冲，不断改变步进电动机各相绕组的供电状态，使相应坐标轴的步进电动机转过相应的角位移，再经过机械传动链，实现运动部件的直线移动或转动。运动部件的速度与位移量由输入脉冲的频率和脉冲数所决定。开环控制系统具有结构简单和价格低廉等优点。但通常输出转矩值的大小受到了限制，而且当输入较高的脉冲频率时，容易产生失步，难以实现运动部件的快速控制。目前，开环控制系统已不能充分满足数控机床日益提高的对控制功率、运动速度和加工精度的要求。但近年来由于发展了步进电动机的细分技术，出现了专用的细分功率驱动模块，步进电动机在低转矩、高精度、速度中等的小型设备的驱动控制中得到了广泛应用，特别是在微电子生产设备中充分发挥了它的独特优势。图 1-6 所示为开环控制系统示意图。

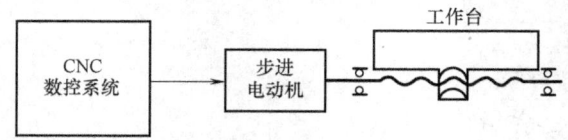

图 1-6 开环控制系统示意图

2. 半闭环控制系统（Semiclosed Loop Control System）

半闭环控制系统是在电动机轴或丝杠的端部装有角位移、角速度检测装置，通过检测伺服电动机的转角、转速间接地检测出运动部件的实际位移（或角位移）反馈给数控装置的比较器，与输入指令进行比较，用差值控制运动部件。随着脉冲编码器的迅速发展和性能的不断完善，作为角位移、角速度的检测装置能方便地直接与直流或交流伺服电动机同轴安装。而高分辨率的脉冲编码器的诞生，为半闭环控制系统提供了一种高性价比的配置方案。由于惯性较大的机床运动部件不包括在闭环之内，控制系统的调试十分方便，并具有良好的系统稳定性，甚至可以将脉冲编码器与伺服电动机设计成一个整体，使系统变得更加紧凑。虽然运动部件的机械传动链不包括在闭环之内，机械传动链的误差无法得到校正或消除，但是目前广泛采用的滚珠丝杠螺母机构具有很好的精度和精度保持性，而且采取了可靠的消除反向运动间隙的结构，完全可以满足绝大多数数控机床用户的需要。因此，半闭环控制正在成为首选的控制方式，得到了广泛的应用。图 1-7 所示为半闭环控制系统示意图。

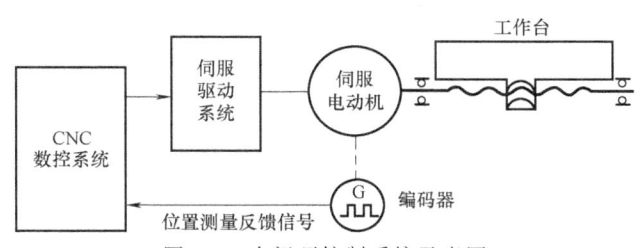

图 1-7 半闭环控制系统示意图

3. 闭环控制系统（Closed Loop Control System）

闭环控制系统是在机床最终的运动部件的相应位置直接安装直线或回转式检测装置，将直接测量到的位移或角位移反馈到数控装置的比较器中，并与输入指令位移量进行比较，用差值控制运动部件，使运动部件严格按实际需要的位移量运动。闭环控制的主要优点是将机械传动链的全部环节都包括在闭环之内，因而从理论上说，闭环控制系统的运动精度主要取决于检测装置的精度，而与机械传动链的误差无关，其控制精度超过半闭环控制系统，为高精度数控机床提供了技术保障。但闭环控制系统除了价格较昂贵之外，对机床结构及传动链也提出了严格的要求，因为传动链的刚度、间隙，导轨的低速运动特性以及机床结构的抗振性等因素都会增加系统调试的难度，甚至使伺服系统产生振荡，降低数控系统的稳定性。图 1-8 所示为闭环控制系统示意图。

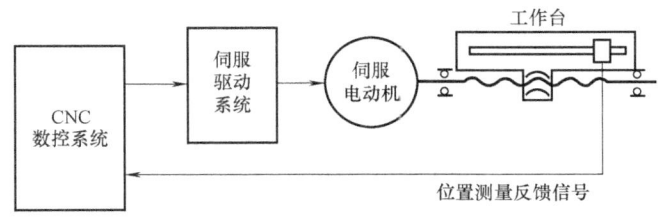

图 1-8 闭环控制系统示意图

1.4.4 按功能水平分类

通常把数控机床分为精密型、普通型和经济型三类。这种分类法目前并无确切的定义，但可以给人们一个较清晰的一般"水平"的概念，数控机床水平的高低主要指它们的主要技术参数、功能指标和关键部件的功能水平等内涵，如：

1. 中央处理单元（CPU）

经济型数控机床一般采用 8 位 CPU；而精密型、普通型数控机床已经由 16 位 CPU 发展到 32 位或 64 位 CPU，并采用具有精简指令集的（RISC）CPU。

2. 分辨率和进给速度

经济型数控机床的分辨率为 10μm，进给速度为 8~15m/min；普通型数控机床的分辨率为 1μm，进给速度为 15~24m/min；精密型数控机床的分辨率为 0.1μm 或更小，进给速度为 24~100m/min 或更高。

3. 多轴联动功能

经济型数控机床多为 2~3 轴联动；精密型、普通型数控机床则都是 3~5 轴联动或更多。

4. 显示功能

经济型数控机床一般只有简单的数码显示或简单的 CRT 字符显示；普通型数控机床有较齐全的 CRT 显示：不仅有字符，而且有图形、人机对话、自诊断等功能显示；精密型数控机床还有三维动态图形显示。

5. 通信功能

经济型数控机床无通信功能；普通型数控机床有 RS232 或 DNC（分布式数字控制）等接口；精密型数控机床有 MAP（制造自动化协议）等高性能通信接口，且具有联网功能。

此外，伺服系统是直流伺服，还是交流伺服；是交流模拟伺服，还是交流数字伺服；以及是否具有可编程序控制器的功能，都是衡量数控机床档次的标准。

经济型数控是相对于标准型数控而言的，在不同时期、不同国家其含义是不一样的。根据实际机床的使用要求，经济型数控机床是将标准型数控机床进行了合理地简化，从而降低了成本。为区别于经济型数控机床，把功能比较齐全的标准型数控系统称为全功能数控系统。

除了以上四种基本分类方法外，目前还有按所用数控装置的构成方式进行分类，分为硬件数控和计算机数控（又称软件数控）；还有按控制坐标轴数与联动轴数进行分类，分为三轴二联动和四轴四联动等。

1.5 数控机床的主要性能指标

数控机床的主要性能指标包括运动性能指标、精度指标、可控轴数与联动轴数等。

1.5.1 运动性能指标

数控机床的运动性能指标主要包括主轴转速、进给速度、坐标行程、刀库容量和换刀时间等。

1. 主轴转速

数控机床主轴一般采用直流或交流电动机驱动，选用高速精密轴承支承，具有较宽的调速范围和较高的回转精度、刚度及抗振性。目前，数控机床主轴转速已普遍达到 5000~10000r/min 甚至更高，这对提高加工质量和各种小孔加工极为有利。

2. 进给速度

进给速度是影响加工质量、生产率和刀具寿命的主要因素，它受数控装置的运算速度、机床动态特性及刚度等因素限制。目前，数控机床的进给速度可达 10~30m/min，快速定位速度可达 20~120m/min。

3. 坐标行程

数控机床坐标轴 X、Y、Z 等的行程大小构成数控机床的空间加工范围，即加工零件的大小。行程是直接体现机床加工能力的指标参数。数控车床有最大回转直径、最大车削长度、车削直径等指标参数;数控铣床有工作台尺寸、工作台行程等指标参数;有些加工中心的主轴还可以在一定范围内摆动,其摆角大小也直接影响加工零件空间部位的能力。

4. 刀库容量和换刀时间

刀库容量和换刀时间对数控机床的生产率有直接影响。刀库容量是指刀架位数或刀库能存放刀具的数量,目前常见的小型加工中心的刀库容量为16~60把,大型加工中心可达100把以上。换刀时间是指将正在使用的刀具与装在刀库上的下一工序需用的刀具进行交换所需要的时间,目前一般数控机床的换刀时间为5~10s,高档数控机床的换刀时间仅为2~3s。

1.5.2 精度指标

1. 定位精度和重复定位精度

定位精度是指数控机床工作台等移动部件实际运动位置与指令位置的一致程度,其不一致的差量即为定位误差。引起定位误差的因素包括伺服系统、检测系统、进给传动及导轨误差等。定位误差直接影响加工零件的尺寸精度。

重复定位精度是指在相同的操作方法和条件下,多次完成规定操作后得到结果的一致程度。重复定位精度一般是呈正态分布的偶然性误差,它会影响批量加工零件的一致性,是一项非常重要的性能指标。一般数控机床的定位精度为0.01mm,重复定位精度为0.005~0.008mm。

2. 分辨率与脉冲当量

分辨率是指可以分辨的最小位移间隔。对测量系统而言,分辨率是可以测量的最小位移;对控制系统而言,分辨率是可以控制的最小位移增量。

脉冲当量是指数控装置每发出一个脉冲信号,机床位移部件所产生的位移量。脉冲当量是设计数控机床的原始数据之一,其数值大小决定了数控机床的加工精度和表面质量。目前,普通数控机床的脉冲当量一般为0.001mm,简易数控机床的脉冲当量一般为0.01mm,精密或超精密数控机床的脉冲当量一般为0.0001mm。脉冲当量越小,数控机床的加工精度和表面质量越高。

3. 分度精度

分度精度是指分度工作台在分度时,实际回转角度与指令回转角度的差值。分度精度既影响零件加工部位在空间的角度位置,也影响孔系加工的同轴度等。表1-2所列为几种数控机床的精度指标。

表1-2 几种数控机床的精度指标

机床型号	定位精度/(mm/mm)	重复定位精度/mm	分度精度/(″)
HV-40A	±0.01/全行程	0.006	
MDV55	±0.003/300	±0.002	
HMC80u	0.02/300	±0.012	9
TH6350	±0.005/全行程	±0.002	±2

1.5.3 可控轴数与联动轴数

可控轴数是指数控系统能够控制的坐标轴数目。该指标与数控系统的运算能力、运算速度以及内存容量等有关。目前，高档数控系统的可控轴数已多达 40 轴。

联动轴数是指按照一定的函数关系同时协调运动的轴数，目前常见的有二轴联动、二轴半联动、三轴联动、四轴联动和五轴联动等。联动轴数越多，其空间曲面加工能力越强。例如，五轴联动数控加工中心可以用来加工宇航中使用的叶轮、螺旋桨等零件。

本章小结

数控机床是为了实现复杂零件的自动化加工而产生的，同时数控机床也随着制造技术的发展而发展。数控机床由信息输入、数控装置、伺服驱动及检测反馈装置、机床本体和机电接口五大部分组成。数控机床可以按工艺用途、运动方式、控制方式和功能水平进行分类。

数控机床是用数字信息进行控制的机床。本章介绍了数控机床的工作过程、特点、主要性能指标及国内外典型数控系统。

练习题

1-1 数控机床由哪几部分组成？简述数控机床各组成部分的作用。
1-2 与普通机床相比，数控机床有何特点？
1-3 数控机床有几种分类方法？
1-4 什么是定位控制、二维轮廓控制和三维轮廓控制？
1-5 什么是开环控制系统、闭环控制系统和半闭环控制系统？它们各有何特点？
1-6 简述数控机床加工的基本工作原理。

单元1

数控编程篇

本单元首先介绍数控编程的基本概念,如机床坐标系、工件坐标系、数控程序结构等,以及数控加工工艺的一些基本知识。然后分别介绍数控车削加工工艺及其常用编程指令和数控铣削加工工艺及其常用编程指令。

本单元内容包括:

第2章　数控编程基础

第3章　数控车削编程

第4章　数控铣削编程

第 2 章　数控编程基础

在使用数控机床加工零件前,需要将机床的运动过程、零件的工艺过程、刀具的形状、切削用量和走刀路线等编入加工程序,因而要求程序设计人员具有切削加工等多方面的知识基础。

2.1　概述

普通机床上加工零件时,一般是由工艺人员按照零件图样事先制订好加工工艺规程,包括零件的加工工序、切削用量、机床的规格及刀具、夹具等内容。操作人员按工艺规程操作机床,加工出图样给定的零件。零件的加工过程都是由人工手动操纵来完成的。

数控机床上加工零件时,是按照事先编制好的加工程序自动地对被加工工件进行加工。这不仅涉及数控加工设备,还涉及数控加工工艺、工装和加工过程的自动控制等。大量实践表明,数控机床的使用效果很大程度上取决于用户对数控加工技术的掌握水平和数控加工工艺拟定得合理与否。合格的程序员不仅应对数控机床的性能、特点、切削范围和标准刀具系统等有较全面的了解,同时还必须在编程之前正确地确定加工方案,进行工艺设计,否则就无法做到全面周到地考虑零件加工的全过程以及正确、合理地编制零件的加工程序,再好的数控加工设备也难以发挥其所长。图 2-1 所示为数控机床加工零件过程。

从图 2-1 中可以看出,实现数控加工的重要工作是程序编制,但是仅有程序编制还不够,数控加工还包括程序编制前必须要做的一系列工艺准备工作和程序编制后的一系列后续工作,才可能完成零件的加工。

所谓数控加工工艺是使用数控机床进行零件加工的一种工艺方法。数控加工工艺是采用数控机床加工零件时所运用方法和手段的总和。一般来说,数控加工工艺主要包括以下几方面的内容:

1) 数控加工的合理性分析,选择并确定数控加工的内容。
2) 对零件图进行的数控加工工艺分析。
3) 进行数控加工的工艺设计。
4) 根据编程的需要,对零件图进行数学处理。
5) 编写零件的加工程序单。
6) 加工程序的校验与修改。
7) 首件试加工与现场问题处理。

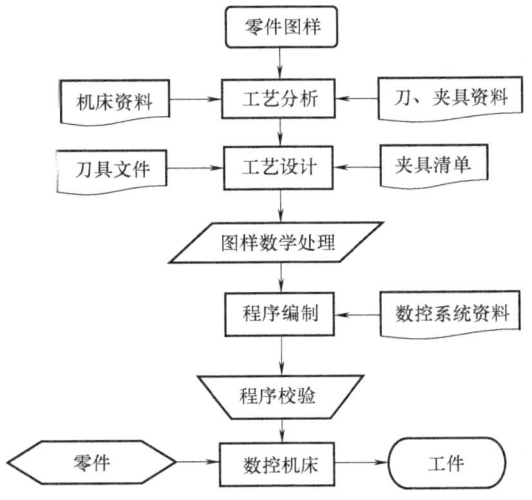

图 2-1　数控机床加工零件过程

8）数控加工工艺技术文件的完善与归档。

数控加工系统由数控机床、刀具、工件和加工程序组成。加工程序中的切削参数和加工策略决定了数控机床的加工效率和零件的加工品质。根据大量加工实例分析，数控加工中失误的原因主要为工艺方面考虑不周和计算与编程时的粗心大意。因此，技术人员除必须具备较扎实的工艺基本知识和较丰富的实践工作经验外，还必须具有细心和严谨的工作作风。

2.2 数控机床的坐标系

数控编程时，为了描述机床的运动，确定数控机床、刀具、工件之间的相对位置，需要建立数控机床坐标系。目前，我国执行国家标准 GB/T 19660—2005《工业自动化系统与集成 机床数值控制 坐标系和运动命名》，与国际上统一的 ISO 841 标准等效。

2.2.1 机床坐标系

1. 数控机床坐标系及运动方向的命名原则

数控机床的进给运动是相对的，有的是工件相对于刀具的运动（如铣床），有的则是刀具相对于工件的运动（如车床）。为了使编程人员能在不知道是刀具移向工件，还是工件移向刀具的情况下确定机床的加工操作，标准规定：可永远假定刀具相对于静止的工件坐标系而运动。这一原则使编程人员在编程时不必考虑机床具体的运动形式，只需根据零件图样编程即可。

2. 机床坐标系（MCS）的设定

在数控机床上加工零件时，为了确定机床的运动方向和移动的距离，就要在机床上建立一个坐标系，这个坐标系称为机床坐标系。数控机床采用右手直角笛卡儿坐标系，如图 2-2 所示。基本直角坐标轴 X、Y、Z 三者的关系及其正方向按右手定则判定，围绕 X、Y、Z 各轴做旋转运动的 A、B、C 三者的正方向按右手螺旋法则判定。

3. 运动方向的确定

GB/T 19660—2005 中规定：机床某一部件运动的正方向，是增大工件和刀具之间距离的方向。

（1）Z 坐标的运动　Z 坐标的运动，是由传递切削力的主轴所决定。对于主轴带动工件或刀具旋转的车床、磨床以及铣床、钻床、镗床等机床，与主轴平行的坐标轴即为 Z 坐标，如图 2-3 和图 2-4 所示；如果机床没有主轴（如牛头刨床），则 Z 轴垂直于工件装夹面；如果机床有一系列主轴，则选尽可能垂直于工件装夹面的主要轴为 Z 轴。

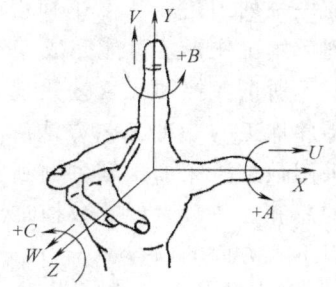

图 2-2　右手直角笛卡儿坐标系

Z 坐标的正方向为增大工件与刀具之间距离的方向。例如，在钻镗加工中，钻入和镗入工件的方向为 Z 坐标的负方向，而退出为正方向。

（2）X 坐标的运动　X 坐标一般是水平的，它平行于工件的装夹面。这是在刀具或工件定位平面内运动的主要坐标。对于工件旋转的机床（如车床、磨床等），X 坐标的方向是在工件的径向上，且平行于横向拖板。刀具离开工件旋转中心的方向为 X 轴正方向，如图 2-3 所示。对于刀具旋转的机床（如铣床、镗床、钻床等），如果 Z 轴是垂直的，当从主轴向立柱看时，X 运动的正方向指向右，如图 2-4 所示；如果 Z 轴（主轴）是水平的，当从主轴后端向工件方向看时，X 运动的正方向指向右。

（3）Y 坐标的运动　Y 坐标轴垂直于 X、Z 坐标轴。Y 坐标运动的正方向根据 X 和 Z 坐标的正方向，按照右手直角笛卡儿坐标系来判断。

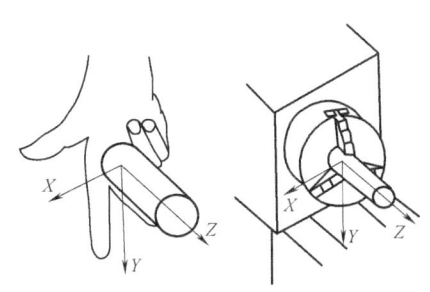

图 2-3　卧式车床坐标系

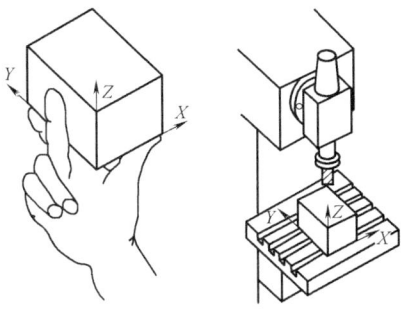

图 2-4　立式铣床坐标系

（4）旋转运动 A、B 和 C　A、B 和 C 相应地表示其轴线平行于 X、Y 和 Z 坐标的旋转运动。A、B 和 C 的正方向，相应地表示在 X、Y 和 Z 坐标正方向上按照右旋螺纹前进的方向。

（5）附加坐标　在 X、Y、Z 主要坐标以外，还有平行于它们的坐标，可分别指定为 U、V、W。如果还有第三组运动，则分别指定为 P、Q 和 R。

（6）对于工件运动的相反方向　对于工件运动而不是刀具运动的机床，必须将前述为刀具运动所做的规定，做相反的安排。用带"′"的字母，如 +X′，表示工件相对于刀具的正向运动指令。而不带"′"的字母，如 +X，则表示刀具相对于工件的正向运动指令。两者表示的运动方向正好相反。对于编程、工艺人员只考虑不带"′"的运动方向。

（7）主轴旋转运动的方向　主轴的顺时针旋转运动方向（正转），是按照右旋螺纹旋入工件的方向。

4．绝对坐标系与增量（相对）坐标系

（1）绝对坐标系　刀具（或机床）运动轨迹的坐标值是相对于固定的坐标原点给出的，即称为绝对坐标，该坐标系称为绝对坐标系。如图 2-5a 所示，A、B 两点的坐标均以固定的坐标原点 O 开始计算，其值为 $A(X_A = 10, Y_A = 20)$、$B(X_B = 30, Y_B = 50)$。

（2）增量（相对）坐标系　刀具（或机床）运动轨迹的坐标值是相对于前一位置（或起点）来计算的，该坐标系称为增量坐标系。如图 2-5b 所示，A、B 两点的坐标均以相对坐标原点来计算，其值为 $B(X_B = 20, Y_B = 30)$。

增量坐标系常用代码 U、V、W 表示。U、V、W 分别表示与 X、Y、Z 平行且同向的坐标轴。U-V 坐标系称为增量坐标系。如图 2-5a 所示，B 点相对于 A 点的坐标（即增量坐标）为 $U = 20, V = 30$。

编程时，根据零件的加工精度要求及编程方便与否来选用坐标系。在数控程序中，绝对坐标和增量坐标可以单独使用，也可以在不同的程序段上交叉使用。在数控车床上还可以在同一程序段中混合使用。使用原则是看何种方式编程更为方便。

在数控铣床或加工中心上以 G90 指令设置程序中 X、Y、Z 的坐标值为绝对值；用 G91 指令设置程序中 X、Y、Z 的坐标值为增量值。数控车床也如此。但 FANUC 系统例外：当用

特殊组数控代码时同前述；当用标准组数控代码时，绝对值坐标以地址 X、Z 表示，增量值坐标以地址 U、W 表示 X、Z 轴的增量。X 轴的坐标不论是绝对值还是增量值，一般都用直径表示（称为直径指定），如此会使得编程数据与零件图中给定的数据相一致，但此时刀具实际位移距离仅是直径值的一半。

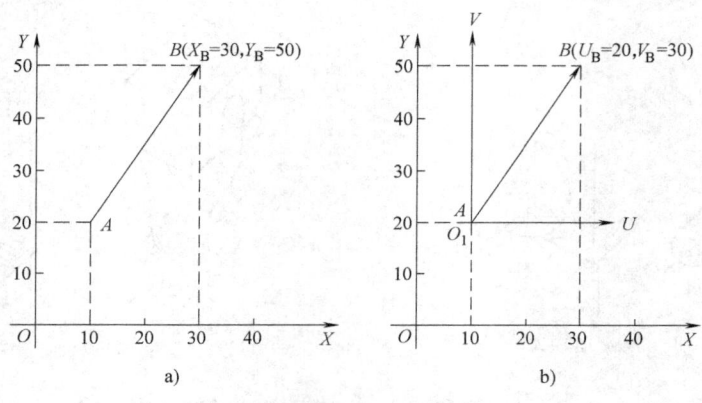

图 2-5　绝对坐标和增量坐标

5. 机床原点与机床参考点

（1）机床原点　机床原点又称为机械原点，它是机床坐标系的原点，是工件坐标系、机床参考点的基准。该点是机床上的一个固定点，其位置是由机床设计和制造单位确定的，通常不允许用户改变。

1）数控车床的原点。在数控车床上，机床原点一般取在卡盘端面与主轴中心线的交点处。通过设置数控系统参数的方法，也可将机床原点设定在 X、Z 坐标的正方向极限位置上，如图 2-6a 所示。

2）数控铣床的原点。数控铣床的机床原点根据各生产厂设计的不同而不一致，有的在机床工作台的中心，有的在进给行程正方向极限位置上，还有的设置在进给行程的终点上，如图 2-6b 所示。

（2）机床参考点　机床参考点也是数控机床上的一个固定不变的极限点，是用于对机床工作台、滑板与刀具相对运动的测量系统进行标定和控制的点，通常设置在机床各轴靠近正极限的位置上（图 2-6a），通过减速行程开关粗定位，由零位点精确定位。数控机床参考点的位置是由数控机床制造厂家在每个进给轴上用限位开关精确调整好的，坐标值已输入数控系统中。因此，参考点对机床原点的坐标是一个已知数，一般是不允许改变的，仅在特殊情况下可通过变动机床参考点的限位开关位置来变动其位置；但同时必须能准确测量出机床参考点相对机床原点的几何尺寸距离并存入数控系统的相应机床数据中，才能保证原设计的机床坐标系不被破坏。

机床参考点的作用就是在每次数控机床起动时，执行机床回参考点的运动，使数控系统的坐标系与机床坐标系相一致。目前，如果数控机床的进给轴配备的是相对编码器，则在起动后必须先执行返回机床参考点的操作。每次回参考点时系统显示的数值必须相同，否则加工有误差。数控机床参考点通常是每个进给轴正方向的一个极限位置，通常用符号 ⊕ 表示机床参考点。

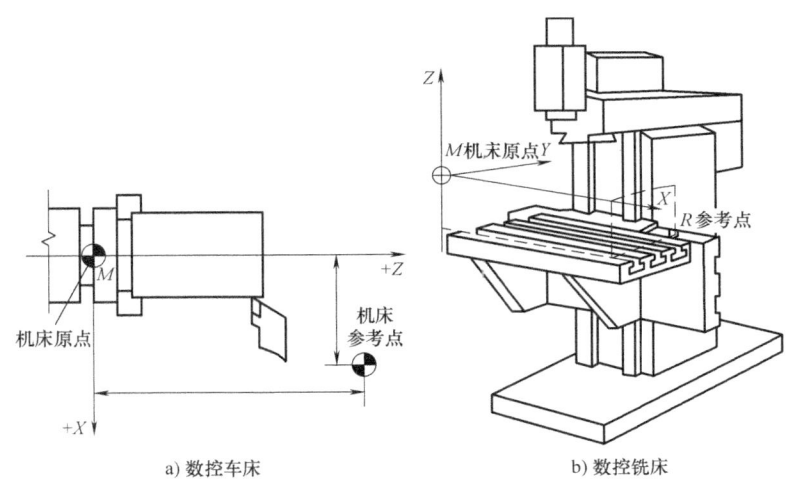

图 2-6 数控机床的机床原点和机床参考点

一般数控车床、数控铣床的机床原点和机床参考点位置如图 2-6 所示。但是有些数控机床的机床原点和机床参考点重合。

为保证数控机床工作安全，数控系统通常都具备软保护和硬超限保护两种功能。软保护参数的设定通常是依据机床坐标系而建立，即参数值相对于机床坐标系，系统才能正确识别安全工作区域。若数控机床坐标系变动，则参数值设定区域随机浮动，失去原保护位置。

2.2.2 工件坐标系（WCS）的设定

1. 工件坐标系

该坐标系是编程人员在编程时根据加工零件的形状特征和工艺要求，为了编程的方便在工件上确立的坐标系，也称为编程坐标系。工件坐标系是在数控编程时用来定义工件形状和刀具相对工件位置的坐标系，为保证数控编程与机床加工的一致性，工件坐标系也采用右手直角笛卡儿坐标系。工件装夹到机床上时，应使工件坐标系与机床坐标系的坐标轴方向保持一致。工件坐标系的建立，包括坐标原点的选择和坐标轴的确定。

2. 工件坐标系原点

工件坐标系的原点也称为工件原点或编程原点，一般用 G92 指令（SIEMENS 数控系统）选择工件坐标系，或 G54~G59 指令（FANUC 数控系统）指定，它与机床坐标系零点可以相同也可以不同。

工件坐标系原点是由编程人员按编程计算方便、机床调整方便、对刀方便、在毛坯位置上确定方便等原则定义在工件上的几何基准点。它是零件图样上最重要的设计基准点。编程人员以零件图上的某一固定点作为原点来建立工件坐标系，编程尺寸均按照工件坐标系中的尺寸给定，编程是按工件坐标系来进行的。工件原点在工件坐标系上的位置可以任意选择，但是一般应该遵循下列原则：

1) 工件原点应该选择在工件的设计基准上，以便于编程。
2) 工件原点尽量选择在尺寸精度高、表面粗糙度值低的工件表面上。
3) 工件原点最好选择在工件的对称中心上。

在数控车床上加工工件时,工件原点一般设置在主轴中心线与工件右端面(或左端面)的交点处,如图2-7a所示。在数控铣床上加工工件时,工件原点一般设置在进刀方向一侧工件外轮廓表面的某个角上或对称中心上,如图2-7b所示。当工件在机床上装夹后,通过对刀,确定工件坐标系在机床坐标系中的位置。坐标系的设定与位移如图2-8所示。

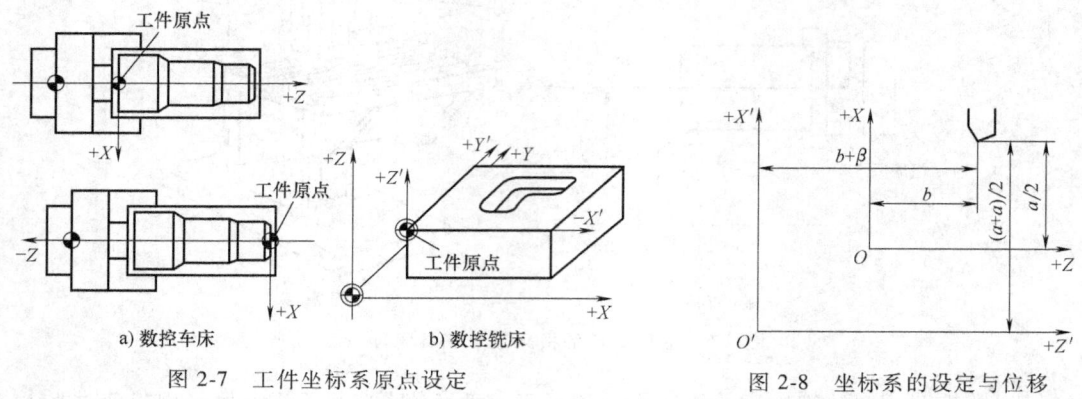

图2-7 工件坐标系原点设定　　　　图2-8 坐标系的设定与位移

3. 工件坐标系坐标轴的确定

工件坐标系原点确定以后,接着就是坐标轴的确定。工件坐标系坐标轴的确定原则:根据工件在机床上的安装方向和位置决定 Z 轴方向,即工件安放在数控机床上时,工件坐标系的 Z 轴与机床坐标系的 Z 轴平行,正方向一致,在工件上通常与工件主要定位支承面垂直;然后,选择工件尺寸较长方向(或切削时的主要进给方向)为 X 轴方向;在数控机床上安放后,其方位与机床坐标系的 X 轴平行,正方向一致;过原点与 X 轴、Z 轴垂直的轴为 Y 轴,并根据右手定则确定 Y 轴的正方向。

4. 装夹原点

机床上还有一个重要的点,即装夹原点,是工件装夹固定在数控机床上的一个重要参考点。常见于带回转工作台的数控机床或加工中心,一般是机床工作台上的一个固定点。

2.3 手工零件编程的基础知识

手工零件编程(简称手工编程)是计算机零件编程(简称自动编程)的基础、机床现场加工调试的主要方法、机床操作人员必须掌握的基本功,本节介绍手工零件编程的基础知识。

2.3.1 加工程序的编制

1. 加工程序编制的基本概念

所谓数控编程就是把零件的工艺过程、工艺参数、机床的运动以及刀具位移量等信息用数控语言记录在程序单上,并做校核的全过程。为了与数控系统的内部程序(系统软件)及自动编程用的零件源程序相区别,把从外部输入的直接用于加工的程序称为数控加工程序,简称为数控程序。

数控机床所使用的程序是按照一定的格式并以代码的形式编制的。数控系统的种类繁多，它们使用的数控程序的语言规则和格式也不尽相同，编制程序时应该严格按照机床编程手册中的规定进行。因此，在编制加工程序之前，编程人员首先应了解所用数控机床的规格、性能、数控系统所具备的功能及编程指令格式等。编制加工程序时，编程人员应对零件图规定的技术要求、零件的几何形状、尺寸精度要求等内容进行分析，确定加工方法和加工路线；进行数学计算，获得刀位轨迹数据；然后按数控机床规定的代码和程序格式，将被加工工件的尺寸、刀具中心运动轨迹、切削参数以及辅助功能（如换刀、主轴正反转、切削液开关等）信息编制成加工程序，并输入数控系统，由数控系统控制机床自动地进行加工。理想的加工程序不仅应该保证能加工出符合零件图要求的合格工件，还应该使数控机床的功能得到合理的应用和充分的发挥，以使数控机床能安全、可靠、高效地工作。

2. 加工程序编制的方法

加工程序编制大体经过了机器语言编程、高级语言编程、代码格式编程和人机对话编程与动态仿真这样几个阶段。在 20 世纪 70 年代，美国电子工业协会（EIA）和国际标准化组织（ISO）先后对数控机床坐标轴和运动方向，数控程序编程的代码、字符和程序段格式等制定了若干标准和规范（我国按照 ISO 标准也制定了相应的国家标准和机械行业标准），从而出现了用代码和标示符号，按照严格的格式书写的数控加工源程序——代码格式编程程序。这种编写源程序技术的重大进步有着极为深远的意义。在这种编程方式出现后，凡是数控系统不论档次高低，均具有编程功能。因为编程过程大为简化，使得机床操作者只要查阅、细读系统说明书就有能力编程，从而使数控机床走向大范围、广领域的应用。

加工程序编制的方法主要分为手工编程和自动编程两种。

（1）手工编程　手工编程是指从零件图分析、工艺处理、数值计算、编写程序单，直到程序校核等各步骤的数控编程工作均由人工完成的全过程。手工编程适合于编写进行点位加工或几何形状不太复杂的零件的加工程序，以及程序坐标计算较为简单、程序段不多、程序编制易于实现的场合。这种方法比较简单，容易掌握，适应性较强。手工编程方法是编制加工程序的基础、机床现场加工调试的主要方法、机床操作人员必须掌握的基本功，其重要性是不容忽视的。

（2）自动编程　自动编程是指在计算机及相应的软件系统的支持下，自动生成加工程序的过程。它充分发挥了计算机快速运算和存储的功能。其特点是采用简单、通用的语言对加工对象的几何形状、加工工艺、切削参数及辅助信息等内容按规则进行描述，再由计算机自动地进行数值计算、刀具中心运动轨迹计算、后置处理，产生零件加工程序单，还可对加工过程进行模拟。对于形状复杂，具有非圆曲线轮廓、三维曲面等零件编写加工程序，采用自动编程方法效率高，可靠性好。在编程过程中，编制人员可及时检查程序是否正确，需要时可及时修改。由于使用计算机代替编程人员完成了烦琐的数值计算工作，并省去了书写程序单等工作量，因而编程效率可提高几十倍乃至上百倍，解决了手工编程无法解决的许多复杂零件的编程难题。

随着 CAD/CAM 软件的普及，自动编程的方法得到了广泛采用，但在实际工作中仍有必要掌握一定的手工编程知识。原因如下：

1）手工编程对于那些图形简单的加工对象不需要借助于外部条件就可以完成编程工作，具有快速、方便、省时、简单的特点。

2）手工编程是自动编程的基础，自动编程中许多重要的经验都来源于手工编程。在自动编程过程中,加工策略的选择、加工工艺参数的选用仍然要由人工确定并输入计算机中,掌握手工编程的方法和技巧,对深刻理解自动编程有重要的作用。

3) 掌握手工编程有助于提高加工程序的可靠性。尽管现在的 CAD/CAM 软件都具备对加工程序进行仿真的功能,但是一些有经验的程序员往往还是会对自动生成的程序进行一次人工检查,以确认其正确性。有时,编程人员根据实际情况还要对已经生成的加工轨迹进行必要的编辑与修改。如果编程人员具有手工编程的基础,将可以在调试过程中,迅速完成改动,从而大大节约调试时间。

4) 在某些特殊的情况下无法实现自动编程时,仍然需要采用手工编程方法完成加工程序的编制。

2.3.2 手工编程的方法及步骤

手工编程的主要内容有分析零件图、确定工艺过程、数值计算、编写加工程序、校验程序及首件试切。手工编写加工程序的流程可参见图 2-1。

手工编程的具体步骤如下:

1. 分析零件图、确定工艺过程

在数控机床上加工零件,工艺人员拿到的原始资料是零件图。根据零件图,可以对零件的形状、尺寸精度、表面粗糙度、工件材料、毛坯种类和热处理状况等进行分析,然后选择机床、刀具,确定定位夹紧装置、加工方法、加工顺序及切削用量的大小。在确定工艺过程中,应充分考虑所用数控机床的指令功能,充分发挥机床的效能,做到加工路线合理、走刀次数少和加工时间短。

此外,还应编制有关的工艺技术文件,如数控加工工序卡、数控刀具卡、走刀路线图等。

2. 计算刀位轨迹的坐标值

根据零件图的几何尺寸及设定的编程坐标系,计算出刀具中心的运动轨迹,得到全部刀位数据。常见数控系统具有直线插补和圆弧插补的功能,对于形状比较简单的平面形零件(如由直线和圆弧组成的零件),只需要计算出几何元素的起点、终点、圆弧的圆心(或圆弧的半径)、两几何元素的交点或切点的坐标值。如果数控系统无刀具补偿功能,则要计算刀具中心的运动轨迹坐标值。对于形状复杂的零件(如由非圆曲线、曲面组成的零件),需要用直线段或圆弧段逼近实际的曲线或曲面,根据所要求的加工精度计算出各节点的坐标值。

3. 编写加工程序

根据计算出的刀具中心运动轨迹数据和已确定的工艺参数及辅助动作,编程人员可以按照所用数控系统规定的功能指令及程序段格式,逐段编写出零件的加工程序。

编写加工程序的注意事项:

1) 加工程序书写的规范性。

2) 在充分熟悉所用数控机床的性能与所用数控系统指令的基础上,注重指令使用、程序段编写的技巧。

4. 将程序输入数控机床

将加工程序输入数控机床的方式有光电阅读机、键盘、软盘、磁带、存储卡、连接上级计算机的 DNC 接口及网络等。目前常用的方法有两种：一是通过键盘直接将加工程序输入数控机床程序存储器中；二是通过计算机与数控系统的通信接口将加工程序传送到数控机床的程序存储器中。现在一些新型数控机床已经配置大容量存储卡存储加工程序，当作数控机床程序存储器使用，因此数控程序可以事先存入存储卡中。

5. 程序校验与首件试切

数控程序必须经过校验和试切才能正式加工。在有刀位轨迹显示或图形模拟功能的数控机床上，可以使用这些功能检查刀位轨迹的正确性，对无此功能的数控机床可进行空运行检验。但这些方法只能检验出刀具运动轨迹是否正确，不能查出对刀误差、由于刀具调整不当或因某些计算误差引起的加工误差及零件的加工精度，所以有必要经过零件加工的首件试切这一重要步骤。当发现有加工误差或不符合零件图要求时，应分析误差产生的原因，以便修改加工程序或采取刀具尺寸补偿等措施，直到加工出符合零件图要求的零件为止。随着数控加工技术的发展，可采用先进的数控加工仿真方法对加工程序进行校核。

2.3.3 加工程序的结构与格式

在数控机床上加工零件，首先要编写加工程序。加工程序是表达数控机床实际运动顺序之功能指令的有序集合，其将加工过程以数控语言的形式记录和固定下来。

1. 加工程序的结构

一个完整的数控加工程序一般由以下五个基本部分组成：

1) 数控系统 G 功能指令初始状态。
2) 调用刀具和刀具起始位置。
3) 刀具切削几何（刀具路径）数据。
4) 刀具返回至安全与卸工件位置。
5) 加工程序结束。

数控加工程序结构（铣削加工）举例如下：

O 0123;	程序名
N002 G17 G40 G80 G64 G49 G90;	第一部分：初始状态定义
N004 T01;	第二部分：切削刀具的起始位置
N006 M06;	
N008 G54 G00 X0 Y0 Z100.0;	
N010 S400 M03;	
N012 Z2.0;	
N014 G01 Z-4.0 F100;	第三部分：刀具切削几何数据
N016 G41 X20.0 Y10.0 D01 F280;	
N018 Y50.0;	
N020 X60.0;	
N022 Y10.0;	
N024 X20.0;	
N026 G40 X0 Y0;	
N028 G00 Z200.0 Y80.0;	第四部分：切削结束后刀具位置

N030 M05；
N032 M30； 第五部分：程序结束或子程序返回位置

这是一个零件铣削加工程序。该程序由程序名（又称程序号）O 0123 开始，以 M30 结束。它由不同的 16 个程序段组成，每个程序段中由若干个指令字组成，一个程序段表示一个完整的加工工步或动作。这个程序描述了 1 号刀具在加工过程中的工艺特点、切削状态及走刀路线。在数控机床上加工零件的加工程序表达了刀具在加工过程中的位置姿态、切削参数及整个运行轨迹指令的有序集合，也就是将加工过程的"加工程序"以数控语言的形式记录和固定下来。

（1）程序段　程序段是代码格式编程的基本单位，程序被执行时程序段通常可指令数控机床完成一个动作。

一个程序段由一个或若干个指令"字"组成，指令代表某一信息单元；一个指令"字"由地址符和数字（包括正/负号）组成，它代表机床的一个位置或一个动作；每个程序段结束处应有程序段结束标志符，表示该程序段的结束。

（2）字符　字符是数控系统能进行存储或传送的记号。常规加工程序用的字符分为四类：

1）文字，即大写的 26 个英文字母。

2）数字和小数点，即 0~9 共 10 个阿拉伯数字和小数点。

3）符号，即正号（+）和负号（-）。

4）功能字符，即程序开始（结束）符、程序段结束符、跳步符、机床控制暂停符和机床控制恢复符等。

（3）字与字的功能类别

1）字的结构。字是程序字的简称，在这里它是机床数字控制的专用术语。字由地址以及该地址后面的符号和若干位数字组成，字作为一个信息单元存储、传递和操作，如 X35 就是一个"字"。字所含的字符个数称为字长。常规加工程序中的字都由一个英文字母与随后的若干位十进制数字组成。这个英文字母称为地址字符。地址字符与后续数字之间可加正、负号，正号可以省略。

2）字的分类。程序字有两种分类方法：一是根据各种数控装置的特性而异，程序字可以分为尺寸字和非尺寸字两种；二是将程序字按其功能的不同分为不同的功能字类型，它们分别称为顺序号字、准备功能字、尺寸字、进给功能字、主轴转速功能字、刀具功能字和辅助功能字等。

应当注意，不同的系统，其所用的地址字符及其定义不尽相同。

常用地址字符及其含义见表 2-1。

表 2-1　常用地址字符及其含义

地址	功能	含　义	地址	功能	含　义
A	坐标字	绕 X 轴旋转	E		第二进给功能
B	坐标字	绕 Y 轴旋转	F	进给功能	进给速度指令
C	坐标字	绕 Z 轴旋转	G	准备功能	指令动作方式
D	补偿号	刀具半径补偿指令	H	补偿号	长度补偿号指定

(续)

地址	功能	含 义	地址	功能	含 义
I	坐标字	圆弧中心 X 轴向坐标矢量	R	坐标字	圆弧半径的指定或固定循环中指定距离
J	坐标字	圆弧中心 Y 轴向坐标矢量			
K	坐标字	圆弧中心 Z 轴向坐标矢量	S	主轴功能	主轴转速的指定
L	重复次数	固定循环及子程序的重复次数	T	刀具功能	刀具编号的指定
M	辅助功能	机床开/关指令	U	坐标字	与 X 轴平行的附加轴的增量坐标值
N	顺序号	程序段顺序号	V	坐标字	与 Y 轴平行的附加轴的增量坐标值
O	程序号	程序号、子程序号的指定	W	坐标字	与 Z 轴平行的附加轴的增量坐标值
P		暂停时间或程序中某功能开始使用的顺序号	X	坐标字	X 轴的坐标值或暂停时间
Q		固定循环终止段号或固定循环中指定距离	Y	坐标字	Y 轴的坐标值
			Z	坐标字	Z 轴的坐标值

（4）程序名（号） 程序名由程序名地址符和程序的编号（或程序的名称）组成，程序名必须放在程序的开头位置。对每一个完整的独立加工程序必须要进行命名（编号），以便区别于其他程序，供操作者在数控机床程序存储器的程序目录中查找、调用。不同的数控系统，程序名地址符也有所差别。FANUC 系列数控系统中，程序名地址用英文字母"O"表示；SIEMENS 系列数控系统中，程序名地址用符号"%"表示；还有些数控系统程序名地址符为"P"等。程序名一定要根据系统的规定编写，否则程序无法被运行。存入数控系统程序存储器的各零件加工程序名不能相同。例如，FANUC 系列数控系统程序名的格式为

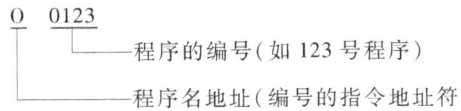

有些数控系统的程序名可以用英文字母、数字和一些符号组成，如 ABCD3_800。

（5）子程序 加工程序可分为主程序和子程序。在一个加工程序中的若干位置上有连续若干段程序在写法及格式上完全相同，为了简化编程，可将这些重复出现的程序段单独提取出来，并按一定的格式编写，这样的程序称为子程序。子程序的编写格式与主程序完全相同。

子程序的应用范围：

1）工件上有若干个相同的轮廓形状。
2）加工中经常出现或具有相同的加工路线轨迹。
3）某一个轮廓或形状需要分层加工。
4）独立的加工工步。

在通常情况下，数控机床是按主程序的指令进行工作，但是当主程序执行过程中执行到需要子程序时，再通过一定格式来调用，控制信息流就按子程序执行；当执行子程序过程中遇到返回主程序的指令时，控制信息流就返回主程序，继续按主程序执行。子程序的调用与返回如下：

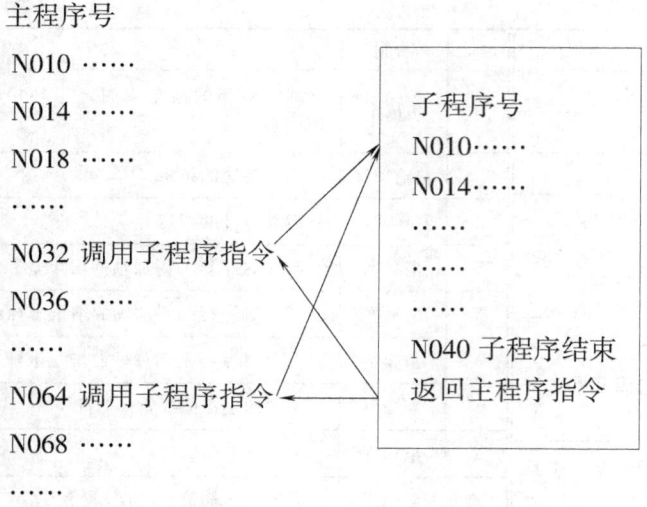

子程序可以被主程序调用，同时也可以调用另一个子程序。子程序可以多层次调用，即所谓"多层嵌套"，从而大大简化了编程工作，缩短了程序长度，节约了程序存储器的容量。子程序允许嵌套的层数，由具体使用的数控系统规定。

在 FANUC 系列数控系统中，主程序调用子程序时要用辅助功能指令 M98 呼叫子程序。呼叫某一子程序需要在 M98 指令后面紧跟一个地址字为 P 的程序字，该字中的数字为所调用子程序名中的号数。子程序结束并返回主程序时的辅助功能指令用 M99。子程序多层嵌套调用过程如图 2-9 所示。

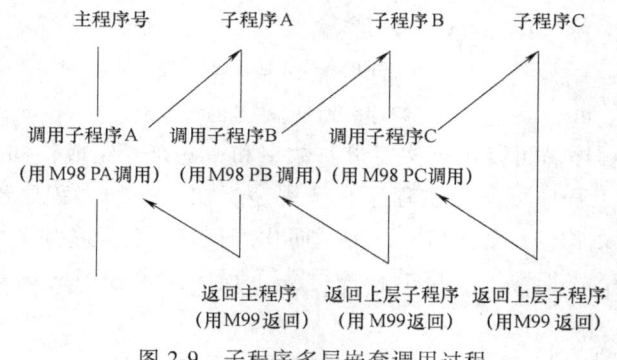

图 2-9 子程序多层嵌套调用过程

2. 程序段格式

程序段格式是指令字在程序段中的书写方式和排列的顺序，以及每一个程序段的长度限制和规定。数控系统的种类较多，它们的指令代码并不完全统一，不同数控系统往往有不同的程序段格式。在具体编制某一型号机床的程序时，若程序格式不符合规定，数控系统就会报警，停止运行。因此，编程人员在编程前必须熟悉所选用数控系统的功能指令，以免发生错误。

常用的程序段的书写格式有三种，即固定程序段格式、使用分隔符的程序段格式和使用地址符的可变程序段格式。前两种程序段的书写格式已很少使用，目前广泛采用的是使用地址符的可变程序段格式。国际上采用的是 ISO 1056：1975，我国原机械工业部制定了与该标准等效的 JB/T 3208—1999，现已废止。

常见程序段格式见表 2-2。

表 2-2 常见程序段格式

1	2	3	4	5	6	7	8	9	10	11	12
N__	G__	X__ U__ Q__	Y__ V__ P__	Z__ W__ R__	I__J__K__ R__	…	F__	S__	T__	M__	LF
程序段号	准备功能	尺寸字					进给功能	主轴功能	刀具功能	辅助功能	结束符

在这种格式中，指令字的排列顺序没有严格的要求，指令字的数目和指令字的长度都是可变化的。上述程序段中包含的各种指令并非在程序的每个程序段中都必须有，而是根据各程序段的具体功能来编入相应的指令，不需要的指令字以及与上段相同的模态指令字可以不写。这种格式的特点是程序简单，可读性强，易于检查和占用内存少。

2.3.4 加工程序指令代码

在数控机床加工程序中，我国和国际上都广泛使用准备功能 G 指令、辅助功能 M 指令、进给功能 F 指令、刀具功能 T 指令和主轴转速功能 S 指令等五种指令代码来描述加工工艺过程和数控机床的各种运动特征。编程人员必须充分理解、正确掌握并充分利用数控机床的各个指令和功能，才能编制出正确且高效的加工程序，提高数控机床加工能力和质量。下面对数控程序中常用的指令字做一简要说明。

1. 程序段号（简称顺序号）

程序段号位于程序段之首，它的地址符是 N，后续数字通常是 N1~N9999。程序段号可以用在主程序、子程序和宏程序中。在数控加工中的顺序号实际上是程序段的名称。

程序段号的作用：第一，在加工轨迹图的几何基点处标上相应程序段序号，可以直观地检查加工程序；第二，可作为加工程序中条件转向的目标；第三，可用于对加工程序的校对和检索；第四，标注了程序段号，当发生程序语法等错误时，数控系统可以提示存在语法问题的程序段位置；第五，在编辑方式和自动运行中供检索目标用等。

程序段号的使用规则：数字部分应为正整数，一般最小顺序号为 N1。顺序号的数字可以不连续，也不一定从小到大顺序排列。例如，第一段用 N1，第二段用 N20，第三段用 N10 也是可以的。对于整个程序，可以在每个程序段都设顺序号，也可以只在部分程序段中设顺序号，还可以在整个程序中都不设顺序号。在程序段设顺序号时，一般多采用顺序号依次排序，即先设定第一个程序段号，后面以间隔增量为 2、4、5 或 10 递增的方法设置。原因是当调试程序时根据需要插入新的程序段后，各程序段仍然为依次排序。

2. 准备功能字 G

准备功能字的地址符是 G，又称 G 功能或 G 指令。它是建立机床或控制数控系统工作方式的一种命令，一般用来规定刀具和工件的相对运动轨迹（即插补功能）、机床坐标系、坐标平面、刀具补偿和坐标偏置等多种加工操作，以及厂家自定义的多种固定循环指令和宏指令调用等。它由地址符 G 及其后面的两位数字或三位数字组成。G 功能指令的定义我国已有行业标准。表 2-3 是我国 JB/T 3208—1999 标准 G 指令的功能定义表。

表 2-3　JB/T 3208—1999 标准的 G 指令表

代码(1)	模态(2)	功能(3)	代码(1)	模态(2)	功能(3)
G00	a	点定位	G50	#(d)	刀具偏置 0/-
G01	a	直线插补	G51	#(d)	刀具偏置+/0
G02	a	顺时针方向圆弧插补	G52	#(d)	刀具偏置-/0
G03	a	逆时针方向圆弧插补	G53	f	直线偏移注销
G04	—	暂停	G54	f	直线偏移 X
G05	#	不指定	G55	f	直线偏移 Y
G06	a	抛物线插补	G56	f	直线偏移 Z
G07	#	不指定	G57	f	直线偏移 XY 平面
G08	—	加速	G58	f	直线偏移 ZX 平面
G09	—	减速	G59	f	直线偏移 YZ 平面
G10~G16	#	不指定	G60	h	准确定位 1(精)
G17	c	XY 平面选择	G61	h	准确定位 2(中)
G18	c	ZX 平面选择	G62	h	快速定位(粗)
G19	c	YZ 平面选择	G63	—	攻螺纹
G20~G32	#	不指定	G64~G67	#	不指定
G33	a	等螺距螺纹切削	G68	#(d)	刀具偏置,内角
G34	a	增螺距螺纹切削	G69	#(d)	刀具偏置,外角
G35	a	减螺距螺纹切削	G70~G79	#	不指定
G36~G39	#	永不指定	G80	e	固定循环注销
G40	d	刀具补偿(偏置)注销	G81~G89	e	固定循环
G41	d	刀具左补偿	G90	j	绝对尺寸
G42	d	刀具右补偿	G91	j	增量尺寸
G43	#(d)	刀具正偏置	G92	—	预置寄存
G44	#(d)	刀具负偏置	G93	k	时间倒数,进给率
G45	#(d)	刀具偏置+/+	G94	k	每分钟进给
G46	#(d)	刀具偏置+/-	G95	k	主轴每转进给
G47	#(d)	刀具偏置-/-	G96	i	恒线速度
G48	#(d)	刀具偏置-/+	G97	i	每分钟转数(主轴)
G49	#(d)	刀具偏置 0/+	G98~G99	#	不指定

注：1. #号：如选作特殊用途，必须在程序格式说明中加以说明。
　　2. 如在直线切削控制中无刀具补偿，则 G43~52 可指定作其他用途。
　　3. 表中第(2)栏括号中的字母(d)表示：可以被同栏中无括号的字母 d 注销或代替，也可被有括号的字母(d)注销或代替。

G 指令分为模态指令和非模态指令两种，表 2-3 中第(2)栏标有字母的指令为模态指令。模态 G 指令按功能分为若干组，标有相同字母的为同组。模态指令又称为续效指令。

所谓模态指令是指某一 G 指令一经程序段中指定，就一直有效，直到后边程序段中出现同组的另一 G 指令或被其他指令取消时才失效。编写程序时，与上段相同的模态指令可省略不写。不同组模态指令编在同一程序段内，不影响其续效。例如：

N0010 G91 G01 X20 Y20 Z-5 F150；

N0020 X35；

N0030 G90 G00 X0 Y0 Z100；

上例中，第一段出现两个模态 G 指令，即 G91、G01，因它们不同组而均为续效，其中 G91 功能延续到第三段出现 G90 时失效；G01 功能在第二段中继续有效，至第三段出现 G00 时才失效。

表 2-3 中第（2）栏标有"-"的指令为非模态指令，又称为非续效指令。非模态代码只在指令的本程序段中有效，下一段程序需要时必须重写。

我国目前使用的中、高档数控系统大部分是从日本、德国和美国等国家引进的，如日本的 FANUC 系统、德国的 SIEMENS 系统和美国的 AB 系统等，它们的 G 指令字的功能相差甚大。由于数控技术的发展和应用的需要，上述行业标准中规定的 G 代码指令已经远不能满足实际加工需要，有些数控系统的 G 指令的数字已经扩展到三位数，达到 300 多个 G 代码。目前这些中、高档数控系统实际使用 G 功能指令的标准化程度较低，只有 G01~G04、G17~G19、G40~G42 的指令定义在各个数控系统中基本相同；G90~G91、G94~G97 的含义在多数系统内相同。有些数控系统规定可使用几套 G 指令。对于同一 G 指令而言，不同的系统所代表的含义不完全一样；对于同一功能，不同的系统采用的 G 指令也有差异。这说明，编程人员必须遵照所选用的数控机床及数控系统的使用说明书编写加工程序。

G 指令的含义及使用方法将在以后章节中结合具体编程详细介绍。

3. 主轴转速功能字 S

主轴转速功能字的地址符是 S，所以又称为 S 功能或 S 指令。它由主轴转速地址符 S 及数字组成，数字表示主轴转数，其单位按系统说明书的规定。现在一般数控系统主轴已采用主轴控制单元，能使用直接指定方式，即可用地址符 S 的后续数字直接指定主轴转数。例如，若要求主轴转速为 1200r/min，则编程指令为 S1200。

在数控车床中，还有一种使切削速度保持不变的所谓恒线速度功能。这意味着在切削过程中，如果切削部位的回转直径不断变化，则主轴转速也要不断地做相应的变化，如加工端面、圆锥面及任意曲线构成的旋转面时，为保证车刀刀尖处的切削线速度不变，必须随着刀尖所处位置直径的不同而自动调整主轴的转速。该功能由 G96 指令控制其主轴转速按所规定的恒线速度值运行，程序段中的 S 指令是指定车削加工时恒定的切削线速度。例如，G96 S200 表示其恒线速度值为 200m/min。当需要恢复恒定转速时，可用 G97 指令对其注销。

S 功能指令为模态指令。编程中的主轴转速在实际加工中可以通过数控系统操作面板上的主轴转速倍率旋钮调整，其值可以在 50%~150% 范围内调节。

4. 进给功能字 F

进给功能字的地址符是 F，所以又称为 F 功能或 F 指令。它由进给地址符 F 及数字组成，数字表示切削时所指定的刀具中心（车床是假想刀尖点）运动的速度。此数字的单位取决于数控系统所采用进给速度的指定方式。现在一般数控系统都能使用直接指定方式，即可用地址符 F 的后续数字直接指定进给速度。对于数控车床系统，可分为每分钟进给和主轴每转进给两种方式，一般分别用 G94、G95 指定；对于数控铣床系统，一般只用每分钟进给方式表示。选择何种进给速度，与实际加工的工件材料、刀具及工艺要求有关。作为切削用量三要素之一，能否合理地选择进给速度对加工的质量、效率影响很大。

F 地址在螺纹切削程序段中用于指定螺纹导程。

F 功能指令为模态指令。程序中 F 指令的进给速度在实际加工中可以用数控系统操作面板上的进给速度倍率旋钮来调整，其值可以在 0～200% 范围内调节。

5. 刀具功能字 T

刀具功能字的地址符是 T，所以又称为 T 功能或 T 指令。它用以指定切削时使用的刀具的刀号及刀具自动补偿时的组号。其自动补偿的内容有刀具对刀后的刀位偏差、刀具长度及刀具半径补偿。

在编程中，其指令格式因数控系统不同而异，主要格式有以下两种：

（1）采用 T 指令编程　指令由刀具功能地址符 T 和数字组成。T 后面的数字用来指定刀具号和刀具补偿号。在 FANUC 系统中，刀具功能 T 指令的后续数字有一位数、两位数、四位数和六位数四种，其中以两位数（T××）和四位数（T××××）两种格式居多。

例如，T0404 表示选择第 4 号刀具，使用刀具偏置表中 4 号偏置地址的尺寸；T0200 表示选择第 2 号刀具，刀具偏置取消。

（2）采用 T、D 指令编程　使用 T 功能指令选择刀具号，使用 D 功能指令选择相关的刀具偏置量。在定义这两个参数时，其编程的顺序为 T、D。T 和 D 可以编写在一起，也可以单独编写。在 SIEMENS 系统中，一般一个刀具可以匹配 1～9 个不同的刀具偏置量。

例如，T5D2 表示选择第 5 号刀具，使用刀具偏置表中 2 号偏置地址的尺寸；T5D7 表示仍选择第 5 号刀具，使用刀具偏置表中 7 号偏置地址的尺寸。

6. 辅助功能字 M

辅助功能字的地址符是 M，所以又称为 M 功能或 M 指令。它由辅助功能地址符 M 和两位数字组成，主要用于指定数控程序停止、主轴起动及顺和逆、主轴停止、换刀、程序结束并返回、切削液开与关，以及各种进给操作时的辅助动作及其状态。M 指令在实际使用中的标准化程度比 G 指令还低。但 M00～M05 及 M30 指令的含义在各数控系统中是一致的，M06～M11，以及 M13、M14 指令的含义在各数控系统中也基本一致。

辅助功能指令也有 M00～M99，共计 100 种，我国 JB/T 3208—1999 标准 M 指令的功能定义见表 2-4。

表 2-4　JB/T 3208—1999 标准的 M 指令表

代码(1)	模态(2)	功能(3)	代码(1)	模态(2)	功能(3)
M00	—	程序停止	M07	*	2 号切削液开
M01	—	计划停止	M08	*	1 号切削液开
M02	—	程序结束	M09	*	切削液关
M03	*	主轴顺时针旋转	M10	*	夹紧
M04	*	主轴逆时针旋转	M11	*	松开
M05	*	主轴停止	M12	#	不指定
M06	—	换刀	M13	*	主轴顺时针方向，切削液开

(续)

代码(1)	模态(2)	功能(3)	代码(1)	模态(2)	功能(3)
M14	*	主轴逆时针方向,切削液开	M48	*	注销M49
M15	—	正运动	M49	#	进给率修正旁路
M16	—	负运动	M50	#	3号切削液开
M17~M18	#	不指定	M51	#	4号切削液开
M19	*	主轴定向停止	M52~M54	#	不指定
M20~M29	#	永不指定	M55	#	刀具直线位移,位置1
M30	—	纸带结束	M56	#	刀具直线位移,位置2
M31	—	互锁旁路	M57~M59	#	不指定
M32~M35	#	不指定	M60	—	更换工件
M36	#	进给范围1	M61	*	工件直线位移,位置1
M37	#	进给范围2	M62	*	工件直线位移,位置2
M38	#	主轴速度范围1	M63~M70	#	不指定
M39	#	主轴速度范围2	M71	*	工件角度位移,位置1
M40~M45	#	如有需要作为齿轮换档,此外不指定	M72	*	工件角度位移,位置2
			M73~M89	#	不指定
M46~M47	#	不指定	M90~M99	#	永不指定

注:表中"不指定"的指令,在将来修订标准时,供指定新的功能用。"永不指定"的指令,说明即使将来修订标准,也不指定新的功能。这两类指令均可由数控制造厂商根据需要自行定义其功能。

M指令有模态与非模态之分,表2-4中第(2)栏标有"*"的指令为模态指令,标有"—"的指令为非模态指令,标有"#"的指令表示如选作特殊用途,必须在程序说明中加以说明。

M指令的含义及使用方法将在以后章节中结合具体编程详细介绍。

7. 坐标字

坐标字在程序段中主要用来指令机床上刀具运动到达的坐标位置,表示暂停时间功能等也列入其中。它由坐标地址符及数字组成,且按一定的顺序进行排列。

各坐标轴的地址符按下列顺序排列:X、Y、Z、U、V、W、Q、R、A、B、C、D、E。

坐标尺寸是使用国际单位制还是寸制,多数系统用准备功能字来选择,如FANUC等系统用G21/G22切换,SIEMENS等系统用G71/G70切换。尺寸字中数值的单位设定,采用国际单位制时常用1μm和1mm两种;采用寸制时常用0.0001in和0.001in两种。在数控系统米/寸制各有两种单位可使用时,选择何种单位,通常用数控系统中的参数事先设定好。

坐标字中地址符的使用虽然有一定规律,但是各系统往往还会有一些差别。

8. 程序段结束标志符

在程序段的最后一个有用的字符之后应有结束标志符表示程序段的结束。用EIA标准代码时,结束符为"CR";用ISO标准代码时,结束符为"LF"。书面符号无规定时,可用符号";"或"*"表示,或不书写任何符号。在编写程序段时可选择不书写程序段结束符号,当手工输入程序换行时,CNC系统会自动加上,在数控系统的显示屏幕上可以看到。

需要说明的是,数控机床的指令在国际上有很多标准,并不完全一致。而随着数控技术的发展，其系统功能会更加强大，功能指令字也会更加丰富，程序格式上的差异也会依然存在。因此，在具体掌握某一数控机床时要仔细了解其数控系统的编程格式。

2.4 数控加工工艺设计

数控加工工艺是伴随着数控机床的产生，不断发展并逐步完善起来的一门应用技术。数控加工工艺源于传统的机械加工工艺，将传统的金属加工工艺、计算机数控技术、计算机辅助设计和辅助制造技术有机地结合在一起。

机械加工工艺过程是指用材料去除方法改变毛坯的形状、尺寸和表面质量，使其达到设计要求的过程。在数控机床上加工的零件通常要比普通机床加工的零件复杂得多。数控机床的加工工艺与普通机床的加工工艺有许多相同之处，遵循的原则基本一致；也有许多不同，最大的不同表现在切削刀具运动轨迹的控制方式上。同时由于数控机床本身自动化程度较高，设备费用较高，因此数控机床加工也形成了自己的特点：

1. 数控加工的工艺内容设计更加具体

在使用普通机床加工时，许多具体的工艺问题，如工艺中各工步的划分与安排、刀具的几何形状、走刀路线及切削用量等，在很大程度上都是由操作工人根据自己的实践经验和习惯自行考虑和决定的，一般无需工艺人员在设计工艺规程时进行过多的规定。而在数控机床加工时，上述这些具体工艺问题，不仅成为数控工艺设计时必须考虑的内容，而且必须做出正确的选择并编入加工程序中。也就是说，本来是由操作者在加工中灵活掌握并可通过适时调整来处理的许多工艺内容，在数控加工时就转变为编程人员必须事先设计和安排的内容。因此，数控加工工艺比普通加工工艺要复杂得多，影响因素也多。

数控加工工艺的复杂性决定了加工方案的多样性，这也是数控加工工艺的一个特色，是与传统加工工艺的显著区别。相同的数控加工任务，可以有多个数控工艺方案，既可以选择以加工刀具作为主线来安排工艺，也可以选择以粗、精加工工序为主线来安排工艺，因而有必要对数控编程的全过程进行综合分析，合理安排，然后整体完善。

2. 数控加工的工艺设计非常严密

数控机床虽然自动化程度较高，但自适应性差。它不像普通机床加工时可以根据加工过程中出现的问题灵活、适时地进行人为的调整。即使现代数控机床在自适应调整方面做出了不少努力与改进，但其自由程度也不大。例如，操作者可以通过数控系统操作面板上的倍率旋钮控制主轴转速在50%~150%的范围内进行调整，控制进给速度在0~200%的范围内进行调整。但对切削深度参数，一旦在程序中编写进去后，便无法在加工中进行调整。又如，数控机床加工螺纹孔时，它不知道孔中是否已经挤满了切屑，是否需要退一下刀，或先清理一下切屑再进刀。所以，在数控加工的工艺设计中，必须注意加工过程中的每一个细节。同时在对零件图进行数学处理、计算和编程时，都要力求正确无误。

3. 数控加工操作的程序化相当严格

在数控加工中，加工工艺必须经过验证后才能用于指导生产。由于数控加工自动化程度高、可多轴联动，便于工序集中安排。但数控机床价格昂贵，操作技术要求高，所加工的对象也都是一些形状比较复杂、价值也比较高的零件，稍有不慎损坏了零件或损坏了机床、刀具，都会造成较大损失。因此，对数控机床加工操作的基本步骤的程序化要求相当严格。从工艺设计→编写程序→程序校验→零件加工的每一步都不能忽视，其中程序校验更是重要的一环。在实际工作中，由于一个小数点或一个符号的差错而酿成重大机床事故和质量事故的例子也屡见不鲜。

4. 数控加工机床的合理应用

根据数控加工的特点，正确选择加工方法和加工对象，充分发挥数控机床加工的优点，取得良好的经济效益是工艺设计时必须考虑的一个重要问题。数控加工工艺的应用有很大的灵活性，对同一个加工内容，可能有多种工艺方案，必须针对具体问题进行具体分析。一方面，选择加工方法和对象时要考虑到数控机床与系统的性能指标，能够实现加工且能保证加工精度、满足技术质量要求；另一方面，有时还要在基本不改变工件原有性能的前提下，对其形状、尺寸、结构等做一些必要的、适应数控机床加工的修改。

5. 工艺继承性较好

数控工艺具有非常好的继承性。数控加工工艺一旦经过调试、校验和试切削验证，就可以作为模板，以后加工类似零件时只需加以调用，这样不仅节约辅助生产时间，而且可以保证产品的质量。

无论是手工编程还是自动编程，工艺设计是对工件进行数控加工的前期工艺准备工作，它必须在编制加工程序之前完成。因为只有加工工艺方案确定以后，编写加工程序才有依据。加工工艺制订得合理与否，对程序编制、机床的加工效率和零件的加工精度都有重要的影响。因此，应当遵循一般的机械加工工艺原则，并结合数控机床的特点认真地制订好零件的加工工艺。数控加工工艺设计的主要内容有数控加工的工艺性分析、数控加工工艺路线设计、数控加工工艺工序设计以及数控加工专用技术文件的编写。

2.4.1 数控加工工艺的分析

在编程前都要对所加工的零件进行工艺分析，拟定加工方案，选择合适的刀具，确定合理的切削用量，还要在编程中，对一些工艺问题（如对刀点、加工路线、切入点、切出点等）进行协调处理。因此，加工程序编制前的工艺分析及处理是一项比较复杂而又十分重要的工作。

数控加工工艺分析主要包括以下几个方面的内容：

1. 数控加工的工艺合理性分析

对于某个零件来说，并非全部加工工艺内容都适合在数控机床上完成，而只是其中的一部分内容适合在数控机床上加工。这就需要对零件进行仔细的数控加工工艺合理性分析，选择那些最适合的内容放到数控机床上加工。

适合于数控机床加工的零件类型一般有：

1）形状复杂，加工精度要求高，普通机床无法加工或虽然能加工，但质量难以保证的零件。

2）用数学模型描述的复杂曲线或曲面轮廓零件。

3）具有难测量、难控制进给、难控制尺寸的不开敞内腔的壳体或盒形零件。

4）必须在一次装夹中合并完成铣（车）、镗、钻、铰或攻螺纹等多工序加工的零件。

5）在普通机床上加工效率低、工人手工操作劳动强度大的零件。

6）需要多次改型的零件等。

一般来说，上述加工内容采用数控机床加工后会在产品质量、生产率等综合效益方面得到明显提高。

相比之下，下列一些内容则不宜选择数控机床加工：占机调整时间长，必须用特定工艺装备协调加工的零件；加工部位分散，要多次安装、多次设置坐标原点的零件；加工余量很不稳定的零件，且数控机床上不具有可自动调整零件坐标位置的在线检测系统；装夹困难或完全靠找正定位来保证加工精度的零件等。

2. 数控机床的选择

数控机床的种类繁多，不同类型的数控机床的使用范围都有一定的局限性。所以，不同零件需要选择适宜的机床才能够完成加工。

3. 零件图工艺性分析

通过认真分析与研究产品的零件图和装配图，了解零件在产品中的作用、位置和装配关系，搞清各项技术要求对装配质量和使用性能的影响，然后对零件图进行分析，找出主要的、关键的技术要求。

（1）加工精度及技术要求分析　对被加工零件的精度及技术要求进行详细分析，是零件加工工艺性分析的重要内容。

零件精度及技术要求主要指尺寸精度、形状精度、位置精度、表面粗糙度和热处理等。过高的精度和表面粗糙度要求会使工艺过程复杂、加工困难、成本提高。只有在分析零件图的基础上，才能对加工方法、定位基准、装夹方式、刀具及切削用量进行正确和合理的选择。其分析内容有：

1）给定的加工精度、表面粗糙度及技术要求是否合理；本工序所使用的数控机床的实际加工精度能否达到零件图要求。若达不到，需要采取其他工艺措施进行弥补时，应给后续工序留有加工余量。

2）找出零件图上有位置精度要求的表面，这些表面能否在一次安装中完成加工。

（2）零件轮廓几何要素分析　在分析零件图时，要分析零件图中几何要素的给定条件是否完整、准确。在手工编程时，编程人员必须充分掌握构成零件轮廓的几何要素参数及各几何要素间的关系，计算出每个基点坐标值。还要分析零件图中几何对称元素、重复出现的图形元素，可否使用子程序、固定循环和镜像等功能。无论哪一点不明确或不确定，编程都无法进行。由于零件设计人员在设计过程中考虑不周，会出现给出参数不全或不清楚、给出的构成加工轮廓的条件不充分的情况，也可能是零件图尺寸标注不完整，甚至有自相矛盾之处。例如，圆弧与直线、圆弧与圆弧在零件图上相切，但根据图中给出的尺寸，在计算相切条件时变成了相交或相离状态。如图2-10所示的圆弧与斜线的关系要求为相切，但经计算后却为相交关系，而并非相切。由于构成零件几何要素的条件不充分，会增加数学处理计算的难度，有时甚至无法编程。如果图中描述的一些几何关系不确切，则无法理解所标注的尺寸。又如图2-11所示，零件图上给定几何条件自相矛盾，其给出的各段长度之和不等于其总长。所以，在审查与分析零件图时，一定要仔细认真，发现问题后及时找设计人员协商解决。

（3）零件图中的尺寸标注分析　零件图中的尺寸标注数据应符合数控加工编程的特点。在数控编程中，所有点、线、面的尺寸和位置都是以编程原点为基准的。因此，在零件图中最好直接给出坐标尺寸，或尽量以同一基准标注尺寸。这种标注法，既便于编程，也便于尺

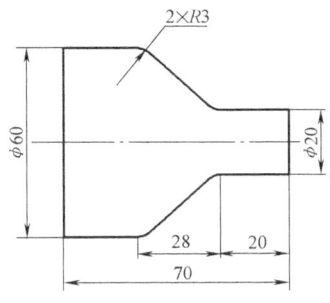

图 2-10 几何要素缺陷实例 1

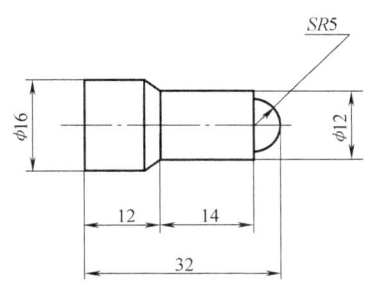

图 2-11 几何要素缺陷实例 2

寸之间的相互协调,在保持设计、工艺、检测基准与编程原点设置的一致性方面带来很大方便。由于零件设计人员在尺寸标注中往往较多地考虑装配等使用特性要求,而不得不采取局部分散的标注方法,这样会给工序安排与数控加工编程带来诸多不便。事实上,由于数控机床的加工精度及重复定位精度都很高,不会因产生较大的累积误差而破坏其使用性能,因而改局部的分散标注法为集中引注或坐标式尺寸标注是完全可以的。

此外,还应分析零件所标注的尺寸中有无引起矛盾的多余尺寸或影响工序安排的封闭尺寸等。

(4)零件结构的工艺性分析 零件结构的工艺性是指所设计的零件在满足使用要求的前提下加工制造的可行性和经济性。好的结构工艺性会使零件加工容易,节省工时,节省材料;差的结构工艺性会使零件加工困难,浪费工时,浪费材料,甚至无法加工。

零件的结构工艺性分析是指分析零件对加工方法的适应性,即所设计的零件结构应便于加工成形。在数控机床上加工零件时,应根据数控机床的特点,认真审视零件结构的合理性。如图 2-12 所示零件,在数控机床加工中需要三把不同宽度的切槽刀或使用一把切槽刀多次进行切削来完成切槽工作。如无特殊需要时,这显然是不合理的。若改成图 2-13 所示结构,只需一把切槽刀即可切出三个槽。这样既减少了刀具数量,少占了刀架刀位,又节省了加工中的运行和换刀时间。当然,这种改动的前提条件是不影响使用或装配。

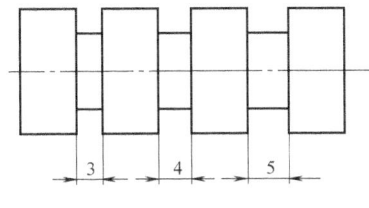

图 2-12 结构工艺性举例

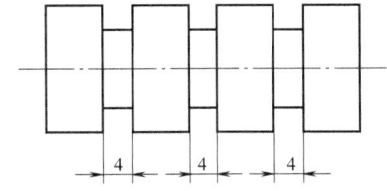

图 2-13 修改后的零件切槽尺寸

对零件图进行工艺性分析时,如发现零件图上的视图、尺寸标注、技术要求有错误或遗漏,或结构工艺性不好时,应提出修改意见。在征得设计人员的同意后,按规定手续进行必要的修改及补充。

4. 零件加工条件分析和确定零件毛坯

零件的加工条件与零件的毛坯选择是密不可分的。在进行工艺分析时,应根据被加工零件的材料、结构形状、生产条件、机床特点等因素,综合分析和选择被加工零件的毛坯类型与制造方法。零件毛坯选择得合理与否将直接影响零件的加工质量、生产率、材料消耗和加工成本。

毛坯类型一般包括型材、铸件、锻件、冲压件、挤压件、粉末冶金件和焊接件等，而同一类毛坯又有不同的制造方法。若毛坯质量高，则可以减少机床加工中的切削量，提高材料的利用率，但同时会增加毛坯的制造成本和难度。在数控机床上加工的工件坯料也有很多是先在普通机床上完成粗加工的半成品。

分析加工工艺方案时，应对零件加工条件有充分的了解和分析，区分不同的加工条件，才能更切合实际地确定加工工艺参数。表2-5中给出的加工条件仅仅是一个大致的划分。

表2-5 加工条件的确定

加工条件	车 削	铣 削
良好的加工条件	连续切削，较高的切削速度，预加工表面或轻度铸锻硬皮，工件装夹安全稳固	切深<25%加工余量，刀具悬伸≤2倍直径，连续加工，预加工表面
一般的加工条件	半精加工的轻负荷的断续切削，中等切削速度，铸造和锻造毛坯，工件装夹良好	切深<50%加工余量，刀具悬伸≤3倍直径，刀具每转有1~2次的断续切削，表面有轻度铸锻硬皮
不好的加工条件	断续切削或重负荷粗加工，低切削速度，工件表面是厚而难切削的铸锻硬皮，工件装夹稳固性较差	切深<75%加工余量，刀具悬伸≥3倍直径，刀具每转有≥2次的断续切削，表面有轻度铸锻硬皮

5. 选择定位基准，拟定零件加工工艺路线

数控加工应采用统一的基准定位。在数控加工中，加工工序往往较集中，可对零件进行双面、多面的顺序加工，所以用同一基准定位十分必要，否则很难保证两次安装加工后两个面上的轮廓位置以及尺寸协调。数控机床上使用的定位基准应在前面普通机床或数控加工工序中加工完成，这样容易保证各个工序加工表面相互之间的精度关系。例如，当某些表面还要靠多次装夹或其他机床完成时，选择设计基准作为定位基准，不仅可以避免因基准不重合而引起的定位误差，保证加工精度，还可以简化程序编制工作。

零件本身最好有合适的孔用来做定位基准孔，即使零件上没有合适的孔，也要想办法专门制作工艺孔作为定位基准。可以考虑以零件轮廓的基准边定位或在毛坯上增加工艺凸耳（或在后续工序要铣去的余量上设置工艺孔）制出工艺孔，在完成定位加工后再除去的方法。若零件上实在无法制出工艺孔，必须选择经过精加工的表面作为定位基准，以减少两次装夹零件产生的误差。

当零件的定位基准与设计基准难以重合时，应认真分析零件图，确定该零件基准的设计功能，通过尺寸链的计算，严格规定定位基准与设计基准间的公差范围，确保加工精度。例如，若在加工中心上无法同时完成包括设计基准在内的工序加工时，应尽量使定位基准与设计基准重合，同时还要考虑用该基准定位后，一次装夹就能够完成全部关键精度部位的加工。为了避免精加工后的零件再经过多次非重要的尺寸加工，多次周转，造成零件变形、磕碰、划伤等，在考虑一次完成尽可能多的加工内容（如螺孔、自由孔、倒角、非重要表面等）的同时，一般将在加工中心上完成的工序安排在最后。

在进行数控加工的工艺分析时，还应根据所掌握的数控机床基本特点、功能和实际工作经验，力求把这一前期准备工作做得更仔细、更扎实一些，以便为随后要进行的工作铺平道路，减少失误和返工，不留隐患。

2.4.2 数控加工工艺的设计

零件的数控加工工艺过程是对几道数控加工工序的内容和顺序的概括，而不是指毛坯到成品的整个工艺过程。数控机床是按照编制的程序进行加工的，加工中所有工序、工步，每道工序的切削用量、走刀路线、加工余量和所用刀具等都要预先确定好并编入加工程序中。零件数控加工方案的确定过程，也就是数控加工工艺的设计过程。其主要内容有：确定各工序的工艺路线（加工顺序）和具体内容；确定加工中所使用的装夹方案，如果需要设计专用夹具，则应编写设计任务书；确定各工序的加工余量，计算工序尺寸与公差；选择加工刀具，确定切削用量；确定走刀路线，确定对刀点、换刀点；刀具的补偿；计算加工的工时定额。

在工艺设计中，结合被加工零件的形状、质量要求、选用的数控机床和现有的加工条件，按照设计程序要求具体地完成工艺方案的各个细节。

1. 数控加工工艺路线的设计

数控加工工艺路线设计是制订工艺方案的重要内容之一，也是工序设计的基础，其设计质量会直接影响零件的加工质量与生产率。设计工艺路线时应在对零件图、毛坯图认真分析的基础上，结合数控加工的特点灵活运用普通加工工艺的一般原则，尽量把数控加工工艺路线设计得更合理一些。

工艺路线设计中需要解决的主要问题包括表面加工方法的选择、加工阶段的划分、加工顺序的安排以及工序的合理组合等。根据数控机床加工的特点，可以考虑以下几点：

（1）表面加工方法的选择　设计工艺路线时，首先要确定零件上各加工表面的加工方法。机械零件的结构形状是多种多样的，但它们都是由平面、外圆柱面、内圆柱面、曲面或成形面等基本表面构成的。每一种表面都有多种加工方法，具体选择时，应根据零件的加工精度、表面粗糙度、结构形状、尺寸及生产类型等因素选择相应的加工方法。

一般情况下，具有一定技术要求的加工表面都不是只加工一次就能达到设计零件图的要求，而达到同样精度要求的加工方法也是多种多样的。在选择加工方法时，应首先选定其最终加工方法，然后逐一选定前道工序的加工方法。表面加工方法的选择，应当使所选定的加工方法的经济加工精度和表面粗糙度与所加工表面的精度要求和表面粗糙度要求相适应。

经济加工精度是指在正常的加工条件下（采用符合质量标准的机床、工艺装备和标准技术等级工人，不延长加工时间），该切削加工方法所能保证的加工精度。对于精度要求比较高的零件，则应考虑选用精密型的数控机床和精密的工装、刀具加工。经济加工精度包括尺寸经济加工精度和加工表面形状、位置经济加工精度，它是选择加工方案和加工方法时的重要依据之一。

表 2-6 ~ 表 2-8 中的数据是实践中得出的不同加工方法的经济加工精度。应当指出，随着数控机床制造精度的不断提高，经济加工精度的水平也会随之提升。

表 2-6　外圆表面的加工路线及经济加工精度和表面粗糙度

加工方案	经济加工精度（IT）	表面粗糙度 $Ra/\mu m$	适用范围
粗车	11~13	20~80	除淬火钢以外的金属材料
粗车-半精车	8~9	6.3~12.5	
粗车-半精车-精车	7~8	1.6~3.2	

(续)

加工方案	经济加工精度(IT)	表面粗糙度 $Ra/\mu m$	适用范围
粗车-半精车-磨削	7~8	0.8~1.6	
粗车-半精车-粗磨-精磨	6~7	0.16~0.8	主要用于淬火钢
粗车-半精车-粗磨-精磨-超精磨	5	0.02~0.16	
粗车-半精车-精车-金刚石车	6~7	0.05~0.63	主要用于非铁金属材料
粗车-半精车-粗磨-精磨-镜面磨	5		
粗车-半精车-精车-精磨-研磨	5	0.01~0.04	主要用于高精度钢件
粗车-半精车-精车-精磨-抛光	5		

表2-7 内孔表面的加工路线及经济加工精度和表面粗糙度

加工方案	经济加工精度(IT)	表面粗糙度 $Ra/\mu m$	适用范围
钻	11~12	≥20	
钻-扩	10~11	12.5~25	加工未淬火钢及铸铁的
钻-(扩)-铰	8~9	3.2~6.3	实心毛坯,也可以加工非
钻-(扩)-粗铰-精铰	7	1.6~3.2	铁金属材料
钻-(扩)-粗铰-精铰-珩磨	6~7	0.04~0.32	
钻-(扩)-拉	7~9	0.4~1.6	大批大量生产
钻-(扩)-拉-珩磨	6~7	0.04~0.32	
粗镗(扩)	11~12	12.5~25	
粗镗(扩)-半精镗	8~9	3.2~6.3	除淬火钢以外的各种钢
粗镗(扩)-半精镗-精镗	7~8	1.6~3.2	材,毛坯上已铸出孔
粗镗(扩)-半精镗-精镗-浮动镗	6~7	0.8~1.6	
粗镗(扩)-半精镗-磨	7~8	0.32~1.6	主要用于淬火钢
粗镗(扩)-半精镗-粗磨-精磨	6~7	0.16~0.32	
粗镗-半精镗-精镗-金刚镗	6~7	0.08~0.8	主要用于非铁金属材料

表2-8 平面的加工路线及经济加工精度和表面粗糙度

加工方案	经济加工精度(IT)	表面粗糙度 $Ra/\mu m$	适用范围
粗车	11~13	≥20	
粗车-半精车	8~9	6.3~12.5	适用于端面加工
粗车-半精车-精车	7~8	1.6~3.2	
粗车-半精车-精车-磨	6	0.32~1.25	
粗刨(粗铣)	11~13	20~80	
粗刨(粗铣)-精刨(精铣)	7~9	3.2~12.5	适用于不淬硬的平面
粗刨(粗铣)-精刨(精铣)-刮研	6~7	0.16~1.25	
粗刨(粗铣)-精刨(精铣)-磨	7	0.32~1.6	适用于精度要求较高的
粗刨(粗铣)-精刨(精铣)-粗磨-精磨	6~7	0.04~0.8	平面
粗铣-精铣-磨-研磨	5~6	0.01~0.32	适用于高精度平面
粗铣-精铣-磨-研磨-抛光	5	0.01~0.16	

(2) 加工阶段的划分 数控机床的加工阶段可以划分为:

1) 粗加工阶段。高效地去除各表面上的大部分余量,使毛坯的形状和尺寸接近成品零件。

2）半精加工阶段。减小粗加工时产生的误差，使工件达到一定精度，为精加工做好准备，并完成一些次要表面（如钻孔、攻螺纹、铣键槽等）的加工。

3）精加工阶段。使各主要加工表面达到设计零件图规定的精度要求。

4）光整加工阶段。其主要任务是降低表面粗糙度值或进一步提高尺寸精度和形状精度。

（3）加工工序的划分。加工工序划分一般可以采用两种不同的原则，即工序集中原则和工序分散原则。根据数控加工的特点，数控加工机床一般采用按工序集中原则划分工序。划分的方法有下列几种：

1）按零件装夹定位方式划分工序。按零件装夹定位方式划分工序的方法适合于加工内容不多、加工完后就能达到待检状态的工序。由于每个零件结构形状不同，各表面的技术要求也有所不同，故加工时，其定位方式就有差异。一般加工外形时，以内形定位；加工内形时又以外形定位。这种装夹定位方式操作方法一致，可以减少辅助工时。

2）按加工用刀具划分工序。以同一把刀具完成的那一部分工艺过程为一道工序。为了减少换刀次数，压缩空行程时间，可按刀具集中使用的方法加工零件，即在一次装夹中，尽可能用同一把刀具加工出可能加工的所有部位，然后再换另一把刀具加工其他部位。有些零件虽然能在一次安装中加工出很多待加工面，但考虑到加工程序太长，会受到某些限制，如控制系统的限制（主要是程序存储器内存容量），机床连续工作时间的限制（如一道工序在一个工作班内不能结束）等；此外，若加工程序太长会增加编制和检查的困难，因此程序不宜太长，一道工序的内容不宜太多。

3）按加工部位划分工序。以完成相同形面的那一部分工艺过程为一道工序。对于加工内容很多的零件，可按其结构特点将加工部位分解成几个部分，如内形、外形、曲面或平面等。

4）按粗、精加工划分工序。以粗加工中完成的那一部分工艺过程为一道工序，精加工中完成的那一部分工艺过程为另一道工序。对于易发生加工变形需要粗、精加工分开的零件，先粗加工再精加工。在一次安装中，一般不应将零件的某一部分表面加工完毕后，再加工零件的其他表面。

虽然数控机床加工的工序集中方式有其独特的优点，但在实际加工中也带来下面的一些问题，进行工艺设计时应当引起注意。

① 工件由毛坯直接加工为成品，一次装夹中金属切除量大，几何形状变化大，没有消除应力的过程，加工完一段时间内由于应力释放，工件易发生变形。

② 粗加工后过快进入精加工阶段，工件的温升来不及降下来，冷却后尺寸变动，影响零件精度。

③ 装夹工件的夹具必须满足既能承受粗加工□较大的切削力，又能在精加工中达到准确定位的要求，并且使零件的夹紧变形要小。

④ 切削加工中的不断屑。切屑的堆积、缠绕等会影响加工的顺利进行及工件的表面质量，甚至还会损坏刀具，引起工件报废。

总之，在确定工序时，一定要根据被加工零件的结构、加工的工艺性、数控机床的功能、零件加工内容、安装次数及本企业生产组织状况灵活选择是采用工序集中的原则还是采用工序分散的原则，也要根据实际情况合理确定。

（4）加工工步的划分　加工工步的划分是指对零件加工顺序的安排。零件加工顺序的安排应根据零件的结构和毛坯状况，以及定位安装与夹紧的需要来考虑。数控机床加工顺序的安排原则一般是：

1）基面先行原则。用作精基准的表面应安排在工艺过程一开始时进行加工，因为定位基准的表面越精确，装夹误差就越小。例如轴类零件加工时，总是先加工中心孔，再以中心孔为精基准加工外圆表面和端面。又如箱体零件加工时，总是先加工定位用的平面和两个定位孔，再以平面和定位孔为精基准加工孔系和其他平面。

2）先粗后精原则。对于粗、精加工安排在一道工序内进行的数控加工，各个表面的加工顺序按照粗加工→半精加工→精加工→光整加工的顺序依次进行，逐步提高表面的加工精度和减小表面粗糙度值。数控车削加工中工步顺序安排的原则是，在较短时间内粗加工将工件表面上的大部分加工余量（如图 2-14 中的双点画线内所示部分）切掉，一方面提高金属切除率，另一方面满足精车时的余量均匀性要求。若粗车后所留余量的均匀性满足不了精车要求，则要安排半精车，以此为精车做准备。为了保护加工面的最后质量，光整加工总是安排在机加工工序的最后。此原则实质上是在一个工序内分阶段进行加工，这样才能保证零件的加工精度，比较适合于精度要求高的零件加工，但会增加加工路线的长度。

3）先主后次原则。精度要求较高的主要表面的粗加工一般应先于次要表面的粗加工。例如，零件的主要表面、装配基面应先加工，从而能及早发现毛坯内可能出现的缺陷。次要表面的加工可以穿插进行，放在主要表面加工到一定程度之后、最终精加工之前进行。

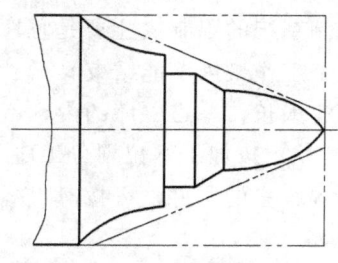

图 2-14　先粗后精实例

4）先面后孔原则。对箱体、支架类零件，其支承平面轮廓尺寸较大，一般选平面做精基准，应先加工其支承平面，再加工孔和其他尺寸。这样安排加工顺序，一方面用加工过的平面定位，稳定可靠；另一方面在加工过的平面上加工孔，能提高孔的加工精度，特别是孔的轴线不易偏斜。

5）先近后远原则。这里所说的远与近，是指加工部位相对于对刀点的距离远近。在一般情况下，先加工离对刀点距离近的部位，后加工离对刀点远的部位，以便缩短刀具移动距离，减少空行程时间，提高加工效率。对于车削而言，先近后远的加工顺序还有利于保持坯件或半成品的刚性，改善其切削条件。例如，当加工图 2-15 所示工件时，如果按 φ38mm→φ36mm→φ34mm 的次序安排车削，不仅会增加刀具返回对刀点所需的空行程时间，还可能使台阶处的外直角处产生毛刺（飞边），而且一开始就削弱了工件的刚性。对于这类直径相差不大的台阶轴，当第一刀的背吃刀量（图 2-15 中最大背吃刀量可为 3mm 左右）未超限时，宜按 φ34mm→φ36mm→φ38mm 的次序先近后远地安排车削。

6）内外交叉原则。对安排既有内腔型表面（内型、内腔、凹槽），又有外表型面需加工的零件的加工顺序时，应先进行零件内、外表面的粗加工，后进

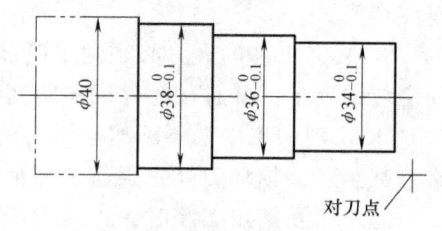

图 2-15　先近后远实例

行零件内、外表面的精加工。一般不要将零件上一部分表面（外表面或内表面）加工完毕后，再加工其他表面（内表面或外表面）。

（5）数控加工工序与普通加工工序的衔接　由于数控加工工序常常穿插于零件加工的整个工艺过程中，数控加工的工艺路线设计通常仅是几道数控加工工序过程，因此在工艺路线设计中应使之与整个工艺过程协调，要与普通加工工序衔接好。一般应把毛坯件上过多的余量，特别是含有锻、铸硬皮层的余量安排在普通机床上加工。如果必须用数控机床加工，则要注意加工程序的灵活安排。因此，在熟悉整个加工工艺内容的同时，要清楚数控加工工序与普通加工工序各自的技术要求、加工目的及加工特点。最好的方法是建立相互状态要求。例如，要不要留加工余量，留多少加工余量；定位面与定位孔的精度要求及几何公差；对校形工序的技术要求；对毛坯的热处理状态要求等。这样才能使各工序达到相互能满足加工需要，且质量目标及技术要求明确，交接验收有依据。

此外，在加工过程中一般还应有检验工序、热处理工序、整理工序等工序的规划安排。

数控工艺路线设计是下一步工序设计的基础，其设计的质量会直接影响零件的加工质量与生产率。设计工艺路线时应对零件图、毛坯图认真分析，结合数控加工的特点灵活运用普通加工工艺的一般原则，尽量把数控加工工艺路线设计得更合理一些。

2. 数控加工的夹具选择

在数控机床上，夹具的作用是保证加工质量，提高加工效率，改善劳动条件，扩大机床应用范围，而且要以各个方向的定位面为参考基准，确定零件在机床坐标系中的位置，即工件原点的位置。

数控机床的高精度、高效率、多方向同时加工、数字程序控制及单件小批量生产决定了对数控夹具主要有两大要求：一是数控夹具应具有足够的精度和刚度，二是数控夹具应有可靠的定位基准。

选用数控夹具时，通常要考虑产品的生产批量、生产率、质量要求和经济性等，可参照以下原则：

1）当工件加工批量不大时，应尽量选用可调整数控夹具、组合数控夹具及其他通用数控夹具，避免采用专用数控夹具，以缩短生产准备时间。

2）在成批生产时，应考虑采用专用数控夹具，并力求结构简单；在生产批量较大时，可考虑多工位数控夹具和气动液压数控夹具，以提高生产率。

3）夹具本身应有足够的刚性，以适应大切削量的切削加工。夹具的刚度和夹紧力都要满足最大切削力的要求，以避免出现受力后变形和自激振动的情况。

4）数控夹具在机床上安装要准确可靠，以能保证工件和机床坐标系的相对位置和尺寸，力求设计基准、工艺基准与编程原点统一，以减少基准不重合的误差和数控编程中的计算工作量。

5）尽量减少装夹次数，做到一次装夹后完成全部零件表面的加工或大多数表面的加工，以减少装夹误差，提高加工表面之间的相互位置精度，达到充分提高数控机床加工效率的目的。

6）为适应数控加工的多方面的加工特点，夹具要开敞，必须给刀具留出足够的运行空间，其定位、夹紧机构元件不能影响各部位的加工、更换刀具以及测量。尤其注意不要在刀具与工件、刀具与夹具之间发生干涉。

7）保证夹具使用中合理安排定位块和夹具在工作台中的位置，零件的装夹和定位要考虑到重复安装的一致性，以减少对刀时间，提高同一批零件加工尺寸的一致性。

3. 定位基准的选择

所谓基准就是零件上用来确定其他点、线、面的点、线和面。基准的类型分为设计基准和工艺基准。

设计基准是指在零件图上用来确定其他点、线、面位置的基准。工艺基准是指在加工和装配过程中使用的基准。在制订零件加工工艺时，正确选择定位基准对保证加工表面的尺寸精度和相互位置精度的要求，以及合理安排加工顺序都有重要的影响。工艺基准的选择不同，工艺过程也随之而异。

工艺基准按其用途的不同又分为定位基准、工序基准、测量基准和装配基准。其中定位基准是加工时工件定位所用的基准，它是工件上与定位支承直接接触的一个具体表面，是某工序直接获得加工尺寸的起点。定位基准又分为粗定位基准和精定位基准，粗定位基准是在加工过程的最初工序中用于工件定位的未经加工的毛坯面，精定位基准是在加工中用于工件定位的已经过加工的工件表面。

（1）粗定位基准的选择原则　选择粗定位基准主要考虑两点：一是合理分配各加工表面的加工余量；二是保证加工面与不加工面之间的相互位置关系。具体选择时应参考下列原则：

1）相互位置要求原则。选取与加工表面相互位置精度要求较高的不加工表面作为粗定位基准，以保证不加工表面与加工表面的位置要求，如图 2-16a 所示。

2）重要表面原则。若需保证某一重要表面的加工余量小而均匀，则应选该表面为粗定位基准。如图 2-16b 所示，该零件有三个不加工表面，若表面 3 与表面 2 所组成的壁厚均匀度要求较高，则应选择表面 2 作为粗定位基准来加工台阶孔。

3）加工余量合理分配原则。为使毛坯上多个表面的加工余量分配较为均匀，应选择能使其余毛坯面至所选粗定位基准的位置误差得到均分的毛坯面为粗定位基准，如长阶梯轴的轴向粗定位基准应选中间阶梯的端面。在没有要求保证重要表面，且加工余量均匀的情况下，若零件的每个表面都需加工，则应选加工余量小的表面为粗定位基准。如图 2-16c 所示，应选择 $\phi 55\text{mm}$ 的圆柱面为粗定位基准。

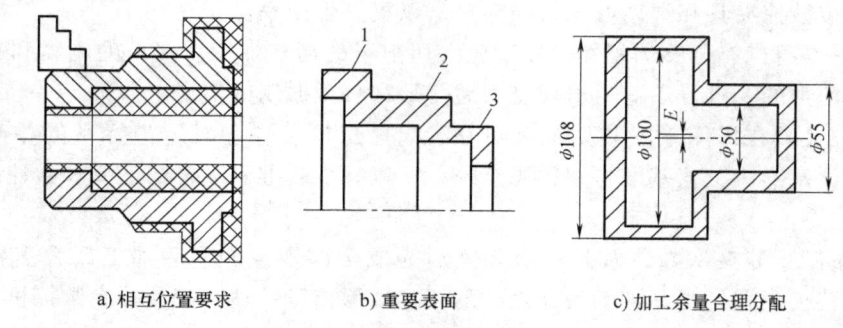

a) 相互位置要求　　b) 重要表面　　c) 加工余量合理分配

图 2-16　粗定位基准的选择

4）便于工件装夹原则。粗定位基准应尽可能平整、光洁，便于定位、装夹和加工；有飞边、浇口、冒口的表面以及分型面、分模面不应选作粗定位基准。

5）不重复使用原则。同一定位自由度方向的粗定位基准一般只允许使用一次。

（2）精定位基准的选择原则　工艺规程设计时精定位基准的选择应有利于保证工件的加工精度，便于定位、装夹等操作。选择精定位基准时可参考以下原则：

1）基准重合原则。应尽量选择主要加工表面的设计基准作为精定位基准，这称为基准重合原则。这样可以避免由定位基准与设计基准不重合而产生的定位误差。应用基准重合原则时，要具体情况具体分析。定位过程中产生的基准不重合误差，是在用夹具装夹按调整法加工一批工件时产生的。若用试切法加工，设计要求的尺寸一般可以直接测量，不存在基准不重合误差问题。在带有自动测量功能的数控机床上加工时，可在工艺过程中安排坐标尺寸检查工步，即每个零件加工前由CNC系统自动控制测量头检测设计基准并自动计算、修正坐标值，消除基准不重合误差，所以在此条件下不必遵循基准重合原则。

2）基准统一原则。同一零件的多个表面加工时都能使用的同一定位基面为精定位基准，称为基准统一原则。这样既可以保证各加工表面之间的相互位置精度，避免或减少因基准变换所产生的加工误差，又可以简化夹具的设计，降低制造成本。

3）互为基准原则。为使各加工表面之间具有较高的位置精度，或为使加工表面具有均匀的加工余量，可采用两个表面互为精定位基准反复加工的方法，称为互为基准原则。

4）自为基准原则。当有些表面精加工或光整加工工序要求加工余量小而均匀时，可利用被加工表面本身作为精定位基准，称为自为基准原则。采用自为基准原则时，只能提高被加工表面本身的尺寸精度和形状精度，而该表面与其他表面间的位置精度应由先行工序保证。

在编写加工程序时，工件坐标系的原点即"编程原点"与零件定位基准不一定非要重合，但两者之间需要有确定的几何关系。工件坐标系原点的选择主要考虑便于编程和测量，对于各项尺寸精度要求较高的零件，确定定位基准时，应考虑坐标原点能否通过定位基准得到准确测量，同时兼顾测量方法。

4．对刀点与换刀点的确定

在工艺设计中，要根据刀具类型和加工路线等因素合理选择对刀点和换刀点。

对刀点就是加工工件时，刀具相对于工件运动的起点。因为加工程序是从这一点开始执行的，所以对刀点有时也被称为程序起点或起刀点。对刀点可以设在被加工工件上，也可以设在与工件定位基准有固定尺寸联系的夹具上的某一位置。选择对刀点时要考虑到找正容易，编程方便，对刀误差小，加工时检查方便、可靠，如图2-17所示。选择对刀点的原则如下：

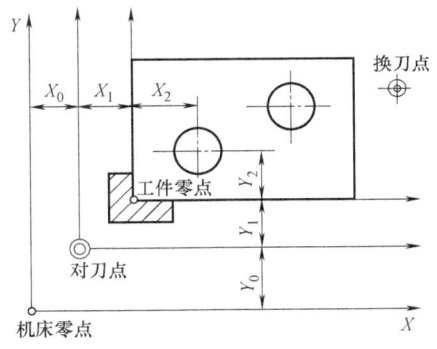

图2-17　对刀点与换刀点

1）对刀点应尽量选在被加工工件的设计基准或工艺基准上。如以孔定位的工件，可将孔的中心作为对刀点，以提高工件的加工精度。

2）对刀点应选在便于观察和检测、对刀方便的位置上。

3）对于使用了绝对位置检测器的数控机床，对刀点最好选在该坐标系的原点上，或者选在已知坐标值的点上，以便于坐标值的计算和简化程序编制。

4) 对刀点可以采用试切法确定，对刀点误差可以通过试切加工的结果进行调整。

为了提高加工精度，要使"刀位点"与"对刀点"重合。所谓"刀位点"是指刀具位置的特征点。车刀、镗刀的刀位点是刀尖，钻头的刀位点是钻尖，立铣刀、面铣刀的刀位点是刀头底面的中心，球头铣刀的刀位点是球头中心等。"刀位点"和"对刀点"重合得越好，对刀精度越高。

对刀点不仅是程序的起点，往往也是程序的终点。因此，在批量生产中，需要考虑对刀的重复精度。通常，在绝对坐标系的数控机床上，可由对刀点距机床原点的坐标值来校核；在相对坐标系的数控机床上，则需要人工检查对刀的重复精度。

在加工中心、数控车床等具有多刀加工的机床上换刀前，应使刀具快速运动到一个指定点位置，这个位置称为换刀点。换刀点可以是某一个固定位置（如立式加工中心的换刀机械手位置是固定的），也可以是任意的一点位置（如数控车床）。为防止换刀时碰伤工件、机床、夹具或其他部件，换刀点常设置在被加工工件或夹具的外面一定距离的地方，并要有一定的安全量，同时要尽量减小换刀时的空行程距离。换刀点的坐标值可用实际测量方法或计算方法确定。

5. 走刀路线的确定

在数控加工过程中，刀具时刻处于数控系统的控制下，因而每一时刻都应有明确的运动轨迹及位置。走刀路线是指加工过程中刀具（严格说是刀位点）相对于被加工工件的运动轨迹和方向。它不但包括了工步的内容，也反映出工步顺序，走刀路线是编写程序的依据之一。影响走刀路线的因素很多，有工艺方法、工件材料及状态、加工精度和表面粗糙度要求、工件刚度、加工余量、刀具的刚度和寿命、机床类型和工件的轮廓形状等。实际加工中，在不同的机床上加工相同的零件时，选择走刀路线所考虑的内容不完全一样。因此，在确定走刀路线时，最好画一张工序简图，画出已经拟定好的走刀路线（包括进、退刀路线），这样可为程序的编制带来许多方便。在确定走刀路线时，主要考虑以下几点：

1) 保证产品质量，使工件表面获得所要求的加工精度和表面粗糙度。

2) 选择合理的进、退刀位置，应尽量缩短进、退刀时间和其他辅助时间，缩短空进给时间。

3) 尽量简化数学处理的数值计算工作，使刀位点数值计算容易，以减少编程工作量。

4) 在保证零件加工质量的前提下，合理安排走刀次数，应力求使走刀路线最短，使程序段数减少，以提高加工效率。

5) 确定走刀路线还要保证加工过程的安全性，避免刀具与工件发生干涉等情况。

合理的走刀路线是指能保证工件加工精度、表面粗糙度要求，数值计算简单、程序段少、编程工作量小、走刀路线最短、空行程最少的高效率路线。

2.5 手工编程中的数值计算

根据零件图，按照已确定的走刀路线和允许的编程误差，计算加工程序所需的数据，称为数控加工的数值计算（又称数学处理）。手工编程时，在完成加工工艺分析和确定走刀路线以后，对加工零件图进行数值计算是编程前关键性的准备工作。除了点位加工这种简单的情况外，数控加工的数值计算的主要任务是计算出形成工件轮廓或刀具运动轨迹的尺寸，即计算工件加工轮廓的基点和节点的坐标值，或刀具中心的基点和节点的坐标值，以便编制加工程序。

对加工零件图进行的数值计算一般包括基点、节点坐标的计算，刀具中心轨迹的计算和手工编程的辅助计算三个方面内容。

2.5.1 基点与节点坐标的计算

1. 基点的概念

一个零件的轮廓是复杂多样的，但其中大多数是由许多不同的几何元素，如直线、圆弧、二次曲线及列表曲线等组成的。而各几何元素间的连接点称为基点，如两直线间的交点、直线与圆弧或圆弧与圆弧间的交点或切点、圆弧与二次曲线的交点或切点等。显然，相邻基点间只能是一个几何元素。目前一般机床数控系统都具有直线、圆弧插补功能，对于由直线与直线或直线与圆弧构成的平面轮廓零件，根据零件图给出的形状、尺寸和公差等条件，可以直接通过数学方法（如代数、三角函数、几何及解析几何法等）计算出编程时所需要的每条运动轨迹（线段）的起点和终点在选定坐标系中的坐标值和圆弧运动轨迹的圆心坐标值。例如，圆弧插补所需要的圆弧圆心相对起点的坐标增量 I、J、K 值。

2. 节点的概念

对于一些平面轮廓是由非圆方程曲线组成，如渐开线、阿基米德螺线等，而数控系统又不具备该曲线的插补功能时，只能用能够插补加工的连续直线段或圆弧段逼近零件轮廓曲线，这种方法称为拟合处理。逼近线段的交点或切点称为节点。例如，对使用直线逼近已知函数曲线的编程（人们通常称为"宏程序"）方法时，其刀具轨迹目标坐标点的数值计算任务就是计算该节点的坐标。

在手工编程过程中，数值计算不仅占有相当多的时间，有时甚至成为工件加工成败的关键。从原理上讲，求基点坐标是比较简单的，但是运算过程可能比较复杂。基点坐标计算工作量有时很大，计算一个基点坐标值需要很多步骤，在手工编程中花费的时间也较多。人们已经总结出二维平面中常见的基点坐标计算公式，在计算时直接将已知条件代入计算公式即可。节点坐标的计算难度和工作量都较大，为了提高效率，降低出错率，通常通过计算机辅助计算方法完成节点坐标数据的计算工作，常用的有直线逼近法（等间距法、等步长法和等误差法）和圆弧逼近法。在编写程序时，按节点划分程序段，逼近线段的近似区间越小，则节点数目越多，相应的程序段的数目也越多，逼近线段的误差 δ 越小，拟合的曲线形状越接近实际曲线轮廓。一般 δ 应当小于编程允许误差 $\delta_{允}$，考虑到工艺系统和计算误差的影响，$\delta_{允}$ 一般取零件公差的 1/5～1/10。

2.5.2 刀具中心轨迹的计算

零件图上的数据是按零件轮廓尺寸给出的，而加工时刀具是按刀具中心轨迹运动的，数控系统从对刀点开始控制刀位点的运动，并由刀具的切削刃部分加工出要求的零件轮廓。在平面轮廓的车削加工时，可以用车刀的假想刀尖点作为刀位点，也可以用刀尖圆弧半径的圆心作为刀位点。铣削加工时，可以用平底立铣刀的刀底中心作为刀位点。但无论怎样，工件的轮廓总是由刀具的切削刃部分直接参与切削完成的。因此，在大多数情况下，编程轨迹并不与工件轮廓完全重合。对于没有刀具半径偏置补偿功能的数控系统，或者需要按刀具中心安排走刀路线时，就应计算出刀具中心轨迹上的基点和节点，作为编程输入的数据，同时考虑尖角过渡轨迹的计算。用球头刀加工三坐标立体型面零件时，就要算出球头刀球心的运动轨迹，而由球头刀的外缘切削刃加工出零件轮廓；带摆角的数控机床加工立体型面零件或平面斜角零件时，就要算出刀具摆动中心的轨迹和相应摆角值，数控系统控制刀具摆动中心运动时，由刀具端面和侧刃加工出零件轮廓。但对于具有刀具半径偏置补偿功能的数控系统，可在加工程序中的适当位置加入刀补的有关指令，就可以使刀位点按工件轮廓编制刀具中心轨迹。这时，可直接按工件轮廓形状计算各基点和节点坐标。

刀具中心轨迹的计算方法可以参照上面介绍的基点、节点的坐标计算方法。

2.5.3　手工编程的辅助计算

手工编程的辅助计算一般包括增量计算和辅助程序段的数值计算。

1. 增量计算

增量计算是指增量坐标系统或绝对坐标系统中某些数据仍要求以增量方式输入时，所进行的由绝对坐标数据到增量坐标数据的转换。例如，在数值计算过程中，已按绝对坐标值计算出某运动段的起点坐标及终点坐标，用增量方式表示时，其换算公式为

$$增量坐标值 = 终点坐标值 - 起点坐标值$$

增量坐标值计算应在各坐标轴方向上分别进行。例如，要求以直线插补方式，使刀具从 a 点（起点）运动到 b 点（终点），已计算出 a 点坐标为 (x_a, y_a)，b 点坐标为 (x_b, y_b)，若以增量方式表示，则其 X、Y 轴方向上的增量分别为 $\Delta x = x_b - x_a$，$\Delta y = y_b - y_a$。

2. 辅助程序段的数值计算

辅助程序段的数值计算是指刀具从对刀点到切入点，或切削完后刀具从切出点返回到对刀点而特意安排的坐标位置计算。切入点位置的选择应依据工件加工余量的情况，适当离开工件一段安全距离。选择切出点位置时，为避免在快速返回时发生撞刀，也应留出适当的距离。加工某些工件时，要求刀具"切向"切入和"切向"切出。以上程序段的安排，在安排走刀路线时，即应明确表达出来。在数值计算时，也需要计算出相关点的位置坐标，其计算一般比较简单。

2.5.4　平面轮廓基点坐标计算

直线和圆弧组成的零件轮廓，可以归纳为直线与直线相交、直线与圆弧相交或相切、圆弧与圆弧相交或相切、一段直线与两段圆弧相切等几种情况。计算方法可以是依据平面几何关系求解，可以联立方程组求解，也可以利用几何元素间的三角函数关系求解。

实际编程中，手工编程一般限制在二维平面内，并且大多针对比较简单的轮廓图形。对不太复杂或精度要求不很高的非圆曲线组成的零件图中基点的计算，常用的有三种方法。

（1）手工数值计算　求出基点坐标数值。

例如，图 2-18 中的各点坐标值的算式及结果如下：

$A\ (-10 \times \cos 30°,\ 30 + 10 \times \sin 30°)$，即 $A\ (-8.66,\ 35)$；

$B\ (10 \times \cos 30°,\ 30 + 10 \times \sin 30°)$，即 $B\ (8.66,\ 35)$；

$C\ (30 \times \cos 30° + 10 \times \cos 30°,\ -30 \times \sin 30° + 10 \times \sin 30°)$，即 $C\ (34.641,\ -10)$；

$D\ (30 \times \cos 30°,\ -30 \times \sin 30° - 10)$，即 $D\ (25.981,\ -25)$；

E (-30×cos30°, -30×sin30°-10), 即 E (-25.981, -25);

F (-30×cos30°-10×cos30°, -30×sin30°+10×sin30°), 即 F (-34.641, -10)。

（2）利用数控系统本身的计算功能 一些先进的数控系统已经具有可以在加工程序中使用函数表达式的形式表示刀位点坐标的功能。在这样的系统中，允许使用具体的坐标数值（如 X18.769）来表示基点坐标，也可以用函数表达式来表达基点坐标。如公式 X=20×cos17.5°，有的数控系统允许在程序段中写成：X=20*COS［17.5］。所以对于使用具有这样功能的数控机床编写加工程序时就有许多的方便，可以不必求出每一个基点的具体数值。

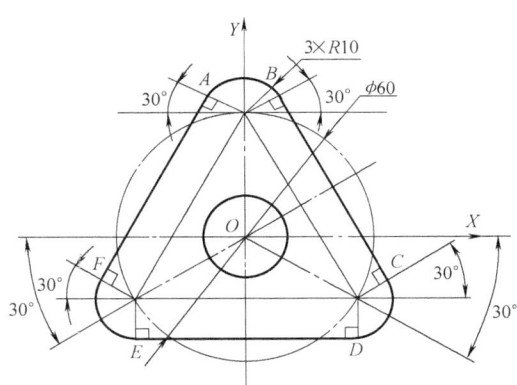

图 2-18 利用计算工具手工计算

当然，由于受到加工程序段字符数长度规定的限制，加工程序中坐标字写进的函数表达公式不能过长。

（3）使用 CAD 软件获得基点坐标值 利用 CAD 软件从计算机屏幕上就可以直接获得基点坐标值。可以先画出图形，再利用尺寸标注，把每一个基点相对于工件坐标系原点的坐标标注出来，就可以获得基点的具体坐标值；还可以用点（坐标）的查询方法得到各点的坐标值。

例如，对于图 2-18 所示零件图，利用 AutoCAD 软件来进行点坐标值查询，可以得到图中各点的坐标值如下：A (-8.66, 35); B (8.66, 35); C (34.641, -10); D (25.981, -25); E (-25.981, -25); F (-34.641, -10)，如图 2-19 所示。

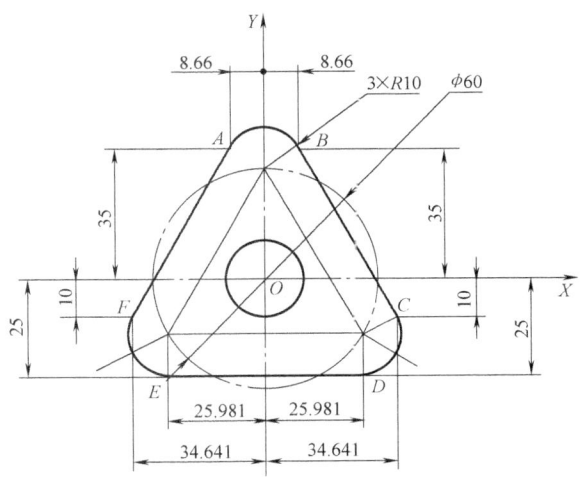

图 2-19 利用 AutoCAD 软件进行基点坐标查询

一般绘图软件都有提取图形信息的功能，也可以完成"捕获"图形基点坐标值的工作。由于不同软件的使用方法不尽相同，在使用中应注意以下两点：

1）在要求高精度基点坐标数值时，要调整软件中的标注精度设置参数，以免造成基点数值误差。

2）在查询角度数值时，应统一零件图与绘图软件中角度单位制。有的软件追踪角度数值时不能使用"度、分、秒"，而是使用小数点度数，故请注意。

对于不同的数控系统，因其系统精度的不同，基点、节点坐标计算精度的高低（计算中保留小数点的位数多少）将直接影响被加工工件的精度。如果保留小数点后位数过多，计算效率就会降低；反之，保留小数点后位数过少，就会影响加工精度，甚至达不到加工精度要求或达不到基点本身性质（如切点），从而导致数控系统在进行插补运算时报警。一般在计算基点坐标值的过程中，计算中间值的小数点位数比实际精度要求多保留1~2位。

有关基点、节点的坐标计算，涉及较多的数学知识和算法公式，计算时可以参阅有关资料。

2.6 数控加工工艺文件的编写

数控加工工艺文件是数控加工专用技术文件，也是数控加工工艺设计的内容之一。其既是数控加工的依据、产品验收的依据，也是操作者须认真遵守、执行的工艺规程。这些工艺文件的编写质量将直接影响加工程序的编写质量和零件加工的效率与质量。因此，在编制工艺文件前，应当对工件的毛坯质量、刀辅具系统、夹具状况、机床的性能特点进行调查研究，熟悉和掌握涉及数控加工的有关技术信息，力求编出高质量的工艺文件。为了加强工艺技术文件管理，数控加工工艺文件也应标准化、规范化，但是由于各方面的原因，国内尚无统一标准格式。目前，数控加工工艺文件的内容与格式，大都是各企业在通用机床加工工艺文件的基础上结合本单位的情况自行确定的。

有多种数控加工工艺文件在生产过程中使用，有些是编写加工程序不可缺少的前期基础资料，有些是加工程序的具体说明或附加说明，包括数控加工编程说明书、数控加工工序卡、数控加工走刀路线图、数控加工刀具卡、刀具调整卡、加工程序单、加工程序说明卡等。数控加工工艺文件的使用与零件加工批量及零件加工的复杂程度有着密切的关系。单件加工或小批量生产，为了减少工艺设计工作量，往往由机床操作者按照加工工艺过程卡内容自行确定工序工艺参数。当大批量生产，多台机床加工，加工流程长，零件技术要求复杂，准备多次生产时，就需要编制工艺文件。

2.6.1 数控加工工艺文件的格式

几种常用的数控加工工艺文件格式如下：

1. 数控加工编程任务书

数控加工编程任务书是在编写加工程序前完成的工艺说明性技术文件。该文件指定了所加工零件使用的机床型号、数控系统型号，记载并说明了工艺人员对数控加工工序的技术要求，工序说明，毛坯尺寸或预加工后的加工余量，以及加工中使用工、夹、量、刃具的意见等，它是加工程序编制人员与工艺设计人员协调工作和编制加工程序的重要依据之一。数控加工编程任务书样式见表2-9。

表 2-9 数控加工编程任务书

（厂名）		数控加工编程任务书	任务书编号	
			零件名称	
			零件图号	
机床型号	数控系统	工序名称	工序号	加工内容

填写主要工序说明及对数控加工工序的技术要求

| 编制 | ××× | 校对 | ××× | 审核 | ××× | 年 月 日 | 共 页第 页 |

2. 数控加工工序卡

数控加工工序卡是用于指导工人操作的工艺指令性技术文件。它是在产品加工工艺过程卡的基础上，针对每道数控加工工序的内容描述数控加工工艺参数和操作信息的一种工艺文件，是编制加工程序的工艺依据。

工序卡一般应按已确定的加工工步顺序填写。

数控加工工序卡的主要内容一般可包括：

1）零件名称、零件图号、工件材质、机床型号、机床编号、数控系统型号、加工工序号、程序编号等。

2）工步与走刀的序号，加工部位与尺寸，刀具的编号、型式、规格及刃长，切削参数（主轴转速、进给速度、背吃刀量）等。

3）加工方式（自动、手动）、刀具半径补偿方式与补偿号、镜像加工对称方式等。

4）零件加工简图和刀具调整图。

5）所用的工艺装备等。

工序卡中的加工简图，应能直观、明确地说明加工工艺。加工简图一般有两种，一种是较为简单的加工示意图，一种是较为详细的刀具调整图。不管哪种形式，基本的要求是能反映加工条件的基本情况。

在工序加工内容不太复杂的情况下，用数控加工工序卡的形式较好，可以把加工尺寸、技术要求、工序内容及程序要说明的问题集中反映在一张卡片上，并可在卡中附工序简图，在图中注明编程原点和对刀点，做到一目了然。数控加工工序卡的参考式样见表 2-10。

3. 数控加工刀具卡与配套卡

数控机床加工对刀具的要求十分严格。数控加工刀具卡是指导编写加工程序和操作机床时输入刀具参数工作的工艺指令性技术文件，其式样因工厂刀具管理差异不尽相同。一般在卡片内有刀具编号、刀具结构、刀杆（柄）型号、偏置号、刀片型号及材质、主要参数、允许的切削速度、刀具寿命和是否使用切削液等。数控加工刀具卡的参考式样见表 2-11。

表 2-10 数控加工工序卡

(厂名)		数控加工工序卡		零件名称		零件图号			
				车间	工序号	工序名称	工件材料		
				机床型号	数控系统	机床编号	毛坯尺寸		
				程序名	编程原点		工位器具		
(工序简图)									
				夹具名称	量具名称	工序工时	准终		
							单件		
工步号	工步内容	加工面	刀具号	刀具规格	主轴转速/(r/min)	进给量/(mm/min)	背吃刀量 mm	加工方式	切削工时
1									
2									
3									
编制	×××	审核	×××	批准	×××	年 月 日		共 页 第 页	

与表 2-11 所示的数控加工刀具卡配合使用的还有刀具配套卡（表 2-12）。在刀具配套卡中绘有刀具配套简图和相关配套零件目录，它主要包括刀辅具名称、规格型号等内容。刀具配套卡是指导机外对刀、预置、调整或修改刀具尺寸的工艺指令性技术文件，是组装数控加工刀具和调整刀具的依据。所谓的机外对刀就是在刀具装入刀库（或主轴）之前，事先在对刀仪上调整好和对出刀具的径向和轴向（长度）尺寸，这种在机床外进行刀具调整和对刀的方式也称为机外对刀方式。

表 2-11 数控加工刀具卡

(厂名)		数控加工刀具卡		零件名称				零件图号		
工步号	刀具号	刀具名称	刀柄型号	刀具			偏置号 D、H	加工表面	刀片型号	备注
				直径	长度	刃数				
编制	×××	审核	×××	批准	×××	年 月 日		共 页 第 页		

表 2-12 数控刀具配套卡

（厂名）	数控刀具配套卡	零件名称		零件图号	
程序号	刀具编号	刀具名称		车间	加工设备

（刀具简图）

刀具的组成	序号	刀辅具名称	规格	备注
	1			
	2			
	3			

编制	×××	审核	×××	批准	×××	年　月　日	共　页　第　页

4. 数控加工走刀路线图

数控加工走刀路线是指刀具相对于工件运动的轨迹，也称加工路线或刀位轨迹图，它是编程人员进行数值计算、编制程序、审查程序和修改程序的工艺说明性技术文件。在数控加工中，走刀路线是由数控系统控制的，加工中要注意并防止刀具干涉、过切与欠切，保证加工质量和加工效率。为此必须设法告诉操作者关于编程中的刀具运动路线（如何处下刀、何处抬刀、何处是斜下刀等），使操作者在加工前对刀具路线有所了解，并计划夹紧位置及控制夹紧元件的高度。此外，有些被加工工件由于工艺性问题必须在加工过程中停机，重新安排夹紧点，也需要事先告诉操作者，以防止出现安全问题。因此，工序设计时必须拟定好刀具的加工路线，可以用走刀路线图并附加说明传达给机床操作者。

在走刀路线图中，一般可以采用统一约定的符号来表示；也可以在走刀路线上标出程序段号，说明刀具行进的位置。

不同的数控机床可以采用不同图例与格式。数控加工走刀路线图的参考式样见表 2-13。

表 2-13 数控加工走刀路线图

（厂名）		数控加工走刀路线图		零件图号		工序名称		程序号
工序号	工步号	机床型号	数控系统	刀具号	刀补号	刀尖半径		刀具长度
坐标点(坐标值)								
		（某一工步的走刀路线图）						
		备注						
编制	×××	校对	×××	审核	×××	年　月　日		共　页　第　页

在同一工序中各个表面加工的先后次序称为工步顺序。它对零件的加工质量、加工效率和走刀路线有直接的影响，应根据零件的结构特点及工序的加工要求等合理安排。走刀路线图一般应以工步为单位绘制，简单的工序可以用一张走刀路线图表示；对于加工内容较多的工序、一张走刀路线图难以表示清楚的，可分多张绘制。

对于加工内容简单的工序，也常采用在工序卡中表示出走刀路线的方法。其方法是在工序简图中用符号标出下刀点、退刀点和零件图的各个基点，用文字及箭头线标明刀具的前进方向。

5. 加工程序单

加工程序单是数控机床运动的指令集合，也是加工作业指令性技术文件。该文件记录了数控加工的工艺过程、切削用量、刀具位移数据、刀具尺寸以及机床运动的全过程。由于在加工过程中数控机床的运动是按程序指令自动进行的，所以要求所编制的加工程序指令格式正确、指令数据正确、内容完整。

数控机床类型不同，数控系统不同，程序单的指令格式也有所差别，应严格遵守数控系统的规定。为了养成编写加工程序的良好习惯，减少编写错误，最好采用填写加工程序单的方法编制加工程序。其书面的一般表达形式见表2-14。

表2-14 加工程序单格式

加工程序单

零件名称：_____ 零件图号：_____ 工序名称：_____ 工序编号：_____
编制：_____ 校对：_____ 审核：_____ 日期：___年__月__日
O_____（子程序 O_____） 共__页 第__页

程序段号	程序内容	程序注释
N0010	T0102 M06	定义刀具
N0020	G00 G90 G54 X50 Z100	设定坐标系,绝对值编程
N0030	S500 M03	主轴正转速度为 500r/min
……	……	……
……	……	……
N0190	G00 Z100	返回 Z 向初始位置
N0200	M30	程序结束

数控机床的加工程序单，不仅编程者本人看，更主要的是给机床操作者和生产现场的其他技术、质量检验人员看。一个好的加工程序是工艺设计技巧和程序编制技巧的结合，它不仅体现在加工程序中编写的指令运用与语法的使用技巧上，还应当有清楚、简要的程序注释内容，使阅读者能够正确理解程序编制者的加工工艺意图，以及比较容易了解加工中的刀位轨迹。

6. 加工程序说明卡

加工程序说明卡是与加工程序单配套使用的工艺说明性技术文件。实践证明，仅有加工程序单和工艺规程进行实际加工还有许多不方便的地方。由于操作者对加工程序的内容不够清楚，对编程人员的工艺意图不够理解，经常需要编程人员到现场进行口头解释与具体指导，这在很大程度上制约了数控机床加工的正常调试工作速度。因此，对加工程序进行较为详细的说明是很有必要的，特别是对于那些需要长时间保留或使用的加工程序尤为重要。加工程序说明卡的参考式样见表2-15。

表2-15 加工程序说明卡　　　　　　　　　　　　　　　　　　（单位：mm）

（厂名）		加工程序说明卡		工序名称	工序号	编程日期
机床型号		数控系统	机床夹具	加工批量	零件名称	零件图号

序号	程序名	刀具				加工余量		备注
		类型	直径	刀尖半径	装刀长度	侧面余量	底面余量	
1	O1021	面铣刀	φ80	0		0	0.2	上表面粗加工
2	O1311	圆鼻刀	φ16	R1	70	0.5	0.3	粗加工
3	O1321	立铣刀	φ8	0	50	0.15	0.1	半精加工
4	O1320	立铣刀	φ8	0	50	0	0	精加工
5	O0041	球头铣刀	φ6	R3	50	0	0	曲面加工
6	O1350	麻花钻	φ8.6	0	55	0	0	钻孔
7								
8								

装夹定位示意图：	说明：
	1. 装夹方式
	2. 加工原点(X,Y)
	3. 加工原点(Z)

根据应用实践，一般应对加工程序做出以下主要说明：

1）所用数控设备及数控系统型号，数控系统软件的版本号。

2）整个加工程序的内容安排（相当于工步内容说明与工步顺序、加工操作类型）。

3）工件相对于机床的坐标方向及位置、工件装夹方式、找正工件的方法。

4）对刀点（编程原点）位置及允许的对刀误差。

5）刀具起刀点、退刀点及进退刀方式，安全高度、换刀点坐标位置。

6）镜像加工使用的对称轴。

7）所用刀具的补偿方式（左补偿、右补偿、长度补偿）及刀具半径、长度补偿号，必须按实际刀具半径（或长度）加大（或缩小）补偿值的设置方法等。

8）对程序中编入的子程序的功能说明。

9）特殊程序段的说明。例如，需要在加工中更换夹紧点（挪动压板）的计划停止程序段号，中间测量用的计划停止程序段号等。

10）其他需要说明的问题等。

上述工艺文件，并不是每一个零件加工中全都需要使用。在实际工作中，面对不同的加工对象，需要表述的内容很多，很难用固定的工艺文件格式描述清楚加工方式和加工过程。可根据具体的加工方式，灵活选用或自行设计数控加工工艺文件的内容与格式。

2.6.2 数控加工工艺文件的编写要求

编写数控加工工艺文件是数控加工工艺设计任务中非常重要的一项工作。它在生产中通常可指导操作者正确按程序加工，保证加工工艺的严肃性、生产操作的规范性；同时也对产品的质量起保证作用。数控加工工艺文件的编写，对于加强工艺技术交流、为产品零件的重复生产做必要的工艺技术资料积累和储备、总结提高企业的工艺设计水平和建立企业工艺标准系统无疑都是一件非常有意义的事情。所以，在编写数控加工工艺文件时，应做到准确、详细。

数控加工工艺文件编写的基本要求包括以下几方面：
1) 选择与加工内容相适应的工艺文件格式。
2) 字迹工整，文字表达言简意赅。
3) 工艺简图清晰，尺寸标注准确无误。
4) 需要说明的内容要交代完整。
5) 文图相符，文实相符，不互相矛盾。
6) 当加工程序更改时，相应工艺文件要同时更改。
7) 加工程序和工艺文件要统一编号，及时存档。

2.6.3 典型零件数控铣床加工工艺分析实例

图 2-20 所示为平面槽形凸轮零件图。零件材料为 HT200，凸轮外部轮廓尺寸已经由前道工序加工完成，本工序的任务是在数控铣床上加工凸轮槽与孔。

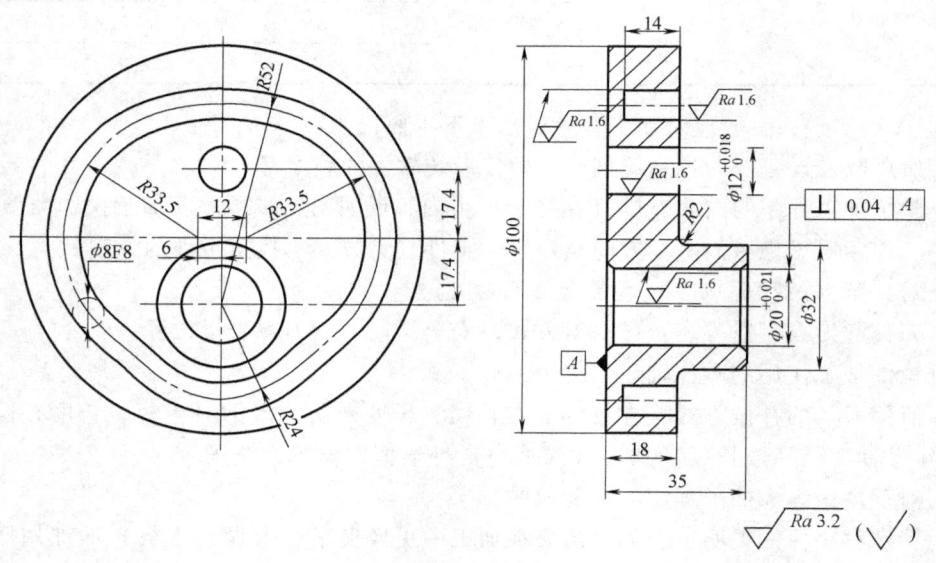

图 2-20 平面槽形凸轮零件图

本工序的数控铣床加工工艺分析如下：
1. 零件图工艺分析
凸轮槽内、外轮廓由直线和圆弧组成，几何元素之间的关系描述得清楚完整；凸轮槽侧

面与 $\phi 20^{+0.021}_{0}$ mm、$\phi 12^{+0.018}_{0}$ mm 两个孔的内孔表面粗糙度要求较高，为 $Ra1.6\mu m$；$\phi 20^{+0.021}_{0}$ mm孔与底面有垂直度要求。零件材料为HT200，切削加工性能较好。

根据上述分析，凸轮槽内、外轮廓及 $\phi 20^{+0.021}_{0}$ mm、$\phi 12^{+0.018}_{0}$ mm 两个孔的加工应分粗、精加工两个阶段进行，以保证表面粗糙度要求。同时应以底面 A 定位，提高装夹刚度以满足垂直度要求。

2．确定装夹方案

根据零件的结构特点，加工$\phi 20^{+0.021}_{0}$mm、$\phi 12^{+0.018}_{0}$mm 两个孔时，以底面A定位（必要时可设工艺孔），采用螺旋压板机构夹紧。加工凸轮槽内、外轮廓时，本例采用"一面两孔"方式定位，即以底面 A 和 $\phi 20^{+0.021}_{0}$ mm、$\phi 12^{+0.018}_{0}$ mm 两个孔为定位基准。凸轮槽加工装夹示意如图 2-21 所示。

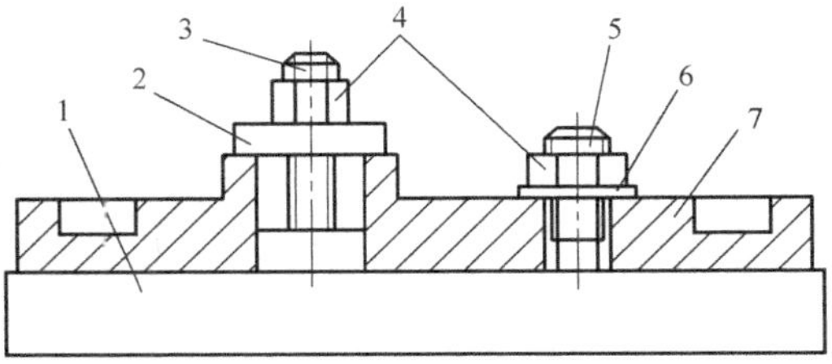

图 2-21 凸轮槽加工装夹示意图
1—垫块 2—开口垫圈 3—带螺纹圆柱销
4—压紧螺母 5—带螺纹削边销 6—垫圈 7—工件

3．确定加工顺序及走刀路线

加工顺序的拟定按照基面先行、先粗后精的原则确定。因此，应先加工用作定位基准的 $\phi 20^{+0.021}_{0}$ mm、$\phi 12^{+0.018}_{0}$ mm 两个孔，然后再加工凸轮槽内、外轮廓表面。为保证加工精度，粗、精加工应分开，其中 $\phi 20^{+0.021}_{0}$ mm、$\phi 12^{+0.018}_{0}$ mm 两个孔的加工采用钻孔→铰孔方案。走刀路线包括平面进给和深度进给两部分。平面内进给时，外凸轮廓从切线方向切入，内凹轮廓从过渡圆弧切入。为使凸轮槽表面具有较好的表面质量，一般采用顺铣方式铣削。深度进给有两种方法：一种是在 XZ 平面（或 YZ 平面）来回铣削逐渐进刀到既定深度；另一种方法是先钻出一个工艺孔，然后从工艺孔进刀到既定深度。

4．刀具的选择

根据零件的结构特点，铣削凸轮槽内、外轮廓时，受槽宽限制，铣刀直径取为 $\phi 6$mm。粗加工时选用 $\phi 6$mm 的高速工具钢立铣刀，精加工时选用 $\phi 6$mm 的硬质合金立铣刀。

所选刀具及其加工表面见表 2-16 所示的平面槽形凸轮数控加工刀具卡。

表 2-16 平面槽形凸轮数控加工刀具卡

（厂名）		数控加工刀具卡		零件名称	平面槽形凸轮	零件图号	MCT01-011
序号	刀具号	刀 具			加工表面	备注	
		规格名称	刀柄型号	刀长/mm			
1	T01	$\phi 5$mm 定位钻	BT40-JZM10		钻 $\phi 5$mm 中心孔		
2	T02	$\phi 19.8$mm 钻头	BT40-M2-45	45	$\phi 20$mm 孔预钻		
3	T03	$\phi 11.9$mm 钻头	BT40-JZM13	30	$\phi 12$mm 孔预钻		
4	T04	$\phi 20$mm 铰刀	BT40-MW2-55	45	$\phi 20$mm 孔精加工		
5	T05	$\phi 12$mm 铰刀	BT40-MW2-55	30	$\phi 12$mm 孔精加工		
6	T06	90°倒角铣刀	BT 40-M2-55		$\phi 20$mm 孔倒角 C1.5		
7	T07	$\phi 6$mm 立铣刀	BT40-Q16-65	20	粗加工凸轮槽内外轮廓	高速工具钢	
8	T08	$\phi 6$mm 立铣刀	BT40-Q16-65	20	精加工凸轮槽内外轮廓	硬质合金	
编制	×××	审核	×××	批准	×××	××年×月×日	共1页第1页

5. 切削用量的选择

为凸轮槽内、外轮廓精加工留 0.1mm 的铣削余量，为铰 $\phi20^{+0.021}_{0}$mm、$\phi12^{+0.018}_{0}$mm 两个孔留 0.05~0.08mm 的铰削余量。选择主轴转速与进给量时，应先查切削用量手册，确定切削速度与每齿进给量，然后计算进给量与主轴转速。

6. 填写数控加工工序卡片

将各工步的加工内容、所用刀具和切削用量填入表 2-17 所示的平面槽形凸轮数控加工工序卡。

表 2-17 平面槽形凸轮数控加工工序卡

（厂名）		数控加工工序卡		产品名称 ××××××	零件名称 平面槽形凸轮	零件图号 MCT01-011
工序号		程序编号	夹具名称	设备名称	数控系统	车间
003		O1201~O1224	螺旋压板	XK5025	FANUC 0M	机加一
工步号	工步内容		刀具号	刀具规格 /mm	主轴转速 /(r/min)	进给量 /(mm/min)	背吃刀量 /mm	备注
1	A 面定位钻 ϕ5mm 中心孔（2处）		T01	ϕ5	755	35		O1201
2	钻 ϕ19.8mm 孔		T02	ϕ19.8	402	40		O1202
3	钻 ϕ11.9mm 孔		T03	ϕ11.9	402	40		O1203
4	铰 ϕ20mm 孔		T04	ϕ20	130	20	0.2	O1204
5	铰 ϕ12mm 孔		T05	ϕ12	130	20	0.2	O1205
6	ϕ20mm 孔倒角 C1.5		T06	90°	402			手动
7	一面两孔定位粗铣凸轮槽内轮廓		T07	ϕ6	780	40	4	O1221
8	粗铣凸轮槽外轮廓		T07	ϕ6	780	40	4	O1222
9	精铣凸轮槽内轮廓		T08	ϕ6	1495	20	14	O1223
10	精铣凸轮槽外轮廓		T08	ϕ6	1495	20	14	O1224
11	翻面装夹，铣 ϕ20mm 孔另一侧倒角 C1.5		T06	90°	402			手动
编制	×××	审核 ×××	批准 ×××	××年×月×日		共1页第1页

加工程序清单（略）。

本章小结

本章介绍的数控加工编程的基础知识，包括手工零件编程的基础知识、数控加工工艺设计、手工编程中的数值计算、数控加工工艺文件的编写等。一种零件的加工工艺过程并不是固定不变的，零件加工过程要满足零件图的技术要求，同时又受到加工批量、设备条件、工艺水平等因素的制约。工艺设计是一个实践性很强的工作，要把设计结果经实际加工验证，不断地修改和完善。从生产力水平发展和数控加工技术水平提高的角度上来看，数控加工工艺的设计工作也是在不断提高和改进。

练习题

2-1 简述数控机床程序编制的内容与步骤。

2-2 数控加工编程的一般步骤是什么?

2-3 机床坐标确定的原则是什么?什么是机床原点和零点?

2-4 编程中的工艺分析的主要内容是什么?

2-5 程序段中包含的功能字有几种?

2-6 什么是准备功能字和辅助功能字?它们的作用如何?

2-7 在装夹工件时要考虑的原则是什么?选择零件夹具时要注意哪些问题?

2-8 编程中的数值计算包含哪些内容?试说明基点与节点的区别?

2-9 什么是数控加工的走刀路线?确定走刀路线时要考虑的原则是什么?

2-10 为什么在编程时首先要确定对刀点的位置?选定对刀点的原则是什么?确定对刀点的方法有哪些?

2-11 确定数控加工工艺路线时应遵循哪些原则?

2-12 数控加工工艺文件通常有哪几种?它们各有什么作用?

2-13 绝对坐标编程与增量坐标编程有何区别?

2-14 选择切削用量的一般原则是什么?数控加工的切削用量如何确定?

2-15 粗加工和精加工时,选择切削用量各有什么不同特点?

第3章 数控车削编程

数控车床是目前使用最广泛的数控机床之一,本章介绍数控车削的编程方法。

3.1 数控车削编程特点及坐标系

数控车床主要用于加工轴类、盘类等回转体零件。车削中心则可在一次装夹中完成更多的加工工序,大大提高加工精度和生产率,特别适合于复杂形状回转类零件的加工。

通过加工程序的运行,可自动完成内外圆柱面、圆锥面、成形表面、螺纹和端面等的切削加工,并能进行车槽、钻孔、扩孔、铰孔等加工,图3-1所示为数控车床加工的典型零件。

图3-1 数控车床加工的典型零件

3.1.1 数控车削编程特点

数控车削的编程特点如下:

1)通常采用直径编程方式。X轴的指令值取零件图样上的直径值。采用直径尺寸编程与零件图样中的尺寸标注一致,这样可避免尺寸换算过程中可能造成的错误,给编程带来了很大方便。当用增量值编程时,以径向实际位移量的两倍值表示,并附上方向符号(正向可以省略)。

2)在一个程序段中,根据图样上标注的尺寸,可以采用绝对值编程、增量值编程。对于FANUC系统还可以采用两者混合编程的方法。

3)数控车床的数控系统通常具备各种不同形式的固定循环,如车内/外圆、钻孔、车螺纹等固定循环,大大简化了毛坯为棒料或锻件零件的编程。

4)大多数数控车床的数控系统都具有刀具圆弧半径自动补偿功能。编程人员可直接按工件轮廓尺寸编程,不用考虑车刀刀尖对加工工件的影响。

3.1.2 数控车床的坐标系与对刀操作

1. 数控车床的坐标系

(1)机床原点 数控机床的原点就是机床坐标系的原点,并且不能改变。数控车床的原点一般为主轴旋转中心与卡盘后的主轴端面的交点，通常用符号⊕表示机床原点，如图3-2所示。

（2）参考点 参考点也是数控机床上的一个固定不变的极限点，其位置由机械挡块来确定。数控机床参考点的位置是由数控机床制造厂家在每个进给轴上用限位开关精确调整好的，坐标值已输入数控系统中。因此，参考点对机床原点的坐标是一个已知数。每次回参考点时系统显示的数值必须相同，否则加工有误差。数控机床参考点通常是离数控机床原点最远的极限点，通常用符号⊕表示机床参考点。

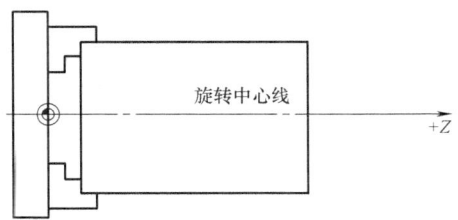

图3-2 数控车床的原点

（3）工件原点（编程原点） 工件原点是确定被加工工件几何形体上各要素位置的基准。数控车床编程时，工件原点应选在工件的旋转中心上。数控车削零件的编程原点，可以选择在工件左、右端面，也可以选择在工件的纵向对称中心或其他位置，通常用符号⊕表示工件原点。图3-3所示的编程原点选在零件的左端面。

（4）机床坐标系 数控车床的机床坐标系是数控车床固有的坐标系，它是制造和调整数控车床的基础，也是设置工件坐标系的基础。数控车床的机床坐标系在出厂前已经调整好，一般情况下，不允许用户随意变动。如图3-4所示，以数控车床原点为坐标原点建起来的 X、Z 轴直角坐标系，称为数控车床的机床坐标系。

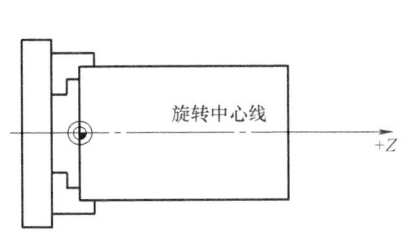

图3-3 数控车床编程原点

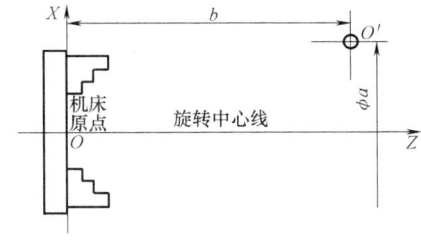

图3-4 数控车床的机床坐标系

（5）工件坐标系 工件坐标系用来确定工件几何形体上各要素的位置关系。以工件原点为坐标原点建起来的 X、Z 轴直角坐标系，称为工件坐标系，如图3-5所示。X 轴正向和刀具的布置有关，当刀具位于靠近操作者一侧时（即前置刀架），X 轴的正向如图3-5a所示；反之当刀具远离操作者一侧时（即后置刀架），X 轴的正向如图3-5b所示。

数控车床上工件坐标系的原点一般在工件的右端面或左端面上，以便于测量或对刀。

工件坐标系与机床坐标系的坐标方向一致，X 轴对应径向，Z 轴对应轴向。

2. 设定工件坐标系

数控程序中所有的坐标数据都是在工件坐标系中确立的。当工件毛坯安装好后，必须通知数控系统当前工件的安装位置，也就是必须建立起工件坐标系和机床坐标系之间的关系，机床才能正确加工。通过G50指令，可以确定工件坐标系在机床坐标系中的位置。

（1）G50指令编程格式

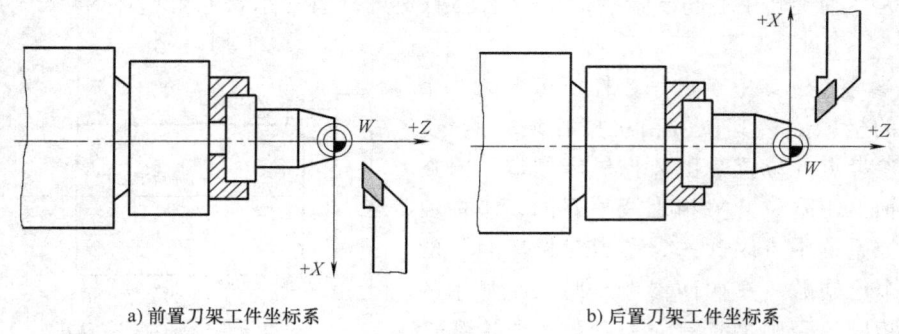

a) 前置刀架工件坐标系　　　　　　b) 后置刀架工件坐标系

图 3-5　工件坐标系

G50 X __ Z __ ;

该指令是指明刀具起刀点（或换刀点）在工件坐标系中的坐标。指令中 X 与 Z 后的数值即为当前刀位点（如刀尖）在工件坐标系中的坐标。

该指令建立工件坐标系的原理如下：数控机床在回零操作后，可记下刀具在机床坐标系中的位置。如果确定刀具在工件坐标系中的位置，则通过刀具就可知道工件坐标系的原点在机床坐标系中的位置，从而确定工件几何形体上各要素在机床坐标系中的位置。机床坐标系和工件坐标系之间的位置关系如图 3-6 所示。

（2）G50 指令的说明

1）在执行此指令之前必须先进行对刀，通过调整机床，将刀尖放在加工程序所要求的起刀点位置上。

2）此指令并不会产生机械移动。只是显示器（CRT）显示的坐标值发生了变化，CRT 显示的坐标值为 G50 指令设定的坐标值，但刀具相对于机床的位置没有改变。通过执行该指令，建立了工件坐标系。在运行 G50 指令后面的程序段时，均显示的是工件坐标系中的位置。

例 3-1：建立如图 3-7 所示的工件坐标系。

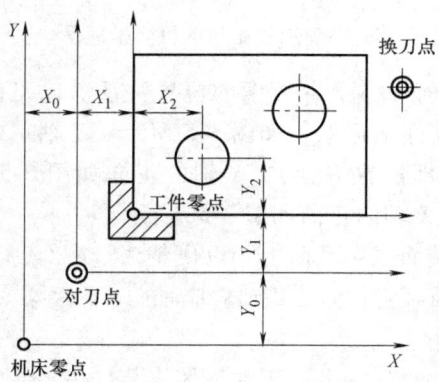

图 3-6　机床坐标系和工件坐标系之间的位置关系

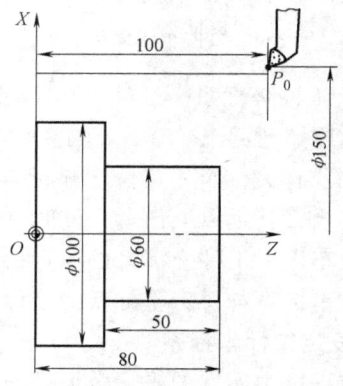

图 3-7　建立工件坐标系

解：当选工件左端面为工件坐标原点时，建立坐标系指令为　G50 X150. Z100. ;

当选工件右端面为工件坐标原点时，建立坐标系指令为 G50 X150. Z20.；

加工前，用手动或自动方式让机床回零。此时 CRT 显示的坐标值均为 0。

执行 G50 X150. Z100. 后，CRT 显示的坐标值为 X150. Z100.0，但是刀具相对于机床的位置不变。

（3）预置工件坐标系 具有参考点设定功能的机床还可用工件原点预置指令 G54～G59 来代替 G50 建立工件坐标系。它是先测定出预置的工件原点相对于机床原点的偏置值，并把该偏置值通过参数设定的方式预置在机床参数数据库中，因而该值无论断电与否都将一直被系统所记忆，直到重新设置为止。

预置工件坐标系可用指令 G54～G59，其与 G50 之间的区别是：

1）用 G54～G59 设立工件原点是通过数控系统菜单项输入进去。G54～G59 建立的工件原点是相对于机床原点而言的。在运行程序时若遇到 G54～G59 指令，则自此以后的程序中所有用绝对编程方式定义的坐标值均是以 G54 指令的零点作为原点的，直到再遇到新的坐标系设定指令。

2）用 G50 时，后面一定要跟坐标地址字；而用 G54～G59 时，则不需要后跟坐标地址字，且可单独作一行书写。若其后紧跟有坐标地址字，则该坐标地址字是附属于前次移动所用的模态 G 指令的，如 G00、G01 等。

G50 建立的工件原点是相对于程序执行过程中当前刀具刀位点的，可通过编程来多次使用 G50 而重新建立新的工件坐标系。

3. 数控车床的对刀操作

（1）刀位点 刀位点是指在加工程序编制中，用以表示刀具特征的点，也是对刀和加工的基准点。对于车刀，各类车刀的刀位点如图 3-8 所示。

（2）手动对刀 在加工程序执行前，调整每把刀的刀位点，使其尽量重合于某一理想基准点，这一过程称为对

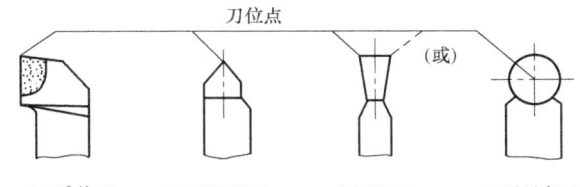

图 3-8 车刀的刀位点

刀。数控车床的对刀可分为基准车刀的对刀和各个刀具相对位置偏差的测定两部分。先从所需用到的众多车刀中选定一把作为基准刀具，进行对刀操作，再分别测出其他各刀具与基准刀具刀位点的位置偏差值（这可通过分别测量各刀具相对于刀架中心或相对于刀座装刀基准点在 X、Z 方向的偏置值来得到），不必对每把刀具都进行对刀操作。

1）基准车刀的对刀。基准车刀的对刀就是在加工前测定出加工起始点（起刀点）处，刀具刀位点（如刀尖）在工件坐标系（编程坐标系）中的相对坐标位置。通常在加工工件前进行对刀操作，只有通过对刀才可确定工件在机床中的位置，保证工件的正确加工。

试切对刀的过程大致如下：

① 先进行手动返回参考点的操作。

② 试切外圆。如图 3-9 所示，将工件安装好之后，用 MDI（手动数据输入）方式操纵机床将工件外圆表面试切一刀，然后保持刀具在 X 轴方向上的位置不变，沿 Z 轴方向退刀。停止主轴转动，测量工件试切后的直径 D，此即当前位置上刀尖在工件坐标系中的 X 值。

③ 试切端面。如图 3-10 所示,用同样的方法再将工件右端面试切一刀,保持刀具 Z 坐标不变,沿横向（X 向）退刀。当取工件右端面 O 为工件原点时,对刀输入为 $Z0$；当取工件左端面 O' 为工件原点时,测出试切端面至预定的工件原点的距离 L,此即当前位置处刀尖在工件坐标系中的 Z 值。

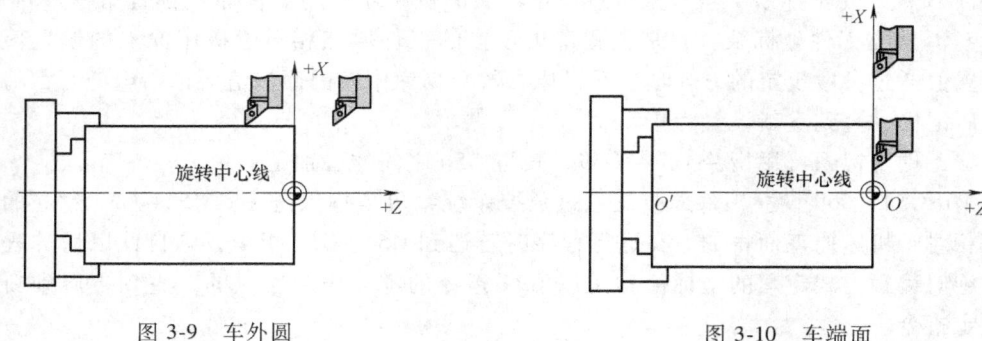

图 3-9　车外圆　　　　　　　　　　图 3-10　车端面

根据 D 和 L 值,即可确定刀具在工件坐标系中的位置。

2）其他各刀具的对刀。其他各刀具的对刀就是测定出每一把刀具转位到加工方位时,其刀位点相对于基准车刀刀位点在 X、Z 两方向上的位置偏差；然后,将偏差值存入对应的刀具数据库即可。这样,只需要在加工程序中用指令标明所用的刀具,则执行到刀具指令时,机床会自动移动调整刀架,直到新刀具刀位点与前一把刀具刀位点重合。整个程序均可按基准车刀刀位点进行编写。

手动对刀是基本对刀方法,这种对刀模式将占用较多的在机床上的时间。

(3) 机外对刀仪对刀　机外对刀的本质是测量出刀具假想刀尖点到刀具台基准之间 X 及 Z 方向的距离。利用机外对刀仪可将刀具预先在机床外校对好,以便装上机床后将对刀长度输入相应刀具补偿号即可使用,如图 3-11 所示。

(4) 自动对刀　自动对刀是通过刀尖检测系统实现的,刀尖以设定的速度向接触式传感器接近,当刀尖与传感器接触并发出信号时,数控系统立即记下该瞬间的坐标值,并自动修正刀具补偿值。自动对刀如图 3-12 所示。

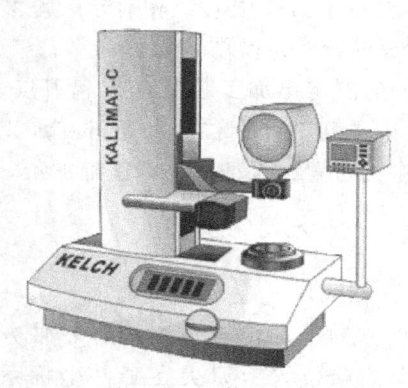

图 3-11　机外对刀仪

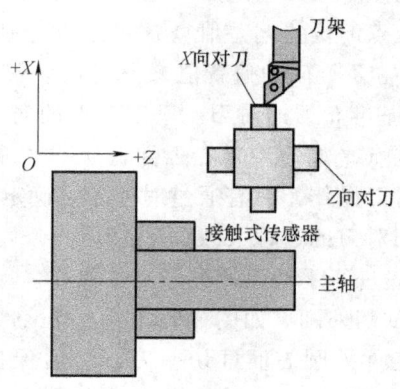

图 3-12　自动对刀

3.2 数控车削工艺

无论是手工编程还是自动编程,在编程前都要对所加工的零件进行工艺分析,拟定加工方案,选择合适的刀具,确定切削用量。

数控车削工艺与普通车削工艺在原则上基本相同,但数控加工的整个过程是自动进行的。因此,在数控车床上加工零件时,要把被加工工件的全部工艺过程、工艺参数和位移数据编制成程序,并以数字信息的形式记录下来。

数控车削工艺相对于普通车削工艺的特点:工序的内容更复杂;工步的安排更为详尽。

数控车削工艺制订得合理与否,对程序编制、数控车床的加工效率和零件的加工精度都有直接影响。其主要内容有:

1)选择并确定适合在数控车床上加工的零件,并确定工序内容。
2)分析被加工零件图样的数控加工工艺,明确加工内容与技术要求。
3)确定零件加工方案,制订数控加工工艺路线。如划分工序、安排加工顺序等。
4)设计数控加工工序,制订定位夹紧方案,划分工步,规划走刀路线,选择刀辅具,确定切削用量,计算工序尺寸及公差等。
5)数控加工专业技术文件的编写。

3.2.1 车削加工方案的确定

一般根据零件的加工精度、表面粗糙度、材料、结构形状、尺寸及生产类型确定零件表面的数控车削加工方案。

1. 外圆表面及端面加工方案的确定

1)加工精度为 IT7~IT8、$Ra0.8~1.6\mu m$ 的除淬火钢以外的常用金属,可采用普通型数控车床,按粗车、半精车、精车的方案加工。

2)加工精度为 IT5~IT6、$Ra0.2~0.63\mu m$ 的除淬火钢以外的常用金属,可采用精密型数控车床,按粗车、半精车、精车、细车的方案加工。

3)加工精度高于 IT5、$Ra<0.08\mu m$ 的除淬火钢以外的常用金属,可采用高档精密型数控车床,按粗车、半精车、精车、精密车的方案加工。

4)对淬火钢等难车削材料,其淬火前可采用粗车、半精车的方法,淬火后安排磨削加工;对最终工序有必要用数控车削方法加工的难切削材料,其具体加工方法可通过改变工艺参数和选用相应的刀具材料进行加工。

2. 内圆表面加工方案的确定

1)加工精度为 IT8~IT9、$Ra1.6~3.2\mu m$ 的除淬火钢以外的常用金属,可采用普通型数控车床,按粗车、半精车、精车的方案加工。

2)加工精度为 IT6~IT7、$Ra0.2~0.63\mu m$ 的除淬火钢以外的常用金属,可采用精密型数控车床,按粗车、半精车、精车、细车的方案加工。

3)加工精度为 IT5、$Ra<0.2\mu m$ 的除淬火钢以外的常用金属,可采用高档精密型数控车床,按粗车、半精车、精车、精密车的方案加工。

4)对淬火钢等难车削材料,同样其淬火前可采用粗车、半精车的方法,淬火后安排磨削加工；对最终工序有必要用数控车削方法加工的难切削材料，其具体加工方法同样可通过改变工艺参数和选用相对应的刀具材料进行加工。

3.2.2 工序的确定

在数控车床上加工零件，应按工序集中的原则划分工序，在一次安装下尽可能完成大部分甚至全部表面的加工。在批量生产中，常用下列两种方法划分工序。

1. 按零件加工表面划分

将位置精度要求较高的表面安排在一次安装下完成，以免多次安装所产生的安装误差影响位置精度。例如，某轴承内圈，其内孔对小端面的垂直度、滚道和大挡边对内孔回转中心的角度差，以及滚道与内孔间的壁厚差均有严格的要求，精加工时划分成两道工序。第一道工序采用图 3-13a 所示的以大端面和大外径定位装夹的方案，将滚道、小端面及内孔等均在这次装夹内完成，这样很容易保证上述的位置精度。第二道工序采用图 3-13b 所示的以内孔和小端面定位装夹的方案，车削大外圆和大端面。

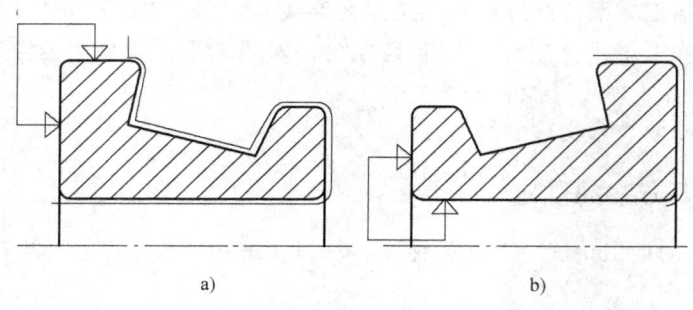

图 3-13 轴承内圈两道工序加工方案

2. 按粗、精加工划分

对于容易发生加工变形的零件，通常粗加工后需要进行矫形，此时粗加工和精加工作为两道工序，可以分别采用不同的刀具和不同的数控车床进行加工。将粗车安排在精度较低、功率较大的数控车床上，将精车安排在精度较高的数控车床上。

3.2.3 加工顺序的确定

制订零件车削加工顺序时一般遵循下列原则：

1. 先粗后精原则

按照粗车→半精车→精车的顺序进行，逐步提高加工精度。粗车在较短的时间内将工件表面上的大部分加工余量切掉，一方面提高金属切除率，另一方面满足精车的余量均匀性要求。若粗车后所留余量的均匀性满足不了精车的要求，则要安排半精车，以此为精车做准备。此原则实质是在一个工序内分阶段进行加工，这样有利于保证零件的加工精度，适用于精度要求高的场合，但可能增加换刀的次数和加工路线的长度。

2. 先近后远原则

按加工部位相对于对刀点（起刀点）的距离远近而言。在一般情况下，离对刀点远的部位后加工，以便缩短刀具移动距离，减少空行程时间。对于车削而言，先近后远还有利于保持坯件或半成品的刚性，改善其切削条件。如图 3-14 所示为直径相差不大的台阶轴，当第一刀的背吃刀量（图中最大背吃刀量可为 3mm 左右）未超限时，可按 $\phi 34mm \rightarrow \phi 36mm \rightarrow \phi 38mm$ 的次序先近后远地车削加工。

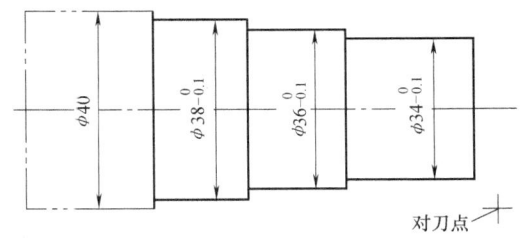

图 3-14　台阶轴加工

3. 内外交叉原则

对既有内表面（内型、腔），又有外表面需加工的回转体零件，安排加工顺序时，应先进行内、外表面粗加工，后进行内、外表面精加工。切不可将零件上一部分表面（外表面或内表面）加工完毕后，再加工其他表面（内表面或外表面）。

4. 保证工件加工刚度原则

在一道工序中进行的多工步加工，应先安排对工件刚性破坏较小的工步，后安排对工件刚性破坏较大的工步，以保证工件加工时的刚度要求。即一般先加工离装夹部位较远的在后续工步中不受力或受力小的部位，本身刚性差又在后续工步中受力的部位一定要后加工。

5. 同一把刀尽量连续加工原则

此原则的含义是用同一把刀把能加工的内容连续加工出来，以减少换刀次数，缩短刀具移动距离。特别是精加工同一表面一定要连续切削。该原则与先粗后精原则有时相矛盾，能否选用以能否满足加工精度要求为准。

上述工步顺序安排的一般原则，同样适用于其他类型的数控加工工步顺序的安排。

3.2.4　走刀路线的确定

走刀路线也称为进给路线，泛指刀具从对刀点（或机床固定原点）开始运动起，直至返回该点并结束加工程序所经过的路径，包括切削加工的路径及刀具切入、切出等非切削空行程。

因精加工切削过程的进给路线基本上都是沿其零件轮廓顺序进行的，所以确定进给路线的工作重点，主要在于确定粗加工及空行程的进给路线。

在保证加工质量的前提下，使加工程序具有最短的进给路线，不仅可以节省整个加工过程的执行时间，还能减少一些不必要的刀具消耗及机床进给机构滑动部件的磨损等。实现最短的进给路线，除了依靠大量的实践经验外，还应善于分析，必要时可辅以一些简单计算。现将数控车削实践中的部分设计方法或思路介绍如下：

1. 最短的空行程路线

（1）设置循环起点　图 3-15 所示为采用矩形循环方式进行粗车的一般情况。

图 3-15a 将起刀点 A 作为循环起点，按三刀粗车的进给路线安排如下：

第一刀为 $A \rightarrow B \rightarrow C \rightarrow D \rightarrow A$；

第二刀为 $A \rightarrow E \rightarrow F \rightarrow G \rightarrow A$；

第三刀为 $A \rightarrow H \rightarrow I \rightarrow J \rightarrow A$。

图 3-15b 则是巧将起刀点与循环起点分离，并将循环起点设于图 3-15b 所示 B 点位置，仍按相同的切削用量进行三刀粗车，其进给路线安排如下：

起刀点与对刀点分离的空行程为 $A \rightarrow B$；

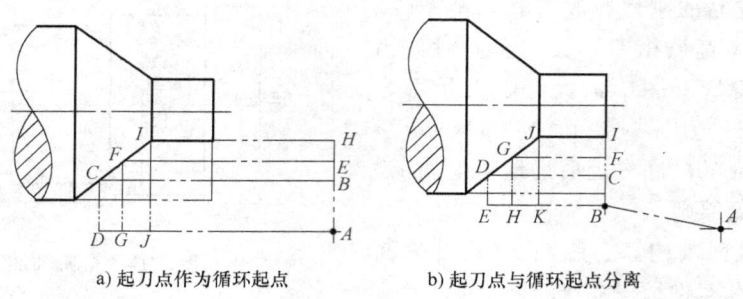

a) 起刀点作为循环起点　　　b) 起刀点与循环起点分离

图 3-15　用矩形循环方式进行粗车

第一刀为 $B \to C \to D \to E \to B$；
第二刀为 $B \to F \to G \to H \to B$；
第三刀为 $B \to I \to J \to K \to B$。

显然，图 3-15b 所示的进给路线短。该方法也可用在其他循环（如螺纹车削）切削的加工中。

（2）巧设换（转）刀点　考虑换（转）刀的方便和安全，有时将换（转）刀点也设置在离坯件较远的位置处（如图 3-15 中的 A 点），那么，当换第二把刀后，进行精车时的空行程路线必然也较长；如果将第二把刀的换刀点也设置在图 3-15b 中的 B 点位置上，则可缩短空行程距离。

2. 最短的切削进给路线

切削进给路线为最短时，可有效地提高生产率，降低刀具的损耗等。在安排粗加工或半精加工的切削进给路线时，应同时兼顾到被加工工件的刚性及加工的工艺性等要求，不要顾此失彼。

3. 大余量毛坯的阶梯切削进给路线

图 3-16 所示为数控车削大余量毛坯的两种加工路线，图 3-16a 是错误的阶梯切削进给路线，图 3-16b 按 1~5 的顺序切削，每次切削所留余量相等，是正确的阶梯切削进给路线。因为在同样背吃刀量的条件下，按图 3-16a 所示的方式加工所剩的余量过多。

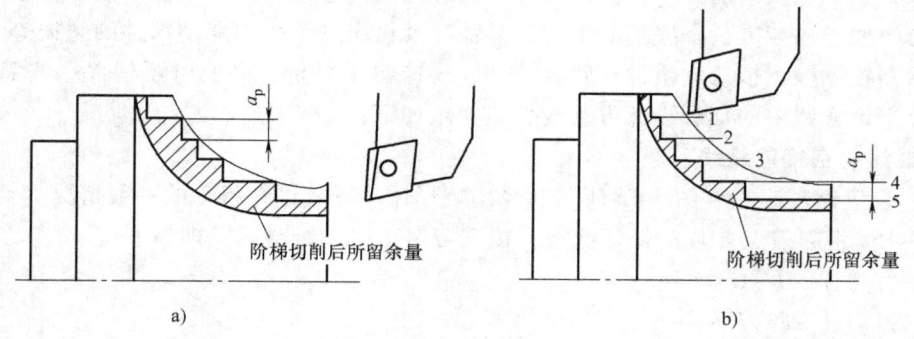

图 3-16　大余量毛坯的阶梯切削进给路线

根据数控车床加工的特点，还可以放弃常用的阶梯车削法，改用依次从轴向和径向进刀，顺工件毛坯轮廓进给的路线，如图 3-17 所示。

4. 完工轮廓的连续切削进给路线

在安排可以一刀或多刀进行的精加工工序时，其工件的完工轮廓应由最后一刀连续加工而成，这时，加工刀具的进、退刀位置要考虑妥当，尽量不要在连续的轮廓中安排切入和切出或换刀及停顿，以免因切削力突然变化而造成弹性变形，致使光滑连接轮廓上产生表面划伤、形状突变或滞留刀痕等缺陷。

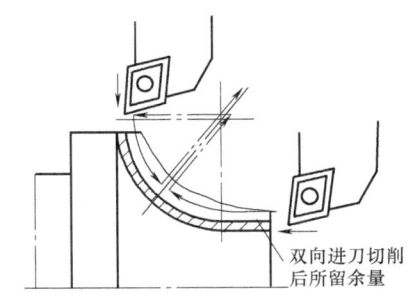

图 3-17 顺工件毛坯轮廓进给的路线

5. 特殊的进给路线

在数控车削中，一般情况下，坐标轴方向的进给运动都是沿着负方向进给的，但有时按其常规的负方向安排进给路线并不合理，甚至可能车坏工件。

例如，当采用尖形车刀加工大圆弧内表面零件时，安排两种不同的进给方法（图 3-18），其结果也不相同。

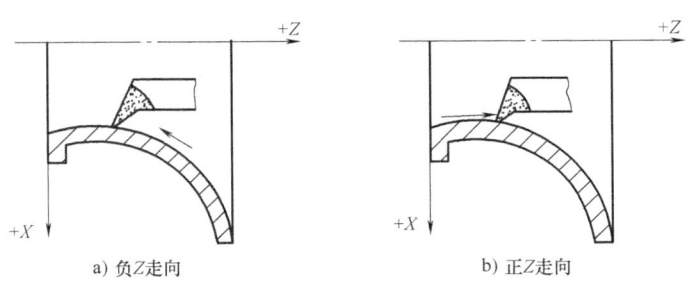

图 3-18 两种不同的进给方法

对于图 3-18a 所示的第一种进给方法（负 Z 走向），因切削时尖形车刀的主偏角为 100°~105°，这时切削力在 X 向的较大分力 F_p 将沿着图 3-19 所示的正 X 方向作用，当刀尖运动到圆弧的换象限处，即由负 Z、负 X 向负 Z、正 X 方向变换时，背向力 F_p 与传动横向拖板的传动力方向相同。若螺旋副间有机械传动间隙，就可能使刀尖嵌入工件表面（即扎刀），其嵌入量在理论上等于其机械传动间隙量 e，如图 3-19 所示。

即使该间隙量很小，由于刀尖在 X 方向换向时，横向拖板进给过程的位移量变化也很小，加上处于动摩擦与静摩擦之间呈过渡状态的横向拖板惯性的影响，仍会导致横向拖板产生严重的爬行现象，从而大大降低工件的表面质量。

对于图 3-18b 所示的第二种进给方法（正 Z 走向），因为刀尖运动到圆弧的换象限处，即由正 Z、负 X 向正 Z、正 X 方向变换时，背向力与丝杠传动横向拖板的传动力方向相反，不会受螺旋副机械传动间隙的影响而产生扎刀现象，所以图 3-20 所示进给方案是较合理的。

3.2.5 数控车床的装夹和定位

根据零件的结构形状不同，通常选择外圆装夹，并力求使设计基准、工艺基准和编程基准统一。

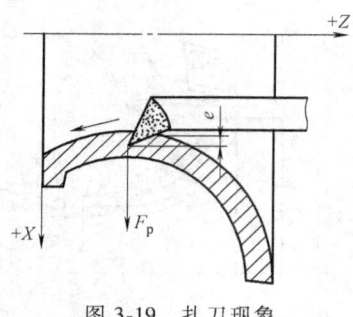
图3-19 扎刀现象

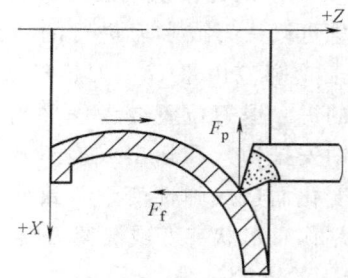
图3-20 合理的进给路线

1. 数控车床零件基准和加工定位基准

（1）基准 由于车削加工和铣削加工的主切削运动、加工自由度及机床对刀机构的差异，数控车床在零件基准和加工定位基准的选择上，要比数控铣床和加工中心简单得多，没有过多的基准选择余地，也没有过多的基准转换问题。

1）设计基准。顾名思义，设计基准是设计工件时采用的基准，如轴套类和轮盘类零件的中心线。轴套类和轮盘类零件都属于回转体类零件，通常将其径向设计基准设置在回转体轴线上，将轴向设计基准设置在工件的某一端面或几何中心处。

2）加工定位基准。加工定位基准即在加工中工件装夹定位时的基准。数控车床加工轴套类及轮盘类零件的加工定位基准只能是被加工件的外圆表面、内圆表面或零件端面中心孔。

3）测量基准。测量基准是被加工工件各项精度测量和检测时的基准。机械加工工件的精度要求包括尺寸精度、形状精度和位置精度。

尺寸误差可用长度测量量具检测，形状误差和位置误差要借助测量夹具和量具来完成。下面以被加工工件径向跳动的测量误差和测量基准为例来说明。

测量径向跳动误差时，测量方向应垂直于基准轴线。

当实际基准表面形状误差较小时，可用一对V形架支承被测工件。工件旋转一周，指示表上最大、最小读数之差即为径向圆跳动的误差，如图3-21a所示。此种测量方法的测量基准是工件支承处的外表面，用两工件的圆周确定工件的中心线来进行测量。测量误差中包含测量基准本身的形状误差和不同轴位置误差。

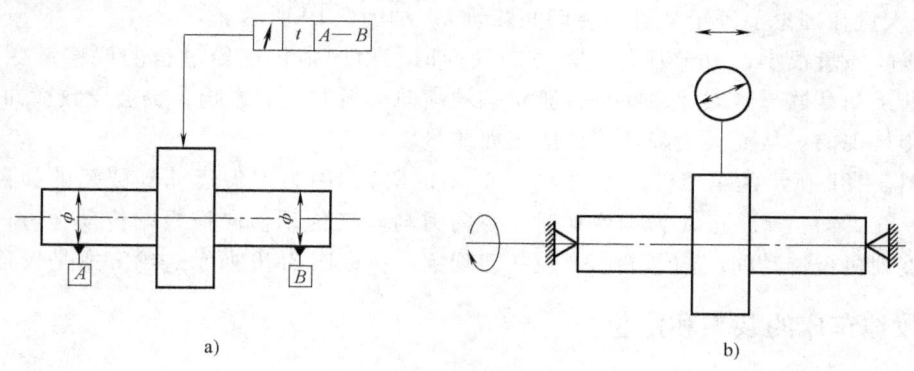
图3-21 径向跳动的测量方法

使用两中心孔作为测量基准是应用更广泛的方法，如图 3-21b 所示。这是比较理想的测量基准。其好处在于：此种测量方法的基准是用两中心孔来确定工件的中心线，而一般工件在数控车削加工时的加工基准和在工件设计时的设计基准都是中心线，因此使得诸基准均利用同一基准，保证了基准的重合，从而能够提高工件的加工精度。

由此可见，在数控车削加工中要尽量使工件的定位基准与设计基准重合，而且应尽量使工件的加工基准和工件的定位基准与工件的设计基准重合，这是保证工件加工精度的重要前提条件，也是对工件装夹定位的要求。

（2）定位基准的选择 定位基准的选择包括定位方式的选择和被加工工件定位面的选择。

轴类零件的定位方式通常是一端外圆固定，即用自定心卡盘、单动卡盘或弹簧夹套固定工件的外圆表面，但此定位方式对工件的悬伸长度有一定限制。工件悬伸过长会在切削过程中产生变形，增大加工误差，严重时将使切削无法进行。

对于切削长度过长的轴类零件可以采取一夹一顶的定位方式，如图 3-22 所示，或采用两顶尖定位，如图 3-23 所示。在装夹方式允许的条件下，定位面尽量选择几何精度较高的表面。

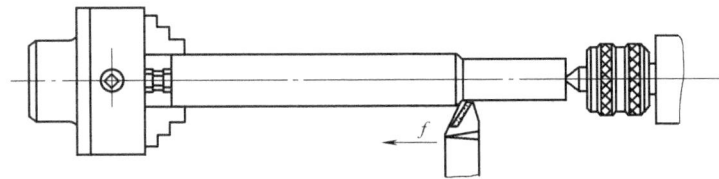

图 3-22 卡盘-顶尖定位

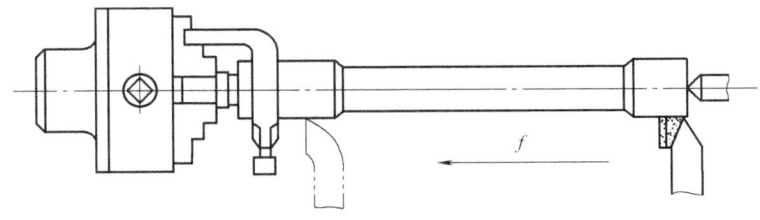

图 3-23 两顶尖定位

2. 数控车床通用夹具

（1）圆周定位夹具 在数控车削加工中，粗加工、半精加工的精度要求不高时，可利用工件或毛坯的外圆表面定位。

1）自定心卡盘。自定心卡盘如图 3-24 所示，它是最常用的车床通用夹具，也是数控车床的通用夹具。自定心卡盘最大的优点是可以自动定心。它的夹持范围大，但定心精度不高，不适合于工件同轴度要求高时的二次装夹。

常见的自定心卡盘有机械式和液压式两种。液压卡盘装夹迅速、方便，但夹持范围小，尺寸变化大时需重新调整卡爪位置。数控车床经常采用液压卡盘，液压卡盘特别适用于批量加工。

2）软爪。由于自定心卡盘定心精度不高，当加工同轴度要求较高的工件，或进行工件的二次装夹时，常使用软爪。

通常自定心卡盘的卡爪要进行热处理，硬度较高，很难用常规刀具切削。软爪是为改变上述不足而设计制造的一种具有切削性能的夹爪。

加工软爪时要注意以下几方面的问题：

① 软爪要在与使用时相同的夹紧状态下进行车削，以免在加工过程中松动和由于反向间隙而引起定心误差。车削软爪内定位表面时，要在软爪尾部夹一适当的圆盘，以消除卡盘端面螺纹的间隙，如图 3-25 所示。

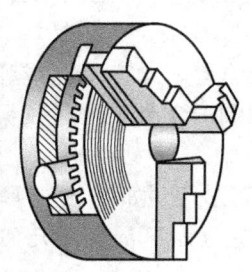
图 3-24　自定心卡盘示意图

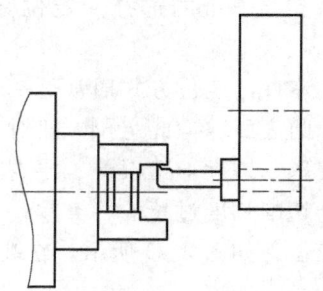
图 3-25　加工软爪

② 当被加工工件以外圆定位时，软爪夹持直径应比工件外圆直径略小，如图 3-26a 所示。其目的是增加软爪与工件的接触面积。软爪内径大于工件外径时，会使软爪与工件形成三点接触，如图 3-26b 所示。此种情况下夹紧牢固度较差，所以应尽量避免。当软爪内径过小时，如图 3-26c 所示，会形成软爪与工件的六点接触，这样，不仅会在被加工表面留下压痕，而且软爪接触面也会变形。这在实际使用中都应该尽量避免。

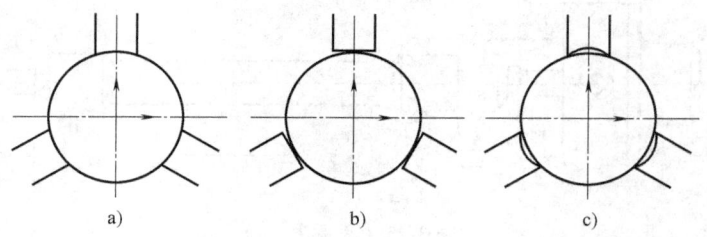
图 3-26　软爪内径的三种状态

3) 卡盘加顶尖。在车削质量较大的工件时，一般应将工件的一端用卡盘夹持，另一端用后顶尖支承。为了防止工件由于切削力的作用而产生轴向位移，必须在卡盘内装一限位支承（图 3-22），或者利用工件的台阶面进行限位，如图 3-27 所示。此种装夹方法比较安全可靠，能够承受较大的轴向切削力，安装刚性好，轴向定位准确，所以在数控车削加工中应用较多。

4) 单动卡盘。加工精度要求不高、偏心距较小、长度较短的工件时，可以采用单动卡盘进行装夹。单动卡盘的四个卡爪是各自独立移动的，可调整工件在车床主轴上的夹持位置，使工件加工表面的回转中心与车床主轴的回转中心重合。但是，单动卡盘的找正烦琐费时，一般用于单件小批生产。单动卡盘的卡爪有正爪和反爪两种类型。

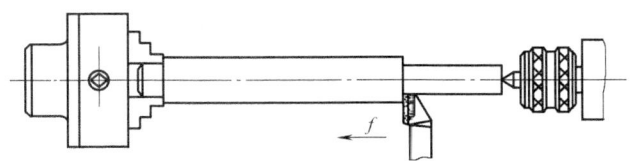

图 3-27 用工件的台阶面定位

5) 弹簧夹套。弹簧夹套定心精度高，装夹工件快捷方便，常用于精加工的外圆表面定位。弹簧夹套特别适用于尺寸精度较高、表面质量较好的冷拔圆棒料，若配以自动送料器，可实现自动上料。弹簧夹套夹持工件的内孔是标准系列，并非任意直径。

(2) 中心孔定位夹具

1) 两顶尖拨盘。两顶尖定位的优点是定心正确可靠、安装方便。顶尖的作用是定心、承受工件的重量和切削力。顶尖分为前顶尖和后顶尖。

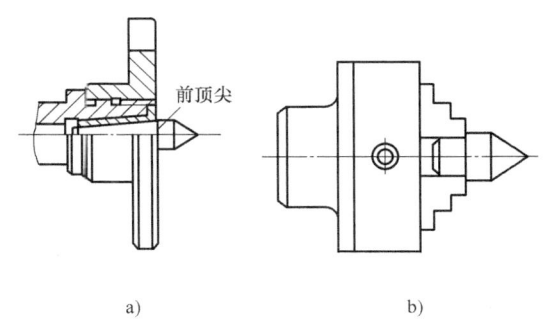

前顶尖有两种，一种是插入主轴锥孔内的，如图 3-28a 所示；另一种是夹在卡盘上的，如图 3-28b 所示。前顶尖与主轴一起旋转，与主轴中心孔不产生摩擦。

图 3-28 前顶尖

后顶尖插入尾座套筒。后顶尖也有两种，一种是固定的，另一种是回转的。回转顶尖使用较为广泛。

工件安装时用对分夹头或鸡心夹头夹紧工件一端，拨杆伸向端面。两顶尖只对工件有定心和支承作用，必须通过对分夹头或鸡心夹头的拨杆带动工件旋转，如图 3-29 所示。利用两顶尖定位还可加工偏心工件，如图 3-30 所示。

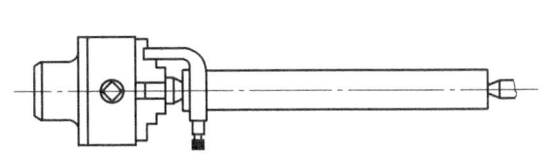

图 3-29 两顶尖装夹

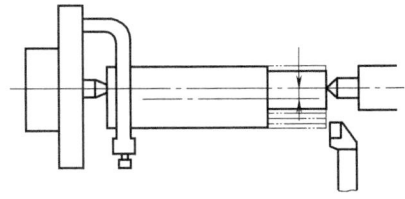

图 3-30 偏心轴加工

2) 拨动顶尖。常用的拨动顶尖有内、外拨动顶尖和端面拨动顶尖两种。

① 内、外拨动顶尖。这种顶尖的锥面带齿，能嵌入工件，拨动工件旋转。

② 端面拨动顶尖。这种顶尖利用端面拨爪带动工件旋转，适合装夹直径为 50~150mm 的工件。

3. 数控车床的装夹找正

(1) 装夹找正　数控车床进行工件的装夹时，必须将工件表面的回转中心线（即工件坐标系的 Z 轴），找正到与数控车床的主轴中心线重合。

（2）找正方法　与普通车床找正工件的找正方法相同，一般用打表找正。通过调整卡爪，使得工件坐标系的 Z 轴与数控车床的主轴回转中心线重合，如图 3-31 所示。

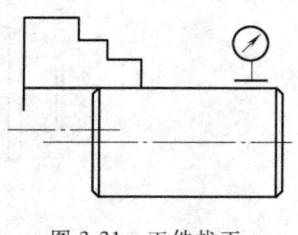

图 3-31　工件找正

单件的偏心工件在安装时常常要进行装夹找正。使用自动定心卡盘装夹较长的工件时，由于工件较长，工件远离自动定心卡盘夹持部分的旋转中心会与车床主轴的旋转中心不重合，此时必须进行工件的装夹找正。自动定心卡盘的精度不高时，安装工件也需要进行工件的装夹找正。

3.2.6　数控车床刀具

（一）数控机床对刀具的要求

数控机床必须有与其相适应的切削刀具来配合，才能充分发挥作用。数控加工中所用的刀具，必须适应数控机床所特有的工作条件，才能与机床在最佳配合条件下工作，从而充分发挥数控机床的高效、高精度及高自动化生产的优越性。

为了保证数控机床的加工精度，提高生产率及降低刀具的损耗，在选用刀具时对刀具提出了很高的要求，如能可靠地断屑，有高的寿命，可快速调整与更换等。

1. 适应高速切削要求，具有良好的切削性能

为提高生产率和满足加工高硬度材料的要求，数控机床向着高速度、大进给、高刚性和大功率发展。中等规格的加工中心，其主轴最高转速一般为 3000～5000r/min，工作进给量的选择范围可由 0～5m/min 提高到 0～15m/min。

为加工高硬度工件材料（如淬火模具钢），数控机床所用刀具必须有承受高速切削和较大进给量的性能，而且要求刀具有较高的寿命。

2. 高的可靠性

数控机床加工的基本前提之一是刀具的可靠性。要保证刀具在加工中不发生意外的损坏。刀具的性能一定要稳定可靠，同一批刀具的切削性能和寿命不得有较大差异。

3. 较高的刀具寿命

刀具在切削过程中不断地被磨损而造成工件尺寸的变化，从而影响加工精度。刀具在两次调整之间所能加工出合格零件的数量，称为刀具的寿命。在数控机床加工过程中，提高刀具寿命非常重要。

4. 高精度

为了适应数控机床的高精度加工，刀具及其装夹机构必须具有很高的精度，以保证它在机床上的安装精度（通常在 0.005mm 以内）和重复定位精度。

5. 可靠的断屑及排屑措施

切屑的处理对保证数控机床正常工作有着特别重要的意义。在数控机床加工中，紊乱的带状切屑会给加工过程带来很多危害，在可靠卷屑的基础上，还需要畅通无阻地排屑。对于孔加工刀具尤其如此。

6. 精确迅速的调整

数控机床及加工中心所用刀具一般都带有调整装置，这样就能够补偿由于刀具磨损而造成的工件尺寸的变化。

7. 自动快速的换刀

数控机床一般采用机外预调尺寸的刀具,而且换刀是在加工的自动循环过程中实现的,即自动换刀。这就要求刀具应能与机床快速、准确地接合和脱开,并能适应机械手或机器人的操作。所以连接刀具的刀柄、刀杆、接杆和装夹刀头的刀夹已发展成各种适应自动化加工要求的结构,成为包括刀具在内的数控工具系统。

8. 刀具标准化、模块化及通用化

数控机床所用刀具的标准化,可使刀具的品种规格减少,成本降低。数控工具系统的模块化、通用化,可使刀具适用于不同的数控机床,从而提高生产率,保证加工精度。

(二) 数控车床刀具的种类及特点

数控车削是数控加工中应用最为广泛的加工方法之一,而车削效率的提高在很大程度上取决于刀具的使用和良好的性能。

数控车刀是指数控车床上所应用的各种刀具的统称,可用于外圆表面、内圆表面、端面、切槽及螺纹等回转表面的加工。由于车削形面的不同,数控车刀可分为许多种类。

1. 按功能分类

数控车刀按其功能可分为端面车刀、轮廓车刀、切槽车刀和螺纹车刀等。根据形面的不同,又可分为内圆车刀和外圆车刀。图 3-32a 所示为外圆车刀,图 3-32b 所示为内圆车刀。

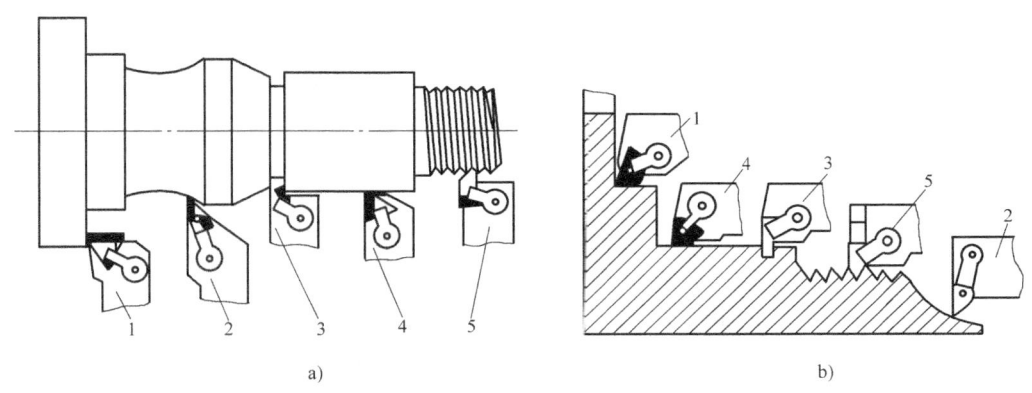

图 3-32 数控车刀的主要类型

1—外(内)端面车刀 2—外(内)轮廓车刀 3—外(内)切槽刀
4—外圆(内孔)车刀 5—外(内)螺纹车刀

2. 按切削刃形状分类

数控车刀按切削刃形状可分为尖形车刀、圆弧形车刀和成形车刀。

(1) 尖形车刀 尖形车刀是以直线切削刃为特征的车刀。刀尖由直线形的主切削刃和副切削刃构成。如外圆车刀、左右端面车刀、切断(切槽)刀和孔用车刀等。

尖形车刀几何参数的选择方法与普通车削基本相同,由于该车刀参加切削的是刀尖及一条切削刃,故刀位点在刀尖上。

(2) 圆弧形车刀 圆弧形车刀是以圆度误差或线轮廓误差很小的圆弧形切削刃为特征的车刀,该车刀圆弧刃上每一点都是圆弧形车刀的刀尖,因此刀位点不在圆弧上,而在圆弧的圆心上,图 3-33 为圆弧形车刀。

圆弧形车刀可以用于车削内外表面，特别适合于车削各种光滑连接（凹形）的成形面。选择车刀圆弧半径时应考虑以下两点：

1) 车刀切削刃的圆弧半径应小于或等于零件凹形轮廓上的最小曲率半径，以免发生加工干涉。

2) 车刀圆弧半径不宜选择太小，否则不但制造困难，还会因刀具强度太弱或刀体散热能力差而导致车刀损坏。

（3）成形车刀 成形车刀俗称样板车刀，其加工零件的轮廓形状完全由车刀切削刃的形状和尺寸决定，如图3-34所示。数控车削加工中，常见的成形车刀有小半径圆弧车刀、非矩形槽车刀和螺纹车刀等。在数控加工中，应尽量少用或不用成形车刀，当确有必要选用时，应在工艺准备文件或加工程序单上进行详细说明。

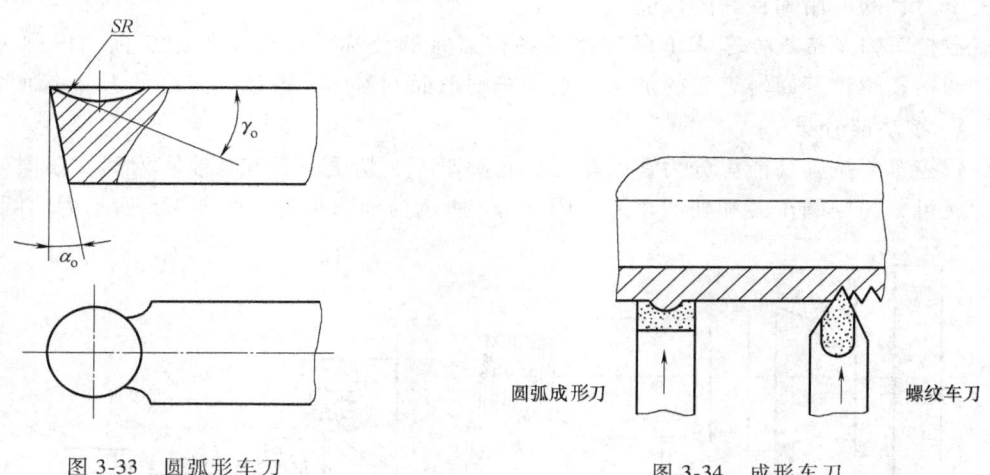

图3-33 圆弧形车刀　　　　图3-34 成形车刀

3. 按结构型式分类

（1）焊接式车刀 焊接式车刀是指在刀杆上按刀具几何角度的要求开出刀槽，用焊料将硬质合金焊接在刀槽内，并按所选的几何参数刃磨后使用的车刀。其结构样式如图3-34所示。

焊接式车刀的刀杆一般采用45钢，但对某些刀杆，如切断刀、切槽刀，则采用40Cr钢，经热处理达35~45HRC。该刀杆截面形状主要有正方形、矩形和圆形。

目前由于对刀和刀具刃磨等原因，除特殊需要外，数控机床已很少使用焊接式车刀作为切削刀具。

（2）机夹可转位式车刀

1) 可转位式车刀的组成。目前，数控机床上大多使用系列化、标准化刀具。可转位式车刀是使用可转位刀片的机夹车刀。

图3-35所示为可转位式车刀的组成。刀片2、刀垫3套装在夹紧元件4上，并由夹紧元件4将刀片压在刀体的刀片支承面上夹紧。车刀的前角、后角是靠刀片在刀杆槽中安装后得到的。

当刀片的一条切削刃磨钝后，可转位换至另一切削刃，直至刀片的所有切削刃均磨钝才可报废，更换新刀片后，车刀又可继续工作。

2）可转位式车刀的优点。与焊接式、整体式车刀相比，可转位式车刀具有以下优点：

① 刀具寿命高。由于刀片避免了因焊接和刃磨高温引起的缺陷，刀具的几何参数完全由刀片和刀杆槽保证，切削性能稳定，从而提高了刀具寿命。

② 生产率高。由于刀具不再磨刀，可大大减少停机换刀等辅助时间。

③ 有利于推广新技术、新工艺。可转位式车刀有利于推广使用涂层、陶瓷等新型刀具材料。

④ 有利于降低刀具成本。刀杆使用寿命长，且大大减少了刀杆的消耗和库存量，简化了刀具的管理工作，降低了刀具成本。

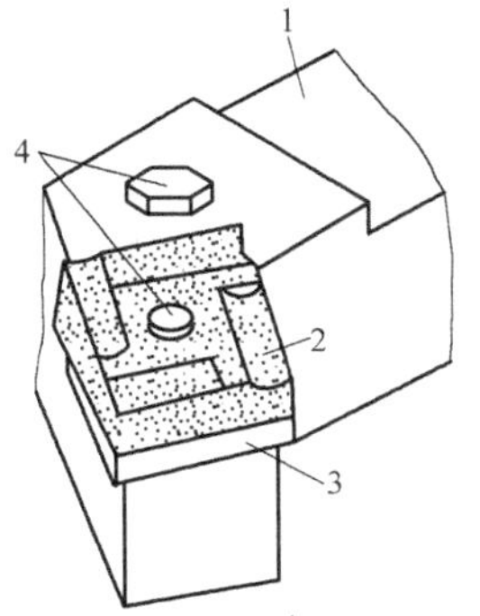

3）可转位式车刀的夹紧方式。

① 杠杆式。杠杆式是利用杠杆原理来夹紧刀片的，如图3-36所示。通过旋转压紧螺钉，使之向下移动，推动杠杆摆动，使杠杆的另一端将刀片定位夹紧在刀槽的侧面上。该结构的特点是定位精度高，夹紧可靠，刀片调整、装卸方便；但是结构复杂，制造成本高。

② 楔块式。如图3-37所示，刀片由销轴在孔中定位，楔块下压时把刀片推压在圆柱销上。松开螺钉时，弹簧垫圈自动抬起楔块。这种结构夹紧力大，简单方便；但定位精度较低，且夹紧时刀片受力不均。

③ 偏心销式。图3-38所示为偏心销式夹紧机构，它以螺钉作为转轴，螺钉上端为偏心圆柱销，偏心量为e。转动螺钉时，偏心销就可以夹紧或松开刀片，也可以用圆柱形转轴代替螺钉。但偏心螺钉销利用了螺纹自锁性能，增加了防松能力。这种

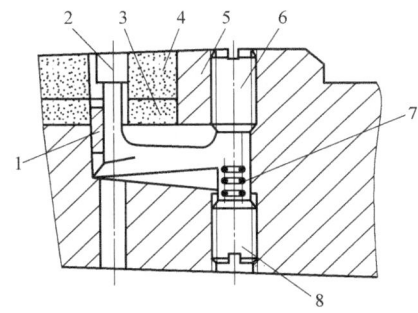

图3-35 可转位式车刀的组成
1—刀杆 2—刀片
3—刀垫 4—夹紧元件

图3-36 杠杆式夹紧机构
1—弹簧套 2—杠杆 3—刀垫 4—刀片
5—刀杆 6—压紧螺钉 7—弹簧 8—调节螺钉

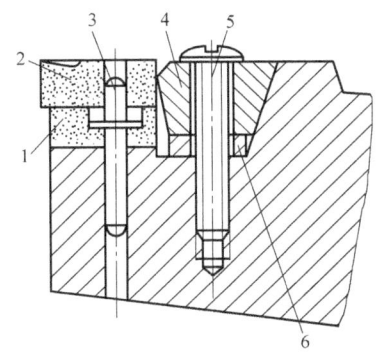

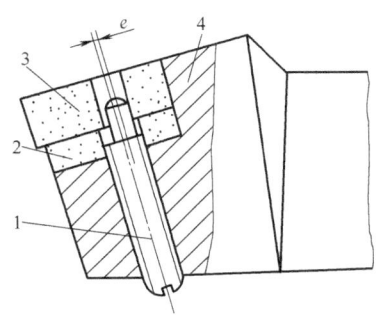

图3-37 楔块式夹紧机构
1—刀垫 2—刀片 3—销轴
4—楔块 5—螺钉 6—弹簧垫圈

图3-38 偏心销式夹紧机构
1—偏心销 2—刀垫 3—刀片 4—刀杆

夹紧结构简单，使用方便。其主要缺点是很难保证双边的夹紧力均衡，当要求利用刀槽的两个侧面定位夹固刀片时，要求转轴的转角公差极小，这在一般制造精度下是很难达到的。因此，实际上往往是单边夹紧，在冲击和振动下刀片容易松动，这种结构适用于连续平稳的切削。

④ 上压式。上述三种夹紧结构仅适用于带孔的刀片，对于不带孔的刀片，特别是带后角的刀片，则需采用如图 3-39 所示的上压式夹紧机构。这种结构的夹紧力大，稳定可靠，装夹方便，制造容易。对于带孔刀片，也可采用销轴定位和上压式夹紧的组合方式。上压式夹紧机构的主要缺点是刀头尺寸较大。

⑤ 拉垫式。如图 3-40 所示，拉垫式夹紧的原理是通过锥端螺钉，在拉垫锥孔斜面上产生一个分力，迫使拉垫带动刀片压向两侧定位面。拉垫既是夹紧元件又是刀垫，一件双用。

拉垫式结构简单紧凑，夹紧牢固，定位精度高，调节范围大，排屑无障碍。缺点是拉垫移动槽不宜过长，一般为 3~5mm，否则将使定位侧面的强度和刚度下降，另外，刀头刚度较弱，不宜用于粗加工。

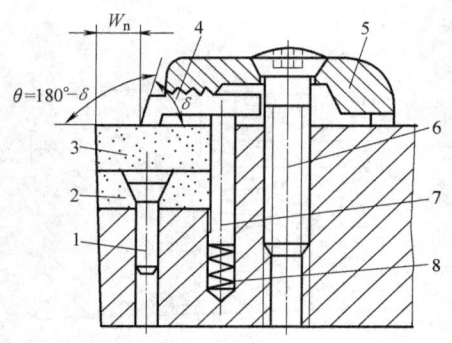
图 3-39　上压式夹紧机构
1—销轴　2—刀垫　3—刀片　4—压板
5—锥孔板　6—螺钉　7—支钉　8—弹簧

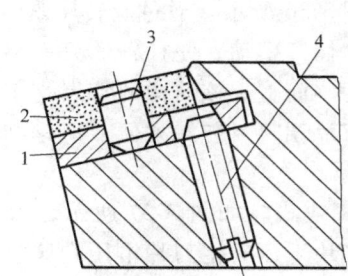
图 3-40　拉垫式夹紧机构
1—拉垫　2—刀片　3—销轴　4—锥端螺钉

⑥ 压孔式。如图 3-41 所示，用沉头螺钉直接紧固刀片，此结构紧凑，制造工艺简单，夹紧可靠。刀头尺寸可做得较小，其定位精度由刀体定位面保证，适合于对容屑空间及刀具头部尺寸有要求的情况，如车孔刀常采用此种结构。

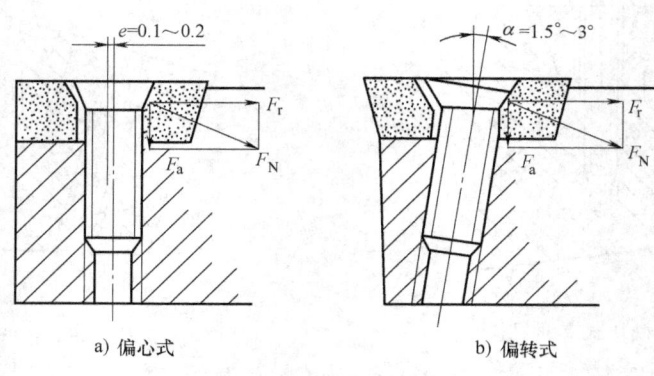

a) 偏心式　　　b) 偏转式

图 3-41　压孔式夹紧机构

4）可转位式车刀刀片的形状。可转位刀片的形状有很多：三角形、正方形、菱形、多边形和圆形等，可根据被加工工件的表面形状和具体结构选择不同形状的刀片。

常见可转位刀片的形状及角度如图 3-42 所示。

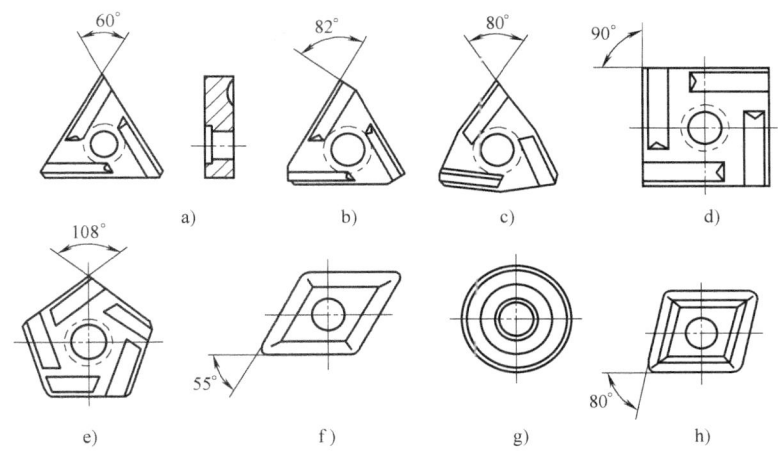

图 3-42 可转位刀片的形状及角度

（三）刀具材料

1. 刀具材料应具备的性能

在金属切削加工时，刀具的切削部分与切屑、工件相互接触的表面上承受很大的压力和强烈的摩擦，刀具在高温下进行切削的同时，还要承受切削力、冲击和振动，因此要求刀具应具备以下的性能：

（1）高硬度 刀具材料必须具有高于工件材料的硬度，碳素工具钢的常温硬度应在 62HRC 以上，高速工具钢的硬度为 63~70HRC，硬质合金的硬度为 89~93HRC。

（2）耐磨性 耐磨性表示刀具抵抗磨损的能力，通常刀具材料的硬度越高，耐磨性越好；材料中硬质点的硬度越高、数量越多、颗粒越小、分布越均匀，耐磨性越好。

（3）强度和韧性 为了承受切削力、冲击和振动，刀具材料应具有足够的强度和韧性。一般用抗弯强度和冲击韧度表示。

（4）耐热性 刀具材料应在高温下保持较高的硬度、耐磨性、强度和韧性，并有良好的扩散性、抗氧化的能力，这就是刀具的耐热性。它是衡量刀具材料综合性能的主要指标。

（5）工艺性和经济性 为了便于制造，要求刀具材料有较好的加工性和热处理特性。经济性是评价和推广应用新型刀具材料的重要指标之一。

（6）抗粘接性 抗粘接性是防止工件与刀具材料分子间在高温高压作用下互相吸附产生粘接。

（7）化学稳定性 化学稳定性指刀具材料在高温下，不易与周围介质发生化学反应。

2. 刀具材料的种类及其应用

刀具材料品种很多，常用的材料有碳素工具钢（T10、T12）、合金工具钢（9SiCr、GrWMn）、硬质合金（YG、YGT）、陶瓷、金刚石和立方氮化硼等。

目前，随着高速、大功率切削的发展，碳素工具钢已基本被淘汰，合金工具钢使用也很少，而广泛使用的是高速工具钢、硬质合金、陶瓷、立方氮化硼和聚晶金刚石等。其主要力学物理性能见表 3-1。

表 3-1 常用刀具材料的力学物理性能

材料种类		密度 /(g/cm³)	硬度	抗弯强度 /GPa	冲击韧度 /(MJ/m²)	热导率 /[W/(m·K)]	耐热性 /℃	线膨胀系数 /(×10⁻⁶/℃)
高速工具钢		8.0~8.8	63~70HRC 83~86.6HRA	2~4.5	0.098~0.588	16.75~25.1	600~700	9~12
硬质合金	钨钴类	14.3~15.3	89~92HRA	1.08~2.35	0.019~0.059	75.4~87.9	800	
	钨铁钴类	9.35~13.2	89~92.5HRA	0.9~1.4	0.0029~0.0068	20.9~62.8	900	3~7.5
	碳化钽、铌类		~92HRA	~1.5			1000~1100	
	碳化钛基类	5.56~6.3	92~93.3HRA	0.78~1.08			1100	8.2
陶瓷	氧化铝陶瓷			0.44~0.686			1200	
	氧化物、碳化物系陶瓷	3.6~4.7	91~95HRA	0.71~0.88	0.0049~0.0117	4.19~20.93	1100	6.3~9
	氮化硅陶瓷	3.26	5000HV	0.735~0.83		37.68	1300	3.2~3.7
超硬材料	立方氮化硼	3.44~3.49	8000~9000HV	~0.294		75.55	1400~1500	4.8
	人造金刚石	3.47~3.56	10000HV	0.21~0.48		146.54	700~800	0.9~1.2

3. 高速工具钢

高速工具钢是一种加入了较多的钨（W）、钼（Mo）、铬（Cr）、钒（V）等合金元素的高合金工具钢。高速工具钢具有较高的热稳定性、高的强度（抗弯强度一般为硬质合金的2~3倍，为陶瓷的5~6倍）和韧性（比较硬质合金和陶瓷高十几倍）、一定的硬度（63~69HRC）和耐磨性，在600℃仍然能保持较高的硬度。高速工具钢的材料性能较硬质合金和陶瓷稳定，但延压性较差，热加工性困难，耐热冲击较弱，因此高速工具钢刀具可以用来加工从非铁金属材料到高温合金的广泛材料。由于高速工具钢容易磨出锋利的切削刃，能锻造，所以特别适合于制造各种小型及结构和形状复杂的刀具，如成形车刀、钻头、拉刀、齿轮刀具和螺纹刀具等。

按用途不同，高速工具钢可分为通用型高速工具钢和高性能高速工具钢。

通用型高速工具钢，广泛用于制造各种复杂刀具，可以切削硬度在 250HBW 以下的结构钢和铸铁材料。这类高速工具钢碳的质量分数为 0.7%~0.9%，其典型牌号有 W18Cr4V、W6Mo5Cr4V2、W9Mo3Cr4V。高性能高速工具钢包括高碳高速工具钢、高钒高速工具钢、高钴高速工具钢和超硬高速工具钢等，这些又称为高热稳定性高速工具钢，其刀具寿命为通用型高速工具钢刀具的 1.5~3 倍，适合于加工超高强度等难加工材料。其典型牌号有 W6Mo5Cr4V2Al 和 W10Mo4Cr4V3Al，这是两种含铝的超硬高速工具钢，具有良好的切削性能。

4. 硬质合金

硬质合金是将钨钴类（WC）、钨钴钛（WC-TiC）、钨钛钽（铌）钴（WC-TiC-TaC）等难熔金属碳化物，用金属粘结剂 Co 或 Ni 等经粉末冶金方法压制烧结而成。由德国的 KRUPP 公司于 1926 年发明，其主体是 WC-Co 系。

硬质合金的常温硬度为89~93HRA、耐热温度为800~1000℃，与高速工具钢相比，其硬度高、耐磨性好、耐热性高，允许的切削速度比高速工具钢高5~10倍。但硬质合金的抗弯强度只有高速工具钢的1/4~1/2，冲击韧性比高速工具钢也低数倍至数十倍，故不能像高速工具钢刀具那样承受大的切削振动和冲击负荷。

硬质合金由于切削性能优良，因此被广泛用作刀具材料。绝大多数的车刀片和面铣刀片都用硬质合金制造；深孔钻、铰刀等刃具也广泛采用硬质合金；一些复杂刀具如齿轮滚刀（特别是整体小模数滚刀和加工淬硬齿面的滚刀）也采用硬质合金。

按照ISO标准以硬质合金的硬度、抗弯强度等指标为依据，将切削用硬质合金分为三类：P类（相当于我国的YT类）、K类（相当于我国的YG类）和M类（相当于我国的YW类）。常用硬质合金的成分及物理性能见表3-2。

表3-2 常用硬质合金的成分及物理性能

ISO分类		成分(质量分数)(%)			密度/(g/cm³)	硬度HV30	抗弯强度/(10MPa)	抗压强度/MPa	弹性模量/GPa	热膨胀系数/(×10⁻⁶/℃)	热导率/[W/(m·K)]
		WC	TiC+TaC	Co							
P类	P10	63	28	9	10.7	1600	1300	4600	530	6.5	29.3
	P20	76	14	10	11.9	1500	1500	4800	540	6	33.49
	P30	82	8	10	13.1	1450	1750	5000	560	5.7	58.62
	P40	75	12	13	12.7	1400	1950	4900	560	5.5	58.62
	P50	68	15	17	12.5	1300	2200	4000	520	—	—
M类	M10	84	10	6	13.1	1700	1350	5000	580	5.5	50.24
	M20	82	10	8	13.4	1550	1600	5000	570	5.5	62.8
	M30	81	10	9	14.4	1450	1800	4800	—	—	—
	M40	79	6	15	13.6	1300	2100	4400	540	—	—
K类	K01	92	4	4	15.0	1800	1200	—	—	—	—
	K10	92	2	6	14.8	1650	1500	5700	630	5	79.55
	K20	92	2	6	14.8	1550	1700	5000	620	5	79.55
	K30	89	2	9	14.4	1400	1900	4700	580	—	71.18
	K40	88	—	12	14.3	1300	2100	4500	570	5.5	58.82

注：表内数据系平均值，不同厂家生产的硬质合金数据可能相差很大。

（1）K类 国家标准YG类，成分为WC+Co，适于加工短切屑的钢铁材料、非铁金属材料及非金属材料。主要成分为碳化钨和（3%~10%）钴，有时还含有少量的碳化钽等添加剂。

（2）P类 国家标准YT类，成分为WC+TiC，适于加工长切屑的钢铁材料。主要成分为碳化钛、碳化钨和钴（或镍），有时加入碳化钽等添加剂。

（3）M类 国家标准YW类，成分为WC+TiC+TaC，适于加工长切屑或短切屑的钢铁材料和非铁金属材料。成分和性能介于K类和P类之间，既可用于加工铸铁及非铁金属材料，也可用于加工各种钢及其合金。

涂层硬质合金刀具是在韧性较好的硬质合金基体上或高速工具钢基体上，涂覆一薄层耐磨性高的难熔金属化合物而成的。常用的涂层材料有TiC、TiB、ZrO及AlO等陶瓷材料。涂层可采用单涂层，也可采用双涂层或多涂层，涂层厚度一般为0.005~0.015mm。

硬质合金的涂层方法分为两类，一类为化学涂层法（CVD法），另一类为物理涂层法（PVD法）。化学涂层是将各种化合物通过化学反应，沉积在工具表面上形成表面膜，反应温度一般在1000℃左右。物理涂层是在550℃以下将金属和气体离子化后，喷涂在工具表面上。

换句话说，尽管硬质合金刀体的基体是 P、M、K 类中的某一类型，但是在涂层之后其所能覆盖的种类就更为广泛了，既可以属于 P 类，也可以属于 M 类和 K 类。因此在实际加工中，对涂层刀具的选取就不应拘泥于 P（YT）、M（YW）、K（YG）等划分。

在 ISO 标准中，通常又在 K、P、M 三种代号之后附加 01、05、10、20、30、40、50 等数字来进一步细分。一般来说，数字越小，硬度越高但韧度越低；而数字越大则韧度提高但硬度降低。

5. 陶瓷材料

陶瓷材料的主要成分是 Al_2O_3。陶瓷是在高压下成形，在高温下烧结而成的。陶瓷的硬度高（90~95HRA），耐磨性好，耐热性高，在 1200℃ 时，硬度为 80HRA，摩擦因数小，化学稳定性好。但是，陶瓷的脆性大，抗弯强度低，只有一般硬质合金的 1/3 左右，不能承受冲击负荷。一般陶瓷刀具多用于精车、半精车或对铸铁的高速切削。陶瓷刀具因其材质的化学稳定性好、硬度高，在耐热合金等难加工材料的加工中有广泛的应用。

为解决陶瓷刀具脆性大的问题，近年研究出一种以 TiC（陶瓷）为基体，Ni、Mo（金属）为结合剂的金属陶瓷。

金属陶瓷刀具最大的优点是与被加工材料的亲和性极低，故不易产生黏刀和积屑瘤现象，使加工表面非常光洁平整，在一般刀具材料中可谓精加工用的佼佼者，但由于韧性差而限制了它的使用范围。通过添加 WC、TaC、TiN、TaN 等异种碳化物，使其抗弯强度达到了硬质合金的水平，因而得到广泛的运用。日本黛杰（DIJET）公司推出了通用性更为优良的 CX 系列金属陶瓷，以适应各种切削状态的加工要求。

6. 超硬刀具材料

超硬刀具材料是金刚石和立方氮化硼的统称，用于超精加工及硬脆材料加工。它们可用来加工任何硬度的工件材料，包括淬火硬度达到 65~67HRC 的工具钢，有很好的切削性能，切削速度比硬质合金提高 10~20 倍，且切削温度低。加工超硬材料时，工件表面粗糙度值很小，甚至可以代替磨削加工，经济效益显著提高。

（1）聚晶金刚石（PCD）　金刚石有天然和人造两类，除少数超精密及特殊用途外，工业上多使用人造聚晶金刚石作为刀具及磨具材料。金刚石具有极高的硬度，比硬质合金及陶瓷的硬度高几倍，是至今为止已发现的最硬材料。磨削时金刚石的研磨能力很强，耐磨性比一般砂轮高 100~200 倍，且随着工件材料硬度的增大而提高。金刚石具有很高的导热性，切削刃可刃磨得非常锋利，被加工表面粗糙度值小，可在纳米级稳定切削。金刚石刀具具有较低的摩擦因数，保证较好的工件质量。但人造金刚石脆性大、抗冲击能力差，对振动敏感，要求机床精度高、平稳性好。

金刚石刀具主要用于高速精细车削或镗削各种非铁金属及其合金，如铝合金、铜合金、镁合金等，也用于加工钛合金、金、银、铅、各种陶瓷和水泥制品；对于各种非金属材料如石墨、橡胶、塑料、玻璃及其聚合材料的加工效果都很好。金刚石刀具超精密加工广泛用于加工激光扫描器和高速摄影机的扫描棱镜，特形光学零件，电视机、录像机、照相机零件和计算机磁盘等。由于金刚石刀具的耐热性较差，并且与铁元素具有较强的亲和力，因此金刚石刀具一般不适合于加工铁系金属。目前金刚石主要用于制成磨具，如金刚石砂轮、金刚石锉刀以及做磨料使用。

(2)立方氮化硼（CBN） CBN 具有很高的硬度及耐磨性，仅次于金刚石；热稳定性比金刚石高 1 倍，可以高速切削高温合金，切削速度比硬质合金高 35 倍；有优良的化学稳定性，适于加工钢铁材料；导热性比金刚石差，但比其他材料高得多，抗弯强度和断裂韧性介于硬质合金和陶瓷之间。用 CBN 刀具，可加工以前只能用磨削方法加工的特种钢，它还非常适合数控机床加工。

国内目前生产 CBN 刀片的企业有成都工具研究所（FD 型、LDP-J-CFⅡ型）、贵阳第六砂轮厂（DLS-F）等。国外瑞典 SANDVIK 公司生产的立方氮化硼刀片牌号为 CB50，刀片的形状有圆形、正方形和三角形三种；美国 GE 公司的牌号为 BZN；日本住友电气公司的牌号为 BN。

（四）数控车床刀具的选择

数控车床刀具的选择除了依据被加工工件的材料、粗加工、精加工和表面粗糙度以外，还要考虑车刀的形状，即根据工件被加工表面的形状选择不同的数控车床刀具。数控车床的刀具主要采用机夹可转位刀片的刀具。所以数控车床刀具的选择主要是可转位刀片的选择。

1. 刀具切削部分材料的选择

刀具切削部分材料主要依据被加工工件的材料、被加工表面的精度要求、切削载荷的大小以及切削加工过程中有无冲击和振动等条件决定，一般应遵循以下原则：

1）加工普通材料工件时，一般选用普通高速工具钢和硬质合金；加工难加工材料时可选用高性能和新型刀具材料牌号。只有在加工高硬材料或精密加工中常规刀具材料不能满足加工精度要求时，才考虑用 CBN 和 PCD 刀片。

2）任何刀具材料在强度、韧性和硬度、耐磨性之间总是难以完全兼顾的，在选择刀具材料牌号时，可根据工件材料切削加工性和加工条件，通常先考虑耐磨性，崩刃问题尽可能用刀具合理几何参数解决。如果因刀具材料脆性太大造成崩刃，才考虑降低耐磨性要求，选用强度和韧性较好的牌号。一般情况下，低速切削时，切削过程不平稳，容易产生崩刃现象，宜选用强度和韧性好的刀具材料牌号；高速切削时，切削温度对刀具材料的磨损影响最大，应选择耐磨性好的刀具材料牌号。

2. 刀片形状的选择

刀片形状主要依据被加工工件的表面形状、切削方法、刀具寿命和刀片的转位次数等因素来选择。通常的刀尖角度与加工性能的相应关系如图 3-43 所示。

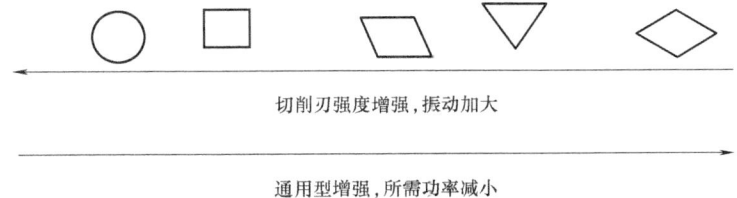

图 3-43 刀尖角度与加工性能的相应关系

数控车床所用刀具以可转位机夹刀为主，所加工的表面有外圆表面、内圆表面、外圆切槽、内圆切槽、外螺纹、内螺纹和内外端面等。刀具的形状与加工形面如图 3-32 所示，被加工表面与适用的刀片形状见表 3-3。

表 3-3 被加工表面与适用的刀片形状

	主偏角	45°	45°	60°	70°	95°
车削外圆	加工示意图					

	主偏角	75°	90°	90°	95°	
车削端面	加工示意图					

	主偏角	15°	45°	60°	90°	
车削成形面	加工示意图					

选择刀具时还应注意刀具的副切削刃与已加工表面干涉的问题，故在选择刀具时，应特别引起注意，图 3-44 为外圆形面的加工，尺寸见图标注。所选刀具的副偏角为 45°，由图 3-44a 可以看出，副切削刃与已加工表面已发生干涉。若采用 35° 菱形刀片（图 3-44b），即副偏角为 55°，则可避免上述现象。

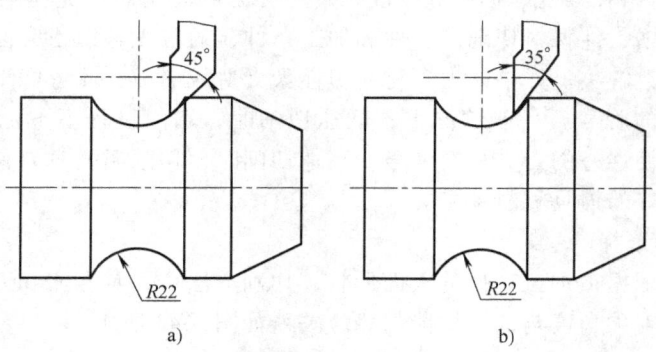

图 3-44 刀具选择干涉示意图

3.2.7 切削用量的选择

切削用量选择是否合理，对于能否充分发挥机床潜力与刀具切削性能，实现优质、高产、低成本和安全操作具有很重要的作用。车削用量的选择原则：粗车时，首先考虑选择一个尽可能大的背吃刀量，其次选择一个较大的进给量，最后确定一个合适的切削速度。增大背吃刀量，可使走刀次数减少，增大进给量有利于断屑，因此根据以上原则选择粗车切削用量对于提高生产率，减少刀具损耗，降低加工成本是有利的。

精车时，加工精度和表面粗糙度要求较高，加工余量不大且较均匀，选择精车的切削用量时，应着重考虑如何保证加工质量，并在此基础上尽量提高生产率。因此，精车时应选用较小的背吃刀量和进给量,并选用切削性能高的刀具材料和合理的几何参数,以尽可能提高切削速度。

此外,在安排粗、精车削用量时,应注意机床说明书给定的允许切削用量范围,对于主轴采用交流变频调速的数控车床,由于主轴在低转速时转矩降低,尤其应注意此时的切削用量选择。

1. 背吃刀量的确定

在工艺系统刚性和机床功率允许的条件下,尽可能选取较大的背吃刀量,以减少走刀次数。当零件的精度要求较高时,则应考虑适当留出精车余量,其所留精车余量一般比普通车削时所留余量少,常取 0.1~0.5mm。

2. 主轴转速的确定

(1) 车外圆时的主轴转速　车外圆时主轴转速应根据工件上被加工部位的直径,并按工件和刀具的材料及加工性质等条件所允许的切削速度来确定。切削速度除了计算和查表选取外,还可根据实践经验确定。需要注意的是,交流变频调速数控车床低速输出转矩小,因而切削速度不能太低。

(2) 车螺纹时的主轴转速　车螺纹时主轴转速将受到螺纹的螺距(或导程)大小、驱动电动机的升降频特性及螺纹插补运算速度等多种因素影响,故对于不同的数控系统,推荐不同的主轴转速选择范围。

3. 进给速度的确定

进给速度是指在单位时间内,刀具沿进给方向移动的距离,单位为 mm/min。有些数控车床规定可以选用进给量(单位为 mm/r)表示进给速度。

(1) 确定进给速度的原则　当工件的质量要求能够得到保证时,为提高生产率,可选择较高的进给速度。

切断、车削深孔或精车削时,宜选较低的进给速度。

刀具空行程,特别是远距离"回零"时,可以设定尽量高的进给速度。

进给速度应与主轴转速和背吃刀量相适应。

(2) 进给速度的计算　表 3-4 和表 3-5 分别为用硬质合金车刀粗车外圆及端面的进给量参考值和按表面粗糙度选择进给量的参考值。

表 3-4　用硬质合金车刀粗车外圆及端面的进给量参考值

工件材料	车刀刀杆尺寸 $B \times H$ /(mm×mm)	工件直径 d_p /mm	背吃刀量 a_p/mm				
			≤3	>3~5	>5~8	>8~12	>12
			进给量 f/(mm/r)				
碳素结构钢、合金结构钢及耐热钢	16×25	20	0.3~0.4	—	—	—	—
		40	0.4~0.5	0.3~0.4	—	—	—
		60	0.5~0.7	0.4~0.6	0.3~0.5	—	—
		100	0.6~0.9	0.5~0.7	0.5~0.6	0.4~0.5	—
		400	0.8~1.2	0.7~1.0	0.6~0.8	0.5~0.6	—
	20×30 25×25	20	0.3~0.4	—	—	—	—
		40	0.4~0.5	0.3~0.4	—	—	—
		60	0.5~0.7	0.5~0.7	0.4~0.6	—	—
		100	0.8~1.0	0.7~0.9	0.5~0.7	0.4~0.7	—
		400	1.2~1.4	1.0~1.2	0.8~1.0	0.6~0.9	0.4~0.6

(续)

工件材料	车刀刀杆尺寸 $B×H$ /(mm×mm)	工件直径 d_p /mm	背吃刀量 a_p/mm				
			≤3	>3~5	>5~8	>8~12	>12
			进给量 f/(mm/r)				
铸铁及合金钢	16×25	40	0.4~0.5	—	—	—	—
		60	0.5~0.8	0.5~0.8	0.4~0.6	—	—
		100	0.8~1.2	0.7~1.0	0.6~0.8	0.5~0.7	—
		400	1.0~1.4	1.0~1.2	0.8~1.0	0.6~0.8	—
	20×30 25×25	40	0.4~0.5	—	—	—	—
		60	0.5~0.9	0.5~0.8	0.4~0.7	—	—
		100	0.9~1.3	0.8~1.2	0.7~1.0	0.5~0.8	—
		400	1.2~1.8	1.2~1.6	1.0~1.3	0.9~1.1	0.7~0.9

注：1. 加工断续表面及有冲击的工件时，表内进给量应乘系数 $k=0.75~0.85$。
    2. 在无外皮加工时，表内进给量应乘系数 $k=1.1$。
    3. 加工耐热钢及其合金时，进给量不大于 1mm/r。
    4. 加工淬硬钢时，进给量应减小。当钢的硬度为 44~56HRC 时，乘系数 $k=0.8$；当钢的硬度为 57~62HRC 时，乘系数 $k=0.5$。

表 3-5 按表面粗糙度选择进给量的参考值

工件材料	表面粗糙度 Ra /μm	切削速度 v_c /(m/min)	刀尖圆弧半径 r_e/mm		
			0.5	1.0	2.0
			进给量 f/(mm/r)		
铸铁、青铜、铝合金	>5~10	不限	0.25~0.40	0.40~0.50	0.50~0.60
	>2.5~5		0.15~0.25	0.25~0.40	0.40~0.60
	>1.25~2.5		0.10~0.15	0.15~0.20	0.20~0.35
碳钢及合金钢	>5~10	<50	0.30~0.50	0.45~0.60	0.55~0.70
		>50	0.40~0.55	0.55~0.65	0.65~0.70
	>2.5~5	<50	0.18~0.25	0.25~0.30	0.30~0.40
		>50	0.25~0.30	0.30~0.35	0.30~0.50
	>1.25~2.5	<50	0.10	0.11~0.15	0.15~0.22
		50~100	0.11~0.16	0.16~0.25	0.25~0.35
		>100	0.16~0.20	0.20~0.25	0.25~0.35

注：$r_e=0.05$mm，用于 12mm×2mm 以下刀杆；$r_e=1$mm，用于 30mm×30mm 以下刀杆；$r_e=2$mm，用于 30mm×45mm 及以上刀杆。

3.3 数控车削编程指令

本节主要以 FANUC 0i-T 数控系统为例，讨论数控车削基本编程方法。掌握数控车削编程指令，关键是对指令格式的理解。每一个指令都是由一个大写的英文字母和后面的若干位数字构成的，它将控制数控车床完成一个特定的动作。

数控车削加工分为准备、切削和结束三个阶段，因此相应的编程指令也可分为加工准备、基本切削和固定循环等几类。

3.3.1 基本编程指令

(一) 加工准备类指令

加工准备阶段需要完成的工作有建立工件坐标系、选择刀具、确定起刀点和切削起点以及确定主轴转速和进给量等，所用到的编程指令有：

1. M 功能

M00：程序暂停，可按循环启动键 (CYCLE START) 使程序继续运行；

M01：计划暂停，与 M00 作用相似，但 M01 可以用机床"任选停止"按钮选择其是否有效；

M03：主轴顺时针旋转；

M04：主轴逆时针旋转；

M05：主轴旋转停止；

M08：切削液开；

M09：切削液关；

M30：程序停止，光标回到程序的开头。

2. 主轴转速功能 S、刀具功能 T 和进给功能 F

S 功能、T 功能和 F 功能均为模态代码。

(1) S 功能

1) 主轴转速控制。

指令格式：S __；S 后面的数字表示主轴转速，单位为 r/min。

例如，要求主轴的转速为 500r/min，指令为 S500。

2) 恒线速控制。有时为了提高效率和保证工件表面精度，需要以恒定的线速度来进行切削。

指令格式：G96 S __；S 后面的数字表示恒定的线速度，单位为 m/min。

例如，G96 S150；表示切削点的线速度控制在 150 m/min。

用恒线速度控制加工端面、锥度和圆弧时，由于 X 坐标值不断变化，当刀具逐渐接近工件的旋转中心时，主轴转速会越来越高，工件有从卡盘飞出的危险，所以为防止事故的发生，必须限定主轴的最高转速。

3) 最高转速限制。

指令格式：G50 S __；S 后面的数字表示最高转速，单位为 r/min。

例如，G50 S3000；表示最高转速限制为 3000r/min。

4) 恒线速取消。

指令格式：G97 S __；S 后面的数字表示恒线速度控制取消后的主轴转速，单位为 r/min。

例如，G97 S3000；表示恒线速控制取消后主轴转速为 3000r/min。如 S 未指定，将保留 G96 的最终值。

(2) T 功能　T 功能指令用于选择加工所用刀具。

指令格式：T __；T 后面的四位数字，前两位是刀具号，后两位既是刀具长度补偿号，又是刀尖圆弧半径补偿号。

例如，T0303 表示选用 3 号刀及 3 号刀具长度补偿值和刀尖圆弧半径补偿值，T0300 表示取消刀具补偿。

(3) F 功能　F 功能指令用于控制切削进给量。在程序中，有两种使用方法。

1）每转进给量。

指令格式：G99 F __；F 后面的数字表示的是主轴每转进给量，单位为 mm/r。

例如，G99 F0.2；表示进给量为 0.2 mm/r。

2）每分钟进给量。

指令格式：G98 F __；F 后面的数字表示的是每分钟进给量，单位为 mm/min。

例如，G98 F100；表示进给量为 100mm/min。

3. 与坐标系有关的指令

在 3.1.2 节中介绍了数控车削编程时设定工件坐标系所用的 G50 和 G54~G59 等指令，但在生产实践中，常用的建立工件坐标系的方法是采用 T 指令编程，详见 2.3.4 节所述。

另外，与坐标系有关的指令是 G90 和 G91，分别对应绝对值编程方式与增量值编程方式。绝对值编程指机床运动部件的坐标尺寸值相对于坐标原点给出。增量值编程指机床运动部件的坐标尺寸值相对于前一位置给出。

增量坐标值=目标点坐标-前一点坐标

SIEMENS 数控系统用 G 功能字指定是绝对值编程还是增量值编程：G90 指定尺寸值为绝对坐标值，G91 指定尺寸值为增量坐标值。其特点是同一程序段中只能用一种，不能混用；同一坐标轴方向尺寸字的地址符是相同的。

FANUC 数控系统用尺寸字的地址符指定是绝对值编程还是增量值编程：绝对坐标值的尺寸字地址符用 X、Y、Z，增量坐标值的尺寸字地址符用 U、V、W。其特点是同一程序段中绝对坐标和增量坐标可以混用，这给编程带来很大方便。绝对值编程与增量值编程混合起来进行编程的方法称为混合编程，如 G00 X30 W-20；

4. 快速点定位指令 G00

指令格式：G00 X（U）__ Z（W）__；

其中，X（U）__ Z（W）__为目标点坐标值。

G00 指令命令刀具快速从当前所在点运动到目标点。只是快速定位，无轨迹要求。通常其运动轨迹由几条直线组成。需注意刀具是否和工件及夹具发生干涉。忽略这一点，就可能发生碰撞，而在快速状态下的碰撞就更加危险。

如图 3-45a 所示，刀具在由 D 点快速返回到 B 点时，就会和工件发生干涉。所以一般退刀时，首先应确保不会发生干涉，正确的加工路径如图 3-45b 所示。

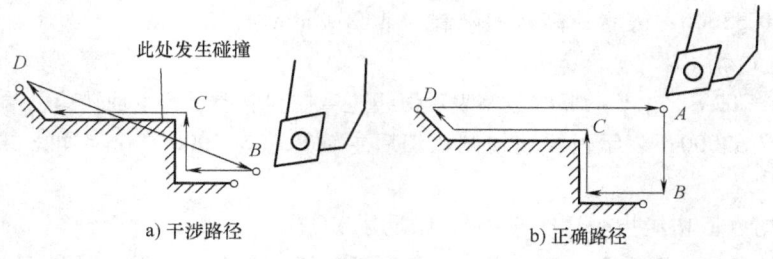

a) 干涉路径　　　　　　b) 正确路径

图 3-45　使用 G00 指令应避免发生碰撞

（二）基本切削类指令

1. 直线插补指令 G01

指令格式：G01 X（U）__ Z（W）__ F __；

其中，X（U）__ Z（W）__为目标点坐标值，F为进给速度。

G01是直线运动指令。它规定刀具在两坐标或三坐标间以插补联动方式按指定的F进给速度做任意斜率的直线运动。

G01指令后的坐标值取绝对值编程还是取增量值编程，由尺寸字地址决定。有的数控车床由G90、G91功能字指定。

例 3-2：G00、G01指令的应用。如图3-46所示，编制从点 A 到点 E 的数控车削程序，分别用绝对坐标和增量坐标编程。

解：例3-2的数控车削程序见表3-6。

表 3-6 例 3-2 的数控车削程序

顺序号	绝对值方式	增量值方式	注释
N10	G50 X100.0 Z50.0;		起刀点在A处设定工件坐标系
N20	T0101 M08;		换1号刀，切削液开
N30	M03 S800;		主轴正转，转速为800r/min
N40	G00 X25.0 Z2.0;	G00 U−75.0 W−48.0;	A 到 B(25,2)
N50	G01 Z−15.0 F0.1;	G01 W−17.0 F0.1;	B 到 C(25,−15)
N60	X28.0 Z−25.0;	U3.0 W−10.0;	C 到 D(28,−25)
N70	X32.0;	U4.0;	D 到 E(32,−25)
N80	G00 X100.0 Z50.0 T0100;	G00 U68.0 W75.0;	E 到 A(100,50)，取消刀补
N90	M05;		主轴停
N100	M09;		切削液关
N110	M30;		程序结束

2. 圆弧插补指令 G02/G03

圆弧插补指令的概念：圆心坐标通过起点和圆心的矢量确定，方向指向圆心。其中圆心和起点的矢量在 X 轴上的投影以 I 表示，在 Z 轴上的投影以 K 表示，如图3-47所示，大小以增量表示，具有方向性，在图中 I、K 均为负值。

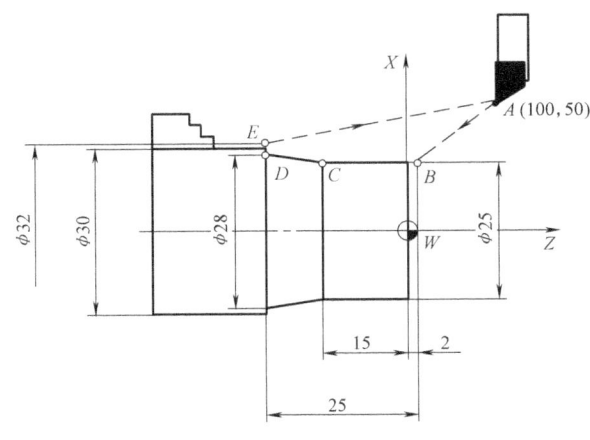

图 3-46 G00、G01指令应用实例

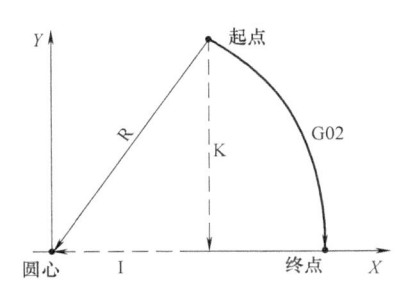

图 3-47 圆弧插补指令

（1）指令格式1 用 I、K 指定圆心位置：

G02 X(U)__Z(W)__I__K__F__;
G03 X(U)__Z(W)__I__K__F__;

其中，G02 为顺时针圆弧插补，G03 为逆时针圆弧插补，这是对后置刀架而言的。如果是前置刀架，则 G02 为逆时针圆弧插补，G03 为顺时针圆弧插补。

X(U)__Z(W)__为圆弧终点的坐标值。当用增量值表示时，表示圆弧终点相对于圆弧起点的增量。I__K__为连接圆弧起点和圆心连线的矢量在各个坐标轴上的投影，方向指向圆心。F__指进给速度。

（2）指令格式2　用圆弧半径 R 指定圆心位置：
G02 X(U)__Z(W)__R__F__;
G03 X(U)__Z(W)__R__F__;
指令中 R 表示圆弧半径。

例 3-3：圆弧插补指令的应用。对图 3-48 所示零件进行数控车削编程。

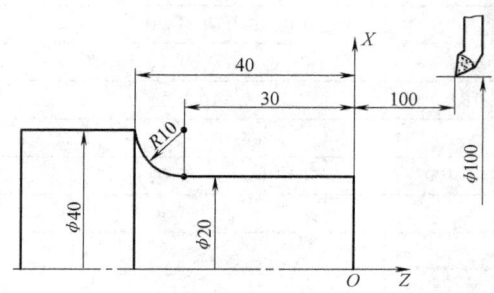

图 3-48　圆弧插补指令应用实例

解：方法一：用 I、K 表示圆心位置，采用绝对值编程。
……
N04 G00 X20.0 Z2.0;
N05 G01 Z-30.0 F80;
N06 G02 X40.0 Z-40.0 I10.0 F60;
……
用 I、K 表示圆心位置，采用增量值编程。
……
N04 G00 U-80.0 W-98.0;
N05 G01 W-32.0 F80;
N06 G02 U12.0 W-10.0 I10.0 F60;
方法二：用 R 表示圆心位置，采用绝对值编程。
……
N04 G00 X20.0 Z2.0;
N05 G01 Z-30.0 F80;
N06 G02 X40.0 R10.0 F60;
……

例 3-4：如图 3-49 所示，编制从 A 点到 F 点的加工程序，分别用绝对坐标和增量坐标编程。

解：例 3-4 的数控车削程序见表 3-7。

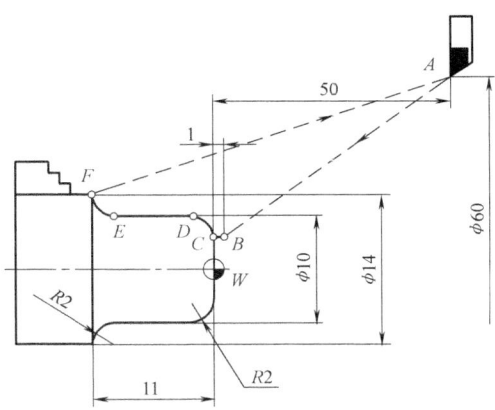

图 3-49 G02/G03 指令应用实例

表 3-7 例 3-4 的数控车削程序

顺序号	绝对值方式	增量值方式	注释
N10	G50 X60.0 Z50.0;		起刀点在 A 处设定工件坐标系
N20	T0101 M08;		换 1 号刀，切削液开
N30	G50 S3000;		最大主轴转速给定为 3000r/min
N40	M03 S500;		主轴正转，转速为 500r/min
N50	G00 X6.0 Z1.0;	G00 U-54.0 W-49.0;	A 到 B(6,1)
N60	G96 S200;		切削速度为 200m/min
N70	G01 Z0 F0.1;	G01 W-1.0 F0.1;	B 到 C(6,0)
N80	G03 X10.0 Z-2.0 R2.0; 或 G03 X10.0 Z-2.0 I0 K-2.0;	G03 U4.0 W-2.0 R2.0; 或 G03 U4.0 W-2.0 I0 K-2.0;	C 到 D(10,-2)
N90	G01 Z-9.0;	G01 W-7.0;	D 到 E(10,-9)
N100	G02 X14.0 Z-11.0 R2.0; 或 G02 X14.0 Z-11.0 I2.0 K0;	G02 U4.0 W-2.0 R2.0; 或 G02 U4.0 W-2.0 I2.0 K0;	E 到 F(14,-11)
N110	G00 X60.0 Z50.0 T0100 M05;	G00 U46.0 W61.0 M05;	F 到 A(60,50)，取消刀补主轴停
N120	M09		切削液关
N130	M30		程序结束

3. 暂停指令 G04

G04 指令可使刀具做短暂的无进给光整加工，一般用于切槽、镗平面、锪孔等场合。

指令格式：G04 X(U/P)___;

说明：地址码 X 或 U 或 P 为暂停时间。其中 X 或 U 后面可用带小数点的数，单位为 s，P 后面不允许用小数点，单位为 ms。如 G04 X5.0; 执行完前面的程序后，暂停 5s，再接着执行下面的程序段；如 G04 P1000; 执行完前面的程序后，暂停 1s，再接着执行下面的程序段。

4. 车锥编程实例

例 3-5：已知毛坯为 $\phi 30$mm 的棒料，3 号刀为外圆刀，试车削成如图 3-50 所示的正锥。

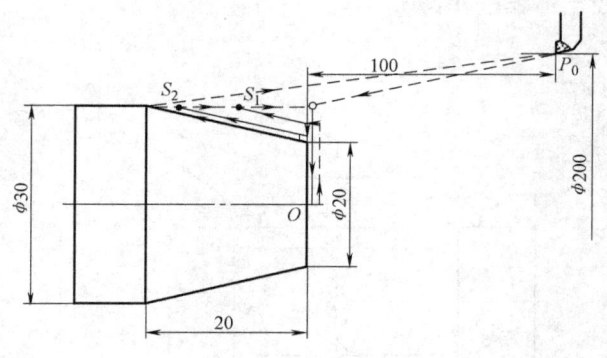

图 3-50 车锥编程实例

解：确定分三次走刀，前两次背吃刀量为 2mm，最后一次背吃刀量为 1mm。具体程序如下：

N01 G50 X200.0 Z100.0；
N02 S800 T0303 M03；
N03 G00 X32.0 Z0；
N04 G01 X0 F0.3；
N05 G00 X25.0 Z2.0；
N06 G01 X30.0 Z-8.0 F0.4；
N07 G00 Z2.0；
N08 X21.0；
N09 G01 X30.0 Z-16.0；
N10 G00 Z2.0；
N11 X19.0；
N12 G01 X30.0 Z-20.0 F0.3；
N13 G00 X200.0 Z100.0 T0300 M05；
N14 M30；

在本例中，分了若干次走刀，才车削出如图 3-50 所示的正锥。在车削编程过程中，有好多重复的动作，如刀具先快速定位，然后直线插补走锥面，再快速退刀，接着重新快速定位，然后直线插补走锥面，再快速退刀。这一过程可以通过固定循环功能进行简化。

3.3.2 固定循环功能

1. 单一固定循环

单一固定循环可以把切一刀的循环过程"切入-切削-退刀-返回"用一个循环指令完成，从而简化程序。

下面主要介绍内/外圆切削循环指令 G90。

用内/外圆切削循环指令 G90 可切削圆柱面和圆锥面。

1）用 G90 切削循环指令切削圆柱面，如图 3-51 所示。

指令格式：G90 X(U)__ Z(W)__ F__；

说明：X、Z 为圆柱面切削的终点坐标值；U、W 为圆柱面切削的终点相对于循环起点的坐标增量。

例 3-6：应用 G90 循环指令加工图 3-52 所示零件。

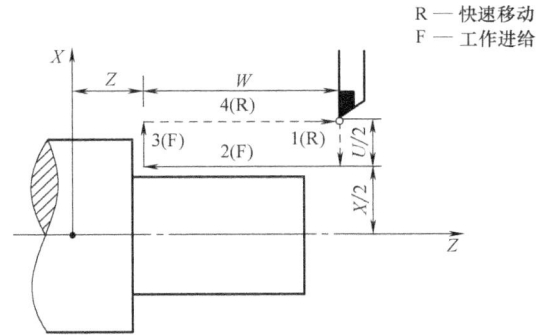
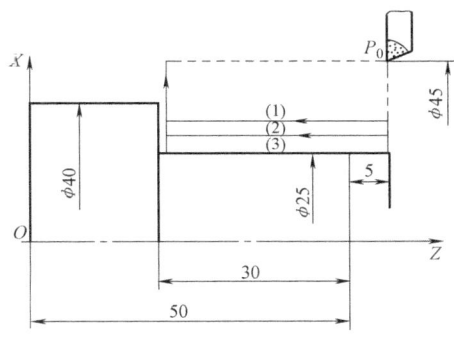

图 3-51 用 G90 切削循环指令切削圆柱面　　　图 3-52 G90 循环指令应用实例

解：外圆切削循环 G90 数控车削程序见表 3-8。

表 3-8　外圆切削循环 G90 数控车削程序

顺序号	程　　序	注　　释
N10	G50 X200.0 Z200.0 T0101;	建立工件坐标系，并选择 1 号刀和 1 号刀补
N20	M03 S1000;	主轴以 1000r/min 的速度正转
N30	G00 X45.0 Z55.0 M08;	建立循环起点，打开切削液
N40	G90 X35.0 Z20.0 F0.2;	第一刀的循环终点
N50	X30.0;	第二刀的循环终点
N60	X25.0;	第三刀的循环终点
N70	G00 X200.0 Z200.0 M09;	返回起刀点，关闭切削液
N80	M30;	程序结束

2）用 G90 切削循环指令切削圆锥面，如图 3-53 所示。

指令格式：G90 X(U)__ Z(W)__ R__ F__；

说明：X、Z 为圆锥面切削的终点坐标值；U、W 为圆锥面切削的终点相对于循环起点的坐标增量；R 为圆锥面切削的起点相对于终点的半径差。如果切削起点的 X 向坐标小于终点的 X 向坐标，R 值为负，反之为正值。

2．复合固定循环

对加工余量较大的表面，采用循环编程，可以缩短程序段的长度，减少程序所占内存。各类

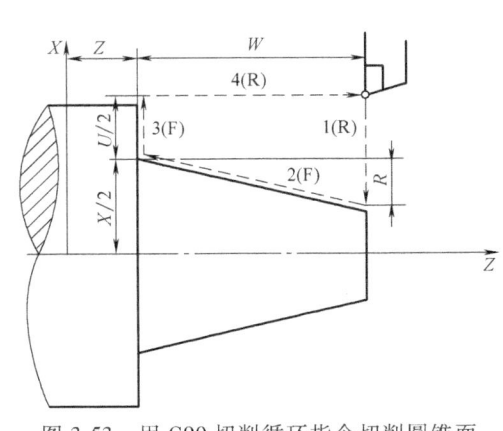

图 3-53 用 G90 切削循环指令切削圆锥面

数控系统复合固定循环的形式和使用方法（主要是编程方法）相差很大。

在实际加工中，对于用棒料毛坯车削阶梯相差较大的轴，或切除铸、锻件的毛坯余量时，都有一些多次重复进行的动作，借助复合固定循环，可以简化编程。

固定循环的作用："告诉"数控系统工件最终的外形轮廓，通过指令每次的切削深度或切削循环次数，机床就会自动地重复切削直到工件加工完为止。

不同的数控系统，复合固定循环指令的格式可能差别比较大，但是基本的原理都是相通的。复合固定循环指令主要有以下几种：G71、G72、G73、G74、G76、G70等。

（1）内、外径粗车复合循环指令 G71　如图3-54所示，对于内、外径粗车复合循环指令 G71，每次切削，都完成一个矩形循环，直到按工件小端尺寸已不能再进行完整的循环为止。

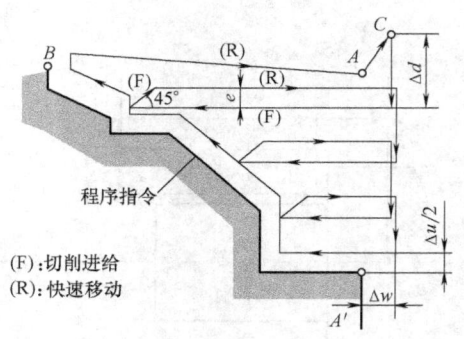

(F)：切削进给
(R)：快速移动

图 3-54　内、外径粗车复合循环指令 G71

指令格式：G71 UΔd Re；
G71 Pns Qnf UΔu WΔw Ff Ss Tt；

说明：

Δd——背吃刀量；

e——退刀量；

ns——精加工轮廓程序段中开始程序段的段号；

nf——精加工轮廓程序段中结束程序段的段号；

Δu——X 轴向精加工余量；

Δw——Z 轴向精加工余量；

f、s、t——F、S、T 代码。

注意：$ns \to nf$ 程序段中即使指令了 F、S、T 功能，对粗车循环也无效。

（2）端面粗车复合循环指令 G72　如图 3-55 所示，端面粗车复合循环指令 G72 是从外径向轴心方向车削的。端面粗车循环的切削轨迹除了切削是平行于 X 轴的操作外，该循环指令与 G71 完全相同。

指令格式：G72 UΔd Re；
G72 Pns Qnf UΔu WΔw Ff Ss Tt；

说明：

Δd——背吃刀量；

e——退刀量；

ns——精加工轮廓程序段中开始程序段的段号；

nf——精加工轮廓程序段中结束程序段的段号；

Δu——X 轴向精加工余量；

Δw——Z 轴向精加工余量；

f、s、t——F、S、T 代码。

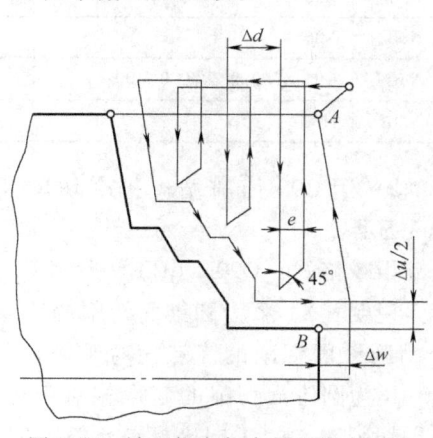

图 3-55　端面粗车复合循环指令 G72

注意：$ns \to nf$ 程序段中即使指令了 F、S、T 功能，对粗车循环也无效。

(3) 固定形状粗车复合循环指令 G73 如图 3-56 所示,此指令适用于毛坯轮廓形状与零件轮廓形状基本接近时的粗车,如一些锻件、铸件的粗车。执行 G73 指令功能时,每一刀加工路线的轨迹形状是相同的,只是位置不同。每走完一刀,就把加工轨迹向工件方向移动一个距离,这样就可以将锻件待加工表面上分布较均匀的加工余量分层切去。

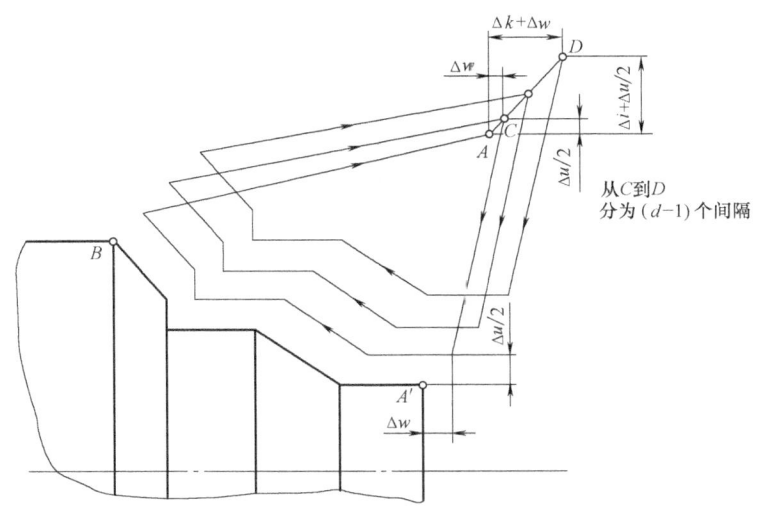

图 3-56 固定形状粗车复合循环指令 G73

指令格式:G73 Ui Wk Rd;
　　　　　G73 Pns Qnf UΔu WΔw Ff Ss Tt;

说明:

i——X 轴向总退刀量(半径值);

k——Z 轴向总退刀量;

d——重复加工次数;

程序段中的地址除 I、K、D 外,其余与 G71 相同。

(4) 精车循环指令 G70 由 G71、G72、G73 完成粗加工后,可以用 G70 进行精加工。精加工时,G71、G72、G73 程序段中的 F、S、T 指令无效,只有在 ns __ nf __ 程序段中的 F、S、T 才有效。

指令格式:G70 Pns Qnf;

说明:

ns——精加工轮廓程序段中开始程序段的段号;

nf——精加工轮廓程序段中结束程序段的段号。

在 G71、G72、G73 指令中的 nf 程序段后再加上"G70 Pns Qnf;"程序段,并在 ns __ nf __ 程序段中加上精加工适用的 F、S、T 指令,就可以完成从粗加工到精加工的全过程。

(5) 应用举例

例 3-7:如图 3-57 所示棒料,采用外径粗车复合循环指令 G71 和精车循环指令 G70 编写零件加工程序。

解:毛坯为棒料,粗加工的背吃刀量 $\Delta d = 7$mm。

精加工余量 X 向:$\Delta u = 4$mm(直径指定)。

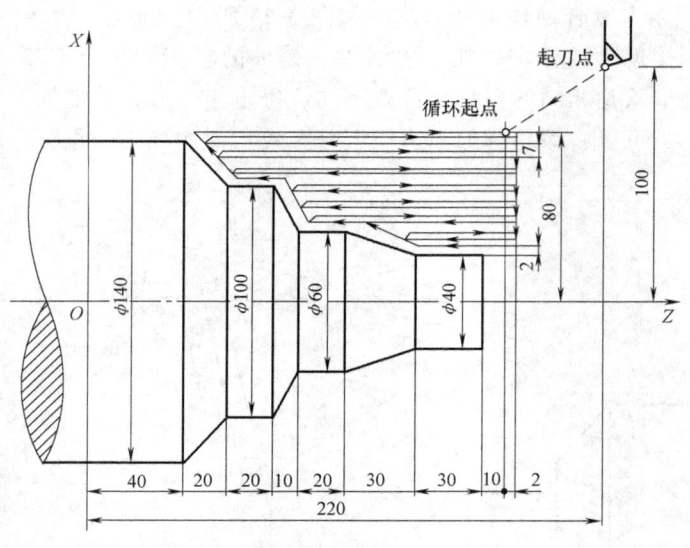

图 3-57 G71、G70 加工实例

精加工余量 Z 向：$\Delta w = 2mm$。

粗加工进给量为 0.3mm/r，主轴转速为 500r/min。

精加工进给量为 0.15mm/r，主轴转速为 800r/min。

程序起点如图 3-57 所示，具体程序见表 3-9。

表 3-9 G71、G70 加工实例程序

顺序号	程　序	注　释
N01	G50 X200.0 Z220.0;	坐标系设定
N02	M03 S800 T0101;	主轴正转
N03	G00 G42 X160.0 Z180.0;	设定循环起点（X160.0 Z180.0）
N04	G71 U7.0 R0.5;	粗车循环
N05	G71 P06 Q12 U4.0 W2.0 F0.30 S500;	
N06	G00 X40.0 S800;	N06~N12 表示精加工路径，即"告诉"数控系统工件的最终形状，并非直接执行语句。数控系统根据工件的形状和 G71 的参数，自动分配加工路径，重复切削
N07	G01 W-40.0 F0.15;	
N08	X60.0 W-30.0;	
N09	W-20.0;	
N10	X100.0 W-10.0;	
N11	W-20.0;	
N12	X140.0 W-20.0;	
N13	G70 P06 Q12;	精车循环
N14	G00 X200.0 Z220.0;	回到起刀点
N15	M05;	主轴停
N16	M30;	程序结束

例 3-8：如图 3-58 所示，采用固定形状粗车复合循环指令 G73 和精车循环指令 G70 编写零件加工程序。

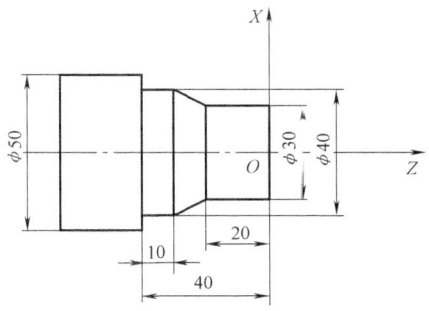

图 3-58 G73、G70 加工实例

解：根据图形，合理确定粗加工和精加工余量及进给量，编制加工程序见表 3-10。

表 3-10 G73、G70 加工实例程序

顺序号	程　序	注　释
N020	G50 X100.0 Z50.0;	坐标系设定
N030	M03 S800 T0101;	主轴正转
N040	G00 X55.0 Z5.0;	设定循环起点(X55.0 Z5.0)
N050	G73 U10.0 W5.0 R4;	进入粗车循环
N060	G73 P070 Q110 U1.0 W0.5 F0.3;	
N070	G00 X30.0 Z3.0;	N070~N110 表示精加工路径，即"告诉"数控系统工件的最终形状，并非直接执行语句
N080	G01 Z-20.0 F0.15;	
N090	X40.0 Z-30.0;	数控系统根据工件的形状和 G73 的参数，自动分配加工路径，重复切削
N100	Z-40.0;	
N110	X50.0;	
N120	G70 P070 Q110;	精车循环
N130	G00 X100.0 Z50.0 T0100;	取消刀补回到起刀点
N140	M05;	主轴停
N150	M30;	程序结束

说明：

1) 在选择 G71、G72、G73 对工件加工时，要充分考虑毛坯形状。一般来说，若毛坯为圆棒料，工件在 Z 方向较长且半径方向的加工余量不是很大时选择 G71；若毛坯为圆棒料，工件在 Z 方向较短且半径方向的加工余量很大时选择 G72；若毛坯为模锻件或铸件时，由于工件各部分的余量比较均匀，此时适合选择 G73。

2) G71 每走一刀为一个矩形循环，而 G73 每次走刀的轨迹大体相同。注意：G71、G72、G73 的循环切削轨迹是不同的，防止背吃刀量过大造成加工精度下降、刀具损坏或设备损坏。

3.3.3 螺纹加工

螺纹加工主要包含螺纹的加工工艺和螺纹编程指令两方面。

1. 螺纹的加工工艺

在加工螺纹时,需要有一个引入量和引出量,如图 3-59 所示。

由于车螺纹起始时有一个加速过程,结束前有一个减速过程,在这段距离中,螺距不可能保持均匀。因此,螺纹切削时应注意在两端设置足够的升速进刀段 δ_1 和降速退刀段 δ_2。δ_1 和 δ_2 的数值与机床拖动系统的动态特性有关,与螺纹的螺距和螺

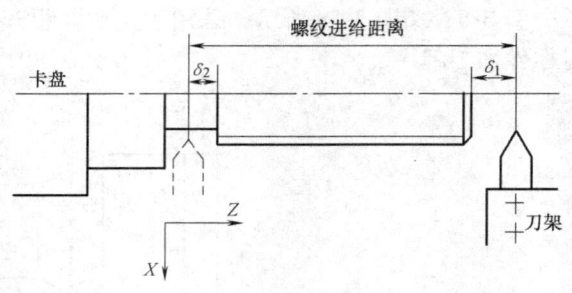

图 3-59 切削螺纹时引入距离

纹的精度有关。δ_1 一般为 2~5mm,对大螺距和高精度的螺纹取大值;δ_2 一般取 δ_1 的 1/4 左右。若螺纹收尾处没有退刀槽,则收尾处的形状与数控系统有关,一般按 45°退刀收尾。

当然,如果要提高螺纹的加工精度,就要认真选用切削用量。例如,每次的背吃刀量小些,分 6~7 刀加工;用硬质合金刀片高速切削,高速工具钢车刀低速切削,且背吃刀量小些,最后几刀可重复加工。

2. 螺纹编程指令

(1) 尺寸计算

1) 编程大径:取决于螺纹大径。

例如,要加工 M30×2-6g 外螺纹,由 GB/T 197—2018 可知:基本偏差 ES = -0.038mm,公差 T_d = 0.28mm,则螺纹大径尺寸为 $\phi 30_{-0.318}^{-0.038}$mm,所以螺纹大径应在此范围内选取,并在加工螺纹前,由外圆车削来保证。

2) 编程小径:取决于螺纹小径。因为编程大径确定后,螺纹总切削深度在加工中是由编程小径(螺纹小径)来控制的。

螺纹小径的确定应考虑满足螺纹中径公差要求。设牙底由单一圆弧形状构成(圆弧半径为 R),则编程小径可用下式计算:

$$d' = d - 2(7/8H - R - \text{es}/2 + 1/2 \times T_{d2}/2) = d - 7/4H + 2R + \text{es} - T_{d2}/2 \qquad (3-1)$$

式中 d——螺纹公称直径(mm);

H——螺纹原始三角形高度(mm);

R——牙底圆弧半径(mm),一般取 $R = (1/8 \sim 1/6)H$;

es——螺纹中径基本偏差(mm);

T_{d2}——螺纹中径公差(mm)。

本例取 $R = 1/8H - (1/8 \times 0.866 \times 2)$mm $- 0.2165$mm ≈ 0.2mm,则编程小径通过式(3-1)计算得到:$d' = 27.246$mm。

通常编程小径计算的经验公式为:小径 = 大径 - 1.1×螺距。

(2) 编程指令 尺寸确定后,选用相应的指令控制机床加工。

螺纹加工指令分为螺纹切削指令 G32、螺纹切削循环指令 G92 和螺纹切削复合循环指令 G76。螺纹切削指令 G32 用得较少,本节主要介绍螺纹切削循环指令 G92 和螺纹切削复合循环指令 G76。

1) 螺纹切削循环指令 G92 螺纹切削循环指令 G92 将"切入—螺纹切削—退刀—返回"四个动作作为一个循环(图 3-60),用一个程序段来指令。螺纹切削循环指令 G92 为单

螺纹循环，该指令可切削圆柱螺纹和圆锥螺纹。

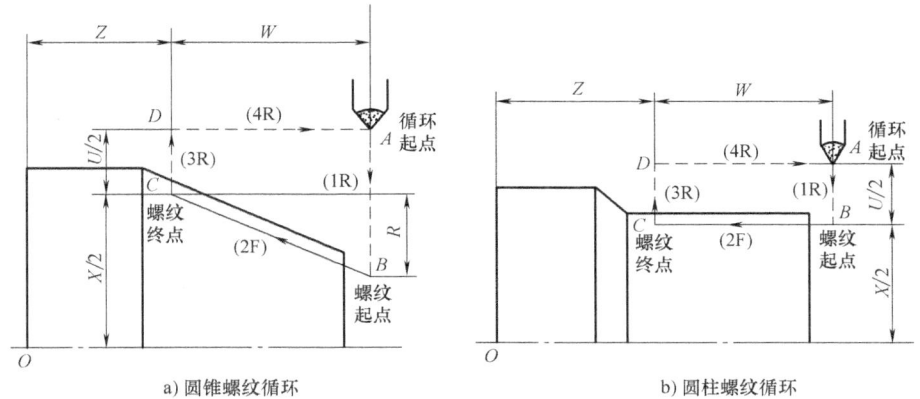

图 3-60　螺纹切削循环指令 G92

指令格式：G92 X(U)__ Z(W)__ R __ F __；

说明：X(U)__ Z(W)__ 是螺纹切削的终点坐标值；R __ 是螺纹部分半径之差，即螺纹切削起始点与切削终点的半径差。加工圆柱螺纹时，R＝0。加工圆锥螺纹时，当 X 向切削起始点坐标小于切削终点坐标时，R 为负，反之为正。

例 3-9：螺纹加工实例。加工如图 3-61 所示的圆锥螺纹。

程序：

……

N30 G00 X70.0 Z62.0；

N40 G92 X49.6 Z12.0 R-20.0 F2；

N50 X48.7；

N60 X48.1；

N70 X47.5；

N80 X47.0；

N90 G00 X200.0 Z200.0；

N100 M02；

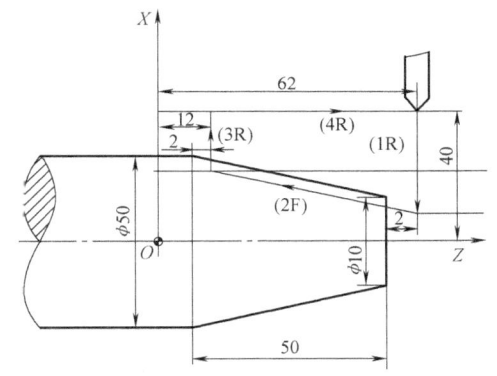

图 3-61　圆锥螺纹切削循环应用

2）螺纹切削指令 G32。

指令格式：G32 X(U)__ Z(W)__ R __ F __；

说明：X、Z 为加工螺纹时的终点坐标值；F 为螺纹导程；U、W 为螺纹终点相对于螺纹起点的坐标值。

例 3-10：已知单线螺纹的螺距为 4mm，X 方向每次的背吃刀量为 1mm，切削两次，δ_1＝3mm，δ_2＝1.5mm，刀具起始位置如图 3-62 所示，米制输入，直径编程。

程序：

……

G00 U-62.0；

G32 W-74.5 F4.0；

G00 U62.0；
W74.5；
U-64.0；第二次切削1mm
G32 W-74.5 F4.0；
G00 U64.0；
W74.5；
……

3）螺纹切削复合循环指令G76。螺纹切削复合循环指令G76可以完成一个螺纹段的全部加工任务。它的进刀方式有利于改善刀具的切削条件，如图3-63所示，走刀路线如图3-64所示。

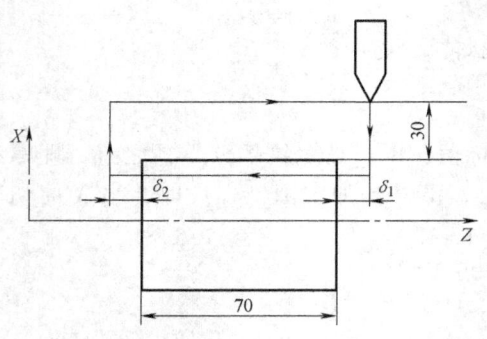

图3-62 直螺纹切削示例

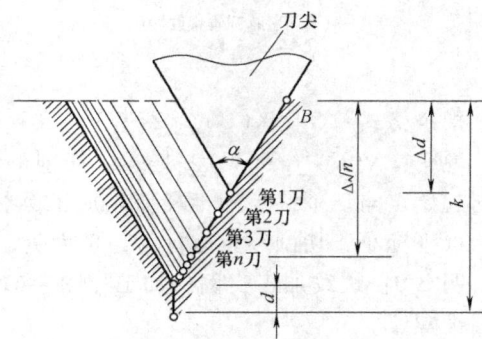

图3-63 G76进刀方式

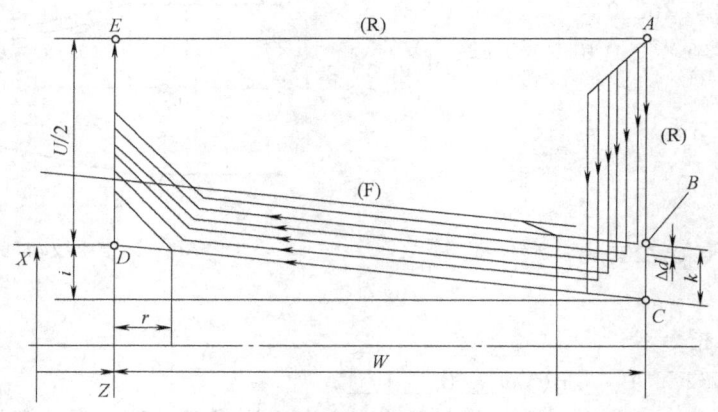

图3-64 螺纹切削复合循环的走刀路线

指令格式：G76 P$\underline{m}$($\underline{r}$)($\underline{\alpha}$) Q$\underline{\Delta d_{min}}$ R$\underline{d}$；
　　　　　G76 X(U)__ Z(W)__ R$\underline{i}$ P$\underline{k}$ Q$\underline{\Delta d}$ F$\underline{f}$；

说明：
m——精加工重复次数；
r——倒角量；
α——刀尖角；

Δd_{min}——最小切入量；

d——精加工余量；

X（U）__ Z（W）__——终点坐标；

i——螺纹部分半径之差，即螺纹切削起始点与切削终点的半径差。加工圆柱螺纹时，$i=0$。加工圆锥螺纹时，当 X 向切削起始点坐标小于切削终点坐标时，i 为负，反之为正。

k——螺牙的高度（X 轴方向的半径值）；

Δd——第一刀切入量（X 轴方向的半径值）；

f——螺纹导程。

例 3-11：螺纹切削复合循环实例。用 G76 循环指令，加工如图 3-65 所示的圆柱螺纹。

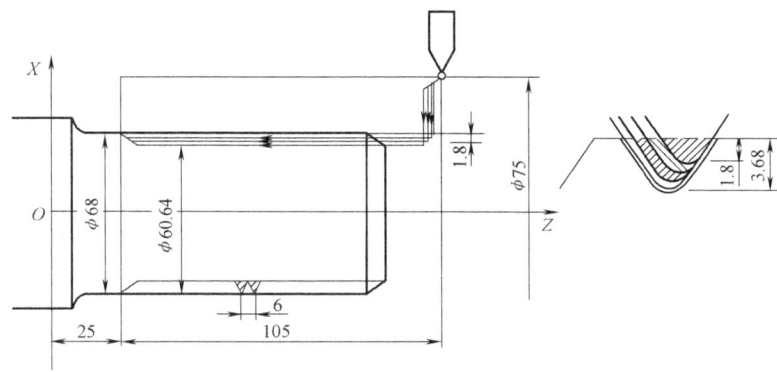

图 3-65　螺纹切削复合循环实例

程序：

N1 T0101；

N2 M03 S400；

N3 G00 X75.0 Z130.0；

N4 G76 P011060 Q100 R200；

N5 G76 X60.64 Z25.0 P3680 Q1800 F6.0；

N6 G00 X100.0 Z150.0；

N7 T0100 M05；

N8 M30；

3.3.4　刀具补偿功能与编程

刀具补偿功能是数控机床的主要功能之一，它为数控编程人员提供了方便。编程人员在编程时，可以不考虑刀具长度和半径的影响，直接按图样上工件轮廓基点的坐标值来编程。

数控车床中的刀具补偿包括刀具位置补偿和刀尖圆弧半径补偿。

1. 刀具位置补偿（刀具长度补偿、刀具偏置、刀具偏移）

刀具位置补偿主要应用在以下几种情况中：

1) 当用多把刀具加工时,只需要对一把基准刀,其余刀具可利用刀具位置补偿功能,将其与基准刀具之间的位置偏差,都偏置到同一个基准点上。

2) 刀具在加工过程中都会有不同程度的磨损,这时的刀尖位置与磨损前的刀尖位置存在偏差,必然产生加工误差。这种情况不需要对工件重新编程,只需要利用刀具位置补偿功能输入相应的参数即可。

3) 对同一把刀来说,当刀具重磨后再把它安装在原来的位置时,会产生安装误差。这种情况也可以通过刀具位置补偿功能来修正安装位置误差。

刀具位置补偿实施的关键是测出每把刀具的位置补偿量,并输入数控系统中。对刀方法主要有手动试切对刀、手动靠近对刀、半自动对刀、用对刀仪对刀、自动对刀等,目前前三种使用比较普遍。

刀补指令用 T 代码表示。常用 T 代码格式为 T××××,即 T 后可跟 4 位数,其中前两位表示刀具号,后两位表示刀具补偿号。当补偿号为 0 或 00 时,表示不进行或取消刀具补偿。

2. 刀尖圆弧半径补偿

(1) 刀尖圆弧半径的概念　在编制数控车床加工程序时,通常将刀尖看作一个点。然而实际的刀具头部是圆弧或近似圆弧,如图 3-66 所示。常用的硬质合金可转位刀片的头部都制成圆弧形,其圆弧半径规格有 0.2mm、0.4mm、0.8mm、1.2mm、1.6mm 等。对于有圆弧的实际刀头,如果以假想刀尖点 P 来编程,数控系统控制 P 点的运动轨迹,而切削时实际起作用的切削刃是圆弧的各切点,这必然会产生加工误差。

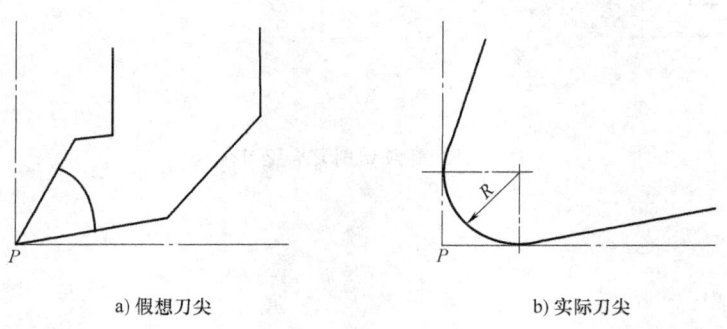

a) 假想刀尖　　　　　　b) 实际刀尖

图 3-66　圆头刀假想刀尖和实际刀尖

当车外圆柱面、车端面时,不会产生加工误差;而当车锥面和圆弧面时,产生了如图 3-67 所示的加工误差。事实上,数控车床用圆头车刀加工时,只要两轴同时运动,若用假想刀尖编程,就会产生误差;而沿一个轴运动时,则不会产生误差。

当机床不具备刀尖圆弧半径自动补偿功能时,也可按刀尖圆弧中心编程,可避免过切和欠切的现象。刀心轨迹是和轮廓线相距一个刀具半径的等距线,此时应先计算出刀心的轨迹,然后再按刀心轨迹进行编程。但计算刀心轨迹上有关点的坐标值比较麻烦,如果刀尖圆弧半径发生变化,还需改动程序。对于一些老式的不具备刀尖圆弧半径自动补偿功能的数控车床,只能以假想刀尖点编程。

数控系统的刀尖圆弧半径自动补偿功能解决了这个问题。编程人员用工件轮廓基点的数据编程,由系统自动计算刀心轨迹,并按刀心轨迹运动,从而消除了刀尖圆弧半径对工件形

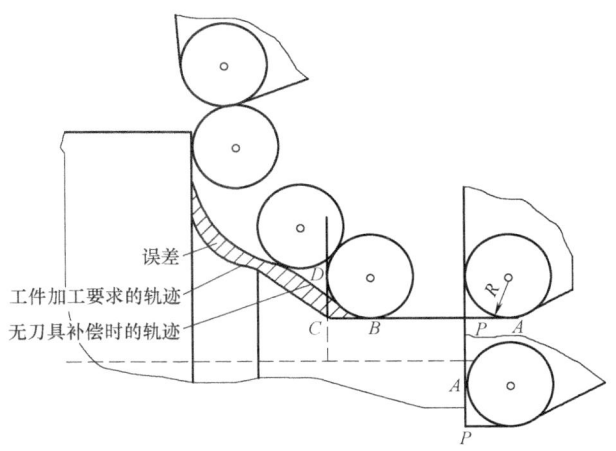

图 3-67 刀尖圆弧半径补偿对加工精度的影响

状的影响,完成对工件的正确加工,如图 3-68 所示。

(2) 刀尖圆弧半径补偿的实施 将刀补参数输入 CNC 装置后,当执行到含有 T 功能(如 T0101)的程序段时,刀具位置补偿参数即可生效,而刀尖圆弧半径补偿参数则必须执行到含有刀尖圆弧半径补偿方向指令 G41 或 G42 时才可生效。

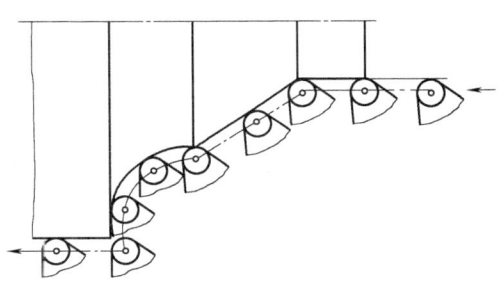

图 3-68 刀尖圆弧半径补偿

G41——刀尖圆弧半径左补偿,即沿刀具运动方向看(假设工件不动),刀具位于工件左侧时的刀尖圆弧半径补偿,如图 3-69a 所示。

G42——刀尖圆弧半径右补偿,即沿刀具运动方向看(假设工件不动),刀具位于工件右侧时的刀尖圆弧半径补偿,如图 3-69b 所示。

G40——刀尖圆弧半径补偿取消,使用该指令后,G41、G42 指令失效。

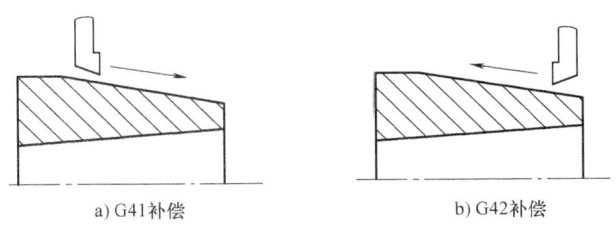

a) G41 补偿 b) G42 补偿

图 3-69 刀尖圆弧半径补偿

指令格式:G01(或 G00) G41 X(U)__ Z(W)__;
　　　　　G01(或 G00) G42 X(U)__ Z(W)__;
　　　　　……
　　　　　G40;

说明：刀尖圆弧半径补偿是一个过程，因此 G41、G42、G40 程序段中，必须有 G00 或 G01 指令。

注意：G40、G41、G42 不能重复使用，即在程序中前面有了 G41 或 G42 指令之后，不能再直接使用 G41 或 G42 指令。若想使用，则必须先用 G40 指令解除原补偿状态后，再使用 G41 或 G42 指令，否则补偿就不正常了。

（3）刀尖圆弧半径补偿参数的输入
为了消除由刀尖圆弧半径所引起的误差，在加工工件之前，必须把刀尖圆弧半径补偿的有关参数输入 CNC 装置中，可通过刀具补偿设定界面设定，如图 3-70 所示。

刀具代码 T 中的补偿号对应存储单元中存放的一组数据：X 轴、Z 轴的位置补偿值，圆弧半径补偿值和假想刀尖位置代号（0~9）。操作时，先将每一把刀具的四个数据分别设定到对应的存储单元中，方可实现自动补偿。假想刀尖位置代号是对不同类型刀具的一种编码，如图 3-71 所示为按假想刀尖方位以数字代码对应的各种刀具的位置（后置刀架）的情况；如果以刀尖圆弧中心作为刀位点进行编程，则应选用 0 或 9 作为刀尖方位号，只有在刀具数据库内按刀具实际放置情况设置相应的刀尖方位代码，才能保证

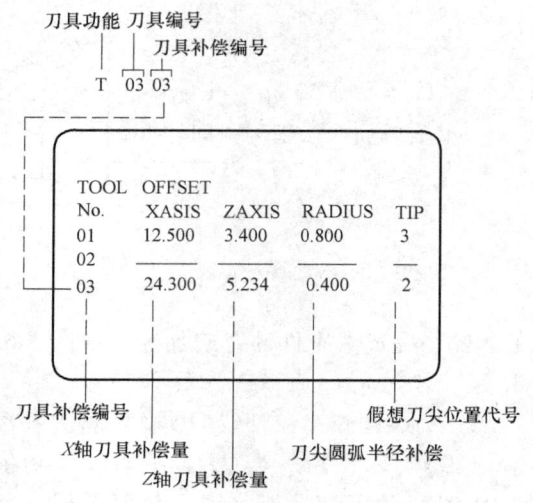

图 3-70 刀具补偿设定界面

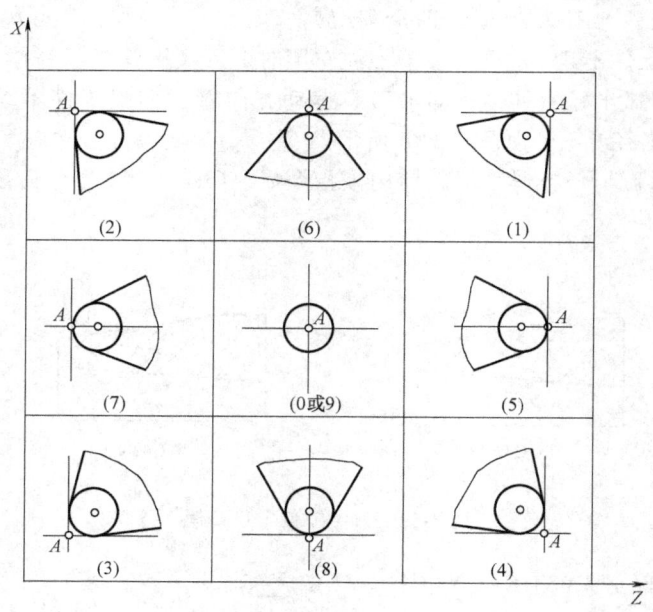

图 3-71 刀尖圆弧位置
A—假想刀尖　0~9—刀尖位置代号

对它进行正确的刀补；否则，将会出现不符合要求的过切和少切现象。

（4）刀尖圆弧半径补偿功能的应用

1）当刀具磨损或刀具重磨后，刀尖圆弧半径变小，这时只需手工输入改变后的刀尖圆弧半径，而不需修改已编好的程序。

2）在用同一把刀具进行粗、精加工时，设精加工余量为 Δ，则粗加工的补偿量为 $r+\Delta$，而精加工的补偿量改为 r 即可，如图 3-72 所示。

（5）刀尖圆弧半径补偿功能应用举例

例 3-12：如图 3-73 所示轮廓精车，考虑刀尖圆弧半径补偿，其加工程序见表 3-11。

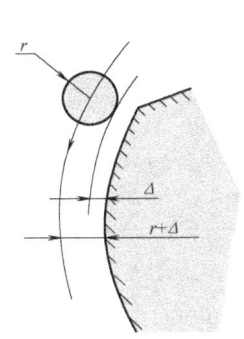

图 3-72　粗、精加工补偿

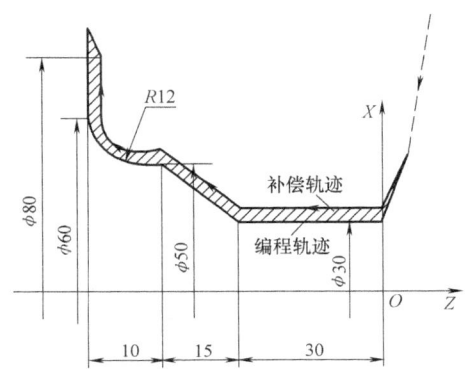

图 3-73　刀尖圆弧半径补偿功能应用实例

表 3-11　刀尖圆弧半径补偿功能应用程序

顺序号	程　　序	注　　释
N05	G50 X100.0 Z10.0;	设定坐标系
N10	S600 M03 T0101;	启动刀补数据库
N15	G00 X35.0 Z5.0;	
N20	G42 G01 X30.0 Z0.0;	刀补引入
N25	G01 Z-30.0;	刀补实施
N30	X50.0 Z-45.0;	
N35	G02 X60.0 Z-55.0 R12.0;	
N40	G01 X80.0;	
N45	G40 G00 X90.0 Z5.0;	取消刀补
N50	Z10.0;	返回
N55	X100.0 M05;	关闭刀补数据库
N60	M02;	程序结束

3.3.5　子程序

如果一个程序包含固定顺序或频繁重复的图形，这样的顺序或图形就可以编成子程序存在存储器中，以简化编程。子程序的调用与返回在第 2 章已有叙述。表 3-12 列出了 FANUC

和SIEMENS两种数控系统中调用子程序的具体方法和指令。

表 3-12 有关子程序的调用说明

项目	FANUC 数控系统	SIEMENS 802D 系统
子程序号/子程序名	O$nnnn$（O0001～O9999）	1) 同主程序名的选取方法 2) 使用 L＿＿，其后的值可以有 7 位（只能为整数，且 L 后的每个零均不能省略）
子程序调用	M98 P×××$nnnn$；	子程序名 P××××
举例	M98 P51002； 连续调用子程序（1002 号）5 次 G00 X100.0 M98 P1200； 在 X 运动后调用子程序 1200 号	L785 P3；调用子程序 L785，运行 3 次 WELLE7；调用子程序 WELLE7，运行 1 次
指令说明	1) 调用程序号为 O$nnnn$ 的子程序×××次，当不指定重复次数时，子程序只调用一次。在一次调用指令中，子程序最多连续循环 999 次 2) 可以与运动指令在同一个程序段中	1) 在一个主程序或子程序中可以直接用程序名调用子程序，P 后是调用次数（P1～P9999） 2) 子程序调用要求占用一个独立的程序段

例 3-13：利用子程序编制图 3-74 所示工件的加工程序。

数控车削加工程序见表 3-13。

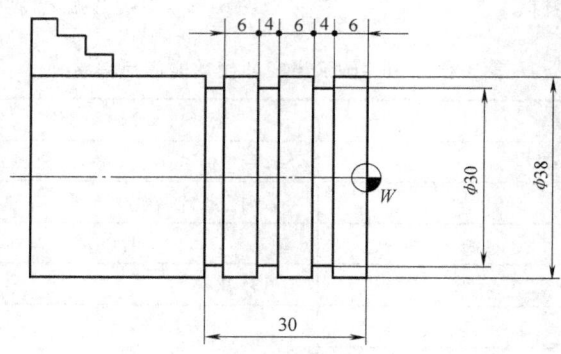

图 3-74 例 3-13 图

表 3-13 数控车削加工程序

程序段顺序号	主 程 序	
	FANUC 0i-TB 系统	SIEMENS 802D 系统
	O3（主程序号）	CHECAO.MPF（主程序名）
N010	G54 G00 X100.0 Z100.0；	G90 G95 G54；
N020	T0101 M08；	T1D1 M08；
N030	M03 S500；	M03 S500；
N040	G00 X40.0；	G00 X40；
N050	Z-10.0；	Z-10.0；

(续)

程序段 顺序号	主 程 序	
	FANUC 0i-TB 系统	SIEMENS 802D 系统
	O3(主程序号)	CHECAO.MPF(主程序名)
N060	M98 P30010;	L01 P3;
N070	T0100 M09;	T01 D0 M09;
N080	G00 X100.0;	G90 G00 X100.0;
N090	Z100.0 M05;	Z100.0 M05;
N100	M30;	M02;
	子 程 序	
	O10(子程序号)	L01.SPF(子程序名)
N010	G01 U-8.0 F0.1;	G91 G01 X-8 F0.1;
N020	G04 F0.12;	G04 F0.12;
N030	G01 U8.0;	G01 X8;
N040	G00 W-10.0;	G00 Z-10.0;
N050	M99;	M02;

针对一个程序中重复出现的程序段，可以采用子程序编程，以简化程序。注意，对于数控车床，子程序一般采用增量编程的方式。

3.4 数控车削编程综合实例

在数控车床（FANUC 0i-T 数控系统）上对图 3-75 所示的零件进行精加工。图中 ϕ85mm 外圆不加工，要求编制精加工程序。

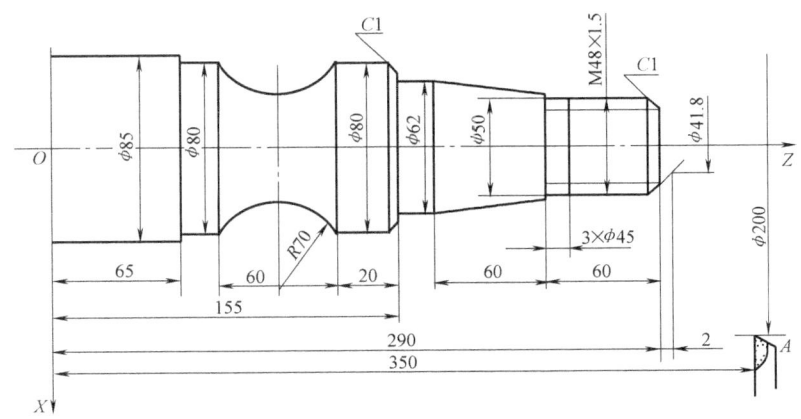

图 3-75 数控车削编程综合实例零件

根据零件的尺寸标注特点及基准统一的原则，编程原点选择在零件左端面。确定 O 点为工件坐标系原点；A 点为换刀点，也为编程起点。

1. 首先根据图样要求按先主后次的加工原则，确定工艺路线

1）先从右至左切削外轮廓面。其路线为倒角→切削螺纹的实际外圆→切削锥度部分→车 $\phi62mm$ 外圆→车台阶平面→倒角→车 $\phi80mm$ 外圆→切削圆弧部分→车 $\phi80mm$ 外圆。

2）切 $3mm×\phi45mm$ 的槽。

3）车 $M48×1.5$ 的螺纹。

2. 选择刀具并绘制刀具布置图

根据加工要求选用三把刀具。1号刀车外圆，2号刀切槽，3号刀车螺纹。

在绘制刀具布置图时，要正确选择换刀点，以避免换刀时刀具与机床、工件及夹具发生碰撞现象。本实例换刀点选为 A（200，350）点。

3. 确定切削用量

车外圆：主轴转速为 630r/min，进给速度为 0.15mm/r。

切槽：主轴转速为 315r/min，进给速度为 0.08mm/r。

车螺纹：主轴转速为 200r/min，进给速度为 1.5mm/r。

4. 编制程序

数控车削综合实例程序见表 3-14。

表 3-14 数控车削综合实例程序

顺序号	程 序	注 释
N01	G50 X200.0 Z350.0;	坐标系设定
N02	S630 M03 T0101 M08;	主轴正转，切削液开，选1号刀和1号刀补
N03	G00 X41.8 Z292.0;	到达切削准备点
N04	G01 X47.8 Z289.0 F0.15;	倒角
N05	W-59.5;	车螺纹实际外圆
N06	X50.0 W0;	车台阶平面（给切槽留 0.5mm 余量）
N07	X62.0 W-60.0;	车锥面
N08	Z155.0;	车 $\phi62mm$ 外圆
N09	X78.0;	车台阶平面
N10	X80.0 W-1.0;	倒角
N11	W-19.0;	车 $\phi80mm$ 外圆
N12	G02 W-60.0 I63.25 K-30.0;	车圆弧（注意圆弧插补的方向）
N13	G01 Z65.0;	车 $\phi80mm$ 外圆
N14	X90.0;	车台阶平面
N15	G00 X200.0 Z350.0 T0100;	退刀
N16	S315 T0202;	换切槽刀
N17	X51.0 Z230.0;	到切槽准备点
N18	G01 X45.0 F0.08;	切槽
N19	G04 X0.2;	延时
N20	G00 X51.0;	退刀
N21	X200.0 Z350.0 T0200;	退刀

(续)

顺序号	程 序	注 释
N22	S200 T0303;	
N23	G00 X52.0 Z296;	换刀,切螺纹
N24	G92 X47.2 Z231.5 F1.5;	(注意引入量与引出量,螺纹编程大径和编程小径的计算方法)
N25	X46.6;	
N26	X46.2;	
N27	G00 X200.0 Z350.0 T0300 M09;	退至起点,切削液关
N28	M30;	程序结束

本章小结

本章以 FANUC 0i-T 数控系统为例介绍了数控车削编程指令与编程实例。在编制加工程序时,除了要掌握各种编程指令的功能和使用方法外,还要掌握一定的加工工艺知识,包括选择加工刀具、确定加工路线和切削用量等。

练习题

3-1 数控车削的编程特点有哪些?

3-2 建立数控车床的工件坐标系有哪几种方法?

3-3 什么是刀位点?简述数控车床常用刀具的刀位点。

3-4 试分析数控车床 X 方向的手动对刀过程。

3-5 简述刀尖圆弧半径补偿的作用。

3-6 简述 G71、G72、G73 指令的应用场合有何不同。

3-7 对于图 3-76 所示工件,在使用刀尖圆弧半径自动补偿指令进行加工时,哪个用 G41、哪个用 G42?

3-8 如图 3-77 所示的零件,毛坯的直径为 60mm,每次进给量小于 1mm。试编制零件粗车程序。

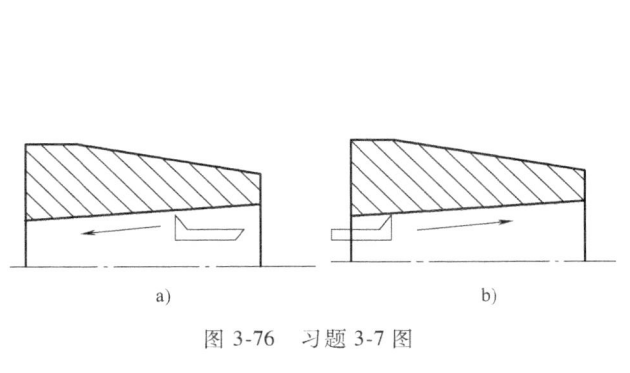

图 3-76 习题 3-7 图

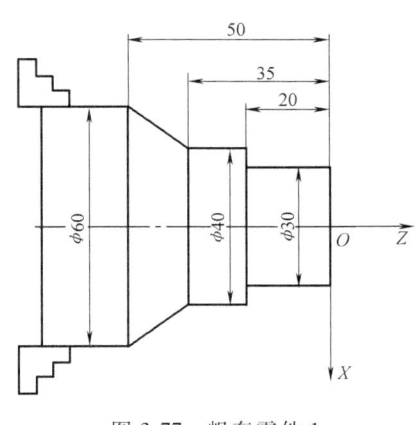

图 3-77 粗车零件 1

3-9 如图 3-78 所示的零件，毛坯的直径为 22mm，每次进给量为 1mm。试编制零件头部的粗车程序。

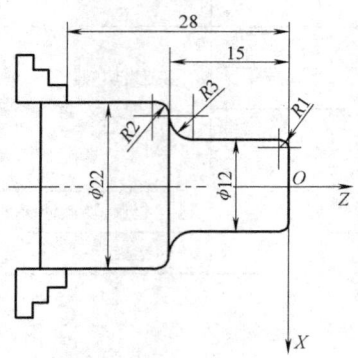

图 3-78 粗车零件 2

3-10 试编制图 3-79 所示零件的加工程序，并说明在执行加工程序前应如何对刀？

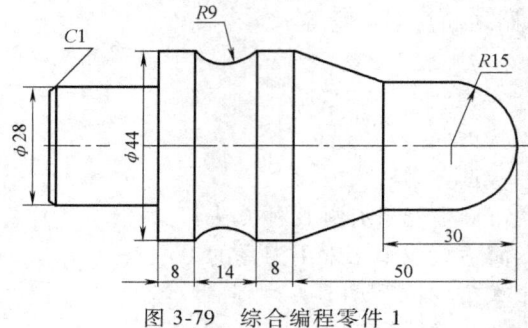

图 3-79 综合编程零件 1

3-11 试编制图 3-80 所示零件的数控车削程序。毛坯为 ϕ70mm 棒料，右端面有中心孔，左端双点画线外圆及端面都已加工，采用一夹一顶定位，数控加工余下的表面。

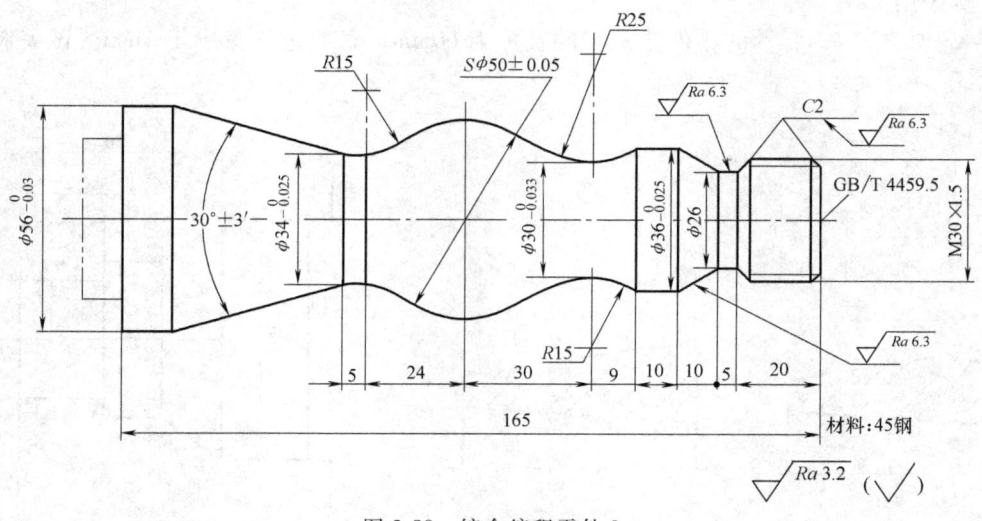

图 3-80 综合编程零件 2

3-12　根据图 3-81 所给定的尺寸和要求，编写零件加工程序。

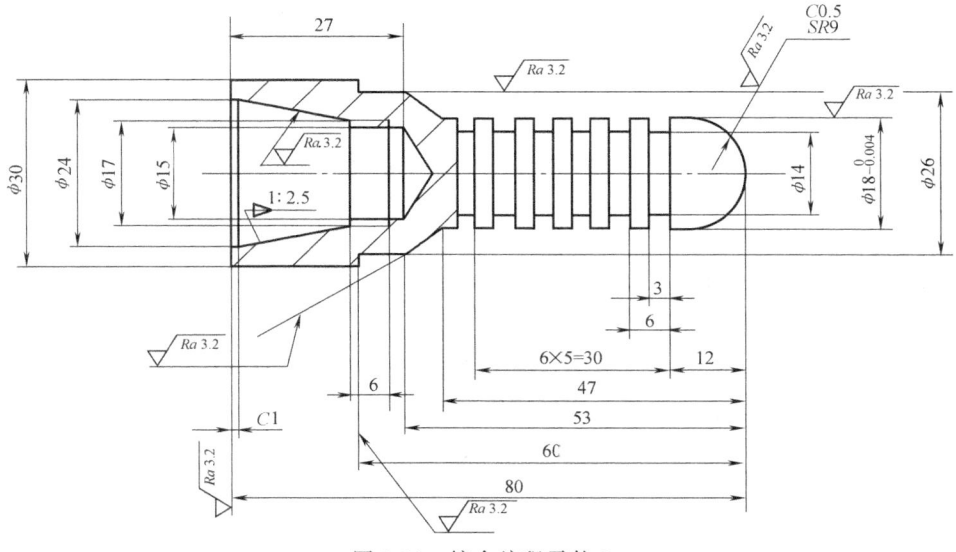

图 3-81　综合编程零件 3

第4章 数控铣削编程

数控铣床和加工中心可加工各种平面及曲面轮廓的复杂型面零件。本章介绍数控铣削的编程方法。

4.1 数控铣削编程特点及坐标系

数控铣床与数控车床相比,其坐标系要复杂得多,可分为两轴、两轴半、三轴、四轴、五轴联动;与普通铣床相比,其具有可加工复杂型面、加工精度高等特点。

4.1.1 数控铣削编程特点

各种平面及曲面轮廓的零件,如凸轮、模具、叶片和螺旋桨等,由于其型面复杂,需要多坐标联动加工,因此多采用数控铣床、加工中心进行加工。

1. 平面轮廓的加工

这类零件的表面多由直线和圆弧或各种曲线构成,图4-1为由直线和圆弧构成的平面轮廓,工件轮廓为 ABCDEA,采用刀具半径为 r 的圆柱铣刀沿周向加工,虚线为刀具中心的运动轨迹。当机床具备刀具补偿(G41、G42)功能,且能跨象限编程时,可按轮廓 AB、BC、CD、DE、EA 划分程序段。当机床不具备 G41、G42 功能时,可按刀心轨迹 A'B'、B'C'、C'D'、D'E'、E'A' 划分程序段,并按虚线所示的坐标值编程。当机床不具备自动跨象限功

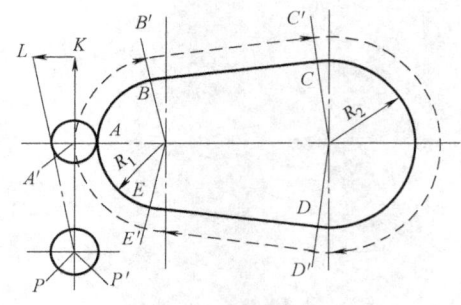

图4-1 平面轮廓铣削

能时,需按象限划分圆弧程序段,使程序段的数目相应增加。为保证加工面光滑,增加了外延 PA',切出外延 A'K,让刀具沿 KL 及 LP 返回程序起点。在编程时,应尽量避免切入和进给中途停顿,以防止在工件表面留下划痕。

对于平面轮廓为任意曲线的加工,需要采用直线段或圆弧段逼近的方法进行"节点"计算,并按节点划分程序段。

2. 曲面轮廓的加工

立体曲面的加工应根据曲面形状、刀具形状(球状、柱状、端齿)以及精度要求采用不同的铣削方法,如两轴半、三轴、四轴、五轴等插补联动加工。

(1) 两轴联动的三轴行切法加工 X、Y、Z 三轴中任意两轴做联动插补,第三轴做单独的周期进刀,称为两轴半联动。如图4-2所示,将 X 向分成若干段,圆头铣刀沿 YZ 面所截的曲线进行铣削,每一段加工完后进给 ΔX,再加工另一相邻曲线,如此依次切削即可加工出整个曲面。在行切法中,要根据轮廓表面粗糙度的要求及刀头不干涉相邻表面的原则选取 ΔX。行切法加工中通常采用球头铣刀(也称指形齿轮铣刀)。球头铣刀的刀头半径应选

得大些，以利于散热，但刀头半径不应大于曲面的最小曲率半径。

用球头铣刀加工曲面时，总是用刀心轨迹的数据进行编程。图 4-3 为两轴半坐标加工的刀心轨迹与切削点轨迹示意图。ABCD 为被加工曲面，P_{YZ} 平面为平行于 YZ 坐标面的一个行切面，其刀心轨迹 O_1O_2 为曲面 ABCD 的等距面 IJKL 与行切面 P_{YZ} 的交线，显然 O_1O_2 是一条平面曲线。在此情况下，曲面的曲率变化会导致球头铣刀与曲面切削点的位置改变，因此切削点的连线必是一条空间曲线，从而在曲面上形成扭曲的残留沟纹。

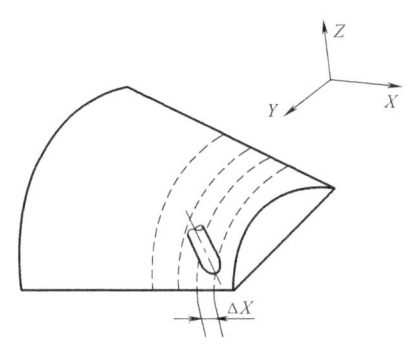

图 4-2　曲面行切法

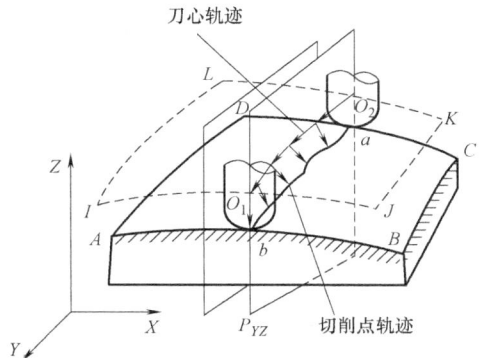

图 4-3　两轴半坐标加工的刀心轨迹
与切削点轨迹示意图

由于两轴半坐标加工的刀心轨迹为平面曲线，故编程计算比较简单，数控逻辑装置也不复杂，常在曲率变化不大及精度要求不高的粗加工中使用。

（2）三轴联动加工　X、Y、Z 三轴可以同时插补联动。用三轴联动加工曲面时，通常也用行切法。如图 4-4 所示，P_{YZ} 平面为平行于 YZ 坐标面的一个行切面，它与曲面的交线为 ab，若要求 ab 为一条平面曲线，则应使球头铣刀与曲面的切削点总是处在平面曲线 ab 上（即沿 ab 切削），以获得规则的残留沟纹。显然，这时的刀心轨迹 O_1O_2 不在 P_{YZ} 平面上，而是一条空间曲线（实际上是空间折线），因此需要 X、Y、Z 三轴联动。

三轴联动加工常用于复杂空间曲面的精确加工（精密锻模），但编程计算较为复杂，所用机床的数控装置还必须具备三轴联动功能。

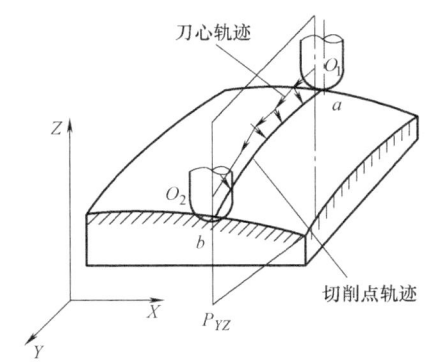

图 4-4　三坐标加工

（3）四轴联动加工　如图 4-4 所示的工件，侧面为直纹扭曲面。若在三坐标联动的机床上用球头铣刀按行切法加工，不但生产率低，而且表面粗糙度值大。为此，采用圆柱铣刀周边切削，并用四轴控制铣床加工。即除三个直角坐标运动外，为保证刀具与工件型面在全长始终贴合，刀具还应绕 O_1（或 O_2）做摆角联动。由于摆角运动导致直角坐标（图 4-4 中 Y 轴）做附加运动，所以其编程计算较为复杂。

（4）五轴联动加工　螺旋桨叶片是五轴联动加工的典型零件之一，其叶片的形状和加工原理如图 4-5 所示。

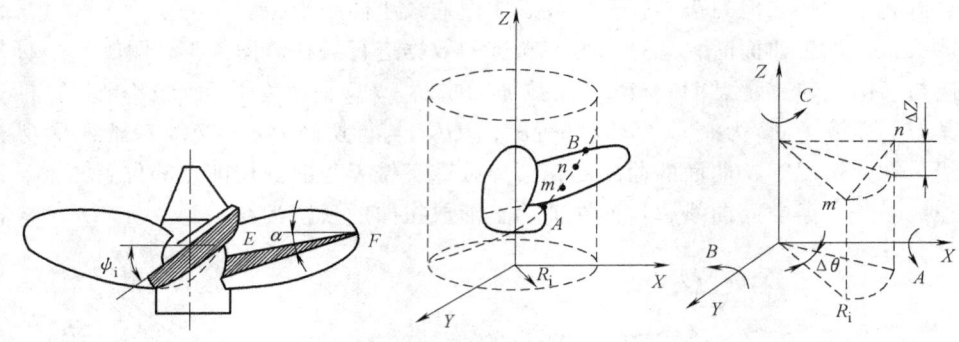

图 4-5 五坐标加工

在半径为 R_i 的圆柱面上与叶面的交线 AB 为螺旋线的一部分，螺旋角为 ψ_i，叶片的径向叶型线（轴向割线）EF 的倾角 α 为后倾角，螺旋线 AB 用极坐标加工方法，并且以折线段逼近。逼近段 mn 是由 C 坐标旋转 $\Delta\theta$ 与 Z 坐标位移 ΔZ 的合成。当 AB 加工完后，刀具径向位移 ΔX（改变 R_i），再加工相邻的另一条叶型线，依次加工即可形成整个叶面。由于叶面的曲率半径较大，所以常采用面铣刀加工，以提高生产率并简化程序。

因此，为保证铣刀端面始终与曲面贴合，铣刀还应做由坐标 A 和坐标 B 形成的 θ_1 和 α_1 的摆角运动。在摆角的同时，还应做直角坐标的附加运动，以确保铣刀端面中心始终位于编程值所规定的位置上，所以需要五坐标加工。

这种加工的编程计算相当复杂，一般采用自动编程。

3. 数控铣床的编程特点

数控铣床可通过两轴联动加工工件的平面轮廓，通过两轴半控制、三轴或多轴联动来加工空间曲面工件，由以上分析可知，数控铣床加工编程具有以下特点：

1）应进行合理的工艺分析。由于工件加工的工序多，在一次装夹下，要完成粗加工、半精加工和精加工，周密合理地安排各工序的加工顺序，有利于提高加工精度和生产率。

2）尽量按刀具集中法安排加工工序，减少换刀次数。

3）合理设计进、退刀辅助程序段，选择换刀点的位置，是保证加工正常进行，提高工件加工精度的重要环节。

4）对于编好的程序，必须进行认真检查，并于加工前进行试运行，以减少程序出错率。

4.1.2 数控铣床的坐标系与对刀操作

1. 数控铣床的坐标系

（1）机床坐标系　数控铣床用于加工工件的平面、内外轮廓、孔、攻螺纹等工序，并可通过两轴联动加工工件的平面轮廓，通过两轴半控制、三轴或多轴联动来加工空间曲面工件。

数控铣床坐标系以数控铣床主轴轴线方向为 Z 轴，刀具远离工件的方向为 Z 轴正方向。X 轴位于与工件安装面相平行的水平面内，对于卧式数控铣床，人面对机床主轴，左侧方向为 X 轴正方向；对于立式数控铣床，人面对机床主轴，右侧方向为 X 轴正方向。Y 轴方向则根据 X、Z 轴按右手笛卡儿直角坐标系来确定。

（2）工件坐标系　工件坐标系是由编程人员在编制程序时根据工件的特点选定的。在选择数控铣床工件坐标系原点（工件原点）的位置时应注意：

1）工件原点应选在零件图的尺寸基准上，这样便于坐标值的计算，并减少错误。
2）工件原点尽量选在精度较高的工件表面，以提高被加工工件的加工精度。
3）对于对称的零件，工件原点可设在对称中心上。
4）对于一般零件，工件原点设在工件外轮廓的某一角上。
5）Z 轴方向上的零点，一般设在工件上表面。

机床坐标系与工件坐标系的关系如图 4-6 所示。

（3）编程原点　数控机床上除了机床原点和机床参考点外，另一个重要的点是编程原点。一般情况下，编程原点即编程人员在计算坐标值时的起点，编程人员在编制程序时不考虑工件在机床上的安装位置，它只是根据零件的特点及尺寸来编程。因此，对于一般零件而言，工件原点即为编程原点。

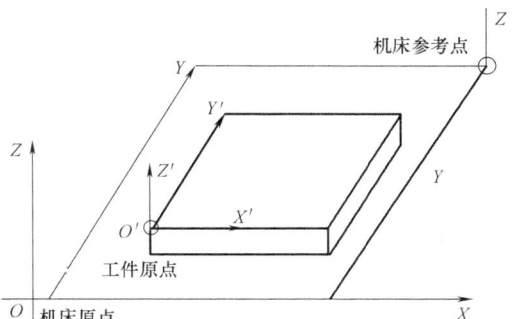

图 4-6　机床坐标系与工件坐标系的关系

2. 数控铣床的对刀操作

（1）对刀的概念　对刀有两个含义：一是确定工件坐标系在机床坐标系中的位置的操作，简单地说，对刀就是告诉数控系统，工件装夹在工作台的什么地方；二是通过对刀来计算刀具偏置的偏置值。例如，在数控机床上加工一个零件需用几把刀，各刀的长短不一，编程时不必考虑刀具长短对坐标值的影响，只要将其中一把刀设为基准刀，其余各刀相对基准刀设置偏置值即可。

（2）数控铣削对刀点的确定　机床坐标系是机床出厂后已经确定不变的，工件在机床加工尺寸范围内的安装位置却是任意的。对刀点是工件在机床上找正、装夹后，用于确定工件坐标系在机床坐标系中位置的基准点。为保证加工的正确，在编制程序时，应合理设置对刀点。对刀点的选择原则如下：

1）在机床显著位置上。
2）对刀误差小。
3）使程序编制方便、简单。
4）加工过程中检查方便、可靠。

对刀点可以设在被加工的工件上，也可以设在夹具上，但都必须与工件的编程原点有一定的坐标尺寸联系，如图 4-7 中的 X_0 和 Y_0，这样才能确定工件坐标系与机床坐标系的相互关系。对刀点既可以与编程原点重合，也可以不重合，这主要取决于加工精度要求和对刀是否方便。为了提高工件的加工精度，对刀点应尽可能选在工件的设计基准或工艺基准上。例如，以工件上已有加

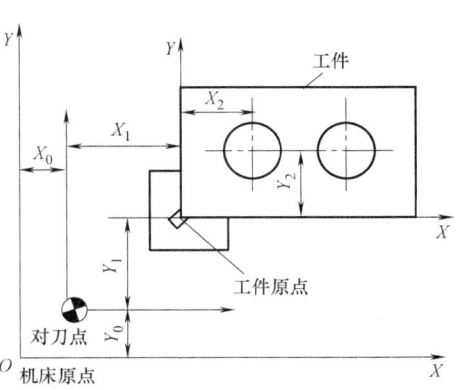

图 4-7　对刀点的设定

工孔的中心作为对刀点较为合适；有时工件上没有合适的孔，也可以加工工艺孔用来对刀。

（3）典型零件手动试切法对刀

1）方形工件，程序原点在顶面中心，毛坯四侧有较多的加工余量，粗略对齐。

① 用直尺和划针在毛坯表面划出方形对角线的交点。

② 主轴正转。

③ 用点动+步进方式，让铣刀中心在 X、Y、Z 三个方向大致对准毛坯顶面对角线交点，则此时 CRT 显示的坐标为程序原点的机床坐标。

2）方形工件，程序原点在方形顶面的一个角点，如左角点 A，毛坯四侧有较多的加工余量，准确对齐。

① 主轴正转。

② 将刀具下降到低于工件毛坯上表面处。

③ Y 方向手动控制刀具边缘从工件前端移动切入工件左侧面，记录 CRT 显示的不变的 X 坐标。

④ X 方向手动控制刀具边缘从工件左端移动切入工件前侧面，记录 CRT 显示的不变的 Y 坐标。

⑤ Z 方向手动控制刀具底部接触工件毛坯上表面，从 CRT 读取 Z 坐标并记录。

⑥ 根据记录的 X、Y、Z 坐标，计算出程序原点 A 的机床坐标，即 $X_A = X+R$、$Y_A = Y+R$、$Z_A = Z$（R 为铣刀半径）。

说明：如果程序原点在右角点 B，基本步骤类似，但 $X_B = X-R$、$Y_B = Y-R$、$Z_A = Z$（R 为铣刀半径）。

3）方形工件，程序原点在顶面中心 A，工件四侧已加工，准确对齐。

① 主轴正转。

② 将刀具下降到低于工件毛坯上表面处。

③ Y 方向手动控制刀具边缘从工件前端移动切入工件左侧面，记录 CRT 显示的不变的 X_1 坐标；退刀，Y 方向手动控制刀具边缘从工件前端移动切入工件右侧面，记录 CRT 显示的不变的 X_2 坐标。

④ X 方向手动控制刀具边缘从工件左端移动切入工件前侧面，记录 CRT 显示的不变的 Y_1 坐标；退刀，X 方向手动控制刀具边缘从工件左端移动切入工件后侧面，记录 CRT 显示的不变的 Y_2 坐标。

⑤ Z 方向手动控制刀具底部接触工件毛坯上表面，从 CRT 读取 Z 坐标并记录。

⑥ 根据记录的 X、Y、Z 坐标，计算出程序原点 A 的机床坐标，即 $X_A = (X_1 + X_2)/2$、$Y_A = (Y_1 + Y_2)/2$、$Z_A = Z$。

4）确定圆形工件程序原点的机床坐标的方法（编程原点在圆心），如图 4-8 所示。

① 先下刀到圆形工件的左侧，手动→步进调整机床至刀具接触工件左侧面，记下此时的坐标 X_1；手动沿 Z 向提刀，在保持 Y 坐标不变的情形下，移动刀具到工件右侧，同样通过手动→步进调整步骤，使刀具接触工件右侧面，

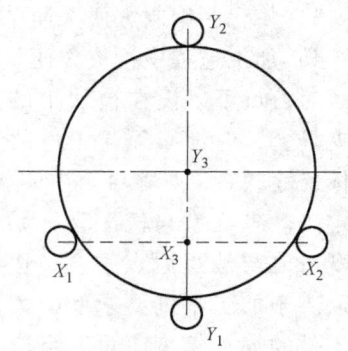

图 4-8 确定圆形工件坐标系的方法

记下此时的坐标 X_2，计算出 $X_3=(X_1+X_2)/2$，此即圆形工件 X 向中心位置，对刀方式如图 4-8 所示。

② 用同样的方法，移动调整到刀具接触前表面，记下坐标 Y_1，在保持 X 坐标不变的前提下，移动调整到刀具接触后表面，记下坐标 Y_2，计算出 $Y_3=(Y_1+Y_2)/2$，此即圆形工件 Y 向中心位置。

③ Z 方向手动控制刀具底部接触工件毛坯上表面，从 CRT 读取 Z 坐标并记录。

④ 记录的 X_3、Y_3、Z 坐标，即为程序原点的机床坐标。

3．设定数控铣床工件坐标系

（1）设置工件坐标系指令 G92

指令格式：G92 X＿＿ Y＿＿ Z＿＿；

该指令将加工原点（刀具起点）设定在相对于程序原点的某一空间点上。

如图 4-9 所示，工件坐标系设置命令为 G92 X20 Y10 Z10；其确立的加工原点（刀具起点）在相对于程序原点 X＝－20，Y＝－10，Z＝－10 的位置上。

G92 指令通过设定刀具起点相对于要建立的工件坐标原点的位置建立坐标系，此坐标系一旦建立起来，后续的绝对值指令坐标位置都是此工件坐标系中的坐标值。

注意：执行此段程序只是建立在工件坐标系中刀具起点相对于程序原点的位置，刀具并不产生运动；执行此程序段之前必须保证刀位点与程序起点（对刀点）重合；G92 指令必须单独一个程序段指定，并放在程序的首段。

（2）选择机床坐标系指令 G53、G52

1）坐标系取消指令 G53。

指令格式：G53 X＿＿ Y＿＿ Z＿＿；

G53 指令使刀具快速定位到机床坐标系中的指定位置上，X、Y、Z 后的值为机床坐标系中的坐标值，其尺寸均为负值。

执行 G53 G90 X-100 Y-100 Z-20；后刀具在机床坐标系中的位置如图 4-10 所示。

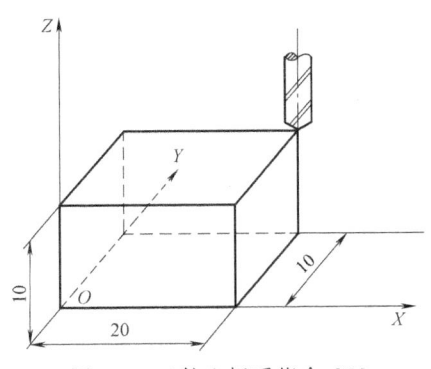

图 4-9　工件坐标系指令 G92

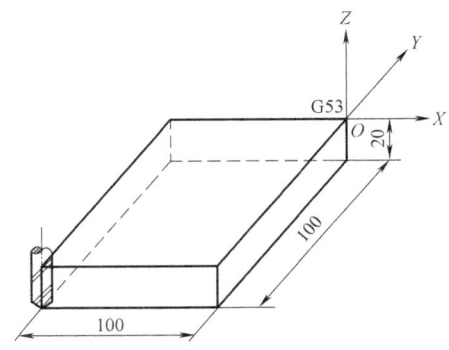

图 4-10　选择机床坐标系指令 G53

2）局部坐标系设定指令 G52。

指令格式：G52 X＿＿ Y＿＿ Z＿＿；

X、Y、Z 后的值为局部原点相对于工件原点的坐标值。

在含有 G53 指令的程序段中，用绝对值编程（G90）的移动指令位置就是在机床坐标系

（相对于机床原点）中的坐标值。

G53 指令仅在其被规定的程序段中有效。

（3）加工坐标系选择指令 G54~G59 这些指令可以分别用来选择相应的加工坐标系，如图 4-11 所示。

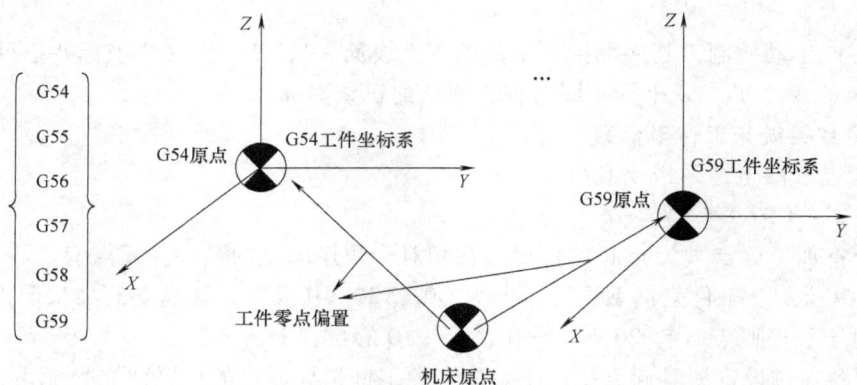

图 4-11 加工坐标系选择指令 G54~G59

指令格式：G54 G00（G01）X ＿ Y ＿ Z ＿ F ＿；

该指令执行后，所有坐标值指定的坐标尺寸都是选定的工件加工坐标系中的位置。该工件加工坐标系是通过 CRT/MDI 方式设置的。

在图 4-12 中，用 CRT/MDI 在参数设置方式下设置两个加工坐标系：

G54 X-50 Y-50 Z-10；

G55 X-100 Y-100 Z-20；

这时，建立了原点在 O' 的 G54 加工坐标系和原点在 O'' 的 G55 加工坐标系。

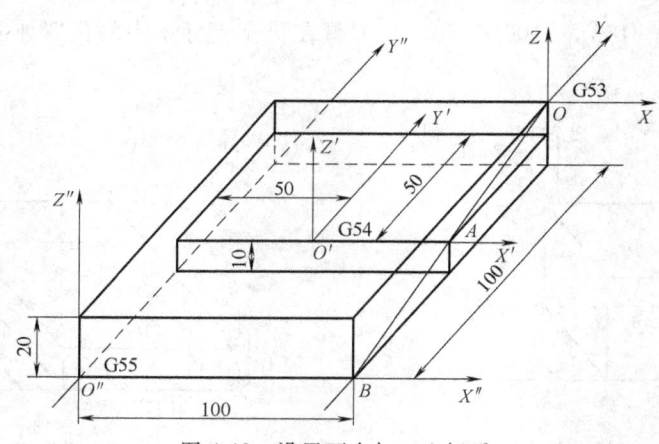

图 4-12 设置两个加工坐标系

若执行下述程序段：

N10 G53 G90 X0 Y0 Z0；

N20 G54 G90 G01 X50 Y0 Z0 F100；

N30 G55 G90 G01 X100 Y0 Z0 F100；

则刀尖点的运动轨迹如图 4-12 中 OAB 所示。

注意：G54~G59 是系统预置的六个坐标系，可根据需要选用；该指令执行后，所有坐标值指定的坐标尺寸都是选定的工件加工坐标系中的位置。1~6 号工件加工坐标系是通过 CRT/MDI 方式设置的；G54~G59 预置建立的工件坐标原点在机床坐标系中的坐标值可用 MDI 方式输入，系统自动记忆；使用该组指令前，必须先回参考点；G54~G59 为模态指令，可相互注销。

(4) 几个坐标系指令应用举例　如图 4-13 所示，按 A-B-C-D 加工路线的程序如下：

N01 G54 G00 G90 X30.0 Y40.0;　　　快速移到 G54 中的 A 点
N02 G59;　　　　　　　　　　　　将 G59 置为当前工件坐标系
N03 G00 X30.0 Y30.0;　　　　　　　移到 G59 中的 B 点
N04 G52 X45.0 Y15.0;　　　　　　　在当前工件坐标系 G59 中建立局部坐标系 G52
N05 G00 G90 X35.0 Y20.0;　　　　　移到 G52 中的 C 点
N06 G53 X35.0 Y35.0;　　　　　　　移到 G53（机床坐标系）中的 D 点
……

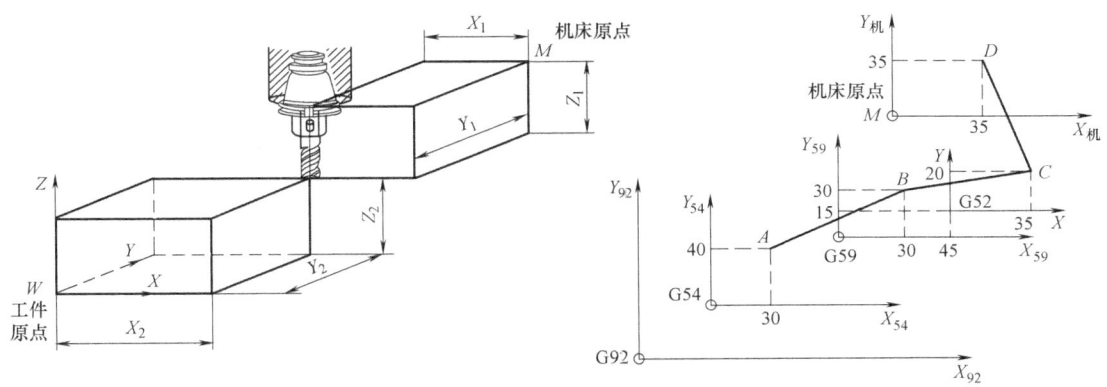

图 4-13　几个坐标系指令应用举例

(5) 坐标系设定操作

1) G54~G59 坐标系设定操作。

① 机床手动操作及手轮操作：按手动或手轮功能键，然后分别按+X、+Y、+Z、-X、-Y、-Z 键或旋转手轮，使机床工作台或刀具向坐标轴某一个方向运动。

② 回零操作：将工作台，尤其是刀轴移动至中间部位。按回零键，再分别按+X、+Y、+Z 键，等待系统自动回零。

③ G54~G59 设置：通过对刀，找到并计算出工件上所需坐标点位置，即确定了程序原点的机床坐标后，再设置 G54~G59。按 OFFSET SETTING 键，进入手动数据输入方式；按窗口中的 [坐标系] 软键，进入坐标系手动数据输入方式；选择要输入的数据类型：G54、G55、G56、G57、G58、G59 坐标系。

如图 4-14 所示，在相应位置输入所需程序原点的机床坐标，如 X ＿＿ Y ＿＿ Z ＿＿，并按 INPUT 键，将设置坐标系的 X、Y、Z 偏置值。

2) G92 指令设定坐标系操作。

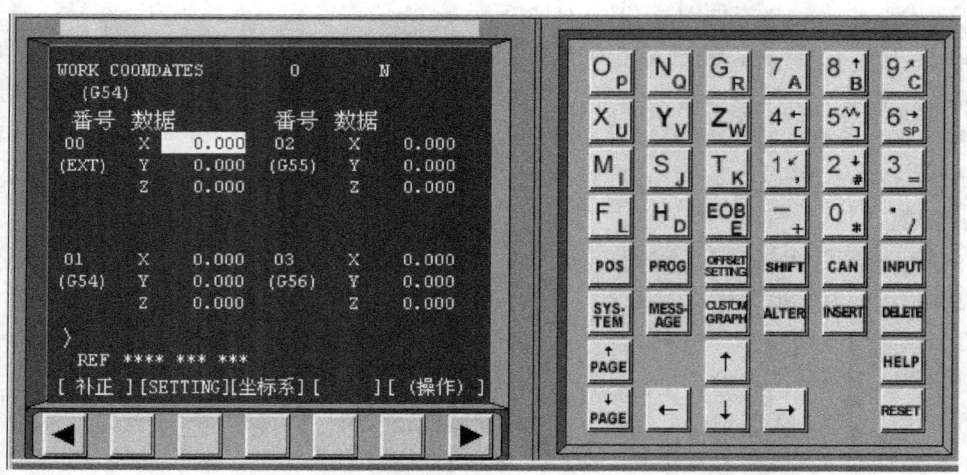

图 4-14　G54~G59 坐标系设定

方法一：

① 通过对刀，找到并计算出工件上坐标点位置，即确定了程序原点的机床坐标（X_A、Y_A、Z_A）；再根据程序原点的机床坐标计算出程序起点 H（对刀点）的机床坐标 $X_H = X_A + \alpha$、$Y_H = Y_A + \beta$、$Z_H = Z_A + \gamma$。

② 用 MDI 功能，运行 G53 XX_H YY_H ZZ_H；将刀具自动移动到对刀点。

方法二：

① 确定程序原点的机床坐标（X_A、Y_A、Z_A）后，用点动+步进方式，将铣刀中心对齐程序原点。

② 用 MDI 功能，运行 G91 G00 Xα Yβ Zγ；将刀具自动移动到对刀点。

4. 数控铣削换刀点的确定

在加工过程中进行手动或自动换刀时，要设置换刀点。换刀点常常设在被加工工件的外面，换刀点位置应以换刀时不发生相关动作部件的干涉为原则。

4.2　数控铣削工艺

进行数控铣削前，要首先确定数控铣削工艺，包括零件图工艺性分析、确定走刀路线、选择铣削刀具和切削用量。

4.2.1　选择并确定数控铣削部位及工序内容

1. 适宜采用数控铣削的加工内容

1）工件上的曲线轮廓内、外形，特别是由数学表达式给出的非圆曲线与列表曲线等曲线轮廓。

2）已给出数学模型的空间曲线。

3）形状复杂、尺寸繁多、划线与检测困难的部位。

4）用通用铣床加工时难以观察、测量和控制进给的内、外凹槽。

5) 以尺寸协调的高精度孔或面。
6) 能在一次安装中顺带铣出来的简单表面或形状。
7) 采用数控铣削能成倍提高生产率，大大减轻体力劳动的一般加工内容。

2. 不宜采用数控铣削的加工内容

1) 需要进行长时间占机和进行人工调整的粗加工内容。
2) 必须按专用工装协调的加工内容（如标准样件、协调平板、模胎等）。
3) 毛坯上的加工余量不太充分或不太稳定的部位。
4) 简单的粗加工面。
5) 必须用细长铣刀加工的部位，一般指狭长深槽或高筋板小转接圆弧部位。

4.2.2 零件图及零件毛坯的工艺性分析

1. 零件图的工艺性分析

零件图的工艺性分析应包括以下内容：

1) 零件图样尺寸的标注是否方便编程。
2) 构成工件轮廓图形的各种几何元素的条件是否充分。
3) 各几何元素的相互关系（如相切、相交、垂直和平行等）是否明确。
4) 有无引起矛盾的多余尺寸或影响工序安排的封闭尺寸。
5) 零件所要求的加工精度、尺寸公差是否都可以得到保证。当面积较大的薄板厚度小于 3mm 时，很难保证尺寸精度。
6) 内槽及缘板之间的内转接圆弧是否过小。

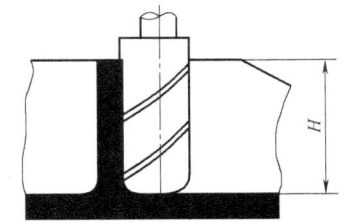

如图 4-15 所示，如果工件的被加工轮廓高度低，转接圆弧半径大，则可以采用较大直径的铣刀来加工，加工其腹板面时，走刀次数也相应减少，表面加工质量也会好一些，因此工艺性较好，反之亦然。一般而言，$R \leqslant 0.2H$（H 为被加工轮廓的最大高度）时，可以判定为零件该部位工艺性不好。

7) 零件图中各加工面的凹圆弧（R 或 r）是否过于零乱，是否可以统一。统一的目的是减少换刀次数，减少铣刀规格，计划停车次数和对刀次数等。一般而言，即使不能寻求完全统一，也要力求将数值相近的圆弧半径分组靠拢，达到局部统一，尽量减少铣刀规格和换刀次数。

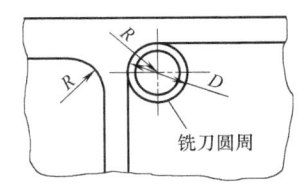

图 4-15 缘板高度及内孔转接圆弧对工件铣削工艺性的影响

8) 零件上有无统一基准，以保证两次装夹加工后其相对位置的正确性。最好采用统一的基准。
9) 零件铣削面的槽底圆角或腹板与缘板相交处的圆角半径 r 是否太大。

如图 4-16 所示，r 越大，铣刀端刃铣削平面的能力越差，效率也越低，当 r 大到一定程度时甚至必须用球头铣刀加工，这种情况应尽量避免。

10) 分析零件的形状及原材料的热处理状态，会不会在加工过程中变形，哪些部位最易变形，可以采用哪些工艺措施进行预防，加工后的变形问题可以采用何种工艺措施来解决。

2. 零件毛坯的工艺性分析

对零件图进行了工艺分析后，还应结合数控铣削的特点，对所用毛坯进行工艺分析。

1) 毛坯的加工余量是否充分，批量生产时的毛坯余量是否稳定。毛坯主要指锻、铸件，因模锻时的久压量与允许的错模量会造成余量多少不等，铸造时也会因砂型误差、收缩量及金属液体的流动性差不能充满型腔等造成余量不等。另外，锻、铸后毛坯的翘曲与扭曲变形量的不同也会造成加工余量不充分、不稳定。在数控铣削中，除板料外，不管是锻件、铸件还是型材，只要准备采用数控铣削加工，其加工面均应有较充分的余量。

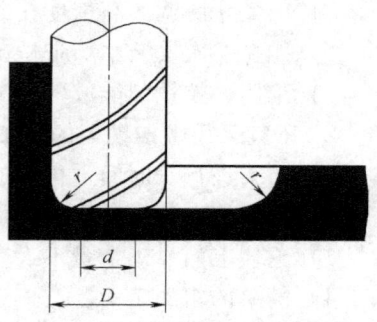

图 4-16 零件底面圆弧对铣削工艺性的影响

2) 分析毛坯在安装定位方面的适应性。主要考虑毛坯在加工时的安装定位方面的可靠性与方便性，以便充分发挥数控铣削在一次安装中加工出许多待加工面。考虑是否需要另外增加装夹余量或工艺凸台来定位与夹紧，什么地方可以制出工艺孔或是否需要另外准备工艺凸耳来特制工艺孔。

3) 分析毛坯的余量大小及均匀性。主要是考虑在加工时要不要分层切削，分几层切削，分析加工中与加工后的变形程度，考虑是否应采取预防性措施与补救措施。

4.2.3 走刀路线的确定

走刀路线是数控加工中刀具刀位点相对工件运动的轨迹及方向。走刀路线既包括了工步的内容，也反映出工步安排的顺序，是编写程序的重要依据，因此要合理地选择走刀路线。在确定走刀路线时最好画一张工序简图，将已经拟定出的走刀路线画上去，这样可以给程序编制带来许多的方便。

影响走刀路线选择的主要因素：被加工工件的材料、余量、刚度、加工精度要求、表面粗糙度要求；机床的类型、刚度、精度；夹具的刚度；刀具的状态、刚度、寿命等。选择走刀路线时要充分考虑这些因素，以便选择最合理的走刀路线。合理的走刀路线，是指能保证零件加工精度、表面粗糙度要求，数值计算简单，程序段少，编程量小，走刀路线最短，空程最少的高效率路线。

1. 定位控制数控机床的走刀路线

定位控制数控机床的走刀路线包括在 XY 平面上的走刀路线和 Z 向的走刀路线。欲使刀具在 XY 平面上的走刀路线最短，必须保证各定位点间的路线的总长最短。如图 4-17a 所示点群零件的加工，经计算发现图 4-17c 所示走刀路线总长较图 4-17b 短。欲使刀具在 Z 向（即刀具轴向）的走刀路线最短，需要严格控制刀具相对于工件在 Z 向的引入量 ΔZ 和引出量 $\Delta Z'$，如图 4-18 所示。引入量 ΔZ 的经验数据为：

在已加工面上钻、镗、铰孔：$\Delta Z = 1 \sim 3$mm

在毛面上钻、镗、铰孔：$\Delta Z = 4 \sim 6$mm

攻螺纹：$\Delta Z = 5 \sim 10$mm

铣削：$\Delta Z = 5 \sim 10$mm

引出量 $\Delta Z'$ 仅在加工通孔时才存在，其大小可通过简单计算确定。例如，钻 $\phi 20$mm 孔

的引出量 ΔZ′为

$$\Delta Z' = \left(\frac{d}{2}\right)\cot\left(\frac{\varphi}{2}\right) + (1\sim3) = \left(\frac{20}{2}\right)\cot\left(\frac{120°}{2}\right) + (1\sim3) = 5.77 + (1\sim3) \tag{4-1}$$

式中 φ——钻头顶角。

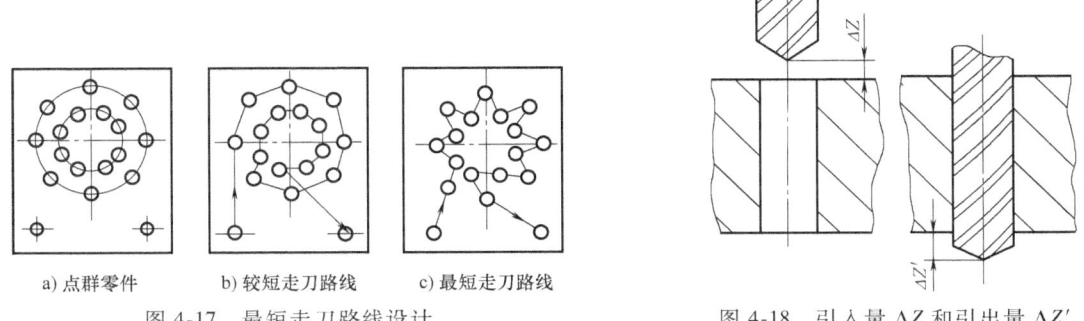

图 4-17 最短走刀路线设计　　　　　　图 4-18 引入量 ΔZ 和引出量 ΔZ′

对于定位控制数控机床，一般要求定位精度高，定位过程尽可能地快。为此，人们常常同时采用两种方法予以满足。

1) 单向趋向定位点的方法（图 4-19a、b）。在孔加工中，除了空行程尽量最短之外，镗孔时，孔系之间往往还要有较高的位置精度。因此，安排镗孔路线时，要安排各孔的定位方向一致，即单向趋向定位点，以免传动系统的误差或测量系统的误差对定位精度产生影响。图 4-19c 所示的加工路线中，在加工孔Ⅳ时，X 方向的反向间隙将影响与孔Ⅲ之间的孔距精度，而图 4-19d 所示的加工路线中，可使各孔的定位方向一致，从而提高孔距精度。

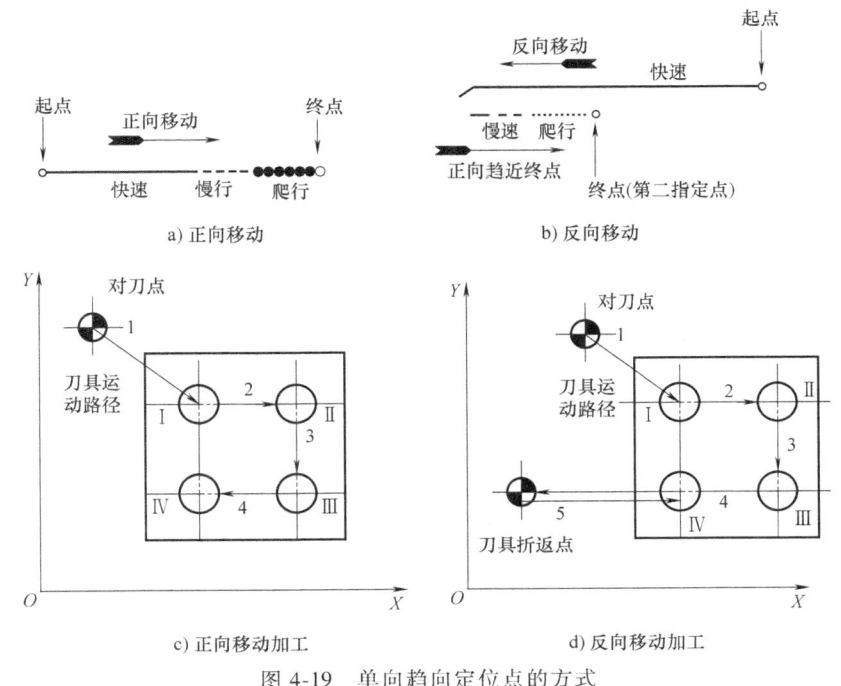

图 4-19 单向趋向定位点的方式

2) 分级降速趋向定位点的方法。这种方法的特点是刀具移动的大部分行程用快速移动，接近定位点的小部分行程用慢速移动。这种方法既可以加速定位过程，又可以减小惯性作用，保证定位精度。图 4-20 所示为分级降速趋向定位点的两种方式。

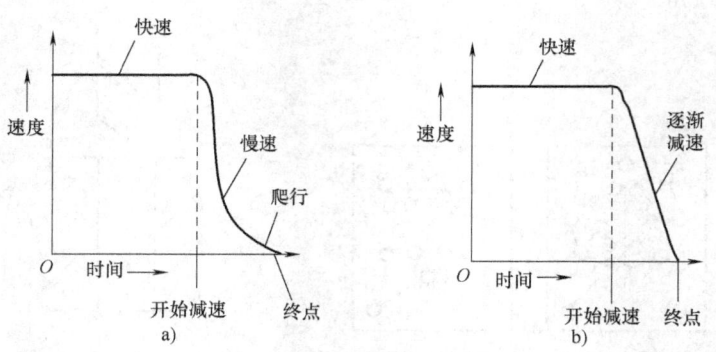

图 4-20　分级降速趋向定位点的两种方式

2. 轮廓控制数控机床的走刀路线

对于轮廓控制数控机床，最短走刀路线是以保证零件加工精度和表面粗糙度要求为前提的。因此，在选择走刀路线时，一般应保证零件的最终轮廓是连续加工获得的。

图 4-21 是一个铣凹槽的实例，图 4-21a 所示走刀路线最短，加工表面质量最差；图 4-21b 所示走刀路线最长；图 4-21c 所示走刀路线方案最佳。

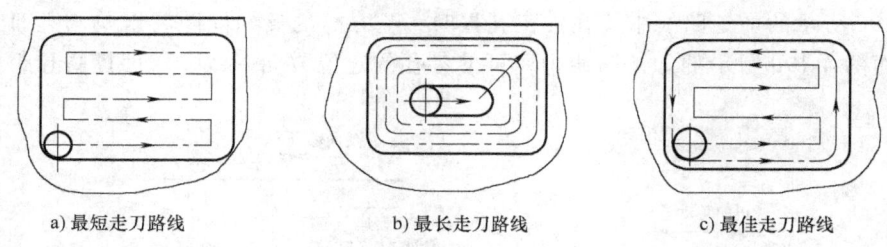

a) 最短走刀路线　　　b) 最长走刀路线　　　c) 最佳走刀路线

图 4-21　铣凹槽的三种走刀路线

在数控铣床上加工工件，为获得较低的表面粗糙度值和较高的加工精度，还应注意以下几点：

1) 合理设计切入、切出程序段。对于平面轮廓，一般是利用立铣刀周刃进行切削的，为了避免在轮廓的切入和切出处留下刃痕，刀具应沿工件轮廓的延长线切向切入和切出（图 4-22）。若受结构、尺寸等限制，平面轮廓内形不允许沿其切向切入和切出时，则应沿工件轮廓的法向切入和切出，而切入、切出点要尽可能选用工件轮廓相邻两几何元素的交点。

2) 避免在切削过程中进给停顿，否则会在轮廓表面留下刀痕；若在被加工表面范围内垂直

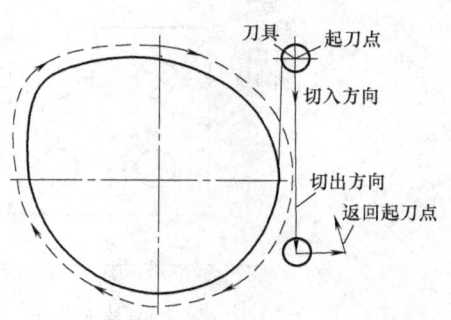

图 4-22　切入和切出方式

进刀和退刀,也会划伤表面。例如,用立铣刀周刃铣削平面轮廓,就应避免在铣削表面范围内沿刀具轴线进刀和退刀。

3) 采用多次走刀和顺铣加工。因为在相同切削条件下,顺铣能获得较低的表面粗糙度值。

4) 选择工件在加工后变形小的走刀路线。对于横截面积小的细长零件或薄板零件,应采用多次走刀加工达到最后尺寸;或采用对称去余量法安排走刀路线。

铣削曲面时,常用球头铣刀采用"行切法"进行加工。所谓行切法是指刀具与工件轮廓的切点轨迹是一行一行的,而行间的距离是按零件加工精度的要求确定的。

对于边界敞开的曲面加工,可采用两种加工路线,如图 4-23 所示。对于发动机大叶片,当采用图 4-23a 所示的加工方案时,每次沿直线加工,刀位点计算简单,程序少,加工过程符合直纹面的形成,可以准确保证母线的直线度。当采用图 4-23b 所示的加工方案时,符合这类零件数据给出情况,便于加工后检验,叶片形状的准确度高,但程序较多。由于曲面零件的边界是敞开的,没有其他表面限制,所以曲面边界可以延伸,球头铣刀应由边界外开始加工。总之,确定走刀路线的原则是,在保证零件加工精度和表面粗糙度的条件下,尽量缩短加工路线,以提高生产率。

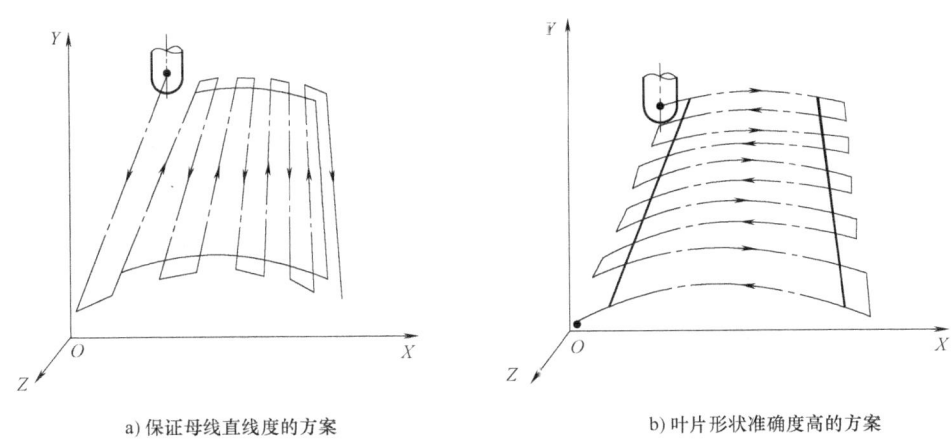

a) 保证母线直线度的方案　　　　　　b) 叶片形状准确度高的方案

图 4-23　曲面加工的加工路线

4.2.4　铣削刀具

1. 铣削刀具的基本要求

1) 铣刀刚性要好。一是满足提高生产率而采用大切削用量的需要;二是适应数控铣床加工过程中难以调整切削用量的特点。

例如,当工件各处的加工余量相差悬殊时,通用铣床遇到这种情况很容易采取分层铣削方法加以解决,而数控铣削就必须按程序规定的走刀路线前进,遇到余量大时无法像通用铣床那样"随机应变",除非在编程时能够预先考虑到,否则铣刀必须返回原点,用改变切削面高度或加大刀具半径补偿值的方法从头开始加工,多走几刀。这样势必造成余量少的地方经常走空刀,降低了生产率,如果刀具刚性好就不必这么办;再者,在通用铣床上加工时,若遇到刚性不好的刀具，也比较容易从振动、手感等方面及时发现并及时调整切削用量加以弥补，而数控铣削则很难办到。

2）铣刀的寿命要长。尤其是当一把铣刀加工的内容很多时，如果刀具不耐用而磨损很快，就会影响工件的表面质量与加工精度，而且会增加换刀引起的调刀与对刀次数，也会使工件表面留下因对刀误差而形成的接刀台阶，降低工件的表面质量。

除上述两点之外，铣刀切削刃的几何角度参数的选择及排屑性能等也非常重要，切屑粘刀形成积屑瘤在数控铣削中是十分忌讳的。

总之，根据被加工工件材料的热处理状态、切削性能及加工余量选择刚性好、寿命长的铣刀，是充分发挥数控铣床的高生产率和获得满意的加工质量的前提。

2. 常用铣刀的种类

铣刀的种类有很多，这里仅介绍几种在数控机床上常用的铣刀。

（1）面铣刀　如图 4-24 所示，面铣刀的圆周表面和端面上都有切削刃，端部切削刃为副切削刃。面铣刀多制成套式镶齿结构，刀齿为高速工具钢或硬质合金，刀体为 40Cr。高速工具钢面铣刀按国家标准规定，直径 $d=80\sim250$mm，螺旋角 $\beta=10°$，刀齿数 $Z=10\sim26$。

硬质合金面铣刀与高速工具钢面铣刀相比，其铣削速度较高、加工效率高、加工表面质量也较好，并可加工带有硬皮和淬硬层的工件，故得到广泛应用。硬质合金面铣刀按刀片和刀齿的安装方式不同，可分为整体焊接式、机夹-焊接式（图 4-25）和可转位式三种。

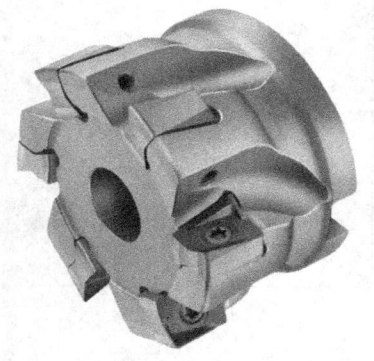
图 4-24　可转位面铣刀

图 4-25　机夹-焊接式面铣刀

由于整体焊接式和机夹-焊接式面铣刀难以保证焊接质量，刀具寿命短，重磨较费时，目前已逐渐被可转位面铣刀所取代，数控加工中广泛使用可转位面铣刀。

可转位面铣刀是将可转位刀片通过夹紧元件夹固在刀体上，当刀片的一个切削刃用钝后，直接在机床上将刀片转位或更换新刀片。目前先进的可转位面铣刀的刀体趋向于用轻质高强度铝、镁合金制造，切削刃采用大前角、负刃倾角，可转位刀片（多种几何形状）带有三维断屑槽形，便于排屑。因此，这种铣刀在提高产品质量、加工效率、降低成本、操作使用方便等方面都具有明显的优越性，目前已得到广泛应用。

可转位面铣刀要求刀片定位精度高、夹紧可靠、排屑容易、更换刀片迅速等，同时各定位、夹紧元件通用性要好，制造要方便，并且应经久耐用。

（2）立铣刀　立铣刀是最常用的一种铣刀，广泛用于加工平面类零件，除用其端刃铣削外，也常用其侧刃铣削，有时端刃、侧刃同时进行铣削，立铣刀也可称为圆柱铣刀，如图 4-26 所示。

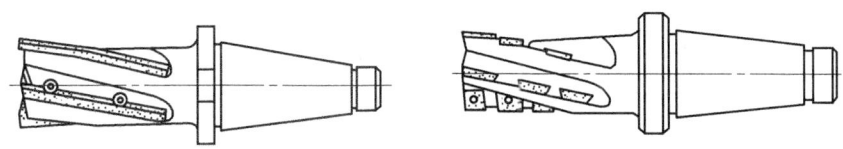

a) 硬质合金立铣刀

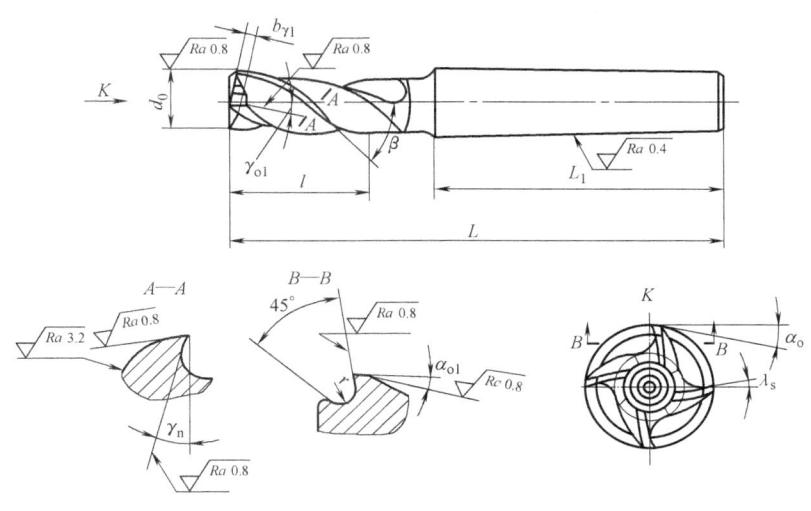

b) 高速工具钢立铣刀

图 4-26 立铣刀

立铣刀圆柱表面的切削刃为主切削刃，端面上的切削刃为副切削刃。主切削刃一般为螺旋齿，这样可以增加切削平稳性，提高加工精度。由于普通立铣刀端面中心处无切削刃，所以立铣刀不能做轴向进给，端刃主要用来加工与侧面相垂直的底平面。为了能加工较深的沟槽，并保证有足够的备磨量，立铣刀的轴向长度一般较长。

为了改善切屑卷曲情况，增大容屑空间，防止切屑堵塞，刀齿数比较少，容屑槽圆弧半径则较大。一般粗齿立铣刀齿数 $Z=3\sim4$，细齿立铣刀齿数 $Z=5\sim8$，套式结构立铣刀齿数 $Z=10\sim20$，容屑槽圆弧半径 $r=2\sim5\mathrm{mm}$。当立铣刀直径较大时，还可制成不等齿距结构，以增强抗振作用，使切削过程平稳。

标准立铣刀的螺旋角 $\beta=40°\sim45°$（粗齿）和 $30°\sim35°$（细齿），套式结构立铣刀的螺旋角 $\beta=15°\sim25°$。

直径较小的立铣刀，一般制成带柄型式。$\phi2\sim\phi7\mathrm{mm}$ 的立铣刀制成直柄；$\phi6\sim\phi63\mathrm{mm}$ 的立铣刀制成莫氏锥柄；$\phi25\sim\phi80\mathrm{mm}$ 的立铣刀做成 7:24 锥柄，内有螺孔用来拉紧刀具。由于数控机床要求铣刀能快速自动装卸，故立铣刀柄部型式也有很大不同，一般是由专业厂家按照一定的规范设计制造成统一型式、统一尺寸的刀柄。$\phi40\sim\phi160\mathrm{mm}$ 的立铣刀可做成套式结构。

(3) 成形铣刀 成形铣刀一般都是为特定的工件或加工内容专门设计制造的，适用于加工平面类零件的特定形状（如角度面、凹槽面等），也适用于加工特形孔或台，图 4-27 所示为几种常用的成形铣刀。

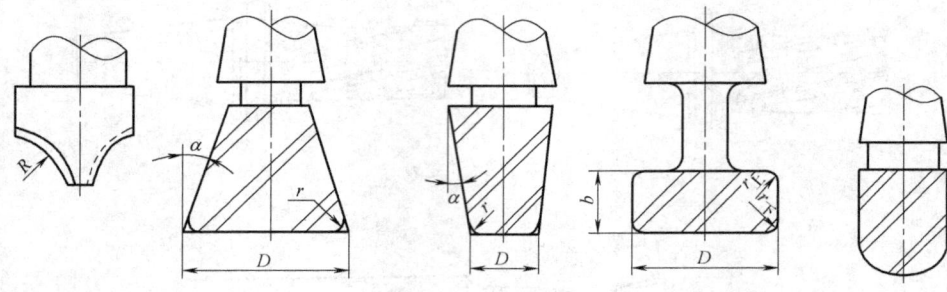

图 4-27 几种常用的成形铣刀

(4) 球头铣刀 球头铣刀如图 4-28 所示,它适用于加工空间曲面零件,有时也用于平面类零件较大的转接凹圆弧的补加工。

(5) 鼓形铣刀 图 4-29 所示为一种典型的鼓形铣刀,主要用于对变斜角面的近似加工。

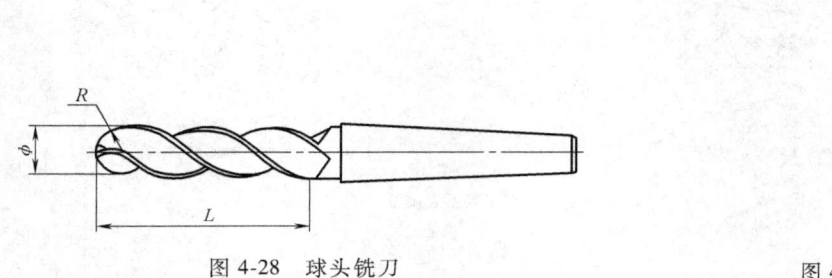

图 4-28 球头铣刀　　　　　　　图 4-29 鼓形铣刀

(6) 模具铣刀　模具铣刀由立铣刀发展而成,可分为圆锥形立铣刀(圆锥半角 $\alpha/2 = 3°、5°、7°、10°$)、圆柱形球头立铣刀和圆锥形球头立铣刀三种,其柄部有直柄、削平型直柄和莫氏锥柄。它的结构特点是球头或端面上布满了切削刃,圆周刃与球头刃圆弧连接,可以做径向和轴向进给。铣刀工作部分用高速工具钢或硬质合金制造。图 4-30 所示为高速工具钢模具铣刀,图 4-31 所示为硬质合金模具铣刀,小规格的硬质合金模具铣刀多制成整体结构,$\phi16mm$ 以上的,制成焊接或机夹可转位刀片结构。

(7) 键槽铣刀　键槽铣刀如图 4-32 所示,它有两个刀齿,圆柱面和端面都有切削刃,端面刃延至中心,既

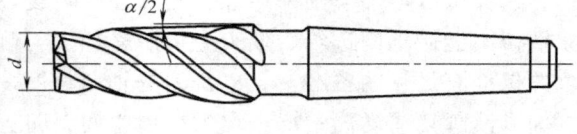

a) 圆锥形立铣刀

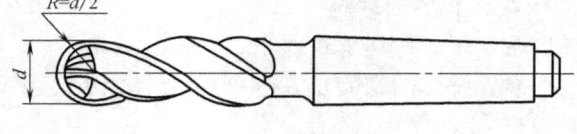

b) 圆柱形球头立铣刀

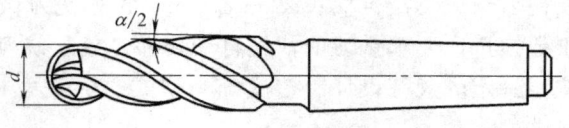

c) 圆锥形球头立铣刀

图 4-30 高速工具钢模具铣刀

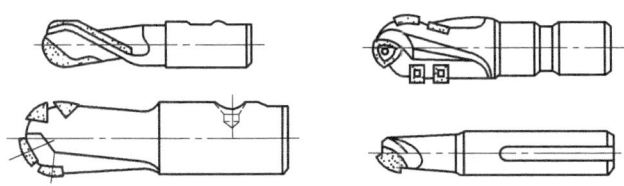

图 4-31 硬质合金模具铣刀

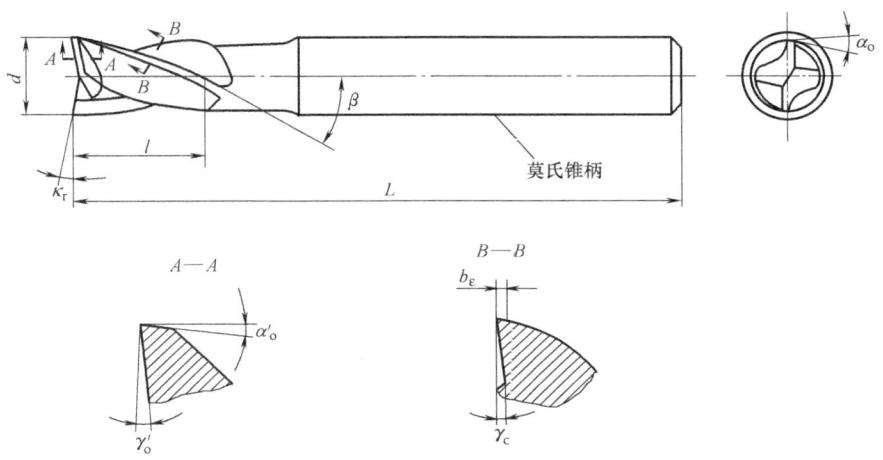

图 4-32 键槽铣刀

像立铣刀又像钻头。加工时先轴向进给达到槽深，然后沿键槽方向铣出键槽全长。

按国家标准规定，直柄键槽铣刀的直径 $d = 2 \sim 22$mm，锥柄键槽铣刀的直径 $d = 14 \sim 50$mm。键槽铣刀直径的偏差有 e8 和 d8 两种。键槽铣刀的圆周切削刃仅在靠近端面的一小段长度内发生磨损，重磨时，只需刃磨端面切削刃。因此重磨后铣刀直径不变。

除上述几种类型的铣刀外，数控铣床也可使用各种通用铣刀。但因不少数控铣床的主轴内有特殊的拉刀位置或因主轴内孔锥度不同，须配置过渡套和拉杆。

3. 铣削刀具的选择

刀具的选择是数控加工工艺中重要的内容之一，它不仅影响机床的加工效率，而且直接影响加工质量。编程时，选择刀具通常要考虑机床的加工能力、工序内容、工件材料等因素。与传统的加工方法相比，数控加工对刀具的要求更高。不仅要求精度高、刚度好、寿命降，而且要求尺寸稳定、安装调整方便。这就要求采用新型优质材料制造数控加工刀具，并优选刀具参数。

（1）铣刀类型的选择　选取刀具时，要使刀具的尺寸与被加工工件的表面尺寸和形状相适应。

生产中，平面零件周边轮廓的加工常采用立铣刀。铣削平面时，应选硬质合金刀片铣刀；加工凸台、凹槽时，选高速工具钢立铣刀；加工毛坯表面或粗加工孔时，可选镶硬质合金的玉米铣刀。

对于一些立体型面和变斜角轮廓外形的加工，常采用球头铣刀、环形铣刀、鼓形铣刀、锥形铣刀和盘形铣刀。

曲面加工常采用球头铣刀，但加工曲面较平坦部位时，刀具以球头顶端刃切削，切削条件较差，因而应采用环形铣刀。

在单件小批量生产中，为取代坐标联动的机床，常采用鼓形铣刀或锥形铣刀来加工飞机上的一些变斜角零件。镶齿盘形铣刀适用于五轴联动的数控机床加工一些球面，其效率比用球头铣刀高近十倍，并可获得较高的加工精度。

（2）铣刀主要参数的选择 选择面铣刀加工时，标准可转位面铣刀的直径为16～630mm。应根据侧吃刀量选择适当的铣刀直径，尽量包容工件整个加工宽度，以提高加工精度和效率，减小相邻两次进给之间的接刀痕迹和保证铣刀的寿命。

可转位面铣刀有粗齿、细齿和密齿三种。粗齿铣刀容屑空间较大，常用于粗铣钢件；粗铣带断续表面的铸件和在平稳条件下铣削钢件时，可选用细齿铣刀；密齿铣刀的每齿进给量较小，主要用于加工薄壁铸件。粗铣时，铣刀直径要小些，因为粗铣切削力大，选小直径铣刀可减小切削转矩。精铣时，铣刀直径要大些，尽量包容工件整个加工宽度，以提高加工精度和效率，并减小相邻两次进给之间的接刀痕迹。

选择立铣刀加工时，刀具的有关参数，推荐按下述经验数据选取，如图4-33所示。

1) 刀具半径R应小于工件内轮廓面的最小曲率半径ρ_{min}，一般取$R=(0.8\sim0.9)\rho_{min}$。
2) 工件的加工高度$H\leqslant(4\sim6)R$，以保证刀具有足够的刚度。
3) 对不通孔（深槽），选取$l=H+5\sim10$mm（l为刀具切削部分长度，H为工件高度）。
4) 加工外形及通孔时，选取$l=H+r+5\sim10$mm（r为刀尖圆弧半径）。
5) 粗加工内轮廓面时，铣刀最大直径D_t可按下式计算（图4-34）：

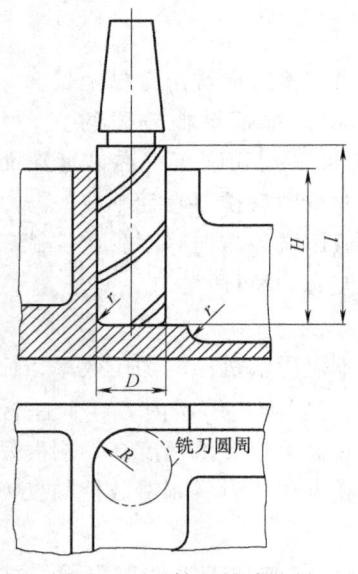

图4-33 立铣刀尺寸选择

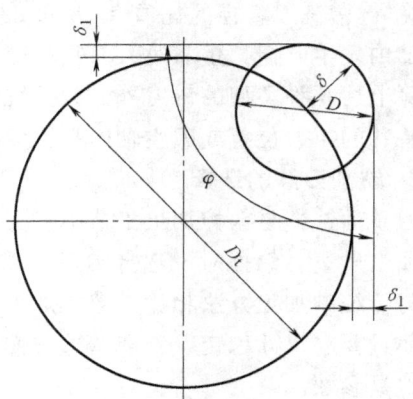

图4-34 粗加工铣刀直径估算

$$D_t=\frac{2\left(\delta\sin\frac{\varphi}{2}-\delta_1\right)}{1-\sin\frac{\varphi}{2}}+D \tag{4-2}$$

式中　D——轮廓的最小凹圆角直径；
　　　δ——圆角邻边夹角等分线上的槽加工余量；
　　　δ_1——精加工余量；
　　　φ——回角两邻边的夹角。

6）加工肋时，铣刀直径 $D=(5\sim10)b$，其中 b 为肋的厚度。

4.2.5 切削用量的选择

切削用量包括切削速度、进给速度、背吃刀量和侧吃刀量，如图 4-35 所示。从刀具寿命出发，切削用量的选择方法是，先选取背吃刀量或侧吃刀量，其次确定进给速度，最后确定切削速度。

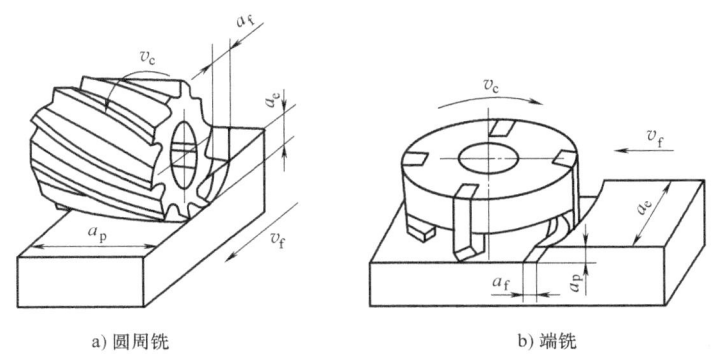

a) 圆周铣　　　　　b) 端铣

图 4-35　数控铣削切削用量

1. 背吃刀量（端铣）或侧吃刀量（圆周铣）

背吃刀量 a_p 为平行于铣刀轴线测量的切削层尺寸，单位为 mm。端铣时，a_p 为切削层深度；而圆周铣削时，a_p 为被加工表面的宽度。

侧吃刀量 a_e 为垂直于铣刀轴线测量的切削层尺寸，单位为 mm。端铣时，a_e 为被加工表面的宽度；而圆周铣削时，a_e 为切削层深度。

背吃刀量或侧吃刀量的选取主要由加工余量和对表面质量的要求决定。

1）当要求工件表面粗糙度值为 $Ra12.5\sim25\mu m$ 时，如果圆周铣削的加工余量小于 5mm，端铣的加工余量小于 6mm，粗铣一次进给就可以达到要求。但在余量较大，工艺系统刚性较差或机床动力不足时，可分两次进给完成。

2）当要求工件表面粗糙度值为 $Ra3.2\sim12.5\mu m$ 时，可分粗铣和半精铣两步进行。粗铣时背吃刀量或侧吃刀量选取同前。粗铣后留 $0.5\sim1.0$mm 余量，在半精铣时切除。

3）当要求工件表面粗糙度值为 $Ra0.8\sim3.2\mu m$ 时，可分粗铣、半精铣、精铣三步进行。半精铣时背吃刀量或侧吃刀量取 $1.5\sim2$mm；精铣时圆周铣侧吃刀量取 $0.3\sim0.5$mm，端铣背吃刀量取 $0.5\sim1$mm。

2. 进给速度

进给速度 v_f 是单位时间内工件与铣刀沿进给方向的相对位移，单位为 mm/min。它与铣刀转速 n、铣刀齿数 z 及每齿进给量 f_z（单位为 mm/z）的关系为

$$v_f = f_z z n \tag{4-3}$$

每齿进给量 f_z 的选取主要取决于工件材料的力学性能、刀具材料、工件表面粗糙度等因素。工件材料的强度和硬度越高，f_z 越小；反之则越大。硬质合金铣刀的每齿进给量高于同类高速工具钢铣刀。工件表面粗糙度要求越高，f_z 就越小。每齿进给量的确定可参考表 4-1 选取。工件刚性差或刀具强度低时，应取小值。

表 4-1 铣刀每齿进给量 f_z

工件材料	每齿进给量 f_z/(mm/z)			
	粗铣		精铣	
	高速工具钢铣刀	硬质合金铣刀	高速工具钢铣刀	硬质合金铣刀
钢	0.10~0.15	0.10~0.25	0.02~0.05	0.10~0.15
铸铁	0.12~0.20	0.15~0.30		

3. 切削速度

铣削的切削速度计算公式为

$$v_c = \frac{C_V d^q}{T^m f_z^{y_V} a_p^{x_V} a_e^{p_V} z^{x_V} 60^{1-m}} K_V \tag{4-4}$$

式中的系数及指数是经过试验求出的，可参考有关切削用量手册选用。

由式（4-4）可知，铣削的切削速度与刀具寿命 T、每齿进给量 f_z、背吃刀量 a_p、侧吃刀量 a_e 和铣刀齿数 z 成反比，而与铣刀直径 d 成正比。其原因为 f_z、a_p、a_e 和 z 增大时，切削刃负荷增加，而且同时工作齿数也增多，使切削热增加，刀具磨损加快，从而限制了切削速度的提高。刀具寿命的提高使允许使用的切削速度降低。加大铣刀直径 d 则可改善散热条件，因而可提高切削速度。

铣削的切削速度也可简单地参考表 4-2 选取。

表 4-2 铣削的切削速度

工件材料	硬度(HBW)	切削速度 v_c/(m/min)	
		高速工具钢铣刀	硬质合金铣刀
钢	<225	18~42	140~200
	225~325	12~36	100~130
	325~425	6~21	70~90
铸铁	<190	21~36	130~150
	190~260	9~18	90~115
	260~320	4.5~10	60~90

4.3 数控铣削编程指令

数控铣削加工和数控车削加工一样，也分为准备、切削和结束三个阶段，但其编程指令与数控车削编程有很大区别，尤其是固定循环。本节分类介绍数控铣削的基本编程指令与固定循环功能。

4.3.1 基本编程指令

(一) 加工准备类指令

1. 常用的 M 指令

M 指令是控制机床"开-关"功能的指令,主要用于完成加工操作时的辅助动作。常用的 M 指令功能如下。

(1) 程序停

指令:M00

功能:在完成该程序段其他指令后,M00 使程序停在本段状态,不执行下段。在此以前的模态信息全部被保存下来,相当于单程序段停止。当按下控制面板上的"循环启动(CYCLE START)"键后,可继续执行下一程序段。

应用:该指令可应用于自动加工过程中,停车进行某些固定的手动操作,如手动变速、调整工件压紧力、换刀等。

(2) 程序选择停止

指令:M01

功能:与 M00 相似。不同的是,必须在控制面板上,预先按下"任选停止(OPTIONAL STOP)"键,当执行完编有 M01 指令的程序段的其他指令后,程序即停止。若不按下"任选停止"键,则 M01 不起作用,程序继续执行。

应用:常用于关键尺寸的抽样检查或临时停车。

(3) 程序结束

指令:M02

功能:该指令表示加工程序全部结束。它使主轴、进给、切削液都停止,机床复位。有的机床设定该功能可将程序倒回到"程序开始"字符。

应用:该指令必须编在最后一个程序段中。

(4) 主轴正转、反转、停

指令:M03、M04、M05

功能:M03、M04 指令使主轴正、反转,与同段其他指令一起开始执行。所谓正转是沿主轴轴线向正 Z 方向看,顺时针方向旋转;逆时针方向则为反转。也可用右手定则判断:用右手拇指代表正 Z 方向,紧握四指则代表主轴正转方向(图 4-36)。M05 指令使主轴停止,是在该程序段其他指令执行完成后才停止的。

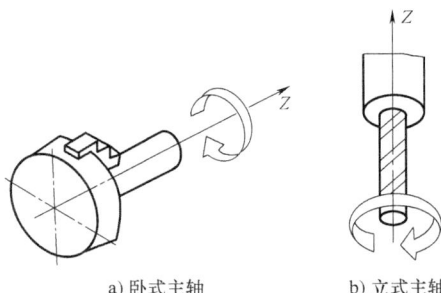

a) 卧式主轴 b) 立式主轴

图 4-36 主轴正转方向

说明:主轴速度用字母 S 及 S 后面的数字表示,其表示方法有三种。

1) 转速:S 表示主轴转速,单位为 r/min,如 S1500 表示主轴转速为 1500r/min。

2) 线速:在恒线速状态下,S 表示切削点的线速度,单位为 m/min,如 S50 表示切削点的线速度恒定为 50m/min。

3) 代码：用代码表示主轴速度时，S 后面的数字不直接表示转速或线速的数值，而只是主轴速度的代号。例如，某机床用 S00~S99 表示 100 种转速，S40 表示转速为 1200r/min，S41 表示转速为 1230r/min，S00 表示转速为 0，S99 表示最高转速。

指令格式：M03 S＿；或 S＿ M03；
　　　　　M04 S＿；或 S＿ M04；

（5）换刀

指令：M06

功能：自动换刀。用于具有自动换刀装置的机床，如加工中心。

说明：所换刀具用字母 T 及 T 后面的数字表示，在数控铣床与加工中心中常见表示方法：T 后面的数字表示刀具号，如 T00~T99。如 T08，表示选择 8 号刀具。

指令格式：M06 T＿；或 T＿ M06；（有些机床规定，刀具号出现在换刀指令前一段；也有机床用 T 指令换刀而不用 M06 指令。）

（6）切削液开、关

指令：M07、M08、M09

功能：M07、M08 分别命令 2 号切削液（雾状）和 1 号切削液（液状）开，M09 命令切削液关。

（7）夹紧、松开

指令：M10、M11

功能：分别命令机床运动部件的夹紧与松开。

应用：适用于工件、夹具、主轴、机床滑座等的夹紧与松开。

（8）程序结束

指令：M30

功能：在完成程序段所有指令后，使主轴、进给及切削液停止，机床复位，程序倒回到"程序开始"字符。

应用：该指令必须编在最后一个程序段中，表示加工程序结束。

2. F、S、T 功能

（1）F——进给功能　进给功能一般称为 F 功能，用 F 功能可以直接规定各轴的进给速度。F 功能用字母 F 及 F 后面的数字表示，其切削进给速度的单位为 mm/min。用户可根据实际切削情况，任意选用。

（2）S——主轴功能　主轴功能也称为主轴转速功能、S 功能，也就是指定主轴转速的功能。S 功能的单位为 r/min。在编程时，除用 S 代码指令主轴转速外，还要用 M 代码指令主轴转向，是顺时针转还是逆时针转。使用 S 功能一定要根据机床说明书中相应的值选定。

（3）T——刀具功能　刀具功能也称为 T 功能。这是用来进行刀具选择的功能，刀具功能用字母 T 及 T 后面的数字表示。

3. 与坐标系有关的指令

除了在 4.1.2 节中介绍的 G52、G53、G54~G59 和 G92 等与坐标系有关的指令外，在数控铣床上也有绝对坐标方式与增量坐标方式（G90/G91），其编程方法与数控车床相同。

例 4-1：如图 4-37 所示，立铣刀的刀心轨迹为"O_P-A-B-C-D"，写出 A~D 各点的绝对、增量坐标值。

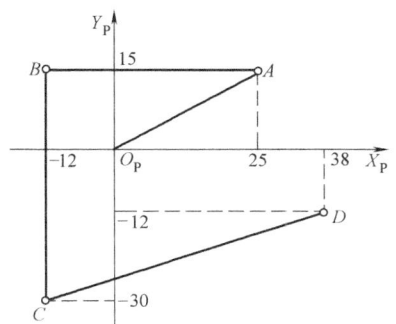

图 4-37 绝对、增量坐标编程

解：绝对、增量坐标值见表 4-3。

表 4-3 绝对、增量坐标值

点	G90		G91	
	X	Y	X	Y
A	25	15	25	15
B	-12	15	-37	0
C	-12	-30	0	-45
D	38	-12	50	18

4．快速定位运动

指令格式：G00 X __ Y __ Z __；

说明：X、Y、Z 为目标点坐标。

1）不运动的坐标可以省略。

2）目标点的坐标可以用绝对值，也可以用增量值。小数点前最多允许 4 位数，小数点后最多允许 3 位数，正数可以省略"+"号。

3）G00 的移动速度由机床参数决定，是模态指令。

4）如图 4-38 所示，刀具从 A 点快速定位运动到 E 点有五种方式：直线 AE，直角线 ADE、ACDE、ABDE，折线 AFDE。

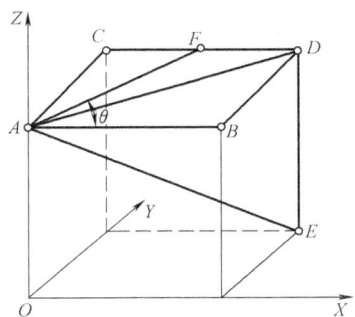

图 4-38 铣床 G00 轨迹

（二）基本切削类指令

1．直线插补

指令格式：G01 X __ Y __ Z __ F __；

说明：功能同车床，X、Y、Z 为目标点坐标。

例 4-2：如图 4-39a 所示，在铣床上加工某型腔，铣刀直径为 6mm，型腔深为 2mm，刀心轨迹如图 4-39b 所示，工件原点由操作面板设定为 O_P 点。试分别用绝对值和增量值方式编程。

解：G00、G01 指令应用程序见表 4-4，开机为 G90 状态（初始状态）。

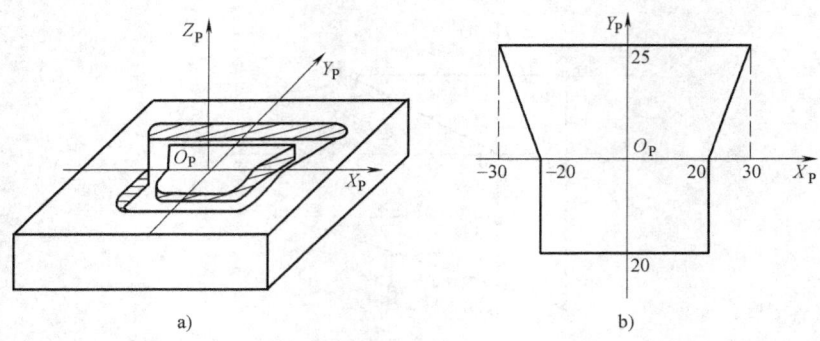

图 4-39 G00、G01 指令应用

表 4-4 G00、G01 指令应用程序

绝对值编程	增量值编程
N0010 G00 X30 Y25 Z2 S1500 M03； （G00 按 X、Y、Z 逐轴运动）； N0020 G01 Z-2 F150； N0030 X20 Y0； N0040 Y-20； N0050 X-20； N0060 Y0； N0070 X-30 Y25； N0080 X30； N0090 G90 G00 X0 Y0 Z100 M02； （G00 按 Z、X、Y 逐轴移动）	N0010 G00 X30 Y25 Z2 S1500 M03； N0020 G91 G01 Z-4 F150； N0030 X-10 Y-25； N0040 Y-20； N0050 X-40； N0060 Y20； N0070 X-10 Y25； N0080 X60； N0090 G90 G00 X0 Y0 Z100 M02；

2. 插补平面选择

指令：G17、G18、G19

功能：该组指令用于选择直线、圆弧插补平面。G17 选择 XY 平面，G18 选择 XZ 平面，G19 选择 YZ 平面，如图 4-40 所示。该组指令为模态指令，一般系统初始状态为 G17 状态。

例 4-3：如图 4-41 所示，刀心按"O-A-B-C-D-B-O"轨迹直线插补运动。当刀具三轴联动或单轴移动时，可用 G17 状态。试编程。

解：G17、G18、G19 指令应用程序见表 4-5。

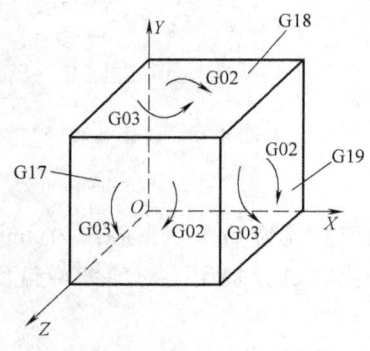

图 4-40 插补平面选择

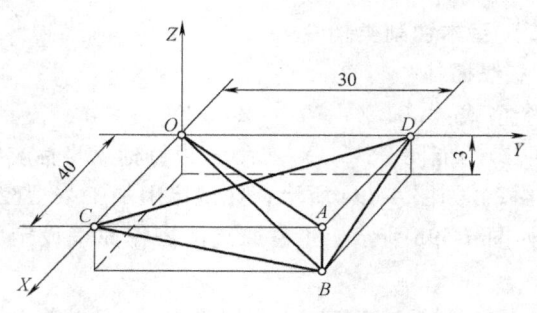

图 4-41 G17、G18、G19 指令应用

表 4-5　G17、G18、G19 指令应用程序

程　序	注　释
N0010 G01 X0 Y0 Z0 F150 S1500 M03；	刀具进至 O 点,主轴正转,转速为1500r/min,G17状态
N0020 X40 Y30；	XY 平面插补 O-A
N0030 Z-3；	Z 轴移动 A-B
N0040 G19 Y0 Z0；	YZ 平面插补 B-C
N0050 G17 X0 Y30；	XY 平面插补 C-D
N0060 G18 X40 Z-3；	XZ 平面插补 D-B
N0070 G17 X0 Y0 Z0；	三轴联动 B-O
N0080 G00 Z100 M02；	刀具上升,程序结束

3. 圆弧插补

指令：G02、G03

功能：该指令使刀具从圆弧起点,沿圆弧移动到圆弧终点。G02 为顺时针圆弧插补,G03 为逆时针圆弧插补。

圆弧的顺、逆方向可按图 4-42 给出的方向判断：沿与圆弧所在平面（如 XOZ）相垂直的另一坐标轴的负方向（如 -Y）看去,顺时针为 G02,逆时针为 G03。

指令格式：

G17 G02（G03）X__ Y__（I__ J__ 或 R__）F__；
G18 G02（G03）X__ Z__（I__ K__ 或 R__）F__；
G19 G02（G03）Y__ Z__（J__ K__ 或 R__）F__；

说明：

1）X、Y、Z 是圆弧终点坐标,增量方式时是圆弧终点相对圆弧起点的增量坐标。

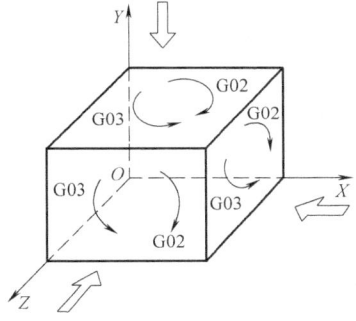

图 4-42　圆弧的顺、逆方向

2）I、J、K 是圆弧圆心在 X、Y、Z 轴上的坐标。在不同的数控机床上有两种不同的表示方式：

1）绝对方式时,I、J、K 为绝对值坐标；增量方式时,I、J、K 为相对圆弧起点的增量坐标。

2）无论绝对、增量编程,I、J、K 均为圆心相对圆弧起点的增量坐标。

一般用 I、J、K 值,可做任意圆弧（包括整圆）插补。

3）R 为圆弧半径,不与 I、J、K 同时用,R 不能描述整圆。

由于在相同半径的条件下,从圆弧起点到终点有两个圆弧的可能性,如图 4-43 所示。为区分两者,用"+R"表示圆弧≤180°,用"-R"表示圆弧>180°。

4）F 为进给速度。

例 4-4：圆弧编程举例,如图 4-44 所示。

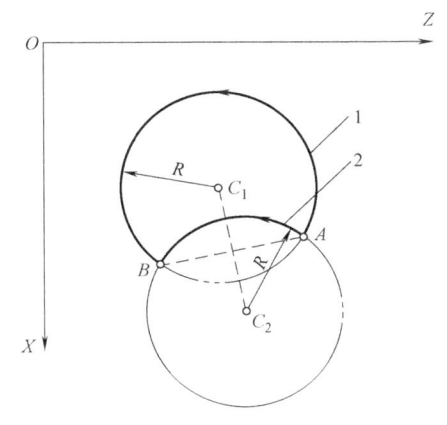

图 4-43　用半径指定圆心图
1—圆弧>180°　2—圆弧≤180°
A—起点　B—终点　C_1、C_2—圆心

解：绝对值方式编程：

G02 X58 Y50 I18 J8 F100；

增量值方式编程：

G91 G02 X26 Y18 I18 J8 F100；

例 4-5：整圆编程举例，如图 4-45 所示。

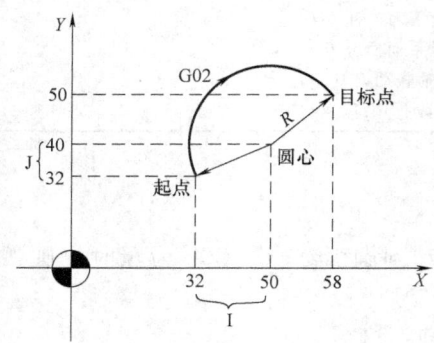

图 4-44 圆弧编程举例

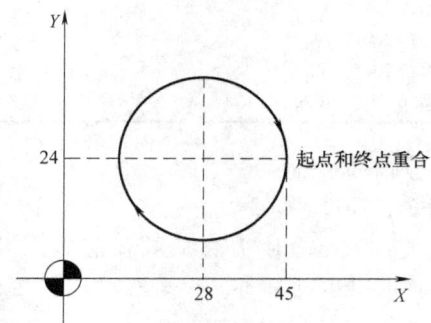

图 4-45 整圆编程举例

解：绝对值方式编程：

G02 X45 Y24 I-17 J0 F4；

增量值方式编程：

G91 G02 X0 Y0 I-17 J0 F4；

例 4-6：如图 4-46 所示为半径为 50mm 的球面，球心位于坐标原点 O。写出刀心轨迹 A-B、B-C、C-A 的圆弧插补程序段。

解：A-B：G17 G03 X0 Y50 I0 J0；（绝对值编程）

B-C：G19 G91 G03 Y-50 Z50 J-50 K0；（增量值编程）

C-A：G18 G03 X50 Z0 I0 K-50；（绝对值编程，圆心坐标为增量值）

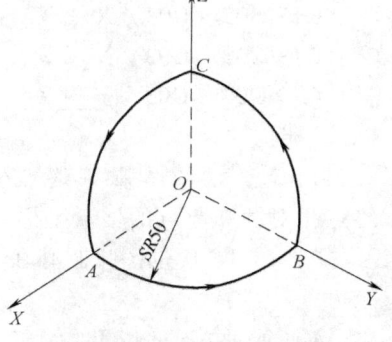

图 4-46 圆弧插补指令应用

4. 螺旋线插补

指令：G02、G03

功能：在圆弧插补时，垂直插补平面的直线轴进行同步运动，构成螺旋线插补运动，如图 4-47 所示。G02、G03 分别表示顺时针、逆时针螺旋线插补，顺、逆方向看圆弧插补平面，方法同圆弧插补。

指令格式：

G17 G02（G03）X＿＿ Y＿＿ Z＿＿（I＿＿ J＿＿或 R＿＿）K＿＿ F＿＿；

G18 G02（G03）X＿＿ Y＿＿ Z＿＿（I＿＿ K＿＿或 R＿＿）J＿＿ F＿＿；

G19 G02（G03）X＿＿ Y＿＿ Z＿＿（J＿＿ K＿＿或 R＿＿）I＿＿ F＿＿；

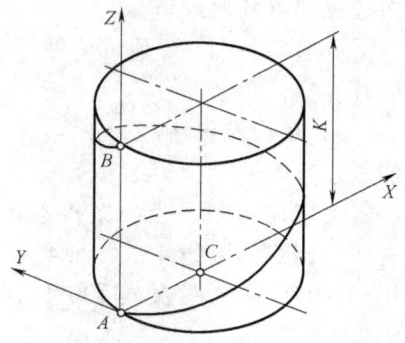

图 4-47 螺旋线插补

A—起点 B—终点 C—圆心 K—导程

说明：以下为指令格式 G17 G02（G03）X＿ Y＿ Z＿（I＿ J＿或 R＿）K＿ F＿；中各参数的意义，另两个格式中参数的意义类推：

1）X、Y、Z 是螺旋线的终点坐标。
2）I、J 是圆心在 X、Y 轴上的坐标，是相对螺旋线起点的增量坐标。
3）R 是半径，与 I、J 两者取其一。
4）K 是螺旋线的导程（单头即为螺距），为正值。

例 4-7：在 XK0816A 数控铣床上加工图 4-48 所示的左、右旋螺旋线。写出刀心从 A 点至 B 点螺旋线插补的程序段。

解：图 4-48a 所示右旋螺旋线的绝对值编程：
G90 G03 X0 Y0 Z50 I20 J0 K25；
图 4-48b 所示左旋螺旋线的绝对值编程：
G90 G02 X40 Y0 Z50 I-20 J0 K25；

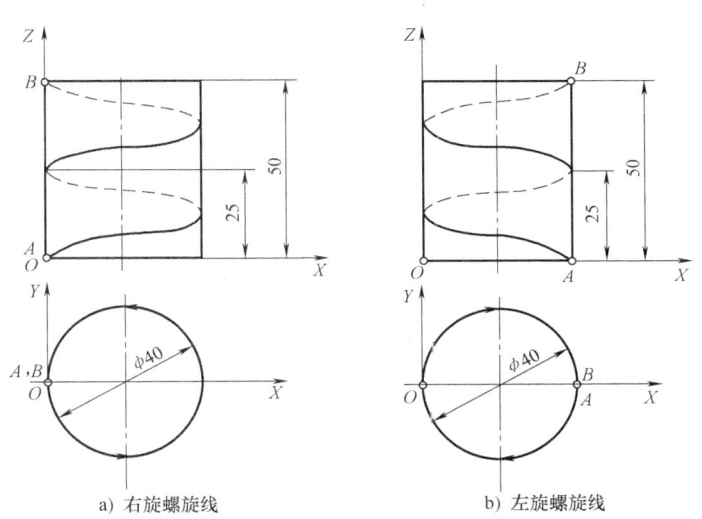

a) 右旋螺旋线　　　　b) 左旋螺旋线

图 4-48　螺旋线插补指令应用

例 4-8：如图 4-49 所示型腔由两个螺旋面组成，前半圆 A-m-B 为左旋螺旋面，后半圆

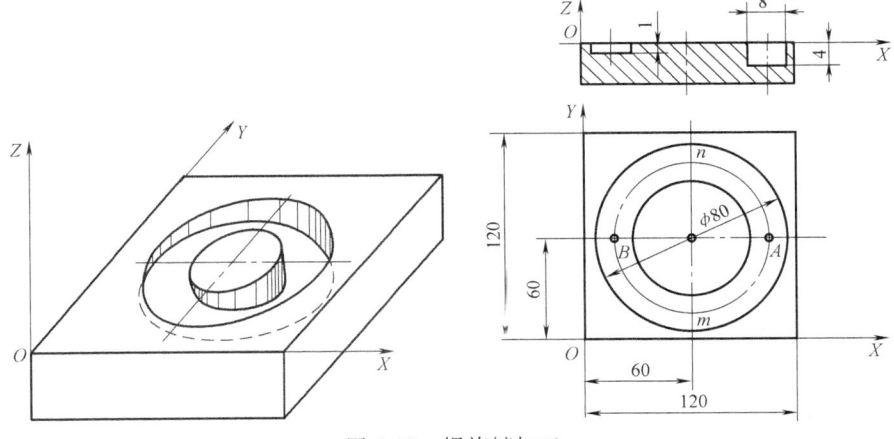

图 4-49　螺旋槽加工

A-n-B 为右旋螺旋面。型腔最深处为 A 点,最浅处为 B 点。用 ϕ8mm 立铣刀加工,试编程。

解:1) 计算刀心轨迹坐标值。

A 点:X=96,Y=60,Z=-4

B 点:X=24,Y=60,Z=-1

导程:K=6

2) 螺旋槽加工程序见表 4-6。

表 4-6 螺旋槽加工程序

程 序	注 释
N0010 G00 X24 Y60 Z2 S1500 M03;	快进至 B 点上方,主轴正转,转速为 1500r/min
N0020 G01 Z-1 F150;	Z 轴进刀
N0030 G03 X96 Y60 Z-4 I36 J0 K6;	螺旋线插补 B-m-A
N0040 G03 X24 Y60 Z-1 I-36 J0 K6;	螺旋线插补 A-n-B
N0050 G00 X0 Y0 Z100 M02;	快退至(0,0,100),程序结束

5. 刀具半径补偿

(1) 刀具半径补偿的目的 在铣床上进行轮廓加工时,因为铣刀具有一定的半径,所以刀具中心(刀心)轨迹和工件轮廓不重合。

若数控装置不具备刀具半径自动补偿功能,则只能按刀心轨迹(图 4-50 中点画线)进行编程,其数据计算有时相当复杂,尤其当刀具磨损、重磨、换新刀而导致刀具直径变化时,必须重新计算刀心轨迹,修改程序,这样既烦琐,又不易保证加工精度。

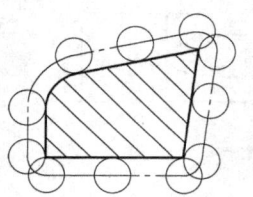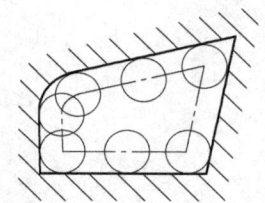

图 4-50 刀具半径补偿

当数控系统具备刀具半径自动补偿功能时,编程只需按工件轮廓线(图 4-50 中粗实线)进行,数控系统会自动计算刀心轨迹坐标,使刀具偏离工件轮廓一个半径值,即进行刀具半径补偿。

(2) 刀具半径补偿的方法 面板输入被补偿刀具的直径(或半径)补偿值,使其存储在刀具参数库里;在程序中采用刀具半径补偿指令。

指令:G41、G42、G40

功能:G41 为刀具左补偿指令(左刀补),顺着刀具前进方向看,刀具位于工件轮廓(编程轨迹)左边,称为左刀补(图 4-51a)。

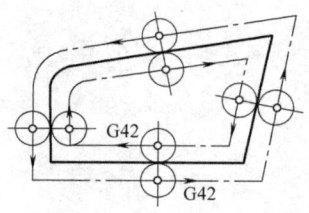

a) 左刀补   b) 右刀补

图 4-51 刀具半径的左右补偿

G42 为刀具右补偿指令(右刀补),顺着刀具前进方向看,刀具位于工件轮廓(编程轨迹)右边,称为右刀补(图 4-51b)。

G40 为取消刀具补偿指令。

指令格式:G17 G41(G42)G01 X __ Y __;

G17 G40 G01（G00）X __ Y __；
G18 G41（G42）G01 X __ Z __；
G18 G40 G01（G00）X __ Z __；
G19 G41（G42）G01 Y __ Z __；
G19 G40 G01（G00）Y __ Z __；

说明：

1）G41、G42、G40 为模态指令，机床初始状态为 G40。

2）建立和取消刀补必须与 G01 或 G00 指令组合完成。

建立和取消刀补过程如图 4-52 所示，是使刀具从无刀具半径补偿状态（图中 P_0 点），运动到补偿开始点（图中 P_1 点），其间为 G01 运动。用刀补轮廓加工完成后，还有一个取消刀补的过程，即从刀补结束点（图中 P_2 点），G01 或 G00 运动到无刀补状态（图中 P_0 点）。

3）格式中参数 X、Y 是 G01、G00 运动的目标点坐标。

在图 4-52 中，建立刀补时，X、Y、Z 是 A 点坐标；取消刀补时，是 P_0 点坐标。建立和取消刀补的程序段为：

G17 G41（G42）G01 XX_A YY_A；
G17 G40 G01（G00）XX_{P_0} YY_{P_0}；

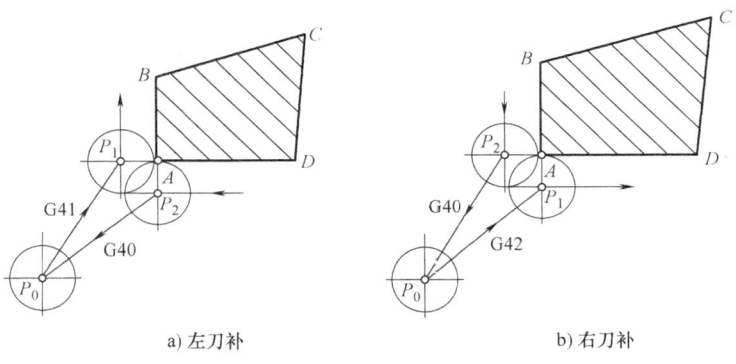

a）左刀补　　　b）右刀补

图 4-52　建立和取消刀补过程

4）判别左、右刀补的方法与判别 G02、G03 的方法相似，应从垂直插补平面的第三轴负向看去。

（3）刀补过程中的刀心轨迹

1）外轮廓加工。如图 4-53 所示，刀具左补偿加工外轮廓面。编程轨迹为 A-B-C，数控系统自动计算刀心轨迹，两轮廓交接处的刀心轨迹常见有两种。图 4-53a 所示为延长线过渡，刀心轨迹为 P_1-P_2-P_3-P_4-P_5；图 4-53b 所示为圆弧过渡，刀心轨迹为 P_1-P_2-P_3-P_4。

2）内轮廓加工。如图 4-54 所

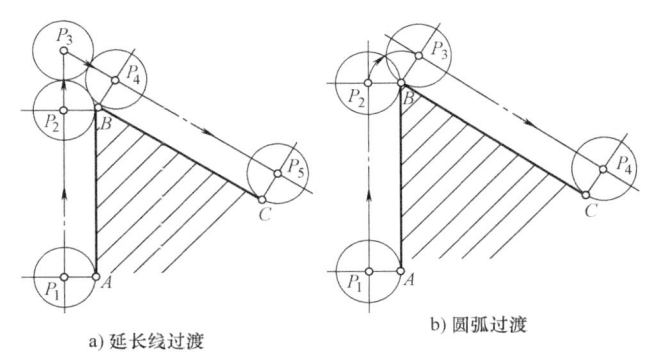

a）延长线过渡　　　b）圆弧过渡

图 4-53　外轮廓的刀心轨迹

示，刀具右补偿加工内轮廓面。编程轨迹为 A-B-C，刀心轨迹有两种。图 4-54a 按理论刀心轨迹移动 P_1-P_2-P_3-P_4，会产生过切现象，损坏工件；图 4-54b 为数控系统处理以后的刀心轨迹，无过切，刀心轨迹为 P_1-P_2-P_3。

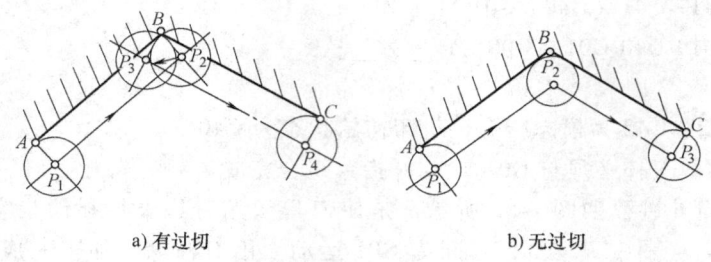

a) 有过切　　　　　　　　b) 无过切

图 4-54　内轮廓的刀心轨迹

例 4-9：加工图 4-55 所示外轮廓面，试用刀具半径补偿指令编程。

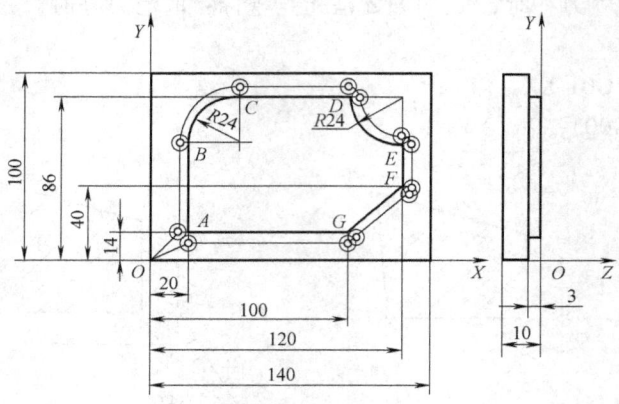

图 4-55　刀具半径补偿加工外轮廓

解：采用刀具左补偿，程序见表 4-7。

表 4-7　刀具半径补偿加工外轮廓程序

程　序	注　释
N0010 S1500 M03；	主轴正转,转速为 1500r/min
N0020 G90 G54 G00 X0 Y0 Z2 T01；	刀具快进至(0,0,2)
N0030 G01 Z-3 F150；	刀具工进至深 3mm 处
N0040 G41 X20 Y14 D10；	建立左刀补 O-A
N0050 Y62；	直线插补 A-B
N0060 G02 X44 Y86 I24 J0；	圆弧插补 B-C
N0070 G01 X96；	直线插补 C-D
N0080 G03 X120 Y62 I24 J0；	圆弧插补 D-E
N0090 G01 Y40；	直线插补 E-F
N0100 X100 Y14；	直线插补 F-G
N0110 X20；	直线插补 G-A
N0120 G40 X0 Y0；	取消刀补 A-O
N0130 G00 Z100；	刀具 Z 向快退
N0150 M02；	程序结束

例 4-10：加工图 4-56 所示内轮廓面，试用刀具半径补偿指令编程。

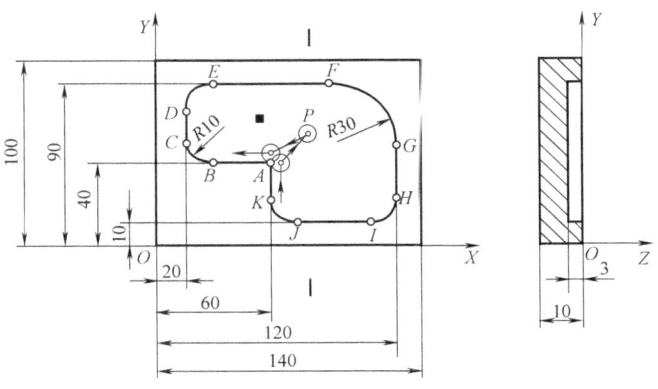

图 4-56 刀具半径补偿加工内轮廓

解：采用刀具右补偿，程序见表 4-8。

表 4-8 刀具半径补偿加工内轮廓程序

程 序	注 释
N0010 S1500 M03;	主轴正转,转速为 1500r/min
N0020 G90 G54 G00 X80 Y60 Z2 T01;	刀具快进至 P 点上方
N0030 G01 Z-3 F100;	刀具 Z 向工进至深 3mm 处
N0040 G42 X60 Y40 D10;	建立右刀补 P-A
N0050 X30;	直线插补 A-B
N0060 G02 X20 Y50 I0 J10;	圆弧插补 B-C
N0070 G01 Y80;	直线插补 C-D
N0080 G02 X30 Y90 I10 J0;	圆弧插补 D-E
N0090 G01 X90;	直线插补 E-F
N0100 G02 X120 Y60 I0 J-30;	圆弧插补 F-G
N0110 G01 Y20;	直线插补 G-H
N0120 G02 X110 Y10 I-10 J0;	圆弧插补 H-I
N0130 G01 X70;	直线插补 I-J
N0140 G02 X60 Y30 I0 J10;	圆弧插补 J-K
N0150 G01 Y40;	直线插补 K-A
N0160 G40 X80 Y60;	取消刀补 A-P
N0170 G00 Z100;	刀具 Z 向快退
N0190 M02;	程序结束

例 4-11：加工图 4-57 所示内外轮廓，试用刀具半径补偿指令编程，刀具直径为 ϕ8mm。

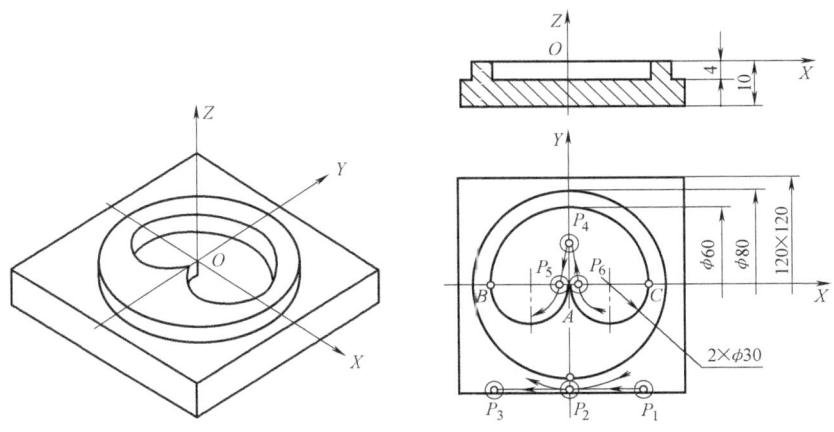

图 4-57 刀具半径补偿加工内外轮廓

解：外轮廓采用左刀补，沿圆弧切线方向切入 P_1-P_2，切出时也沿圆弧切线方向 P_2-P_3。内轮廓采用右刀补，P_4-P_5 为切入段，P_6-P_4 为切出段。外轮廓加工完毕取消左刀补，待刀具至 P_4 点，再建立右刀补，程序见表 4-9。

表 4-9 刀具半径补偿加工内外轮廓程序

程　　序	注　　释
N0010 S1500 M03;	主轴正转，转速为 1500r/min
N0020 G90 G54 G00 X20 Y-44 Z2;	刀具快进至 P_1 点上方
N0030 G01 Z-4 F100;	刀具 Z 向工进至深 4mm 处
N0040 G41 X0 Y-40 D01;	建立左刀补 P_1-P_2
N0050 G02 X0 Y-40 I0 J40;	铣外轮廓顺圆至 P_2
N0060 G40 G01 X-20 Y-44;	取消左刀补 P_2-P_3
N0070 G00 X0 Y15 Z2;	刀具快进至 P_4 点上方，G00 移动轴依次为 Z、X、Y
N0080 G01 Z-4;	刀具 Z 向工进至深 4mm 处
N0090 G42 X0 Y0 D01;	建立右刀补 P_4-P_5
N0100 G02 X-30 Y0 I-15 J0;	铣内轮廓顺圆 A-B
N0110 G02 X30 Y0 I30 J0;	铣内轮廓顺圆 B-C
N0120 G02 X0 Y0 I-15 J0;	铣内轮廓顺圆 C-A
N0130 G40 G01 X0 Y15;	取消右刀补 P_6-P_4
N0140 G00 Z100;	刀具 Z 向快退
N0160 M02;	程序结束

（4）刀具半径补偿功能的应用

1）避免计算刀心轨迹，直接用零件轮廓尺寸编程。

2）刀具因磨损、重磨、换新刀而引起直径改变后，不必修改程序，只需在刀具参数设置状态输入改变后刀具的直径。如图 4-58 所示，1 为未磨损刀具，2 为磨损后刀具，两者直径不同，只需将刀具参数库中的刀具半径 r_1 改为 r_2，即可适用同一程序。

3）用同一程序、同一尺寸的刀具，利用刀补值，可进行粗、精加工。如图 4-59 所示，刀具半径为 r，精加工余量为 Δ。粗加工时，输入刀具直径 $D=2(r+\Delta)$，则加工出双点画线轮廓；精加工时，用同一程序、同一刀具，但输入刀具直径 $D=2r$，则加工出实线轮廓。

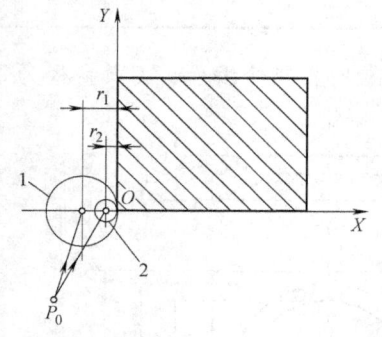

图 4-58 刀具直径变化，加工程序不变
1—未磨损刀具　2—磨损后刀具

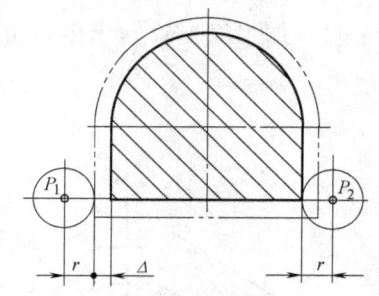

图 4-59 利用刀补值进行粗、精加工

4）利用刀补值控制轮廓尺寸精度。因刀具直径的输入值具有小数点后 2~4 位（0.01~0.0001）的精度，故可控制轮廓尺寸精度。如图 4-60 所示，单面加工，若测得尺寸 L 偏大了 Δ 值（实线轮廓），则将原来的刀补值 $D=2r$ 改为 $D=2(r-\Delta)$，即可获得尺寸 L（双点画

线轮廓），图中 P_1 为原来刀心位置，P_2 为修改刀补值后的刀心位置。

6. 刀具长度补偿

（1）刀具长度补偿的目的

1）刀具长度补偿功能用于 Z 轴方向的刀具补偿，可使刀具在 Z 轴方向的实际位移量大于或小于程序给定值。

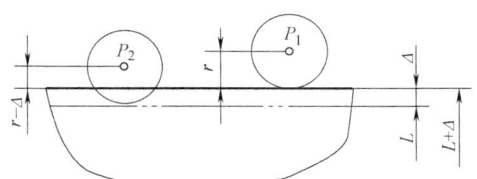

图 4-60　用刀补值控制轮廓尺寸精度
P_1—粗加工刀心位置　P_2—精加工刀心位置

2）有了刀具长度补偿功能，编程人员可在不知道刀具长度的情况下，按假定的基准刀具长度编程，即编程不必考虑刀具的长短。

实际用刀长度与基准刀具长度不同时，可用刀具长度补偿功能进行补偿。只需把实际刀具长度与编程基准刀具长度之差作为偏置值存入刀具参数存储器里即可。

3）当加工中刀具因磨损、重磨、换新刀而长度发生变化时，也不必修改程序中的坐标值，只需修改刀具参数库中的长度补偿值即可。

4）若加工一个工件需用几把刀，各刀的长短不一，编程时也不必考虑刀具长短对坐标值的影响，只要把其中一把刀设为基准刀，其余各刀相对基准刀设置长度补偿值即可。

刀具长度补偿如图 4-61 所示。

图 4-61a 所示为钻头开始位置；图 4-61b 所示为钻头正常工作进给的起始位置和钻孔深度，参数都在程序中加以规定；图 4-61c 所示为钻头经刃磨后长度方向上减少 1.2mm，如按原程序运行，钻头工作进给的起始位置将成为图 4-61c 所示位置，而钻进深度也随之减少了 1.2mm；要改变这一状况，靠改变程序是非常麻烦的，因此需用刀具长度补偿的方法解决这一问题。图 4-61d 表示使用刀具长度补偿后，钻头工作进给

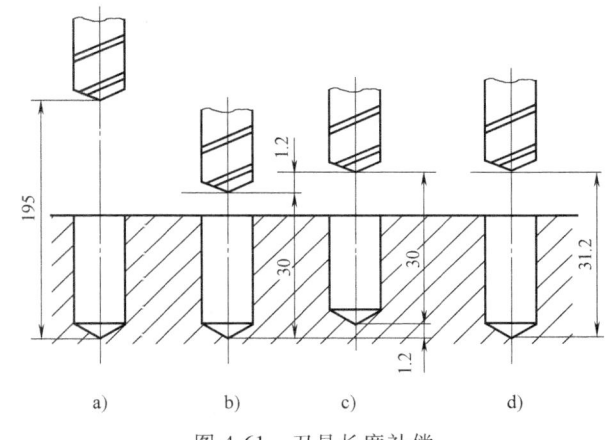

图 4-61　刀具长度补偿

的起始位置和钻孔深度。在程序运行中，让刀具实际的位移量比程序给定值多运行一个偏置量（1.2mm），而不用修改程序即可以加工出程序中规定的孔深。

（2）刀具长度补偿的原理　刀具长度补偿指令一般用于刀具轴向（Z 方向）的补偿，它使刀具在 Z 方向上的实际位移量比程序给定值增加或减少一个偏置量，这样当刀具在长度方向的尺寸发生变化时，可以在不改变程序的情况下，通过改变偏置量，加工出所要求的零件尺寸。

（3）刀具长度补偿的方法

1）面板输入刀具长度补偿值（即把实际刀具长度与编程基准刀具长度之差作为偏置值存入刀具参数存储器里）。

2）程序中采用刀具长度补偿指令。

（4）刀具长度补偿指令（FANUC 0i 数控系统）

指令格式：G01 G43 H ＿＿ Z ＿＿；刀具长度正补偿

G01 G44 H__ Z__；刀具长度负补偿
G01 G49 Z__；刀具长度注销

其中，Z 为目标点坐标；H 为刀具长度补偿值的存储地址，设定在偏置存储器中的偏置量。

说明：

1）用 G43（正向偏置）、G44（负向偏置）指定偏置的方向。

2）无论是绝对指令还是增量指令，由 H 代码指定的已存入偏置存储器中的偏置值，在 G43 时加，在 G44 时则是从 Z 轴运动指令的终点坐标值中减去，计算后的坐标值成为终点。

3）偏置号可用 H00~H99 来指定。偏置值与偏置号对应，可通过 MDI/CRT 先设置在偏置存储器中。对应偏置号 00 即 H00 的偏置值通常为 0，因此对应于 H00 的偏置量不设定。

4）要取消刀具长度补偿时用指令 G49 或 H00。

G43、G44、G49 都是模态代码，可相互注销。刀具长度补偿示意图如图 4-62 所示。

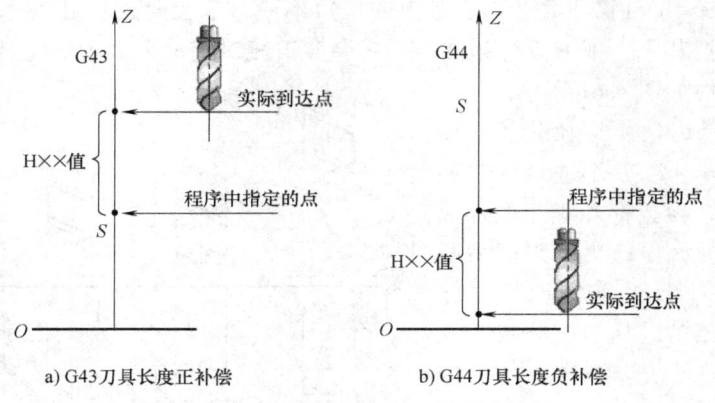

a) G43 刀具长度正补偿　　b) G44 刀具长度负补偿

图 4-62　刀具长度补偿示意图

例 4-12：如图 4-63 所示的三条槽，槽深均为 2mm，试用刀具长度补偿指令编程。

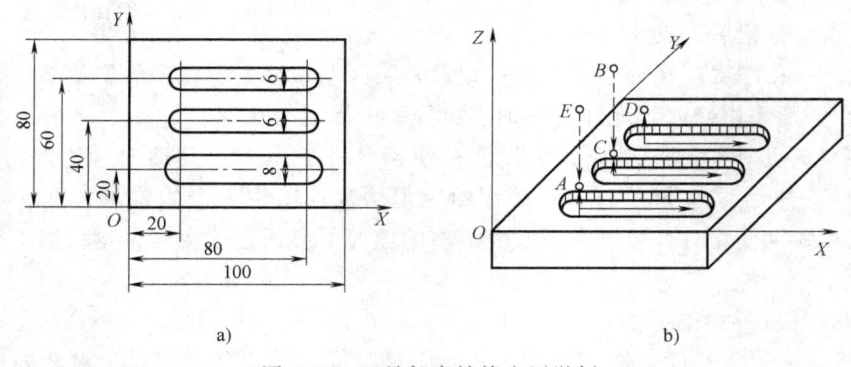

图 4-63　刀具长度补偿应用举例

解：选择 φ8mm 铣刀为 1 号刀，φ6mm 铣刀为 2 号刀。按刀具参数设置方法，将刀具直径输入刀具数据库；并将 1 号基准刀的长度补偿值设置为 0，2 号刀相对 1 号基准刀的长度差值，用长度补偿值自动设置方法设置好。其加工程序见表 4-10。

表4-10 刀具长度补偿加工程序

程　　　序	注　　　释
O0043;	程序名
N0010 G54 G00 X20 Y20 Z2; 　　　　S1500 M03 T01;	1号基准刀快进至8mm槽上方A点
N0020 G98 G01 Z-2 F150;	Z向进刀至槽底
N0030 X80;	X向进给获得槽长
N0040 G00 X20 Y40 Z100 M05;	退刀到6mm槽上方B点，主轴停
N0050 M00;	程序暂停，手动换2号刀，再按循环启动键，继续执行以下程序
N0060 T02 S1500 M03;	调用2号刀，主轴正转
N0070 G43 G01 Z2 H02 F400;	2号刀产生长度补偿，刀位点至Z2（C点）
N0080 G01 Z-2 F150;	Z向进刀至槽底
N0090 X80;	X向进给获得槽长
N0100 G00 X20 Y60 Z2;	退刀至第三条长槽上方D点
N0110 G01 Z-2;	Z向进刀至槽深
N0120 X80;	X向进给获得槽长
N0130 G49 G00 X20 Y20 Z100 M30;	取消长度补偿，退刀至8mm槽上方E点，程序结束

7. 暂停指令G04

G04指令可使刀具做短暂的无进给光整加工，一般用于镗平面、锪孔等场合。

指令格式：G04 X（P）___；

说明：地址码X或P为暂停时间。其中，X后面可用带小数点的数，单位为s，如G04 X5.；表示前面的程序执行完后，要经过5s的暂停，下面的程序段才执行；地址P后面不允许用小数点，单位为ms，如G04 P1000；表示暂停1s。

例4-13：如图4-64所示为锪孔加工，对孔底有表面粗糙度要求，试用暂停指令G04编程。

解：加工程序如下：
……
N0030 G91 G01 Z-7 F60;
N0040 G04 X5.；刀具在孔底停留5s；
N0050 G00 Z7；
……

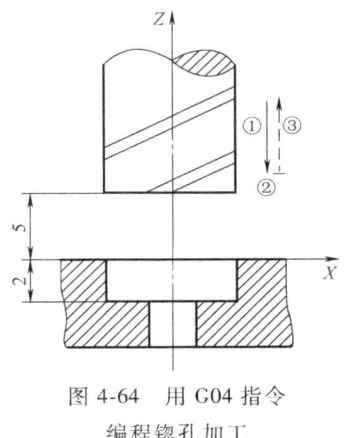

图4-64 用G04指令编程锪孔加工

4.3.2 固定循环功能

数控铣床（加工中心）配备的固定循环功能主要用于孔加工，包括钻孔、镗孔、攻螺纹等。使用一个程序段就可以完成一个孔加工的全部动作。如果孔加工的动作无须变更，则程序中所有模态的数据可以不写，因此可以大大简化编程。

1. 固定循环概述

（1）FANUC 0i-MC数控系统的固定循环功能　不同数控系统其固定循环的代码及其指令格式有很大差别。下面主要介绍FANUC 0i-MC数控系统的固定循环，常用的铣削固定循环见表4-11。

表 4-11 常用的铣削固定循环

G 代码	钻孔操作（-Z 方向）	在孔底位置的操作	退刀操作（+Z 方向）	用　　途
G73	间歇进给		快速移动	高速深孔钻循环
G74	切削进给	停刀→主轴正转	切削进给	左旋攻螺纹循环
G76	切削进给	主轴定向停止	快速移动	精镗循环
G80				取消固定循环
G81	切削进给		快速移动	钻孔循环
G82	切削进给	停刀	快速移动	锪孔循环
G83	间歇进给		快速移动	排屑钻孔循环
G84	切削进给	停刀→主轴反转	切削进给	攻螺纹循环
G85	切削进给		切削进给	镗孔循环
G86	切削进给	主轴停止	快速移动	镗孔循环
G87	切削进给	主轴正转	快速移动	背镗孔循环
G88	切削进给	停刀→主轴停止	手动移动	镗孔循环
G89	切削进给	停刀	切削进给	镗孔循环

（2）固定循环的动作　固定循环通常由六个动作组成，如图 4-65 所示。

1）X 轴和 Y 轴的快速定位。

2）刀具快速从初始点进给到 R 点。

3）以切削进给的方式执行孔加工的动作。

4）在孔底相应的动作。

5）返回到 R 点。

6）快速返回初始点。

初始点所在平面称为初始平面；R 点所在平面称为 R 点平面。对于立式数控铣床，孔加工都是在 XY 平面定位并沿 Z 轴方向进行。

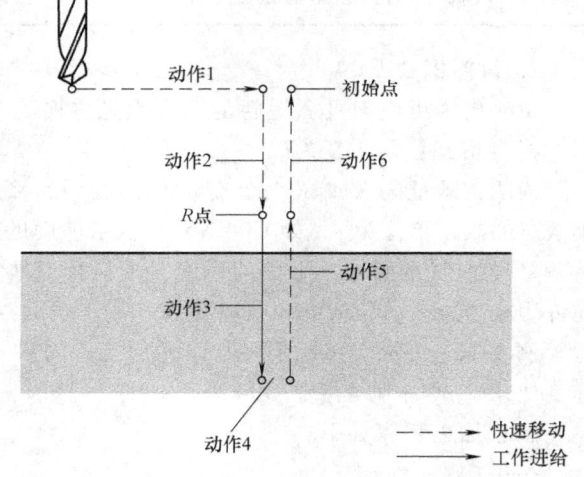

图 4-65　固定循环的动作

（3）固定循环的定义平面

1）初始平面。初始平面是为了安全下刀而规定的一个平面。初始平面到工件表面的距离可以任意设定在一个安全的高度上，当使用同一把刀具加工若干孔时，只有孔间存在障碍需要跳跃或全部孔加工完时，才使用 G98 功能使刀具返回初始平面上的初始点。

2）R 点平面。R 点平面又称为 R 参考平面，这个平面是刀具下刀时自快进转为工进的高度平面。与工件表面的距离主要考虑工件表面尺寸的变化，一般可取 2~5mm。使用 G99 时，刀具将返回该平面上的 R 点。

3）孔底平面。加工不通孔时孔底平面就是孔底的 Z 轴高度，加工通孔时一般刀具还要伸出工件底平面一段距离，主要是保证全部孔深都加工到要求尺寸，钻削加工时还应考虑钻头钻尖对孔深的影响。

（4）固定循环沿钻孔轴的移动距离　固定循环沿钻孔轴的移动距离，即指令中的地址 R 和地址 Z 的数据指定与 G90 或 G91 的方式选择有关，图 4-66 给出了 G90 和 G91 的坐标计算方法。选择 G90 方式时，R 与 Z 一律取其终点坐标值；选择 G91 方式时，则 R 是指自初始点到 R 点的距离，Z 是指自 R 点到孔底平面 Z 点的距离。

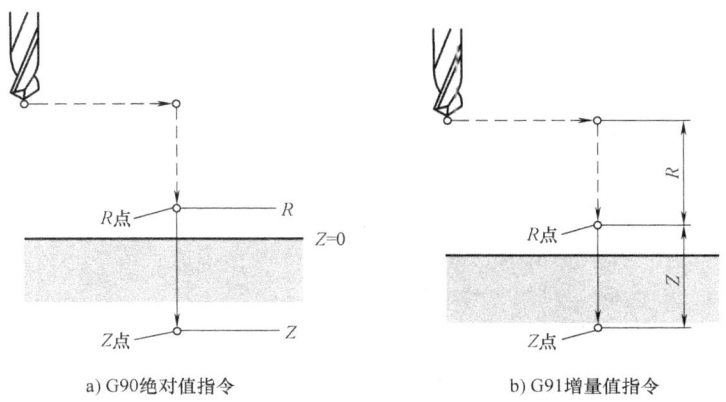

a) G90绝对值指令　　　　b) G91增量值指令

图 4-66　G90 和 G91 的坐标计算

（5）返回点平面　当刀具到达孔底后，刀具可以返回 R 点平面或初始平面，由 G98 和 G99 指定。

如果选择指令 G98，则刀具返回初始平面；如果选择指令 G99，则刀具返回 R 点平面，如图 4-67 所示。

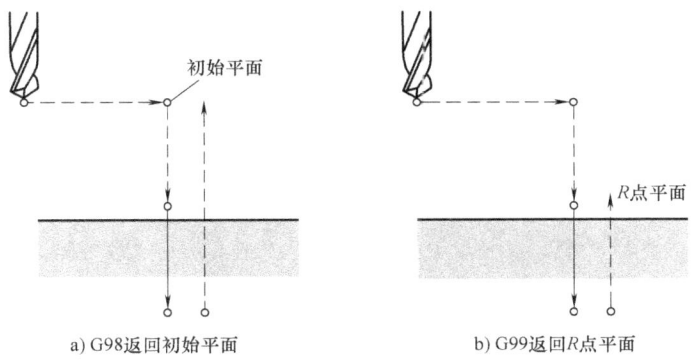

a) G98返回初始平面　　　　b) G99返回R点平面

图 4-67　G98 和 G99 的返回平面

2．常用的固定循环

（1）高速深孔钻循环（G73）

1）指令功能：该循环执行高速深孔钻。它执行间歇切削进给直到孔的底部，同时从孔中排除切屑，该指令的动作步序如图 4-68 所示。

2）指令格式：G73 X＿＿ Y＿＿ Z＿＿ R＿＿ Q＿＿ F＿＿ K＿＿；

其中

X＿＿ Y＿＿：孔位置数据；

Z＿＿：指定孔底平面位置（与工件坐标系 Z 轴零点位置及 G90/G91 方式选择有关）；

R＿＿：指定 R 点平面位置（与工件坐标系 Z 轴零点位置及 G90/G91 方式选择有关）；

Q＿＿：每次切削进给的深度；

F＿＿：切削进给速度；

K __ ：重复次数（如果需要）。

3）说明：高速深孔钻循环沿着 Z 轴执行间歇进给，当使用这个循环时切屑容易从孔中排出，并且能够通过修改系统参数设定较小的回退值。在指定 G73 之前用辅助功能旋转主轴（M 代码），当 G73 指令和 M 代码在同一程序段中指定时，在第一个定位动作的同时执行 M 代码，然后系统处理下一个钻孔动作；当指定重复次数时，只在第一个孔执行 M 代码，对第二个和以后的孔，不执行 M 代码；当在固定循环中指定刀具长度偏置（G43、G44 或 G49）时，在定位到 R 点的同时加偏置。

例 4-14：下面程序是高速深孔钻循环 G73 的编程实例。

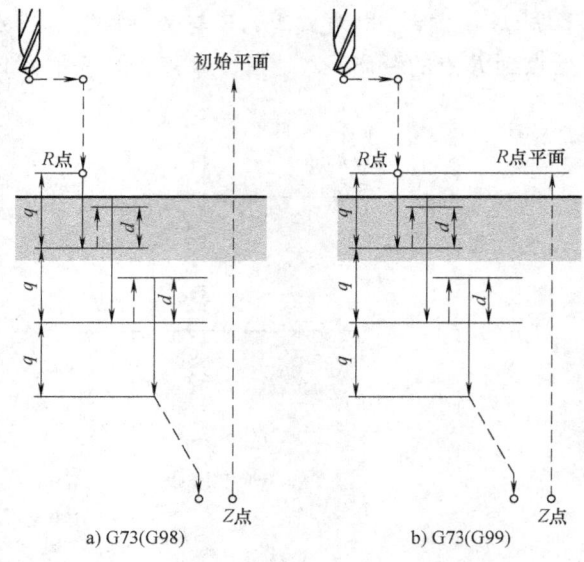

a) G73(G98)　　　　b) G73(G99)

图 4-68　高速深孔钻循环（G73）的动作步序

程序	说明
S2000 M3；	主轴开始旋转
G90 G99 G73 X300. Y-250. Z-150. R-100. Q15. F20.；	定位，钻 1 孔，然后返回 R 点
Y-550.；	定位，钻 2 孔，然后返回 R 点
Y-750.；	定位，钻 3 孔，然后返回 R 点
X1000.；	定位，钻 4 孔，然后返回 R 点
Y-550.；	定位，钻 5 孔，然后返回 R 点
G98 Y-750.；	定位，钻 6 孔，然后返回初始平面
G80 G28 G91 X0 Y0 Z0；	返回参考点
M5；	主轴停止旋转

（2）左旋（逆时针）攻螺纹循环（G74）

1）指令功能：该循环执行左旋攻螺纹。在左旋攻螺纹循环中，当到达孔底时，主轴沿顺时针方向旋转，该指令的动作步序如图 4-69 所示。

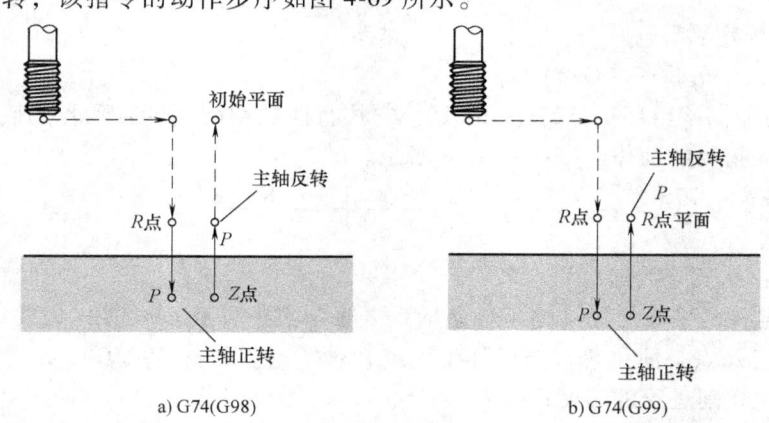

a) G74(G98)　　　　b) G74(G99)

图 4-69　左旋（逆时针）攻螺纹循环（G74）的动作步序

2) 指令格式：G74 X __ Y __ Z __ R __ P __ F __ K __；

其中

X __ Y __：孔位置数据；

Z __：指定孔底平面位置（与工件坐标系 Z 轴零点位置及 G90/G91 方式选择有关）；

R __：指定 R 点平面位置（与工件坐标系 Z 轴零点位置及 G90/G91 方式选择有关）；

P __：孔底暂停时间；

F __：切削进给速度；

K __：重复次数（如果需要）。

3) 说明：主轴沿逆时针方向旋转执行攻螺纹。当到达孔底时，为了退回，主轴沿顺时针方向旋转，该循环加工一个反螺纹。

在左旋攻螺纹期间，进给倍率被忽略。进给暂停，机床不停，直到回退动作完成。在指定 G74 之前，使用辅助功能 M 代码使主轴沿逆时针方向旋转。

当 G74 指令和 M 代码在同一程序段中指定时，在第一个定位动作的同时执行 M 代码；然后系统处理下一个钻孔动作。

当在固定循环中指定刀具长度偏置（G43、G44 或 G49）时，在定位到 R 点的同时加偏置。

例 4-15：下面程序是左旋攻螺纹循环 G74 的编程实例。

S100 M4；　　　　　　　　　　　　　　主轴开始旋转
G90 G99 G74 X300. Y-250. Z-150. R-100. P15. F120.；定位，攻螺纹 1 孔，然后返回 R 点
Y-550.；　　　　　　　　　　　　　　　定位，攻螺纹 2 孔，然后返回 R 点
Y-750.；　　　　　　　　　　　　　　　定位，攻螺纹 3 孔，然后返回 R 点
X1000.；　　　　　　　　　　　　　　　定位，攻螺纹 4 孔，然后返回 R 点
Y-550.；　　　　　　　　　　　　　　　定位，攻螺纹 5 孔，然后返回 R 点
G98 Y-750.；　　　　　　　　　　　　　定位，攻螺纹 6 孔，然后返回初始平面
G80 G28 G91 X0 Y0 Z0；　　　　　　　　返回参考点
M5；　　　　　　　　　　　　　　　　　主轴停止旋转

(3) 精镗循环（G76）

1) 指令功能：精镗循环用于镗削精密孔。当到达孔底时主轴停止切削，刀具离开工件的被加工表面并返回，该指令的动作步序如图 4-70 所示。

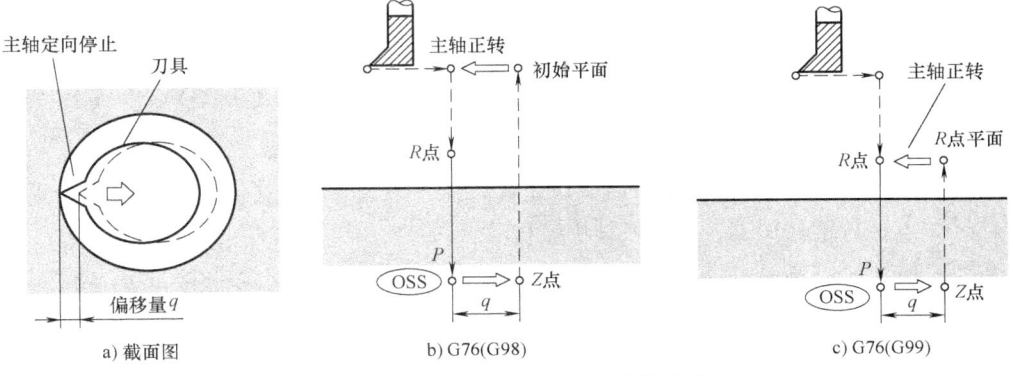

图 4-70　精镗循环（G76）的动作步序

2）指令格式：G76 X__ Y__ Z__ R__ Q__ P__ F__ K__；
其中

X__ Y__：孔位置数据；

Z__：指定孔底平面位置；

R__：指定R点平面位置；

Q__：孔底的偏移量；

P__：孔底暂停时间；

F__：切削进给速度；

K__：重复次数（如果需要）。

3）说明：当到达孔底时，主轴在固定的旋转位置停止，并且，刀具以刀尖的相反方向移动退刀，以保证加工面不被破坏，实现精密和有效的镗削加工。

4）注意：孔底的偏移量Q是在固定循环内保存的模态值，必须小心指定，因为它也用作G73和G83的切削深度。

（4）钻孔循环（G81）

1）指令功能：该循环用于正常钻孔。当切削进给执行到孔底时，刀具从孔底快速移动退回，该指令的动作步序如图4-71所示。

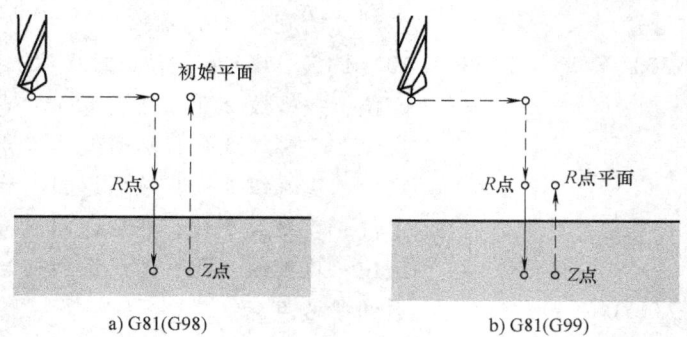

图4-71 钻孔循环（G81）的动作步序

2）指令格式：G81 X__ Y__ Z__ R__ F__ K__；
其中

X__ Y__：孔位置数据；

Z__：指定孔底平面位置；

R__：指定R点平面位置；

F__：切削进给速度；

K__：重复次数（如果需要）。

3）说明：沿着X和Y轴定位以后，快速移动到R点，从R点到Z点执行钻孔加工，然后刀具快速移动退回。

关于主轴旋转、M代码和刀具偏置等，与其他循环相同。

例4-16：试采用重复固定循环方式，加工图4-72所示各孔。

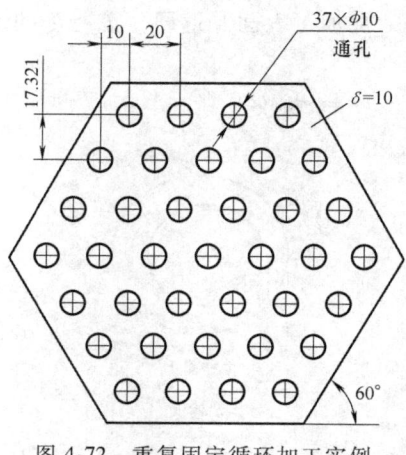

图4-72 重复固定循环加工实例

解：程序如下：
N010 G90 G80 G92 X0.0 Y0.0 Z100.0；
N020 G00 X-50.0 Y51.963 S800 M03；
N030 Z20.0 M08 F40；
N040 G91 G81 G99 X20.0 Z-18.0 R-17.0 K4；
N050 X10.0 Y-17.321；
N060 X-20.0 K4；
N070 X-10.0 Y-17.321；
N080 X20.0 K5；
N090 X10.0 Y-17.321；
N100 X-20.0 K6；
N110 X10.0 Y-17.321；
N120 X20.0 K5；
N130 X-10.0 Y-17.321；
N140 X-20.0 K4；
N150 X10.0 Y-17.321；
N160 X160 X20.0 K3；
N170 G80 M09；
N180 G90 G00 Z100.0；
N190 X0.0 Y0.0 M05；
N200 M30；

（5）锪孔循环（G82）

1）指令功能：该循环用于正常钻孔。孔切削进给到孔底时执行暂停，然后刀具从孔底快速移动退回，该指令的动作步序如图4-73所示。

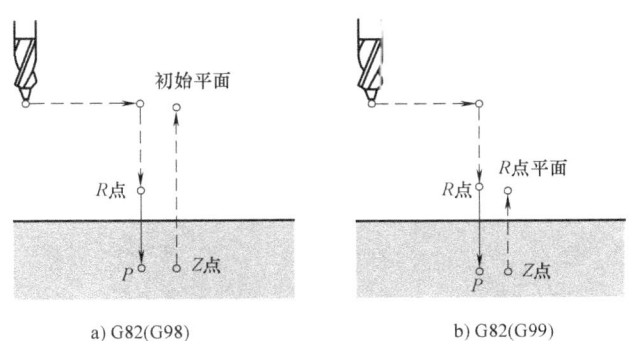

a) G82(G98)　　　　b) G82(G99)

图4-73　锪孔循环（G82）的动作步序

2）指令格式：G82 X__ Y__ Z__ R__ P__ F__ K__；
其中
X__ Y__：孔位置数据；
Z__：指定孔底平面位置；

157

R＿：指定R点平面位置；
P＿：孔底暂停时间；
F＿：切削进给速度；
K＿：重复次数（如果需要）。

3）说明：沿着X和Y轴定位以后，快速移动到R点，从R点到Z点执行钻孔加工，当到达孔底时执行暂停，然后刀具快速移动退回。

关于主轴旋转、M代码和刀具偏置等，与其他循环相同。

（6）排屑钻孔循环（G83）

1）指令功能：该循环执行深孔钻，间歇切削进给到孔的底部，钻孔过程中从孔中排除切屑。该指令的动作步序如图4-74所示。

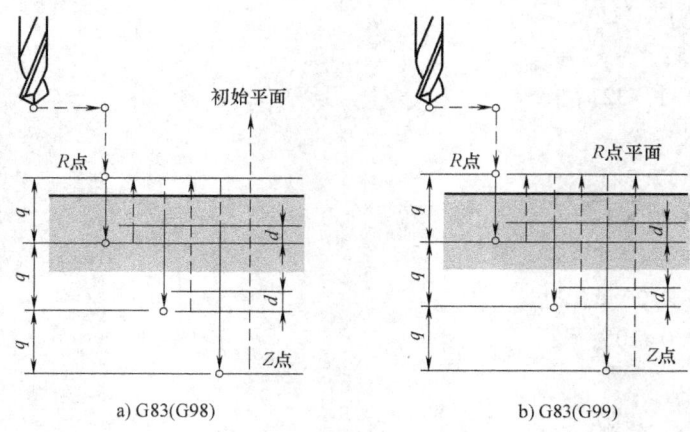

图4-74 排屑钻孔循环（G83）的动作步序

2）指令格式：G83 X＿ Y＿ Z＿ R＿ Q＿ F＿ K＿；
其中
X＿ Y＿：孔位置数据；
Z＿：指定孔底平面位置；
R＿：指定R点平面位置；
Q＿：每次切削进给的深度；
F＿：切削进给速度；
K＿：重复次数（如果需要）。

3）说明：Q表示每次切削进给的切削深度，它必须用增量值指定，在第二次和以后的切削进给中，执行快速移动到上次钻孔结束之前的d点（d为所设定的机床参数），再次执行切削进给。在Q中必须指定正值，负值被忽略。

关于主轴旋转、M代码和刀具偏置等，与其他循环相同。

（7）攻螺纹循环（G84）

1）指令功能：该循环执行攻螺纹加工，当到达孔底时，主轴以反方向旋转。该指令的动作步序如图4-75所示。

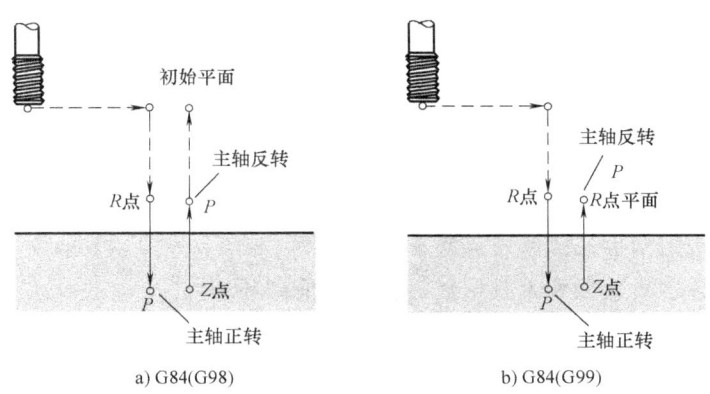

图 4-75 攻螺纹循环（G84）的动作步序

2）指令格式：G84 X __ Y __ Z __ R __ P __ F __ K __；

其中

X __ Y __：孔位置数据；

Z __：指定孔底平面位置；

R __：指定 R 点平面位置；

P __：孔底暂停时间；

F __：切削进给速度；

K __：重复次数（如果需要）。

3）说明：主轴沿顺时针方向旋转执行攻螺纹。当到达孔底时，为了回退主轴以相反方向旋转，该循环加工一个螺纹。在攻螺纹期间，进给倍率被忽略。进给暂停，机床不停，直到返回动作完成。

关于主轴旋转、M 代码和刀具偏置等，与其他循环相同。

（8）镗孔循环（G85）

1）指令功能：该循环用于镗孔加工，指令的动作步序如图 4-76 所示。

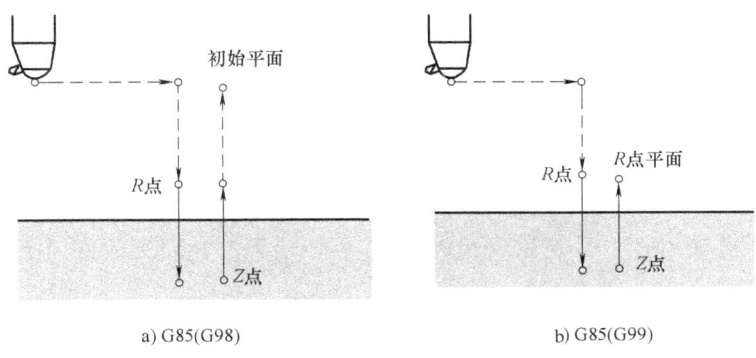

图 4-76 镗孔循环（G85）的动作步序

2）指令格式：G85 X __ Y __ Z __ R __ F __ K __；
其中

X__ Y__：孔位置数据；
Z__：指定孔底平面位置；
R__：指定R点平面位置；
F__：切削进给速度；
K__：重复次数（如果需要）。

3）说明：沿着X和Y轴定位以后，快速移动到R点，从R点到Z点执行镗孔加工，当到达孔底时，执行切削进给，然后返回R点。

关于主轴旋转、M代码和刀具偏置等，与其他循环相同。

（9）背镗孔循环（G87）

1）指令功能：该循环执行精密镗孔，指令的动作步序如图4-77所示。

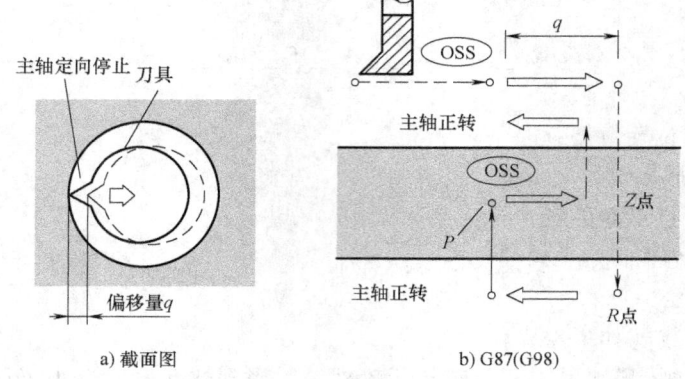

a) 截面图　　　　　b) G87(G98)

图4-77　背镗孔循环（G87）的动作步序

2）指令格式：G87 X__ Y__ Z__ R__ Q__ P__ F__ K__；

其中

X__ Y__：孔位置数据；
Z__：指定孔底平面位置；
R__：指定R点平面位置；
Q__：孔底的偏移量；
P__：孔底暂停时间；
F__：切削进给速度；
K__：重复次数（如果需要）。

3）说明：沿着X和Y轴定位以后，主轴在固定的旋转位置上停止；刀具在刀尖的相反方向移动，并在孔底（R点）定位（快速移动）；然后刀具在刀尖的方向上移动并且主轴正转，沿Z轴的正向镗孔直到Z点。

在Z点主轴再次停在固定的旋转位置，刀具在刀尖的相反方向移动，然后刀具返回初始位置。刀具在刀尖的方向上偏移，主轴正转，执行下一个程序段的加工。

关于主轴旋转、M代码和刀具偏置等，与其他循环相同。

4）注意：孔底的偏移量Q是在固定循环中保持的模态值，必须小心指定，因为它也用作G73和G83的切削深度。

4.3.3 子程序

1. 调用子程序的编程格式

M98 P__;

其中,P 表示子程序调用情况。P 后共有八位数字,前四位为调用次数,省略时为调用一次;后四位为所调用的子程序号。

2. 子程序结束指令 M99

指令格式:M99 或 M99 P__;

指令功能:子程序运行结束,返回主程序。

指令说明:

1) 执行到子程序结束指令 M99 后,返回主程序,继续执行 M98 P__;程序段下面的主程序。

2) 若子程序结束指令用 M99 P__;格式时,表示执行完子程序后,返回主程序中由 P 指定的程序段。

3) 若在主程序中插入 M99 程序段,则执行完该指令后返回主程序的起点。

3. 子程序的格式

O(或:)××××

……

M99

格式说明:其中 O(或:)×××× 为子程序号,"O"是 EIA 代码,":"是 ISO 代码。

4. 子程序的应用

1) 零件上若干处具有相同的轮廓形状,在这种情况下,只要编写一个加工该轮廓形状的子程序,然后用主程序多次调用该子程序的方法完成对工件的加工。

2) 加工中反复出现具有相同轨迹的走刀路线,如果相同轨迹的走刀路线出现在某个加工区域或在这个区域的各个层面上,采用子程序编写加工程序比较方便,在程序中常用增量值确定切入深度。

3) 在加工较复杂的零件时,往往包含许多独立的工序,有时工序之间需要适当的调整,为了优化加工程序,把每一个独立的工序编成一个子程序,这样形成了模块式的程序结构,便于对加工顺序的调整,主程序中只有换刀和调用子程序等指令。

例 4-17:如图 4-78 所示,在一块平板上加工 6 个边长为 10mm 的等边三角形,每边的槽深为 -2mm,工件上表面为 Z 向零点。其程序的编制就可以采用调用子程序的方式来实现(编程时不考虑刀具补偿)。

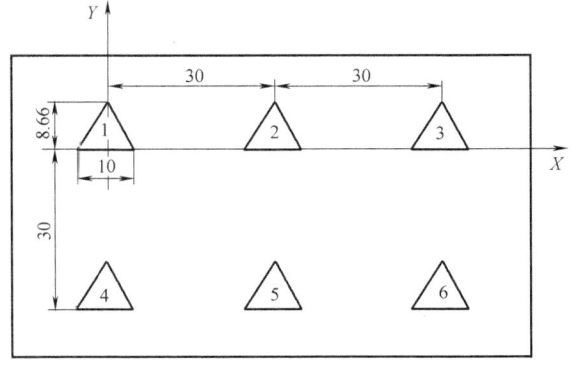

图 4-78 子程序应用

解:主程序:

O1000;

N10 G54 G90 G01 Z40 F2000;   进入工件加工坐标系

N20 M03 S800 T01;   主轴起动

N30 G00 Z3；	快进到工件表面上方
N40 G01 X0 Y8.66；	到三角形 1 上顶点
N50 M98 P20；	调 20 号切削子程序切削三角形
N60 G90 G01 X30 Y8.66；	到三角形 2 上顶点
N70 M98 P20；	调 20 号切削子程序切削三角形
N80 G90 G01 X60 Y8.66；	到三角形 3 上顶点
N90 M98 P20；	调 20 号切削子程序切削三角形
N100 G90 G01 X0 Y-21.34；	到三角形 4 上顶点
N110 M98 P20；	调 20 号切削子程序切削三角形
N120 G90 G01 X30 Y-21.34；	到三角形 5 上顶点
N130 M98 P20；	调 20 号切削子程序切削三角形
N140 G90 G01 X60 Y-21.34；	到三角形 6 上顶点
N150 M98 P20；	调 20 号切削子程序切削三角形
N160 G90 G01 Z40 F2000；	抬刀
N170 M05；	主轴停
N180 M30；	主程序结束
子程序：	
O20；	
N10 G91 G01 Z-2 F100；	在三角形上顶点切入（深）2mm
N20 G01 X-5 Y-8.66；	切削三角形
N30 G01 X10 Y0；	切削三角形
N40 G01 X5 Y8.66；	切削三角形
N50 G01 Z5 F2000；	抬刀
N60 M99；	子程序结束

设置 G54：X=-400，Y=-100，Z=-50。

例 4-18：用直径为 8mm 的立铣刀，加工图 4-79 所示零件的槽，要求每次切深不超过 4mm。

解：图 4-79 中，A（-33，-9）、B（-33，16）、C（-21，28）、D（12，28）、E（37，3）、F（37，-30）、G（25，-42）、H（15.68，-42）、I（4.404，-34.104）、J（2.872，-29.896）、K（-8.405，-22）、L（-20，-22）。

（1）工艺分析　将刀心运动轨迹 $A\rightarrow B\rightarrow C\rightarrow D\rightarrow E\rightarrow F\rightarrow G\rightarrow H\rightarrow I\rightarrow J\rightarrow K\rightarrow L\rightarrow A$ 编写成子程序，设每次切削深度为 4mm，主程序两次调用该子程序完成槽的切削加工，槽的切削深度用相对坐标表示其增量，设零件上表面的对称中心为工件坐标系的原点。

（2）程序编制

O1000；　　　　　　　　　主程序号

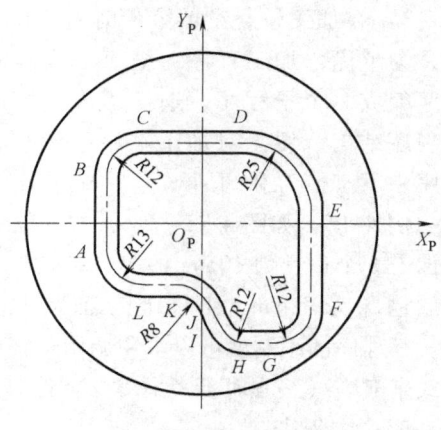

图 4-79　曲线槽铣削

N01 G90 G92 X0 Y0 Z100；	用绝对坐标方式编程，建立工件坐标系
N02 G00 X-33 Y-9 Z2 S800 M03；	快速进给至 X=-33，Y=-9，Z=2，主轴正转，转速为 800r/min
N03 G01 Z0 F100；	Z 轴工进至工件表面，进给速度为 100mm/min
N04 M98 P10102；	重复调用子程序 O1010 两次
N05 G90 G00 Z100；	Z 轴快移至 Z=100
N06 X0 Y0 M05；	快速进给至 X=0，Y=0，主轴停
N07 M30；	主程序结束
O1010；	子程序号
N10 G91 G01 Z-4；	增量值输入，Z 向切深 4mm
N20 G90 X-33 Y16；	绝对值输入，直线插补至 B 点
N30 G02 X-21 Y28 R12；	圆弧插补至 C 点
N40 G01 X12；	直线插补至 D 点
N50 G02 X37 Y3 R25；	圆弧插补至 E 点
N60 G01 Y-30；	直线插补至 F 点
N70 G02 X25 Y-42 R12；	圆弧插补至 G 点
N80 G01 X15.68；	直线插补至 H 点
N90 G02 X4.404 Y-34.104 R12；	圆弧插补至 I 点
N100 G01 X2.872 Y-29.896；	直线插补至 J 点
N110 G03 X-8.405 Y-22 R8；	圆弧插补至 K 点
N120 G01 X-20；	直线插补至 L 点
N130 G02 X-33 Y-9 R13；	圆弧插补至 A 点

4.3.4 可编程镜像指令

用编程的镜像指令 G50.1/G51.1 可实现坐标轴的对称加工。

格式：G51.1 IP ___； 设置可编程镜像功能
...
G50.1 IP ___； 取消可编程镜像功能

其中，"IP ___" 用 G51.1 指定镜像对称点位置或对称轴；用 G50.1 指定镜像的对称轴，不指定对称点。

例 4-19：编写加工图 4-80 所示零件的加工程序，铣削深度为 2mm。

解：程序如下：

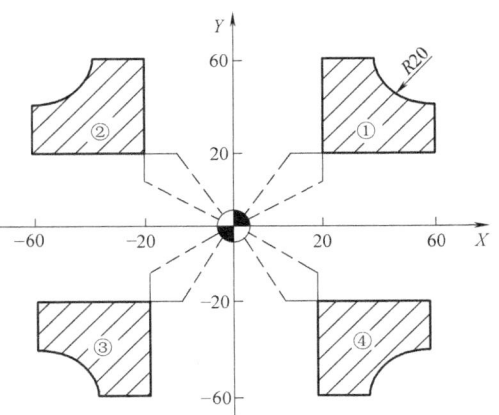

图 4-80 可编程镜像实例

O0001；	主程序
N01 G92 X0 Y0 Z10；	
N02 G91 G17 M03；	
N03 M98 P100；	加工①

N04 G51.1 X0;	以 Y 轴镜像	
N05 M98 P100;	加工②	
N06 G50.1 X0;	取消 Y 轴镜像	
N07 G51.1 X0 Y0;	以位置点为（0，0）	
N08 M98 P100;	加工③	
N09 G50.1 X0 Y0;	取消点（0，0）镜像	
N10 G51.1 Y0;	以 X 轴镜像	
N11 M98 P100;	加工④	
N12 G50.1 Y0;	取消 X 轴镜像	
N13 M05;		
N14 M30;		
O100;	子程序	
N01 G01 Z-2 F50;		
N02 G00 G41 X20 Y10 D01;		
N03 G01 Y60;		
N04 X40;		
N05 G03 X60 Y40 R20;		
N06 Y20;		
N07 X10;		
N08 G00 X0 Y0;		
N09 Z10;		
N10 M99;		

4.4 数控铣削编程综合实例

用一毛坯尺寸为 72mm×42mm×5mm 的板料，加工成尺寸如图 4-81 所示的零件，分为内、外轮廓的粗精加工，刀具及切削用量的选择见表 4-12。工件坐标系原点（X_0，Y_0）设定距毛坯右边和底边均 21mm 处，其 Z 坐标定在毛坯表面，该零件的装夹与定位如图 4-82 所示。按要求完成该零件的粗精加工程序编制。

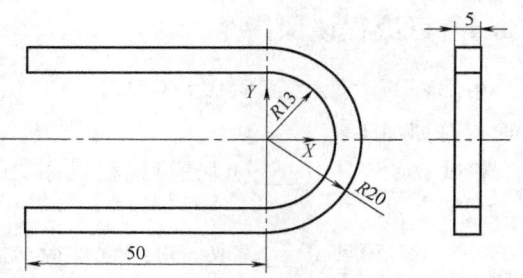

图 4-81 数控铣削编程综合实例零件

表 4-12 刀具及切削用量的选择

序号	工序	刀具	主轴转速 $n/(\text{r/min})$	进给速度 $v_f/(\text{mm·min})$
1	内外轮廓的粗加工，留出 0.4mm 的加工余量	φ10mm 粗立铣刀	1800	120
2	内外轮廓的精加工	φ8mm 立铣刀	2200	100

其加工程序见表 4-13。

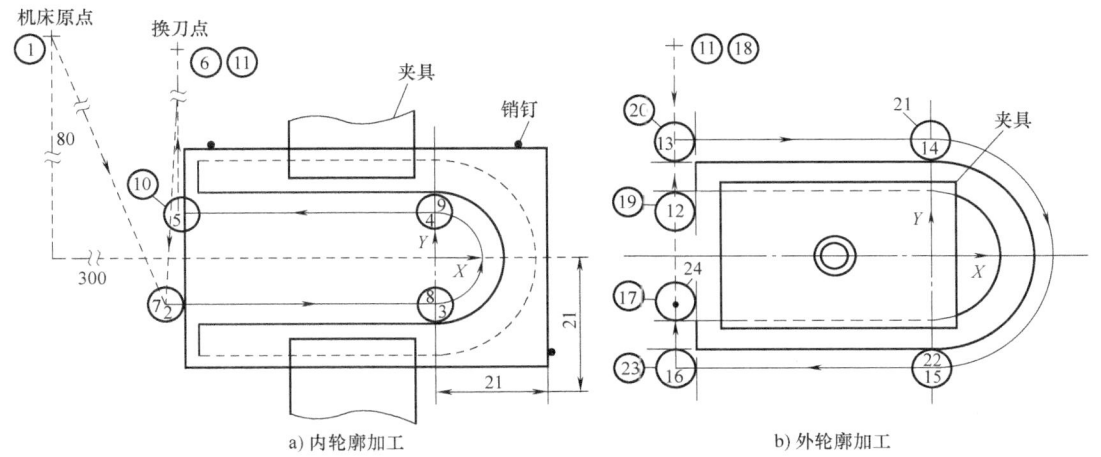

图 4-82 数控铣削编程综合实例零件的装夹与定位

表 4-13 数控铣削编程综合实例零件加工程序

程 序	注 释
%；	
O1108；	程序号
N010 G90 G21 G40 G80；	绝对尺寸指令、米制、注销刀具半径补偿和固定循环功能
N020 G91 G28 X0 Y0 Z0；	刀具移至参考点
N030 G92 X-300 Y80 Z100；	设定工件坐标系原点坐标
N040 G00 G90 X-56.4 Y-7.6 S1800 M03 T2	刀具快速移至点 2，主轴以 1800r/min 正转，2 号刀具准备
N050 G43 Z5 H01；	刀具长度补偿有效，补偿号 H01
N060 M08；	开切削液
N070 G01 Z-5.5 F120；	刀具以 120mm/min 进给速度沿 Z 轴直线插补至 -5.5mm 处
N080 X0；	直线插补至点 3
N090 G03 X0 Y7.6 I0 J7.6；	逆时针圆弧插补至点 4
N100 G01 X-55.4；	直线插补至点 5
N110 G00 G90 Z20 M05；	刀具沿 Z 轴快速移至 20mm 处，主轴停止
N120 M09；	关切削液
N130 G91 G28 Z0 Y0；	移至换刀点 6
N140 M06；	换 2 号刀具
N150 G00 G90 X-55 Y-9 S2200 M03 T1；	刀具快速移至点 7，主轴以 2200r/min 正转，1 号刀具准备；刀具长度补偿有效，补偿号 H02
N160 G43 Z5 H02；	
N170 M08；	开切削液
N180 G01 Z-5.5 F100；	刀具以 100mm/min 进给速度沿 Z 轴直线插补至 -5.5mm 处
N190 X0；	直线插补至点 8
N200 G03 X0 Y9 I0 J9；	逆时针圆弧插补至点 9
N210 X-54；	直线插补至点 10
N220 G00 G90 Z20 M05	刀具沿 Z 轴快速移至 20mm 处，主轴停止
N230 M09；	关切削液
N240 G91 G28 Z0 Y0；	移至换刀点 11
N250 M06；	换 1 号刀具
N260 M00；	程序暂停
N270 G00 G90 X-55.4 Y7.6 S1800 M03 T2	刀具快速移至点 12，主轴以 1800r/min 正转，2 号刀具准备
N280 G43 Z5 H01；	刀具长度补偿有效，补偿号 H01
N290 M08；	开切削液

165

(续)

程　　序	注　　释
N300 G01 Z-5.5 F120;	刀具以 120mm/min 进给速度沿 Z 轴直线插补至 -5.5mm 处
N310 Y25.4;	直线插补至点 13
N320 X0;	直线插补至点 14
N330 G02 X0 Y-25.4 I0 J-25.4;	顺时针圆弧插补至点 15
N340 G01 X-55.4;	直线插补至点 16
N350 Y-7.6;	直线插补至点 17
N360 G00 G90 Z20 M05;	刀具沿 Z 轴快速移至 20mm 处，主轴停止
N370 M09;	关切削液
N380 G91 G28 20 Y0;	移至换刀点 18
N390 M06;	换 2 号刀具
N400 G00 G90 X-54 Y9 S2200 M03 T1;	刀具快速移至点 19,主轴以 2200r/min 正转,1 号刀具准备
N410 G43 Z5 H02;	刀具长度补偿有效，补偿号 H02
N420 M08;	开切削液
N430 G01 Z-5.5 F100	刀具以 100mm/min 进给速度沿 Z 轴直线插补至 -5.5mm 处
N440 Y24;	直线插补至点 20
N450 X0	直线插补至点 21
N460 G02 X0 Y-24 I0 J-24;	顺时针圆弧插补至点 22
N470 X-54;	直线插补至点 23
N480 Y-9;	直线插补至点 24
N490 G00 G90 Z20 M05;	刀具沿 Z 轴快速移至 20mm 处，主轴停止
N500 M09;	关切削液
N510 G91 G28 X0 Y0 Z0;	返回参考点
N520 M06;	换刀
N530 M30;	程序结束
%	

注：该程序是按粗精加工要求，按刀具的刀位点轨迹编制的程序；也可按零件轮廓编程，而通过刀具半径补偿功能实现零件的粗精加工。

本章小结

本章主要介绍了数控铣削的编程特点及加工坐标系、数控铣削加工工艺、数控铣削编程及编程实例，并对数控铣削加工工艺和数控铣削编程及编程实例进行了重点介绍。

在数控铣削编程和实例中，除了重点介绍基本编程方法外，还详细介绍了 FANUC 系统的固定循环功能，并提供了大量的实例，在学习时应通过具体实例来掌握各种指令的应用，以达到举一反三、融会贯通。

在数控铣削加工工艺的内容里，重点介绍了数控铣削中零件图的工艺性分析、走刀路线的确定、铣削刀具的选择、切削用量的选择等。通过本章的学习，除了应能够对数控铣削的加工工艺进行正确的分析外，应重点掌握数控铣削的编程方法，同时还应进行大量的实践，以达到巩固和提高。

练习题

4-1　一条轮廓铣削程序中如果包含 G17、G02、G42 三个代码指令，画出铣刀与工件轮廓相对位置及刀具运动方向的示意图。

4-2 用 φ10mm 刀具铣图 4-83 所示槽，刀心轨迹为点画线，槽深 2mm，试编程。

4-3 在绝对坐标编程时，不首先设定坐标系可以吗？

4-4 用 φ6mm 刀具铣出图 4-84 所示三个字母。

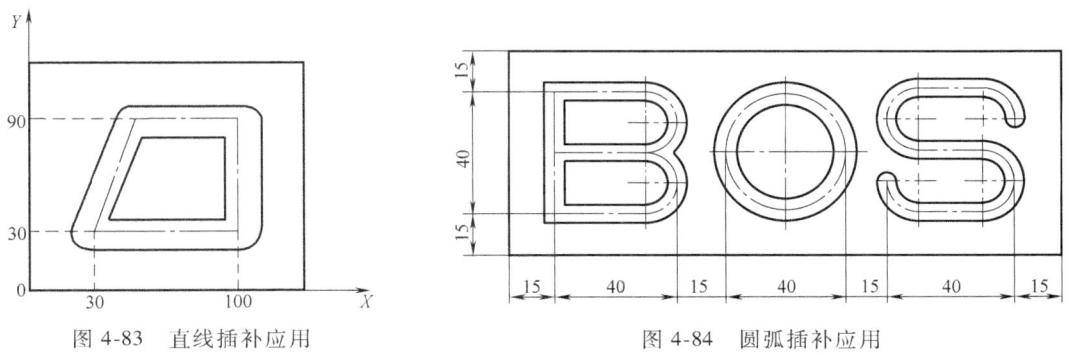

图 4-83　直线插补应用　　　　　　　图 4-84　圆弧插补应用

4-5 某螺旋面型腔如图 4-85 所示，槽宽 10mm，刀心轨迹为"O-1-2-3-O-4-5-6-O"，其中点 O、5、2 的深度为 4mm，点 1、3、4、6 的深度为 1mm，试编程。

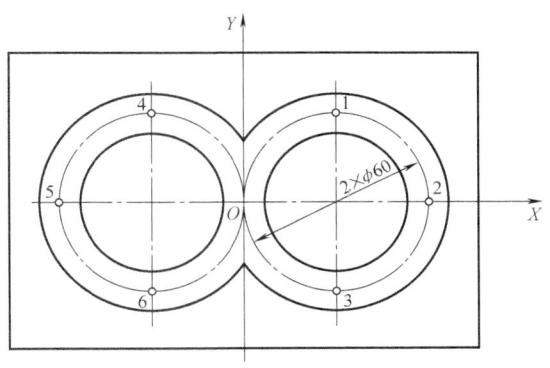

图 4-85　螺旋线插补

4-6 精铣图 4-86 所示的外、内表面，刀具直径为 φ10mm，采用刀具半径补偿指令编程。

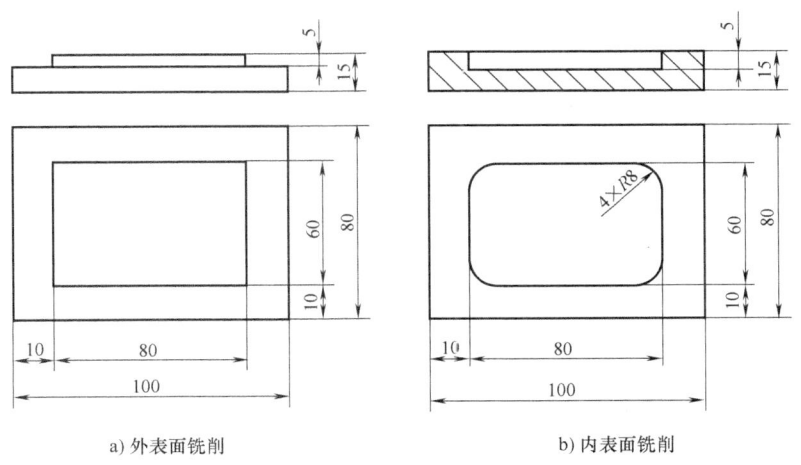

a) 外表面铣削　　　　　　　b) 内表面铣削

图 4-86　刀具半径补偿 1

4-7 精铣图 4-87 所示内、外表面，刀具直径为 φ10mm，采用刀具半径补偿指令编程。

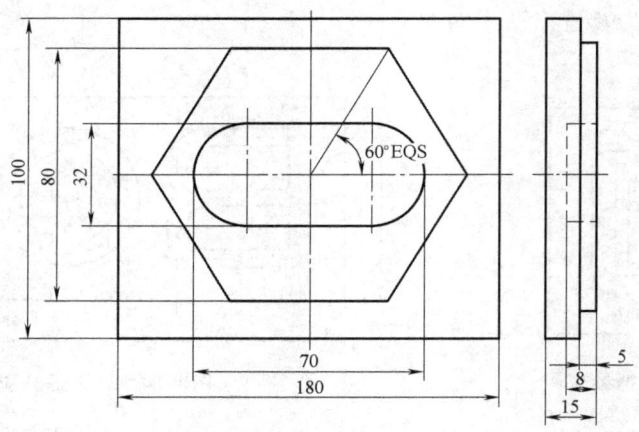

图 4-87 刀具半径补偿 2

4-8 有一 NC 程序如下，解释此程序并绘出所加工的工件图。
N10 G21；
N20 G40 G49 G80 G94；
N30 G28 X0 Y0 Z0；
N40 M06 T01；
N50 G90 G54 G00 G43 X0 Y0 Z10 H01；
N60 M03 S3000；
N80 Z-2 F120；
N85 G01 G41 X10 D1；
N90 Y80 F150；
N100 G02 X20 Y90 R10；
N110 G01 X45；
N120 X60 Y70；
N130 X80；
N140 G02 X90 Y60 R10；
N150 G01 Y50；
N160 G03 X100 Y40 R10；
N170 G01 X105；
N180 Y20；
N190 G02 X95 Y10 I-10 J0；
N200 G01 X20；
N210 G02 X10 Y20 I0 J10；
N220 G01 Y22；
N230 G00 Z2 G40；

N240 Y40;
N250 X40;
N260 G01 Z-2 G41 X50 Y50 F100;
N270 G02 X50 Y50 I0 J-10;
N280 G40 G01 Z10;
N290 M05;
N300 G28 X0 Y0 Z0;
M310 M30;

4-9 编写在数控铣床上铣削图 4-88 中法兰外廓面 A 的程序（其余表面已加工）。

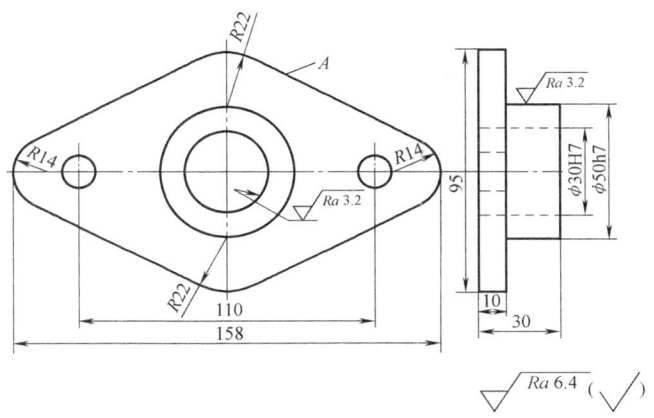

图 4-88 法兰

4-10 在数控铣床上钻削图 4-89 中零件的各个孔（其余表面已加工），试编程。

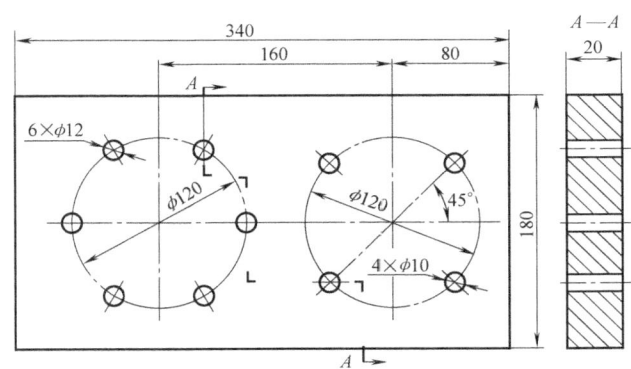

图 4-89 钻孔零件 1

4-11 如图 4-90 所示，试编写钻削 φ3mm 孔的程序。零件其他表面已加工完成，材料为 45 钢。

4-12 图 4-91 所示为一模芯，上表面的凸台轮廓尚未加工。试编制完成凸台轮廓加工的程序。材料为 45 钢。

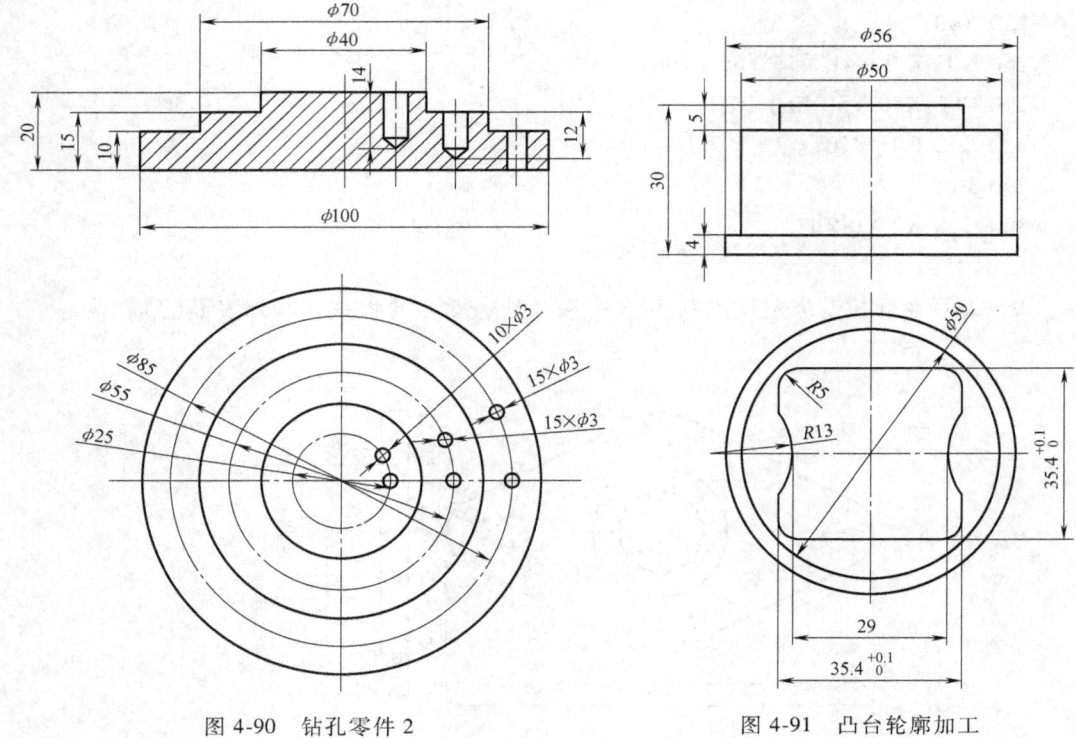

图 4-90 钻孔零件 2　　　　　　　图 4-91 凸台轮廓加工

4-13 图 4-92 所示为平面型腔零件，其中有两个岛屿，毛坯高 10mm，型腔深度为 5mm，试编制加工程序。

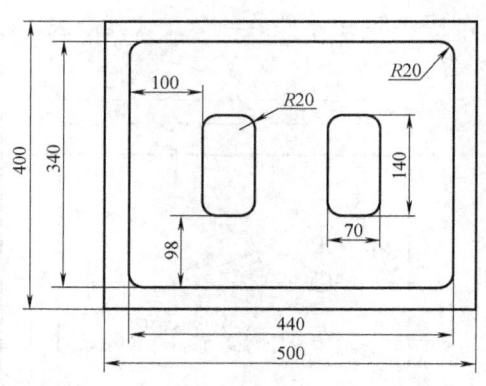

图 4-92 平面型腔零件

4-14 零件如图 4-93 所示，加工要求是铣外轮廓、内轮廓以及钻孔。材料为铝，试编制数控程序。

4-15 零件如图 4-94 所示，加工要求是铣外轮廓、内轮廓以及钻孔。材料为铝，试编制数控程序。

4-16 试选择确定图 4-95 所示零件数控铣削加工的工序安排，给出走刀路线，选择所使用刀具、切削用量与程序编制。

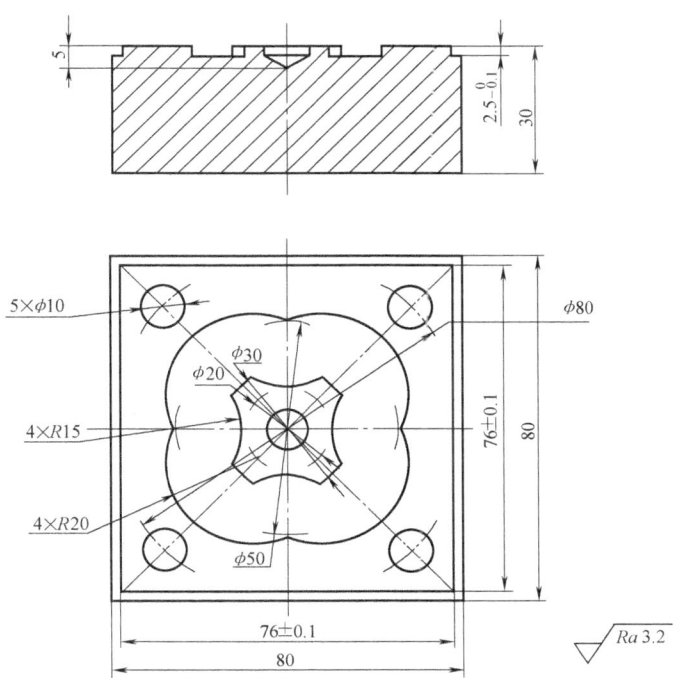

图 4-93 铣内、外轮廓及钻孔零件 1

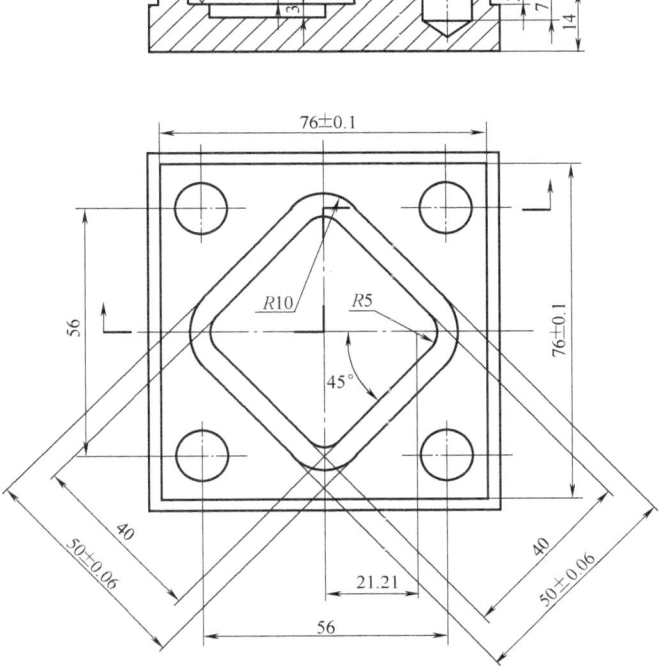

图 4-94 铣内、外轮廓及钻孔零件 2

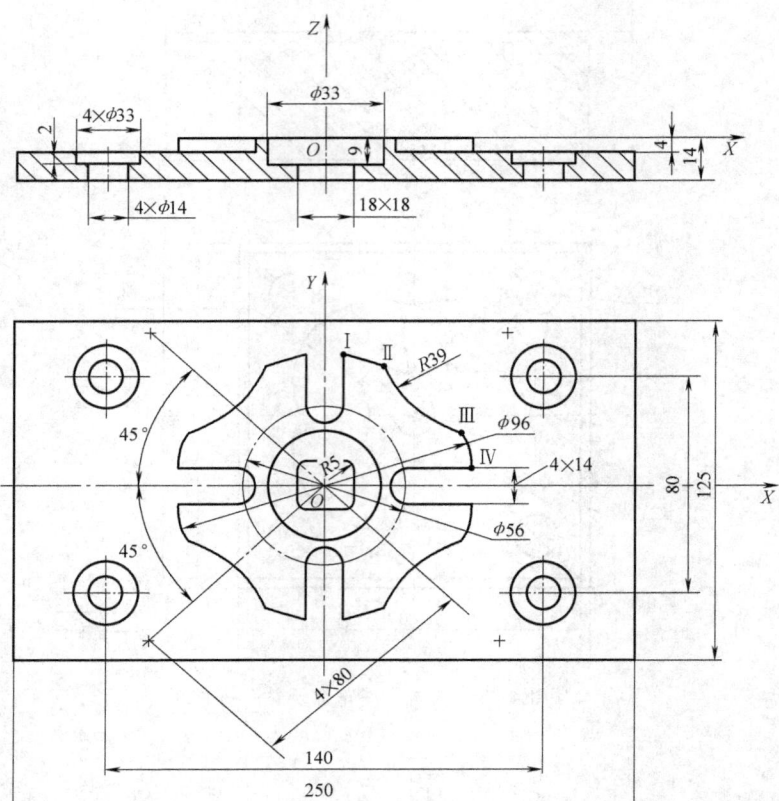

图 4-95 综合零件训练

单元2

数控原理篇

本单元介绍数控插补的基本概念和几种基本的插补算法,伺服驱动系统的概念和步进电动机、伺服电动机的工作原理,以及检测系统的概念和常用检测元件的结构与工作原理。

本单元内容包括:
第5章 数控插补原理
第6章 伺服驱动系统
第7章 检测系统

第5章 数控插补原理

数控系统轮廓控制的关键是怎样控制刀具或工件的运动轨迹。在机床的实际加工中，被加工工件的轮廓形状千差万别、各式各样，为了满足几何尺寸精度的要求，刀具中心轨迹应该准确地依照工件的轮廓形状生成，数控系统采用了插补方法来控制各个进给周期的运动。

插补模块是整个数控系统中的一个核心功能模块，插补算法的选择将直接影响系统的精度、速度及加工能力范围等。由于直线和圆弧是组成机械零件轮廓的常用几何要素，因此数控装置一般都具有直线插补和圆弧插补的功能。在较高档的计算机数控系统装置中，则有抛物线、螺旋线插补和样条插补等功能。

插补是实时性很高的工作，每个中间点的计算时间直接影响系统的控制速度，中间点坐标的计算精度又影响到整个数控系统的精度。因此，插补计算法对整个数控系统的性能指标至关重要。插补算法除了要保证插补计算的精度之外，还要求算法简单。对于硬件数控系统，可以简化控制电路，采用较简单的运算器；对于计算机数控系统，则能提高运算速度，控制较快且均匀的进给脉冲输出。

5.1 插补的基本概念

在数控机床中，机床移动部件（刀具或工件）是一步一步移动的，移动部件所能够移动的最小位移量称为机床的脉动当量。脉动当量是机床移动部件一个脉冲对应移动的距离，也称为机床的最小分辨率。

由于刀具或工件一步一步地移动，移动轨迹必然是折线，而不是光滑的曲线。也就是说，刀具不能严格地按照所加工曲线运动，而只能用折线近似地取代所需加工的零件廓形。

例如，被加工零件的廓形是直线 OE（图 5-1），在数控机床上加工该零件廓形时，可以让刀具（以后讨论中都假定工件不动，刀具动）沿图中实折线 $O \to A' \to A \to B' \to B \to C' \to C \to D' \to D \to E' \to E$ 进给，也可以让刀具沿图中虚线 $O \to A'' \to A \to B'' \to B \to C'' \to C \to D'' \to D \to E'' \to E$ 进给，还可以有其他进给路线。刀具沿什么样的折线进给，由机床的数据系统决定。绝大多数机器零件的轮廓都由直线和圆弧构成，因此数据系统必须满足机床加工直线和圆弧的基本要求。

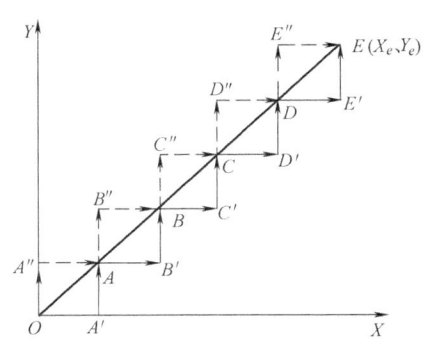

图 5-1 插补轨迹

5.1.1 插补的概念

一般从机器零件图样上均可知道直线的起点和终点、圆弧的起点和终点以及圆心坐标和半径。数控系统必须按进给速度的要求、刀具参数和进给方向的要求等,在轮廓的起点和终点之间计算出(插入)若干个中间点的坐标值,这一数据的密化工作称为插补。

数控系统中,完成插补工作的装置称为插补器。早期的数控系统使用硬件插补器,它主要由数字电路构成,结构复杂、成本高。现在的数控系统多采用软件插补器,它主要由微处理器组成,通过编程就可以完成不同的插补任务。这种插补器结构简单,灵活易变。

5.1.2 插补的分类

根据插补所采用的原理和计算方法的不同,可有许多插补方法,目前应用的插补方法分为两大类:基准脉冲插补法和数据采样插补法。

(1)基准脉冲插补法 基准脉冲插补法又称为脉冲增量插补法或行程标量插补法。这种插补方法的特点是每次插补结束,数控装置向每个运动坐标输出基准脉冲序列,每个脉冲代表了机床移动部件的最小位移,脉冲序列的频率代表了机床移动部件运动的速度,而脉冲的数量代表了机床移动部件移动的位移量。基准脉冲插补法较简单(只有加法和移位),容易用硬件实现。而且,硬件电路本身完成一些简单运算时速度很快。也可以用软件完成这类插补,但它仅适用于一些中等精度或中等速度要求的数控系统。脉冲增量插补法有逐点比较法、数字积分法、数字脉冲乘法器法、比较积分法、最小偏差法、矢量判别法、单步追踪法和直接函数法等。

(2)数据采样插补法 数据采样插补法又称为数据增量插补法或时间标量插补法。这种插补方法的特点是数控装置产生的不是单个脉冲,而是标准二进制字。插补运算分两步完成,第一步为粗插补,在给定起点和终点的曲线上插入若干个点,即用若干条微小直线段来逼近给定曲线,每一条微小直线段的长度为 ΔL,且与给定进给速度有关。粗插补在每个插补周期 T 中计算一次,每个微小直线段的长度 ΔL 与进给速度 F 和插补周期 T 成正比例关系,即 $\Delta L = FT$。第二步为精插补,它是在粗插补算出的每一微小直线段的基础上再做"数据点的密化"工作。这一步相当于对直线的基准脉冲法插补。

数据采样插补法采用的是时间分割的思想,根据编程的进给速度,将轮廓曲线分割为采样周期的进给段(轮廓步长),即用弦线或割线逼近轮廓轨迹。这里的"逼近"是为了产生基本的插补曲线(直线、圆弧等)。编程中的"逼近"是用基本的插补曲线代替其他曲线。

数据采样插补法适用于闭环、半闭环以直流和交流电动机为驱动装置的位置采样控制系统。粗插补在每一个插补周期内计算出坐标实际位置增量值,而精插补则在每一个采样周期内采样闭环或半闭环反馈位置增量值及插补输出的指令位置增量值。然后算出各坐标轴相应的插补指令位置和实际反馈位置,并将两者相比较,求得跟随误差。根据所求得的跟随误差算出相应轴的进给速度,并输给驱动装置。一般粗插补运算用软件实现,而精插补可以用软件,也可以用硬件实现。

数据采样插补方法也很多,常用的有扩展数字积分法、直线函数法、双数字积分插补法、角度逼近圆弧插补法和二阶递归扩展数字积分法等。

下面主要介绍在数控系统中常用的基准脉冲逐点比较法和数字积分法,以及数据采样法等多种插补方法。

5.2 逐点比较插补法

逐点比较法是基准脉冲插补法的一种，其运算简单，插补脉冲均匀，适用于硬件插补。逐点比较法通过比较刀具与所加工工件轮廓曲线的相对位置，确定刀具的运动方向，即每走一步都要将加工的瞬时坐标同规定的工件轮廓相比较，判断一下偏差。如果加工点走到工件轮廓外面去了，那么下一步刀具就要向工件轮廓里面走；如果加工点在工件轮廓里面，则下一步刀具就要向工件轮廓外面走。这样就能加工出一个非常接近规定的工件轮廓，最大偏差不超过一个脉冲当量。

1. 直线插补

在图 5-2 中，OA 是要插补的直线，A 点的坐标为 (X_e, Y_e)。$P(X_i, Y_j)$ 表示刀具位置在直线上，$P'(X_i, Y'_j)$ 表示刀具位置在直线上方，$P''(X_i, Y''_j)$ 表示刀具位置在直线下方。直线 OP、OP'、OP'' 与 X 轴正向的夹角分别为 α_i、α'_i、α''_i。

分析图 5-2 可知：
$\tan\alpha_e = Y_e/X_e$，$\tan\alpha_i = Y_j/X_i$，$\tan\alpha'_i = Y'_j/X_i$，
$\tan\alpha''_i = Y''_j/X_i$

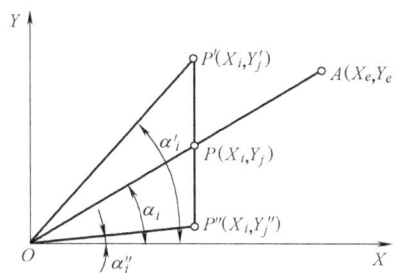

图 5-2 逐点比较法直线插补

当刀具在 OA 直线上时，$\alpha_i = \alpha_e$，$Y_j/X_i = Y_e/X_e$，则

$$X_e Y_j - X_i Y_e = 0 \tag{5-1}$$

当刀具在 OA 直线上方时，$\alpha'_i > \alpha_e$，$Y'_j/X_i > Y_e/X_e$，则

$$X_e Y'_j - X_i Y_e < 0 \tag{5-2}$$

当刀具在 OA 直线下方时，$\alpha''_i < \alpha_e$，$Y''_j/X_i < Y_e/X_e$，则

$$X_e Y''_j - X_i Y_e < 0 \tag{5-3}$$

观察式 (5-1)~式 (5-3) 的不同之处，只是 Y 坐标值有时为 Y_j，有时为 Y'_j，有时为 Y''_j。令 F 为偏差判别函数，即

$$F = X_e Y_j - X_i Y_e \tag{5-4}$$

当 $F \geq 0$ 时，动点在直线上方，刀具应向 $+X$ 方向走一步，此时 $X_{i+1} = X_i + 1$，$Y_{j+1} = Y_j$，有

$$\begin{aligned} F_{i+1} &= F_{i+1,j} = X_e Y_{j+1} - X_{i+1} Y_e = X_e Y_j - (X_i + 1) Y_e \\ &= X_e Y_j - X_i Y_e - Y_e = F_i - Y_e \end{aligned} \tag{5-5}$$

当 $F < 0$ 时，动点在直线下方，刀具应向 $+Y$ 方向走一步，此时 $X_{i+1} = X_i$，$Y_{j+1} = Y_j + 1$，有

$$\begin{aligned} F_{i+1} &= F_{i,j+1} = X_e Y_{j+1} - X_{i+1} Y_e = X_e (Y_j + 1) - X_i Y_e \\ &= X_e Y_j + X_e - X_i Y_e = F_i + X_e \end{aligned} \tag{5-6}$$

从上述过程可以看出，逐点比较法中刀具每走一步都要完成以下四步：

1) 偏差判别。判别偏差符号，确定加工点是在规定工件轮廓外还是在轮廓内。即判断是否 $F \geq 0$。

2) 坐标进给。根据偏差情况，控制 X 坐标或 Y 坐标进给一步，使加工点向规定工件轮廓靠拢，缩小偏差。当 $F \geq 0$ 时，向 $+X$ 方向走一步；当 $F < 0$ 时，向 $+Y$ 方向走一步。

3）新偏差计算。进给一步后，计算加工点与规定工件轮廓的新偏差，作为下一步偏差判别的依据。计算公式见式（5-5）和式（5-6）。

4）终点判别。根据这一步进给结果，判断终点是否达到。如果未到终点，继续插补；如果已到终点，就停止插补。注意前面推导过程中各点坐标以脉冲数给出。所以插补直线共需走的步数为 $N=X_e+Y_e$，当总步数完成时说明已到终点。

例 5-1：设在第Ⅰ象限插补直线段 OA，起点为坐标原点 O（0，0），终点为 A（8，6）。用逐点比较法对直线进行插补，并画出插补轨迹。

解：由 $N=X_e+Y_e$ 可知，插补完这段直线刀具沿 X、Y 轴应走的步数总和为

$$N=X_e+Y_e=8+6=14$$

逐点比较法直线插补运算过程见表 5-1，表中 F_i 为偏差判别式，$+X$、$+Y$ 表示分别在 X 轴、Y 轴进给一个脉冲的进给量。终点判别采用总和判终法，即当 X 轴或 Y 轴有进给时，步数总和减 1，当步数总和不为 0 时，继续进给；当步数总和等于 0 时，插补结束。

表 5-1 逐点比较法直线插补运算过程

步数	偏差判别	进给方向	偏差计算	终点判别
			$F_0=0$	$\Sigma=N=14$
0	$F_0=0$	$+X$	$F_1=F_0-Y_e=0-6=-6$	$\Sigma=N-1=13$
1	$F_1=-6<0$	$+Y$	$F_2=F_1+X_e=-6+8=2$	$\Sigma=12$
2	$F_2=2>0$	$+X$	$F_3=F_2-Y_e=2-6=-4$	$\Sigma=11$
3	$F_3=-4<0$	$+Y$	$F_4=F_3+X_e=-4+8=4$	$\Sigma=10$
4	$F_4=4>0$	$+X$	$F_5=F_4-Y_e=4-6=-2$	$\Sigma=9$
5	$F_5=-2<0$	$+Y$	$F_6=F_5+X_e=-2+8=6$	$\Sigma=8$
6	$F_6=6>0$	$+X$	$F_7=F_6-Y_e=6-6=0$	$\Sigma=7$
7	$F_7=0$	$+X$	$F_8=F_7-Y_e=0-6=-6$	$\Sigma=6$
8	$F_8=-6<0$	$+Y$	$F_9=F_8+X_e=-6+8=2$	$\Sigma=5$
9	$F_9=2>0$	$+X$	$F_{10}=F_9-Y_e=2-6=-4$	$\Sigma=4$
10	$F_{10}=-4<0$	$+Y$	$F_{11}=F_{10}+X_e=-4+8=4$	$\Sigma=3$
11	$F_{11}=4>0$	$+X$	$F_{12}=F_{11}-Y_e=4-6=-2$	$\Sigma=2$
12	$F_{12}=-2<0$	$+Y$	$F_{13}=F_{12}+X_e=-2+8=6$	$\Sigma=1$
13	$F_{13}=6>0$	$+X$	$F_{14}=F_{13}-Y_e=6-6=0$	$\Sigma=0$

根据运算表格中进给方向一列，画出插补轨迹如图 5-3 所示，图中 a、b 分别为 X 轴、Y 轴单脉冲进给量。

上面讨论的是第Ⅰ象限的直线插补问题。对于其他象限的直线进行插补时，可以令终点坐标（X_e，Y_e）和加工点坐标均取绝对值，因此它们的计算公式和程序与第Ⅰ象限一样，归纳为表 5-2 和图 5-4。其他非第Ⅰ象限直线在实际加工时，计算时取终点坐标的绝对值算出插补规律，然后通过各个轴进给方向发出各个轴

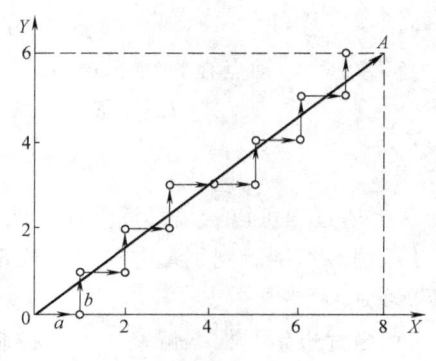

图 5-3 插补轨迹

的脉冲，如第Ⅱ象限直线，只要按照其相对于 Y 轴对称的第Ⅰ象限直线计算进给规律，然后把对应 $+X$ 轴的进给转换成 $-X$ 轴的进给，Y 轴进给方向不变即可。

表 5-2　逐点比较法直线插补计算公式和进给方向

偏差判别	线段	进给方向	偏差计算
$F_{i,j} \geq 0$	L_1、L_4	$+X$	$F_{i+1,j} = F_{i,j} - Y_e$
	L_2、L_3	$-X$	
$F_{i,j} < 0$	L_1、L_2	$+Y$	$F_{i,j+1} = F_{i,j} + X_e$
	L_3、L_4	$-Y$	

逐点比较法直线插补可以用硬件实现，也可以用软件实现。用硬件实现时，采用两个坐标寄存器、偏差寄存器、加法器、终点判别器等组成逻辑电路即可实现逐点比较法的直线插补。

2. 圆弧插补

逐点比较法的圆弧插补是以加工点与圆心的距离是大于还是小于圆弧的半径来作为偏差判别的依据，如图 5-5 所示圆弧圆心位于原点，半径为 R，圆弧两端坐标为 $A(X_A, Y_A)$、$B(X_B, Y_B)$。令加工点的坐标为 $P(X_i, Y_j)$，它与圆心的距离为 L，则 $L^2 = X_i^2 + Y_j^2$，因此圆弧插补的偏差计算公式为

$$F = L^2 - R^2 = X_i^2 + Y_j^2 - R^2 \tag{5-7}$$

当 $F = 0$ 时，表明加工点在圆弧上；当 $F > 0$ 时，表明加工点在圆弧外；当 $F < 0$ 时，表明加工点在圆弧内。

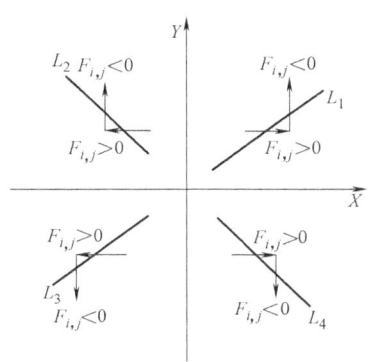

图 5-4　逐点比较法直线插补不同
象限的进给方向

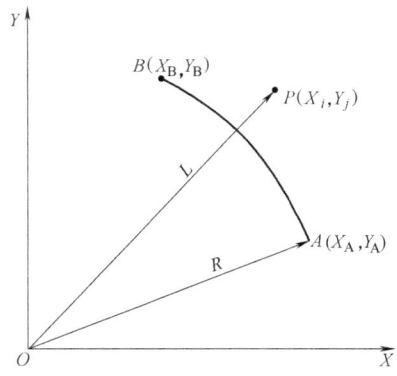

图 5-5　圆弧插补原理

圆弧插补分顺时针圆弧插补和逆时针圆弧插补，这两种情况下偏差计算和坐标进给均不同，下面分别加以介绍。

（1）逆时针圆弧插补　逆时针圆弧插补时，起点为 $A(X_A, Y_A)$，终点为 $B(X_B, Y_B)$。

当 $F \geq 0$ 时，表明加工点在圆弧外或圆弧上，为使加工点靠近终点，应让刀具向 $-X$ 方向走一步，此时，$X_{i+1} = X_i - 1$，$Y_{j+1} = Y_j$，有

$$\begin{aligned} F_{i+1} = F_{i+1,j} &= (X_{i+1})^2 + Y_j^2 - R^2 = (X_i - 1)^2 + Y_j^2 - R^2 \\ &= X_i^2 + Y_j^2 - R^2 - 2X_i + 1 \\ &= F_i - 2X_i + 1 \end{aligned} \tag{5-8}$$

当 $F<0$ 时，表明加工点在圆弧内，为使加工点靠近终点，应让刀具向 $+Y$ 方向走一步，此时，$X_{i+1}=X_i$，$Y_{j+1}=Y_j+1$，有

$$\begin{aligned} F_{i+1} = F_{i,j+1} &= X_i^2+(Y_{j+1})^2-R^2 = X_i^2+(Y_j+1)^2-R^2 \\ &= X_i^2+Y_j^2+2Y_j+1-R^2 \\ &= F_i+2Y_j+1 \end{aligned} \quad (5\text{-}9)$$

（2）顺时针圆弧插补　顺时针圆弧插补时，起点为 B (X_B, Y_B)，终点为 A (X_A, Y_A)。

当 $F\geqslant 0$ 时，表明加工点在圆弧外或圆弧上，为使加工点靠近终点，应让刀具向 $-Y$ 方向走一步，此时，$X_{i+1}=X_i$，$Y_{j+1}=Y_j-1$，有

$$\begin{aligned} F_{i+1} = F_{i,j+1} &= X_i^2+(Y_{j+1})^2-R^2 = X_i^2+(Y_j-1)^2-R^2 \\ &= X_i^2+Y_j^2-2Y_j+1-R^2 \\ &= F_i-2Y_j+1 \end{aligned} \quad (5\text{-}10)$$

当 $F<0$ 时，表明加工点在圆弧内，为使加工点靠近终点，应让刀具向 $+X$ 方向走一步，此时，$X_{i+1}=X_i+1$，$Y_{j+1}=Y_j$，有

$$\begin{aligned} F_{i+1} = F_{i+1,j} &= (X_{i+1})^2+Y_j^2-R^2 = (X_i+1)^2+Y_j^2-R^2 \\ &= X_i^2+Y_j^2-R^2+2X_i+1 \\ &= F_i+2X_i+1 \end{aligned} \quad (5\text{-}11)$$

上面讨论的是第Ⅰ象限的圆弧插补，第Ⅰ象限圆弧插补的计算公式和进给方向归纳为表 5-3。其他象限的顺、逆圆弧插补规律如图 5-6 所示。其他非第Ⅰ象限圆弧也与其他象限直线插补类似，即在实际加工时，按照第Ⅰ象限顺圆弧或逆圆弧进行计算，然后调整相应轴的进给方向即可。

从上述过程可以看出，和逐点比较直线插补法一样，逐点比较圆弧插补中，刀具每走一步也完成同样的四项内容，只是偏差计算公式、进给方向和总步数 N 的计算公式不一样。

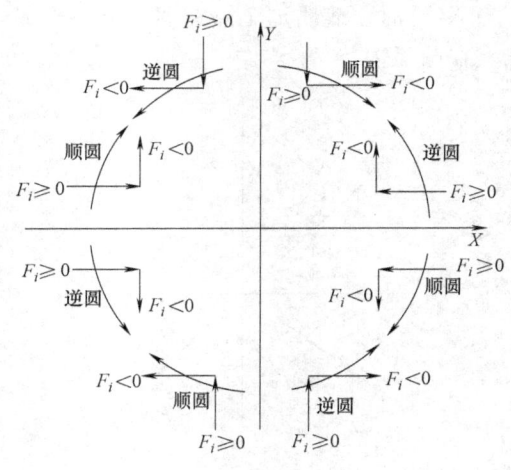

图 5-6　不同象限圆弧插补的进给方向

表 5-3　第Ⅰ象限圆弧插补的计算公式和进给方向

插补方向	偏差情况	进给方向	偏差计算	坐标计算
顺圆	$F_i\geqslant 0$	$-Y$	$F_{i+1}=F_i-2Y_j+1$	$X_{i+1}=X_i$　$Y_{j+1}=Y_j-1$
	$F_i<0$	$+X$	$F_{i+1}=F_i+2X_i+1$	$X_{i+1}=X_i+1$　$Y_{j+1}=Y_j$
逆圆	$F_i\geqslant 0$	$-X$	$F_{i+1}=F_i-2X_i+1$	$X_{i+1}=X_i-1$　$Y_{j+1}=Y_j$
	$F_i<0$	$+Y$	$F_{i+1}=F_i+2Y_j+1$	$X_{i+1}=X_i$　$Y_{j+1}=Y_j+1$

例 5-2：加工第Ⅰ象限逆圆弧，起点为（4，0），终点为（0，4），试进行插补计算并画出插补轨迹。

解：由起点坐标（4，0），得 $R=4$。逐点比较法第Ⅰ象限逆圆弧插补过程见表 5-4，表

中 F_i 为偏差判别式，$-X$、$+Y$ 表示分别在 X 轴反向或 Y 轴正向进给一个脉冲的进给量。终点判别采用 X 轴和 Y 轴步数总和判终法，即无论哪个轴进给，步数总和都减 1，直至减为 0 时，插补结束。动点坐标表示刀具当前运动的坐标情况，绘制插补轨迹图时即可参考此坐标值，插补轨迹如图 5-7 所示。本例题根据表 5-3 中约定的当 $F_0 = 0$ 时，$-X$ 方向进给一步，按实际的插补图观察，如此进给造成初始误差较大，也可以约定当 $F_0 = 0$ 时，沿与圆弧相切方向进给，这样能保证初始进给步的误差相对较小，不过当实际机床运行时，由于脉冲当量的值很小，所以初始进给形式对整条轨迹的误差影响不大。

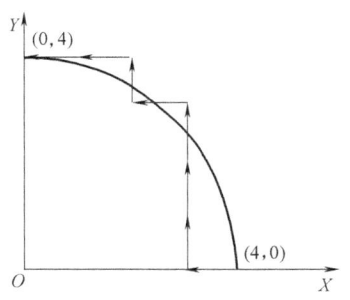

图 5-7　逐点比较法第 I 象限逆圆弧插补轨迹

表 5-4　逐点比较法第 I 象限逆圆弧插补过程

步数	偏差判别	进给方向	偏差计算	动点坐标 (X, Y)	终点判别
起点			$F_0 = 0$	(4,0)	$\Sigma = 4+4 = 8$
1	$F_0 = 0$	$-X$	$F_1 = F_0 - 2X_0 + 1 = -7$	(3,0)	$\Sigma = 8-1 = 7$
2	$F_1 < 0$	$+Y$	$F_2 = F_1 + 2Y_1 + 1 = -6$	(3,1)	$\Sigma = 6$
3	$F_2 < 0$	$+Y$	$F_3 = F_2 + 2Y_2 + 1 = -3$	(3,2)	$\Sigma = 5$
4	$F_3 < 0$	$+Y$	$F_4 = F_3 + 2Y_3 + 1 = 2$	(3,3)	$\Sigma = 4$
5	$F_4 > 0$	$-X$	$F_5 = F_4 - 2X_4 + 1 = -3$	(2,3)	$\Sigma = 3$
6	$F_5 < 0$	$+Y$	$F_6 = F_5 + 2Y_5 + 1 = 4$	(2,4)	$\Sigma = 2$
7	$F_6 > 0$	$-X$	$F_7 = F_6 - 2X_6 + 1 = 1$	(1,4)	$\Sigma = 1$
8	$F_7 > 0$	$-X$	$F_8 = F_7 - 2X_7 + 1 = 0$	(0,4)	$\Sigma = 0$

5.3　数字积分插补法

数字积分法又称为数字微分分析法（Digital Differential Analyzer，DDA），是在数字积分器的基础上建立起来的一种插补法。数字积分法具有运算速度快、脉冲分配均匀、易实现多坐标联动等优点，应用广泛。其工作原理如下。

1. 数字积分法原理

如图 5-8 所示，设有一函数 $y = f(t)$，求该函数在 $t_0 \sim t_n$ 区间的积分，即求函数曲线与横坐标 t 在区间 (t_0, t_n) 所围成的面积。此面积可近似地视为曲线下许多小矩形面积之和，可表示为

$$S = \int_{t_0}^{t_n} y \mathrm{d}t = \sum_{i=1}^{n} y_{i-1} \Delta t \quad (5-12)$$

式（5-12）表明求积分的过程可以用累加的方式来近似。若 Δt 取基本单位时间"1"（相当于一个脉冲

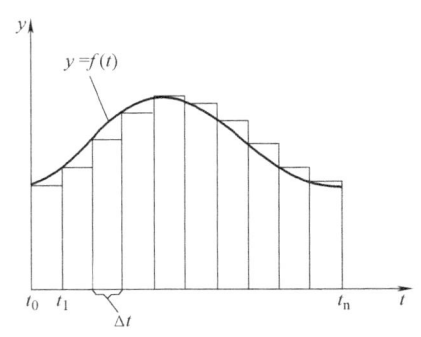

图 5-8　函数 $y = f(t)$ 的积分

周期的时间），则式（5-12）简化为

$$S = \sum_{i=0}^{n-1} y_i \tag{5-13}$$

其中，y_i 为 $t=t_i$ 时 $f(t)$ 的值。

设置一个累加器，而且令累加器的容量为一个单位。用此累加器来实现这种累加运算，则累加过程中超过一个单位时产生溢出，那么，累加过程中所产生的溢出脉冲总数就是要求的面积总和，或者说是要求的积分近似值。

2. 数字积分法直线插补

例如，插补第Ⅰ象限过原点直线 OA 时，其起点为坐标原点 $(0, 0)$，终点为 $A(x_e, y_e)$，插补过程点坐标为 (x, y)，目标直线方程为

$$\frac{y}{x} = \frac{y_e}{x_e} \tag{5-14}$$

将直线方程写成对参数 t 的参量方程形式（式中 K 为比例系数）为

$$\begin{cases} x = K x_e t \\ y = K y_e t \end{cases} \tag{5-15}$$

将式（5-15）对参数 t 求微分，得到过程点坐标：

$$\begin{cases} dx = K x_e dt \\ dy = K y_e dt \end{cases} \tag{5-16}$$

对式（5-16）进行积分：

$$\begin{cases} x = \int dx = K \int x_e dt = x_i \\ y = \int dy = K \int y_e dt = y_i \end{cases} \tag{5-17}$$

将式（5-17）积分写成累加求和形式，即可得到过程点坐标 (x_i, y_i)：

$$\begin{cases} x_i = \sum_{i=1}^{n} K x_e \Delta t \\ y_i = \sum_{i=1}^{n} K y_e \Delta t \end{cases} \tag{5-18}$$

数控加工即动点从起点出发走向终点的过程，可看作各坐标轴每隔一个单位时间 Δt，分别以增量 $K x_e$ 及 $K y_e$ 同时对两个累加器累加的过程。当累加值超过一个坐标单位（脉冲当量）时产生溢出，溢出脉冲驱动伺服系统进给一个脉冲当量，从而走出给定直线。

若经过 m 次累加后，动点 (x, y) 到达终点 (x_e, y_e)，即下式成立：

$$\begin{cases} x = \sum_{i=1}^{m} K x_e = K x_e m = x_e \\ y = \sum_{i=1}^{m} K y_e = K y_e m = y_e \end{cases} \tag{5-19}$$

由此，比例系数 K 和累加次数 m 之间有如下的关系：$Km = 1$，$m = \dfrac{1}{K}$。K 的数值与累加

器的容量有关。设累加器有 n 位，则

$$\begin{cases} K = \dfrac{1}{2^n} \\ m = \dfrac{1}{K} = 2^n \end{cases} \qquad (5\text{-}20)$$

因 $K = \dfrac{1}{2^n}$，n 为累加器的位数，对于被存储的二进制数来说，Kx_e 与 x_e 是相同的，只是认为两者的小数点位置不同，所以，可以用 x_e 直接对 X 轴累加器累加，用 y_e 直接对 Y 轴累加器累加。为防止累加溢出脉冲过慢，影响生产率，在插补前将 x_e、y_e 同时放大 2^m 倍，以提高进给速度，该法称为左移规格化。累加器的初值决定了插补的快慢，初值设为 0，则插补速度过慢；初值设为累加器满量程，则第一步即可溢出脉冲，会导致误差过大。因此，进行数字积分法插补时，为调节插补速度，一般取累加器初值为累加器容量的一半，既保证了插补速度又满足了精度要求。

例 5-3：加工第 I 象限直线 OA，起点为原点 O（0，0），终点为 A（4，5），写出插补计算过程，并画出插补轨迹。

解：数字积分法第 I 象限直线插补计算过程见表 5-5，为加快插补速度，累加器初值置为累加器容量的一半。数字积分法直线插补轨迹如图 5-9 所示。

因终点坐标最大值为 5，选用累加器和寄存器的位数均为 4 位即可满足存储需要，其最大容量为 $2^4 = 16$，存储数据为 0000B～1111B，即十进制的 0～15，当存储数据大于 16 时，超出累加器最大容量，将溢出一个脉冲，驱动相应轴进行进给运动。

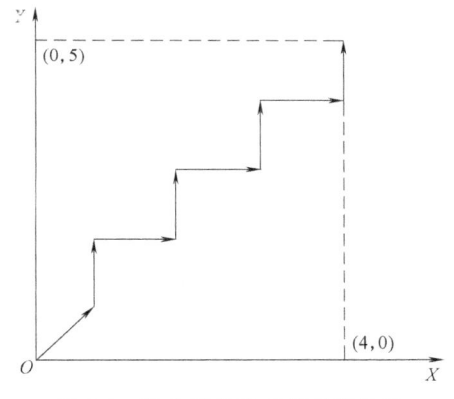

图 5-9　数字积分法直线插补轨迹

表 5-5 中分别对 X 轴和 Y 轴进行累加，根据直线累加公式，两个运动轴在累加时互不相关，因此插补计算可分别进行。表中累加次数为 0 时，表示各个轴的累加器、寄存器和溢出脉冲位的初始值。根据式（5-19）可知，各个轴的被积函数即为对应轴的终点坐标，本例题中，X 轴被积函数寄存器初始值为 X 轴终点坐标，$x_e = 4$，Y 轴被积函数寄存器初始值为 Y 轴终点坐标，$y_e = 5$。两个轴的累加器初始值均取累加器满容量的一半，用以控制插补速度和运行精度。表中累加器溢出脉冲，是根据当前累加器内数据进行判断的，即当数据超过最大容量 16 时，有脉冲溢出，同时，累加器内存储剩余数据，如第 2 次累加时，Y 累加器数据为 $5+13=18$，超过累加器最大容量，Y 累加器溢出脉冲 1，Y 累加器剩余数据为 $18-16=2$。表 5-5 中给出了寄存器和累加器的四位二进制和十进制两种数据形式，在控制器中溢出脉冲用一位表示，其值分别为 0 或 1。

数字积分法插补的优点是可以对空间直线或多维线型函数进行插补，可以控制多坐标联动。空间直线插补与平面直线插补的原理相同，只是需要增加一个 Z 轴的积分器，其被积函数为直线的 Z 坐标值 Z_e。

表 5-5 数字积分法第Ⅰ象限直线插补计算过程

累加次数	X轴 数字积分器			Y轴 数字积分器		
	X寄存器	X累加器	X溢出脉冲	Y寄存器	Y累加器	Y溢出脉冲
0	0100B(4)	1000B(8)	0	0101B(5)	1000B(8)	0
1	0100B(4)	1100B(12)	0	0101B(5)	1101B(13)	0
2	0100B(4)	0000B(0)	1	0101B(5)	0010B(2)	1
3	0100B(4)	0100B(4)	0	0101B(5)	0111B(7)	0
4	0100B(4)	1000B(8)	0	0101B(5)	1100B(12)	0
5	0100B(4)	1100B(12)	0	0101B(5)	0001B(1)	1
6	0100B(4)	0000B(0)	1	0101B(5)	0110B(6)	0
7	0100B(4)	0100B(4)	0	0101B(5)	1011B(11)	0
8	0100B(4)	1000B(8)	0	0101B(5)	0000B(0)	1
9	0100B(4)	1100B(12)	0	0101B(5)	0101B(5)	0
10	0100B(4)	0000B(0)	1	0101B(5)	1010B(10)	0
11	0100B(4)	0100B(4)	0	0101B(5)	1111B(15)	0
12	0100B(4)	1000B(8)	0	0101B(5)	0100B(4)	1
13	0100B(4)	1100B(12)	0	0101B(5)	1001B(9)	0
14	0100B(4)	0000B(0)	1	0101B(5)	1110B(14)	0
15	0100B(4)	0100B(4)	0	0101B(5)	0011B(3)	1

5.4 数据采样插补法

数据采样插补法是根据用户的进给速度，将给定轮廓曲线分割为每一插补周期的进给段，即轮廓步长。每一个插补周期，执行一次插补运算，计算出下一个插补点（动点）坐标，从而计算出下一周期各个坐标的进给量，进而得出下一插补点的指令位置。与基准脉冲插补法不同，由数据采样插补算法得出的不是进给脉冲，而是用二进制表示的进给量，也就是在下一插补周期中，轮廓曲线上的进给段在各坐标轴上的分矢量。计算机定时对坐标的实际位置进行采样，采样数据与指令位置进行比较，得出位置误差，再根据位置误差对伺服系统进行控制，达到消除误差、使实际位置跟随指令位置的目的。插补周期可以等于采样周期，也可以是采样周期的整数倍。对于直线插补，动点在一个插补周期内运动的直线段与给定直线重合。对于圆弧插补，动点在一个插补周期内运动的直线段以弦线（或切线、割线）逼近圆弧。

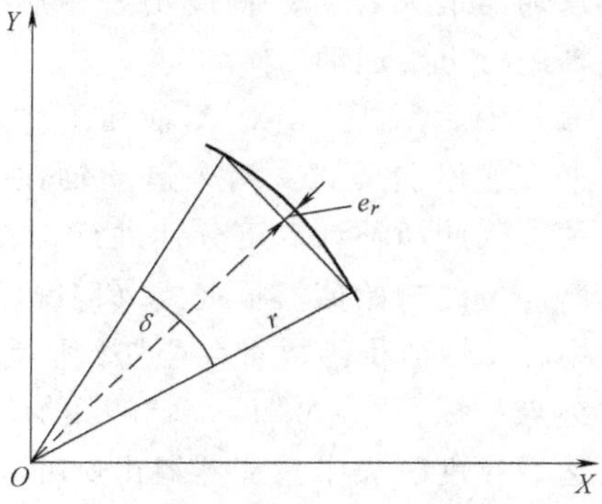

圆弧插补常用弦线逼近的方法，如图 5-10 所示。用弦线逼近圆弧，会产生逼近误差 e_r。设 δ 为在一个插补周期内逼近弦所对应的圆心角，r 为圆弧半径，则

$$e_r = r\left(1 - \cos\frac{\delta}{2}\right) \tag{5-21}$$

图 5-10 用弦线逼近圆弧

为简化计算，将式（5-21）中的 $\cos\frac{\delta}{2}$ 用幂级数展开，得

$$e_r = r\left(1 - \cos\frac{\delta}{2}\right) = r\left\{1 - \left[1 - \frac{(\delta/2)^2}{2!} + \frac{(\delta/2)^4}{4!} - \cdots\right]\right\} \approx \frac{\delta^2}{8}r \tag{5-22}$$

设 T 为插补周期，F 为刀具移动速度（进给速度），则进给步长为

$$l = TF \tag{5-23}$$

以进给步长代替弦长，圆心角为

$$\delta = \frac{l}{r} = \frac{TF}{r} \tag{5-24}$$

将式（5-24）代入插补误差公式（5-22），得

$$e_r \approx \frac{\delta^2}{8}r = \frac{r}{8}\left(\frac{TF}{r}\right)^2 = \frac{(TF)^2}{8r} \tag{5-25}$$

总之，插补误差与进给速度、插补周期的二次方成正比，与圆弧半径成反比。在一台数控机床上，允许的插补误差是一定的，它应小于数控机床的分辨率，即应小于一个脉冲当量。那么，较小的插补周期，可以在小半径圆弧插补时允许较大的进给速度。从另一角度讲，进给速度、圆弧半径一定的条件下，插补周期越短，逼近误差就越小。但插补周期的选择要受计算机运算速度的限制。首先，插补计算比较复杂，需要较长时间。此外，计算机除执行插补运算之外，还必须实时地完成其他工作，如显示、监控、位置采样及控制等。所以，插补周期应大于插补运算时间与完成其他实时任务所需时间之和。插补周期一般是固定的，如 8ms。插补周期确定之后，一定的圆弧半径，应由与之对应的最大进给速度限定，以保证逼近误差不超过允许值。数据采样插补的具体算法有多种，如时间分割法、扩展 DDA 法、双 DDA 法等。下面以时间分割法为例加以说明。

（1）时间分割法直线插补　时间分割法直线插补是把加工一段曲线的整段时间细分为许多相等的时间间隔（称为插补周期），每经过一个插补周期就进行一次插补计算，算出在这一时间间隔内各坐标轴的进给量，边计算、边加工，直至加工终点，如图 5-11 所示。

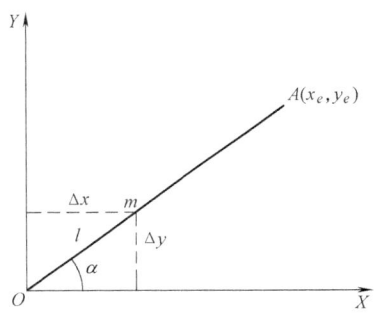

图 5-11　时间分割法直线插补

时间分割法直线插补的加工步骤如下：

1）根据加工指令中的进给速度，计算出每一插补周期的轮廓步长 l。设指令进给速度为 F，其单位为 mm/min，插补周期 T（以 FANUC 7M 系统为例）为 8ms，插补进给速度 f 的单位为 μm/8ms，l 的单位为 μm，则

$$l = f = \frac{F \times 1000 \times 8}{60 \times 1000} = \frac{2}{15}F \tag{5-26}$$

2）计算各坐标轴的进给量 Δx 或 Δy（而不是单个脉冲）。

例如，加工第 I 象限直线时，要使动点从 O 到 A 沿给定直线运动，必须使 X 轴和 Y 轴的运动速度始终保持一定的比例关系，这个比例关系由终点坐标 x_e、y_e 的比值决定。

$$\begin{cases} \Delta x = l\cos\alpha \\ \Delta y = \dfrac{y_e}{x_e}\Delta x = \Delta x \tan\alpha \\ \cos\alpha = \dfrac{x_e}{\sqrt{y_e^2 + x_e^2}} = \dfrac{1}{\sqrt{1 + \tan^2\alpha}} \end{cases} \tag{5-27}$$

在进给速度不变的情况下，各个插补周期的 Δx、Δy 不变，但在加减速过程中是变化

的。为了与加减速过程统一处理,在匀速段和加减速段均进行插补计算。

(2) 时间分割法圆弧插补 时间分割法圆弧插补也必须先根据加工指令中的进给速度,计算轮廓步长,才能进行插补计算。

例 5-4: 加工第 I 象限顺圆弧,如图 5-12 所示。已知:轮廓步长 l、起点的坐标 $A(x_i, y_i)$ 终点坐标 $B(x_{i+1}, y_{i+1})$。

解: 由于 $\angle MOC$ 与 $\angle BAF$ 的两边分别垂直,即 $AF \perp OC$,$AB \perp OM$,所以有

$$\alpha = \varphi_i + \frac{1}{2}\delta \tag{5-28}$$

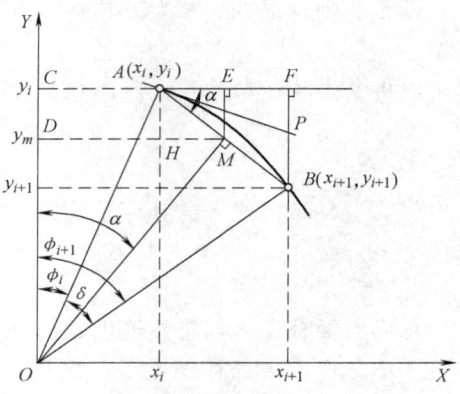

图 5-12 时间分割法圆弧插补

所以有

$$\tan\alpha = \tan\left(\varphi_i + \frac{1}{2}\delta\right) \tag{5-29}$$

则

$$\tan\left(\varphi_i + \frac{1}{2}\delta\right) = \frac{x_i + \frac{1}{2}\Delta x}{y_i - \frac{1}{2}\Delta y} = \frac{x_i + \frac{1}{2}l\cos\alpha}{y_i - \frac{1}{2}l\sin\alpha} \tag{5-30}$$

所以

$$\tan\alpha = \frac{x_i + \frac{1}{2}l\cos\alpha}{y_i - \frac{1}{2}l\sin\alpha} \tag{5-31}$$

在式 (5-31) 中,α 为未知数,可采用近似迭代算法,取初值 $\alpha = 45°$,即以 $\cos 45°$ 和 $\sin 45°$ 代入不等号右边,计算出 $\tan\alpha$ 值,从而求出新 α 值,再代入右边反复计算,逼近真值。

$$\tan\alpha \approx \frac{x_i + \frac{1}{2}l\cos 45°}{y_i - \frac{1}{2}l\sin 45°} \tag{5-32}$$

由式 (5-27) 可求 Δx

$$\Delta x = l\cos\alpha = \frac{l}{\sqrt{1+\tan^2\alpha}} \tag{5-33}$$

由于点 $A(x_i, y_i)$ 与点 $B(x_i+\Delta x, y_i-\Delta y)$ 均在圆弧上,则有

$$x_i^2 + y_i^2 = (x_i + \Delta x)^2 + (y_i - \Delta y)^2 \tag{5-34}$$

整理后得

$$\Delta y = \frac{\left(x_i + \frac{1}{2}\Delta x\right)\Delta x}{y_i - \frac{1}{2}\Delta y} \tag{5-35}$$

解此方程时可用迭代法，初始公式为 $\Delta y = \Delta x \tan\alpha$，以后每次计算 $\tan\alpha$，代入反复计算，求至误差小于一个脉冲当量时即可。

在用式（5-32）进行近似计算 $\tan\alpha$ 时，势必造成 $\tan\alpha$ 的偏差，进而造成 Δx 的偏差。但是，这样的近似并不影响 B 点仍在圆弧上。这是因为 Δy 是通过式（5-35）计算出来的，满足式（5-35）时，B 点就必然在圆弧上。$\tan\alpha$ 的近似计算，只造成进给速度的微小偏差，实际进给速度的变化小于指令进给速度的 1%。这么小的进给速度变化在实际切削加工中是微不足道的，完全可以认为插补速度是均匀的。

时间分割插补法用弦线逼近圆弧，因此插补误差主要为半径的绝对误差。插补周期是固定的，该误差取决于进给速度和圆弧半径。为此，当加工的圆弧半径确定后，为了使径向误差不超过允许值，对进给速度要有一个限制。

由式（5-25）可得

$$l \leqslant \sqrt{8e_r r} \tag{5-36}$$

式中　e_r——最大径向误差；

　　　r——圆弧半径。

若 $e_r = 1\mu m$，$r = 10mm$，插补周期 $T = 8ms$，则进给速度为

$$F = \frac{l}{T} = \frac{\sqrt{8e_r r}}{T} = 2629.3 mm/min \tag{5-37}$$

式中　F——指令进给速度（mm/min）。

本章小结

插补是整个数控系统中的一个核心功能，插补算法的选择将直接影响系统的精度、速度及加工能力范围等。本章首先介绍了数控插补的概念和分类，然后介绍了常用的逐点比较法、数字积分法和数据采样法。

练习题

5-1　解释名词：插补、脉冲当量、逐点比较法、数字积分法（DDA）、数据采样插补法、时间分割法。

5-2　简述数据采样法的插补原理，与基准脉冲插补法的区别有哪些？

5-3　时间分割法直线和圆弧插补的区别有哪些？插补误差与哪些因素有关？

5-4　插补计算：完成逐点比较四方向直线插补，直线起点在原点，终点在（5，-9），列出插补计算步骤表，并绘制插补轨迹图。

5-5　插补计算：完成逐点比较四方向圆弧插补，圆弧起点在（0，5），终点在（-3，4），列出插补计算步骤表，并绘制插补轨迹图。

5-6　插补计算：完成数字积分法直线插补，直线起点在原点，终点在（5，9），列出插补计算步骤表，并绘制插补轨迹图。对比本题与题5-4逐点比较法直线插补，分析其误差影响因素。

第6章 伺服驱动系统

6.1 伺服驱动系统概述

对于数控机床来说，驱动装置主要包括伺服控制系统和电动机两个部分，伺服控制系统的作用就是和电动机一起构成各种伺服系统，直接驱动各种机械执行机构完成预定的工作任务。

驱动装置位于数控装置和机床工作装置之间，包括进给轴伺服驱动装置和主轴驱动装置。进给轴伺服驱动装置由位置控制单元、速度控制单元、电动机和测量反馈单元等部分组成，它按照数控装置发出的位置控制指令和速度控制指令正确驱动机床受控部件（如机床移动部件和主轴头等）。主轴驱动装置主要由速度控制单元、电动机和测量反馈单元等部分组成。电动机可以是步进电动机、直流电动机和交流电动机等。

根据数控机床的驱动装置有无信息反馈回路可以分为开环和闭环两大类，闭环系统按照位置检测装置的位置不同可以分为半闭环、全闭环和混合闭环三种。

开环控制通常采用步进电动机作为驱动元件，由于没有位置反馈和速度反馈控制回路，简化了线路，因此设备投资低，调试和维修都很方便，但进给速度和精度较低，应用于中、低档数控机床及普通机床改造。

闭环控制采用直流或交流伺服电动机作为驱动元件，由于它具有位置和速度信号的反馈调节作用，从而有效地提高了机床的系统精度，但是也提高了系统的复杂程度。

6.2 开环伺服驱动系统

6.2.1 步进电动机的工作原理

步进电动机是一种将电脉冲信号变换成相应的角位移或直线位移的机电执行元件，每当输入一个电脉冲时，它便转过一个固定的角度，这个角度称为步距角，简称为步距。脉冲一个一个地输入，电动机便一步一步地转动，步进电动机便因而得名。

1. 结构特点

步进电动机的旋转位移量与输入脉冲数严格成比例，这就不会引起误差的积累，其转速与脉冲频率和步距角有关。控制输入脉冲数量、频率及电动机各相绕组的接通次序，可以得到各种需要的运行特性。尤其是当与其他数字系统配套使用时，它将体现出更大的优越性，因而，被广泛地用于数字控制系统中。例如，在数控机床中，将零件加工的要求编制成一定符号的加工指令，或编成程序软件存放在磁盘上，然后送入数控机床的控制箱，其中的数字计算机会根据纸带上的指令，或磁盘上的程序，发出一定数量的电脉冲信号，步进电动机就会做相应的转动，通过传动机构，带动刀架做出符合要求的动作，自动加工工件。

步进电动机和一般旋转电动机一样,分为定子和转子两大部分。定子由硅钢片叠成,装上一定相数的控制绕组,由环行分配器送来的电脉冲对多相定子绕组轮流进行励磁;转子用硅钢片叠成或用软磁性材料做成凸极结构,转子本身没有励磁绕组的称为"反应式步进电动机",用永久磁铁做转子的称为"永磁式步进电动机",两种都有的称为"混合式步进电动机"。步进电动机的类型虽然繁多,但工作原理基本相同,下面仅以三相反应式步进电动机为例来说明。

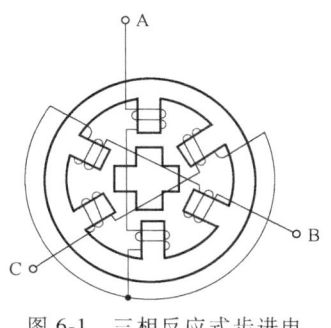

图 6-1 三相反应式步进电动机的结构示意图

图 6-1 所示为一台三相反应式步进电动机的结构示意图。定子有 6 个磁极,每两个相对的磁极上绕有一相控制绕组。转子上装有四个凸齿。

2. 工作原理

步进电动机的工作原理其实就是电磁铁的工作原理,如图 6-2 所示。由环形分配器送来的脉冲信号,对定子绕组轮流通电,设先对 A 相绕组通电,B 相和 C 相都不通电。由于磁通具有力图沿磁阻最小路径通过的特点,图 6-2a 中转子齿 1 和 3 的轴线与定子 A 极轴线对齐,即在电磁吸力作用下,将转子齿 1、3 吸引到 A 极下,此时,因转子只受径向力而无切线力,故转矩为零,转子被自锁在这个位置上,此时,B、C 两相的定子齿则和转子齿在不同方向各错开 30°。随后,A 相断电,B 相控制绕组通电,则最近的转子齿 2 和 4 就和 B 相定子齿对齐,转子沿顺时针方向旋转 30°(图 6-2b)。然后使 B 相断电,C 相通电,同理最近的转子齿 1 和 3 就和 C 相定子齿对齐,转子又沿顺时针方向旋转 30°(图 6-2c)。可见,通电顺序为 A—B—C—A 时,转子便按顺时针方向一步一步转动。每换接一次,转子前进一个步距角。电流换接三次,磁场旋转一周,转子前进一个齿距角(此例中转子有四个齿时为 90°)。欲改变旋转方向,则只要改变通电顺序即可,如通电顺序改为 A—C—B—A,转子就反向转动。

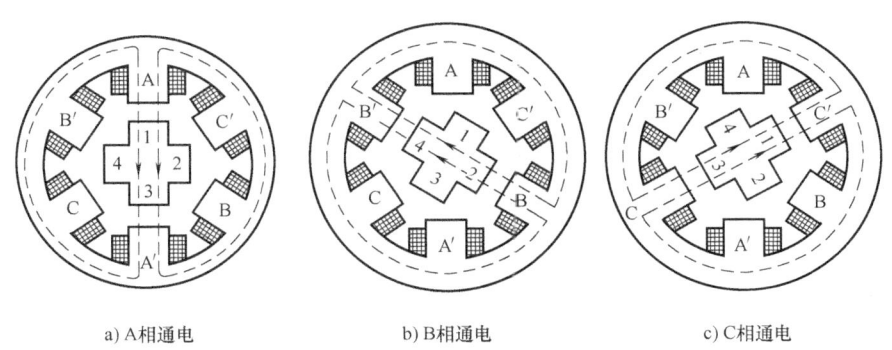

a) A相通电　　　　　　　b) B相通电　　　　　　　c) C相通电

图 6-2 单三拍通电方式时转子的位置

3. 通电方式

步进电动机的转速既取决于控制绕组通电的频率,也取决于绕组通电方式,三相步进电动机一般有单三拍、单双六拍及双三拍等通电方式,"单""双""拍"的意思是:"单"是指每次切换前后只有一相绕组通电,"双"就是指每次有两相绕组通电,而从一种通电状态转换到另一种通电状态就称为一"拍"。步进电动机若按 A—B—C—A 方式通电,因为定子绕组为三相,每一次只有一相绕组通电,而每一个循环只有三次通电,故称为三相单三拍通电。单三拍的通电方式，每次只一个磁极控制转子，当磁极断电时，转子在平衡位置摆动，造成电动机运行不平稳，一般不采用。如果按照 A—AB—B—BC—C—CA—A 的方式循环通电，就称为三相六拍通电，如图 6-3 所示。从该图可以看出，当 A 和 B 两相同时通电时，转子稳定位置将会停留在 A、B 两定子磁极对称的中心位置上。三相六拍通电方式能保证转子至少受一对电极控制，消除了平衡位置的摆动现象。因为每一拍，转子转过一个步距角，由图 6-2 和图 6-3 可明显看出，三相三拍步距角为 30°，三相六拍步距角为 15°。上述步距角显然太大，不适合一般用途的要求。

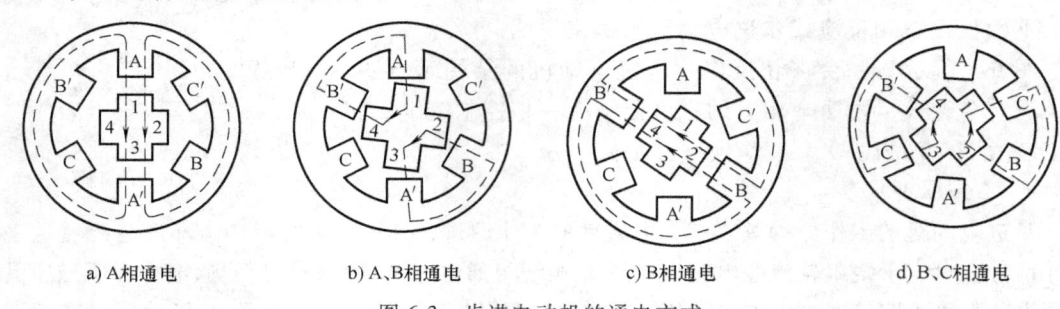

a) A 相通电　　　b) A、B 相通电　　　c) B 相通电　　　d) B、C 相通电

图 6-3　步进电动机的通电方式

图 6-4 所示为一个实际的小步距角步进电动机结构示意图。从图中可以看出，它的定子内圆和转子外圆均有齿和槽，而且定子和转子的齿宽和齿距相等。定子上有三对磁极，分别绕有三相绕组，定子极面小齿和转子上的小齿位置要符合下列规律：当 A 相的定子齿和转子齿对齐时（图 6-4），B 相的定子齿应相对于转子齿沿顺时针方向错开 1/3 齿距，而 C 相的定子齿又应相对于转子齿沿顺时针方向错开 2/3 齿距。也就是说，当某一相磁极下定子与转子的齿相对时，下一相磁极下定子与转子的齿则刚好错开 τ/M。其中，τ 为齿距，M 为定子相数。再下一相磁极下定子与转子的齿则错开 $2\tau/M$。依此类推，当定子绕组按 A—B—C—A 顺序轮流通电时，转子就沿顺时针方向一步一步地转动，各相绕组轮流通电一次，转子就转过一个齿距。

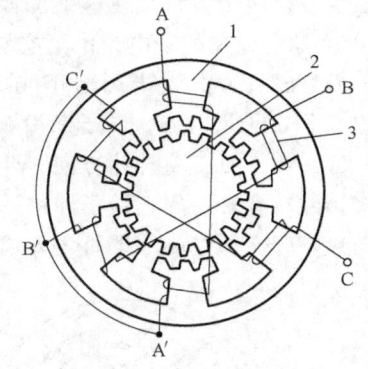

图 6-4　实际的小步距角
步进电动机结构示意图
1—定子　2—转子　3—定子绕组

设转子的齿数为 Z，则齿距为

$$\tau = 360°/Z \tag{6-1}$$

步进电动机定子通电方式每改变一次（即运行一拍），转子相应转过一个角度（即走一步），该角度称为步进电动机的步距角，其计算公式为

$$\alpha = \frac{\text{齿距}}{\text{拍数}} = \frac{360°}{Z \times \text{拍数}} = \frac{360°}{MZK} \tag{6-2}$$

式中　K——状态系数，由于 $K = \dfrac{\text{拍数}}{\text{相数}}$，因此单三拍、双三拍时 $K=1$；而三相六拍时，$K=2$。

若步进电动机的齿数 $Z=40$，三相单三拍模式运行时，其步距角为

$$\alpha = \frac{360°}{3 \times 40 \times 1} = 3° \tag{6-3}$$

若按三相六拍运行时，其步距角为

$$\alpha = \frac{360°}{3 \times 40 \times 2} = 1.5° \tag{6-4}$$

由此可见，步进电动机的转子齿数 Z 和定子相数 M（或运行拍数）越多，则步距角越小，控制越精确。

当定子控制绕组按着一定顺序不断地轮流通电时，步进电动机就持续不断地旋转。如果电脉冲的频率为 f（通电频率），步距角用弧度表示，则步进电动机的转速为

$$[n]_{\text{r/min}} = \frac{[\alpha]° [f]_{\text{Hz}}}{2\pi} \times 60 = \frac{60}{ZKM} f \tag{6-5}$$

6.2.2 步进电动机的主要工作特性

1. 步进电动机的基本特性

由式（6-5）可知，反应式步进电动机的转速只取决于脉冲频率、转子齿数和拍数，而与电压、负载、温度等因素无关。当步进电动机的通电方式选定后，其转速只与输入脉冲频率成正比，改变脉冲频率就可以改变转速，故可进行无级调速，调速范围很宽。同时步进电动机具有自锁能力，当控制电脉冲停止输入，而让最后一个脉冲控制的绕组继续通入直流时，则电动机可以保持在固定的位置上，这样，步进电动机可以实现停车时转子定位。

综上所述，步进电动机工作时的步数或转速既不受电压波动和负载变化的影响（在允许负载范围内），也不受环境条件（温度、压力、冲击和振动等）变化的影响，只与控制脉冲同步。同时，它又能按照控制的要求进行起动、停止、反转或改变速度，这就是它被广泛地应用于各种数字控制系统中的原因。

2. 矩角特性

矩角特性是反映步进电动机电磁转矩 T 随偏转角 θ 变化的关系。定子一相绕组通以直流电后，如果转子上没有负载转矩的作用，转子齿和通电相磁极上的小齿对齐，这个位置称为步进电动机的初始平衡位置。当转子有负载作用时，转子齿就要偏离初始位置，此曲线可近似地用一条正弦曲线表示，如图 6-5 所示。从图中可以看出，θ_e 达到 $\pm\pi/2$ 时，即在定子齿与转子齿错开 1/4 个齿距时，转矩达到最大值，称为最大静转矩 T_{smax}。步进电动机的负载转矩必须小于最大静转矩，否则根本带不动负载。为了能稳定运行，负载转矩一般只能是最大静转矩的 30%～50%。因此，这一特性反映了步进电动机带负载的能力，通常在技术数据中都有说明，它是步进电动机最主要的性能指标之一。

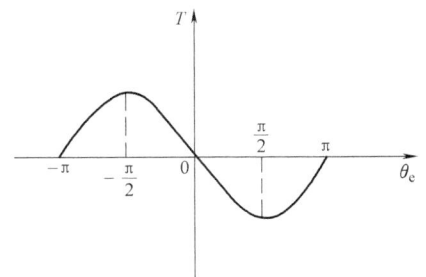

图 6-5 步进电动机的矩角特性

3. 脉冲信号频率特性

当脉冲信号频率很低时，控制脉冲以矩形波输入，电流波形比较接近于理想的矩形波，如图 6-6a 所示。如果脉冲信号频率增高，由于电动机绕组中的电感有阻止电流变化的作用，因此电流波形发生畸变，变成图 6-6b 所示波形。在开始通电瞬间，由于电流不能突变，其值不能立即升起，故使转矩下降，从而使起动转矩减小，有可能起动不起来；在断电的瞬间，电流也不能迅速下降，而产生反转矩致使电动机不能正常工作。如果脉冲信号频率很高，则电流还来不及上升到稳定值就开始下降，于是电流

的幅值降低（由 I 下降到 I'），变成图 6-6c 所示波形。因而产生的转矩减小，致使带负载的能力下降。故频率过高会使步进电动机起动不了或运行时失步而停下。因此，对脉冲信号频率是有限制的。

4. 转子机械惯性

从物理学可知，机械惯性对瞬时运动的物体会产生作用，当步进电动机从静止到起步，由于转子部分的机械惯性作用，转子一下子转不起来，因此，要落后于它应转过的角度，如果落后不太大，还会跟上来；如果落后得太多，或者脉冲信号频率过高，电动机将会起动不起来。

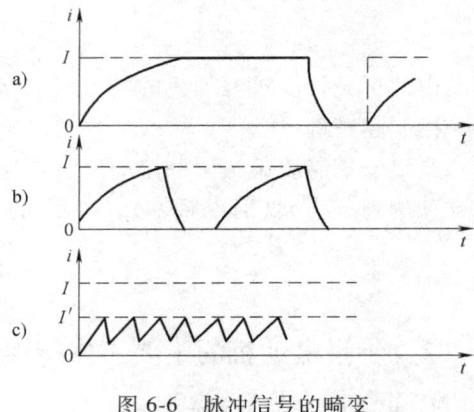

图 6-6 脉冲信号的畸变

另外，即使电动机在运转，也不是每走一步都迅速地停留在相应的位置，而是受机械惯性的作用，要经过几次振荡后才停下来，如果这种情况严重，就可能引起失步。因此，步进电动机都采用阻尼方法，以消除（或减弱）步进电动机的振荡。

6.2.3 步进电动机的选用

一般来说，选择步进电动机时应遵循下述程序：

1. 选择要素

选择步进电动机时，首先要知道机械和时间两个方面的要素。机械要素是指负载转矩和负载惯量。时间要素是指加速过程所用时间和运行时间。

2. 确定目标

确认脉冲信号频率，其依据是将物体移动到目标位置的时间。

$$[脉冲频率 f]_{Hz} = \frac{6 \times [转速\ n]_{r/min}}{[步距角\ \alpha]^\circ} \tag{6-6}$$

3. 计算需要的运行转矩

电动机运行所需要的转矩为

$$T = T_l + T_a \tag{6-7}$$

式中 T——需要的运行转矩（kg·cm）；

T_l——负载转矩（kg·cm）；

T_a——惯性体的加速转矩（kg·cm）。

1) 负载转矩由实测得到，或用估算公式计算。

2) 惯性体的加速转矩可按下式计算：

$$T_a = \frac{驱动物体的惯量}{980.7} \times \frac{3.14 \times 步距角}{18} \times \frac{电动机希望的脉冲频率}{加速时间} \tag{6-8}$$

4. 确定电动机的型号

根据已得到的脉冲频率和运行需求的转矩，从电动机产品样本的矩频特性曲线上选取 2~3 种可用的电动机。

5. 验证

根据选中的电动机，结合转子惯量再次用

$$需要的运行转矩=\frac{驱动物体的惯量+转子惯量}{980.7}\times\frac{3.14\times步距角}{18}\times\frac{脉冲频率}{加速时间}+负载转矩 \quad (6-9)$$

验算。将计算值再次与矩频特性曲线对照，确定是否在该曲线内侧，直到满足为止，最终确定一种电动机。对首次设计的装置来讲，所选用的电动机和驱动器的特性，通常留有 1.5~2 倍的余量。

6.2.4 步进电动机驱动装置

步进电动机又称脉冲电动机，其驱动的输入信号是一系列的电脉冲。控制器所发出的电脉冲信号，通过环形分配器按一定的顺序加到电动机的各相绕组上。经环形分配器过来的脉冲，未经放大时其驱动功率很小，而步进电动机的绕组需要较大的电流才能工作。为了使电动机能够输出足够的功率，经环形分配器产生的脉冲信号还需要进行功率放大来驱动步进电动机。步进电机驱动系统框图如图 6-7 所示。

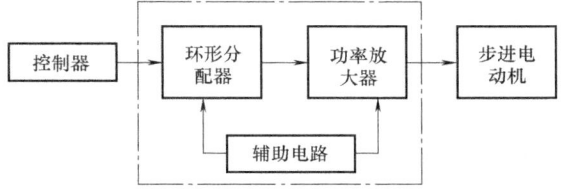

环形分配器、功率放大器以及其他控制线路的组合共同组成步进电动机的驱动电源，即驱动装置，如图 6-8 所示。它是

图 6-7 步进电动机驱动系统框图

步进电动机不可分割的一部分，通常我们所说的步进电动机一般是指步进电动机和驱动装置的成套设备。

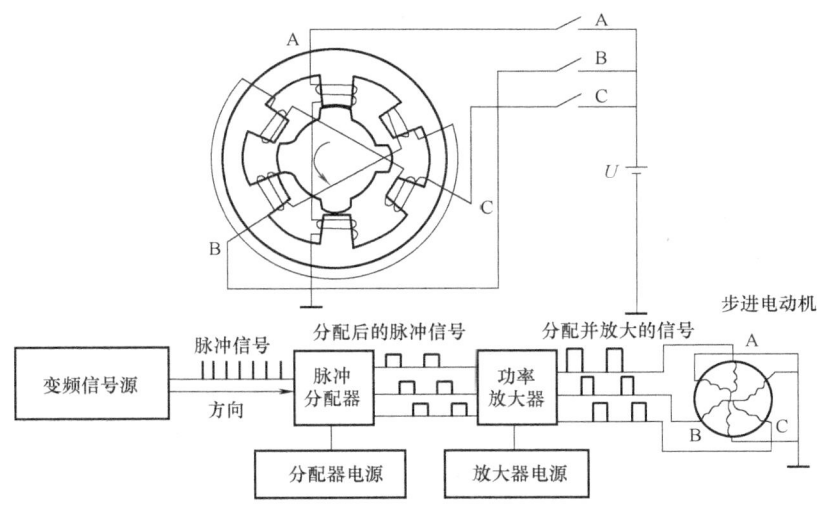

图 6-8 步进电动机的驱动装置

步进电动机驱动装置是将控制器的变频信号源（来自微型计算机或数控装置）送过来的脉冲信号及方向信号按要求的配电方式自动地循环供给步进电动机的各相绕组，以驱动电动机的转子正、反向旋转。变频信号源是可以提供从几赫兹到几万赫兹的频率信号且连续可调的脉冲信号发生器。因此，只要输入电脉冲的数量及频率就可以精确地控制步进电动机的

转角及转速。

步进电动机驱动装置的基本功能包括：

1）按一定顺序及频率接通和断开步进电动机的励磁绕组，按要求使电动机起动、运转和停止。

2）提供足够的电功率，实现机电能量的转换。

3）提高步进电动机运行的快速性和平稳性。

1. 环形分配器

环形分配器又称为脉冲分配器或环分器，分为硬件环分器和软件环分器两种。用于控制步进电动机的通电方式，使步进电动机绕组的通电顺序按一定的规律变化，并根据指令使电动机正转、反转，实现确定的运行方式。

（1）硬件环形分配器　简称硬环分器。早期的硬件环分器多采用分离元件搭建，目前国内外针对不同相数的电动机专门开发了环形分配器的集成电路块，常用的环形分配器集成模块有 PM03、PM04、PM05、PM06（数字代表相数）、PMM8713/PMM8723/PMM8714、CH224、CH250 等。

（2）软件环形分配器　简称软环分器。随着微型计算机运行速度的提高，利用软件实现环形分配器成为现实。所谓软环分就是利用软件实现硬件环形分配器的功能。将控制字（步进电动机各相通断电顺序）从内存中读出，然后送到并行口中输出。

用软件进行环形分配，采用不同的计算机及接口器件有不同的形式。现以单片机 CPU 为 8031 为例加以说明。

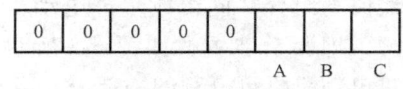

图 6-9　三相步进电动机的控制字格式

如果电动机是采用三相六拍的通电方式，即按 A—AB—B—BC—C—CA—A 顺序循环通电，则步进电动机正向转动；若反向顺序循环，则步进电动机反向转动。如果用一个字节的低三位分别对应步进电动机的 A、B、C 三相，则形成脉冲控制字，图 6-9 所示为三相步进电动机的控制字格式。表 6-1 则是步进电动机三相六拍励磁时的开关顺序表，也就是所谓的控制字。

表 6-1　步进电动机三相六拍励磁时的开关顺序表

CP	A	B	C	控制字	CP	A	B	C	控制字
1 A	1	0	0	04H	4 BC	0	1	1	03H
2 AB	1	1	0	06H	5 C	0	0	1	01H
3 B	0	1	0	02H	6 CA	1	0	1	05H

从表中可知，当电动机正转时，取控制字为 04H、06H、02H、03H、01H、05H；反转时的控制字正好相反。用微型计算机实现软件环分，将控制字存放在 ROM 中，通过查表来提取控制字。

2. 驱动放大电路

驱动放大电路又称为功率驱动器或功率放大器（简称功放电路），其实际上是一种脉冲放大电路。从环形分配器输出的脉冲信号是很弱的，其脉冲电流只有几毫安，而步进电动机的定子绕组需要几安培至几十安培，所以，脉冲信号必须经过功放电路放大后才能驱动步进电动机。因为步进电动机的绕组是感性负载，所以步进电动机的功率放大有其特殊性，如较大电感量影响快速性,感应电动势会带来功率管保护等问题。驱动放大电路的核心就是如何提高步进电动机的快速性和平稳性。

目前国内步进电动机的驱动放大电路主要有单电压恒流功放电路、高低压功放电路、斩波功放电路以及调频调压功放电路等。

(1) 单电压恒流功放电路 如图6-10a所示为步进电动机单相的功放电路。在电阻R两端并联电容C,该电容称为加速电容。由于电容上的电压不能突变,在绕组由截止到导通的瞬间,电源电压全部落在绕组上,使电流上升更快。

在功放电路中,把恒流源连接在电源两端或连接在地端,代替外接电阻R,组成单电压恒流功放电路,如图6-10b所示。与基本单电压功放电路相比,其功耗大为降低,并提高了电源的效率。

(2) 高低压功放电路 高低压功放电路是分别采用高压和低压两种电源电压的功放电路,如图6-11a所示,相应的电压、电流波形如图6-11b所示。双电压功放电路的工作控制信号和单电压功放电路有很大区别。在单电压功放电路中,它的工作控制信号是步进时一相所需的方波信号,而在双电压功放电路中除了需要一相所需的方波信号外,还需高压驱动信号,只有两个信号密切配合才能正常工作。

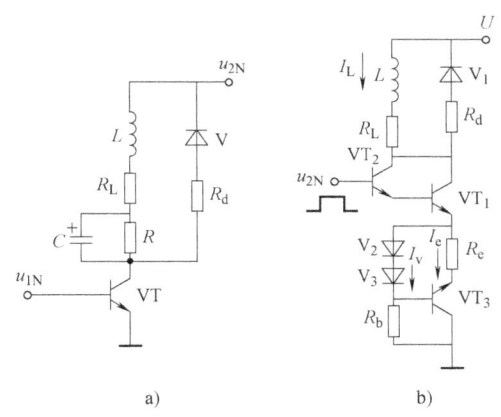

图6-10 单电压恒流功放电路

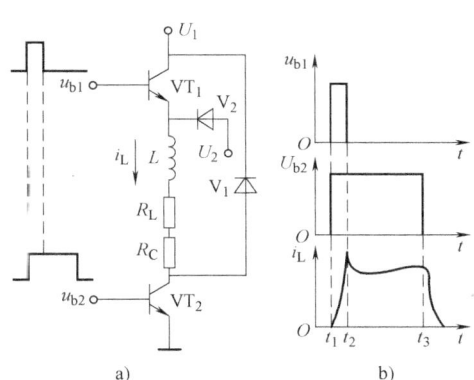

图6-11 双电压功放电路

高低压功放电路对绕组的电流比单电压功放电路的波形好,有十分明显的高速率上升沿和下降沿。所以高频特性好,电源效率也较高。但是高压产生的电流上冲作用在低频工作时会使输入能量过大,导致电动机的低频振荡加重。另外,在高低压衔接处的电流有谷点、不够平滑,影响电动机运动的平稳性。

高低压功放电路具有功耗低、高频工作时有较大的转动力矩,常用于中功率和大功率的步进电动机中。

为了克服高低压功放电路出现谷点的现象,工程上常采用斩波功放电路(又称为波顶补偿控制驱动电路)。该电路的控制原理是随时检测绕组的电流值,当绕组的电流值下降到下限设定值时,高压功率管导通,使绕组电流上升,上升到上限设定值时,便关断高压管。这样,在一个步进周期内,高压管多次通断,使绕组电流在上、下限之间波动,接近恒定值,提高了绕组的平均值,有效地抑制了电动机输出转矩的降低。

(3) 斩波功放电路 高低压功放电路的电流波形的波顶会出现凹形,从而造成高频输出转矩的下降。为了使励磁绕组中的电流维持在额定值附近，目前工程上多采用斩波功放电路。

斩波功放电路形成的波形是在额定电流值上下波动的，呈现锯齿状的绕组电流波形，如图6-12所示，其波形近似恒流，因此斩波功放电路也称为恒流斩波驱动电路，锯齿波的频率可通过改变采样电阻和整形电路的电位器来调整。

斩波功放电路虽然复杂，但它使步进电动机的运行特性有了明显的改善，提高了快速响应性，在很大的频率范围内保证步进电动机能输出恒定的转矩。

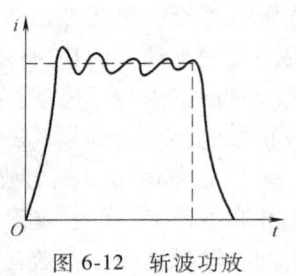

图6-12 斩波功放电路电流波形

随着步进电动机的广泛应用，其驱动装置也从分立元件电路发展到集成元件电路，目前已经发展到了系列化、模块化的步进电动机驱动器，为步进电动机控制系统的设计提供了模块化的选择，简化了设计过程，提高了效率。

6.3 闭环伺服驱动系统

伺服电动机在自动控制系统中作为执行元件，其任务是将接收的电信号转换为输出轴的角位移或角速度，以驱动控制对象。接收的电信号称为控制信号或控制电压，改变控制电压的大小和极性，就可以改变伺服电动机的转速和转向。自动控制系统对伺服电动机提出以下要求：

1）无自转现象，即当控制电压为零时，电动机应迅速自行停转。

2）具有较大斜率的机械特性，在控制电压改变时，电动机能在较宽的转速范围内稳定运行。

3）具有线性的机械特性和调节特性，以保证控制精度。

4）快速响应性好，即伺服电动机的转动惯量小。

伺服电动机分为直流伺服电动机和交流伺服电动机两大类。

6.3.1 直流伺服电动机

1. 直流伺服电动机的结构

直流伺服电动机的控制电源为直流电压。根据其功能可分为普通型直流伺服电动机、盘形电枢直流伺服电动机、空心杯电枢直流伺服电动机和无槽直流伺服电动机等几种。

（1）普通型直流伺服电动机 普通型直流伺服电动机的结构与他励直流电动机的结构相同，由定子和转子两大部分组成。根据励磁方式又可分为电磁式和永磁式两种，电磁式伺服电动机的定子磁极上装有励磁绕组，励磁绕组接励磁控制电压产生磁通；永磁式伺服电动机的磁极是永磁铁，其磁通是不可控的。与普通直流电动机相同，直流伺服电动机的转子一般由硅钢片叠压而成，转子外圆有槽，槽内装有电枢绕组，绕组通过换向器和电刷与外边电枢控制电路相连接。为提高控制精度和响应速度，伺服电动机的电枢铁心长度与直径之比比普通直流电动机要大，气隙也较小。

（2）盘形电枢直流伺服电动机 盘形电枢直流伺服电动机的定子由永久磁铁和前后铁

轭共同组成，磁铁可以在圆盘电枢的一侧，也可在其两侧。盘形电枢直流伺服电动机的转子电枢由绕组沿转轴的径向圆周排列，并用环氧树脂浇注成圆盘形。盘形绕组通过的电流是径向电流，而磁通为轴向的，径向电流与轴向磁通相互作用产生电磁转矩，使伺服电动机旋转。

（3）空心杯电枢直流伺服电动机　空心杯电枢直流伺服电动机有两个定子，一个由软磁材料构成的内定子和一个由永磁材料构成的外定子，外定子产生磁通，内定子主要起导磁作用。空心杯电枢直流伺服电动机的转子由单个成型绕组沿轴向排列成空心杯形，并用环氧树脂浇注成型。空心杯电枢直接装在转轴上，在内外定子间的气隙中旋转。

（4）无槽直流伺服电动机　无槽直流伺服电动机与普通直流伺服电动机的区别是，无槽直流伺服电动机的转子铁心上不开元件槽，电枢绕组元件直接放置在铁心的外表面，然后用环氧树脂浇注成型。

后三种伺服电动机与普通伺服电动机相比，由于转动惯量小，电枢等效电感小，因此其动态特性较好，适用于快速系统。

2. 直流伺服电动机的运行特性

在忽略电枢反应的情况下，直流伺服电动机的电压平衡方程为

$$U = E_a + R_a I_a \tag{6-10}$$

式中　E_a——电枢反电动势；

R_a——电枢电阻；

I_a——电枢电流；

U——电枢外加电压。

当磁通恒定时，电枢反电动势为

$$E_a = C_e \Phi n = k_e n \tag{6-11}$$

式中　C_e——电动势系数；

Φ——磁场磁通；

n——电动机转速（角速度）；

k_e——电动势常数。

直流伺服电动机的电磁转矩为

$$T_{em} = C_T \Phi I_a = k_t I_a \tag{6-12}$$

式中　C_T——转矩系数；

T_{em}——电磁转矩；

k_t——转矩常数。

将上述三式联立求解可得直流伺服电动机的转速与转矩的关系式

$$n = \frac{U}{k_e} - \frac{R_a}{k_e k_t} T_{em} \tag{6-13}$$

根据式（6-13）可得直流伺服电动机的机械特性和调节特性。

（1）机械特性　机械特性是指在控制电枢电压保持不变的情况下，直流伺服电动机的转速随转矩变化的关系。当电枢电压为常值时，式（6-13）可写成

$$n = n_0 - k T_{em} \tag{6-14}$$

其中，$n_0 = \dfrac{U}{k_e}$，$k = \dfrac{R_a}{k_e k_t}$。

对式（6-14）应考虑以下两种特殊情况：

1）当转矩为零时，电动机的转速仅与电枢电压有关，此时的转速为直流伺服电动机的理想空载转速，理想空载转速与电枢电压成正比，即

$$n = n_0 = \frac{U}{k_e} \tag{6-15}$$

2）当转速为零时，电动机的转矩仅与电枢电压有关，此时的转矩称为堵转转矩，堵转转矩与电枢电压成正比，即

$$T_D = \frac{U}{R_a} k_t \tag{6-16}$$

图 6-13 为给定不同的电枢电压得到的直流伺服电动机的机械特性。从机械特性曲线上看，不同电枢电压下的机械特性曲线为一组平行线，其斜率为 $-k$。从图中可以看出，当控制电压一定时，不同的负载转矩对应不同的机械转速。

（2）调节特性　直流伺服电动机的调节特性是指负载转矩恒定时，电动机转速与电枢电压的关系。当转矩一定时，根据式（6-13）可知，转速与电压的关系也为一组平行线，如图 6-14 所示，其斜率为 $1/k_e$。

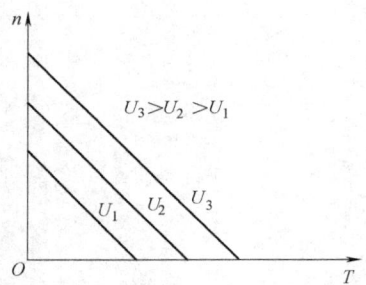

图 6-13　电枢控制的直流伺服电动机机械特性

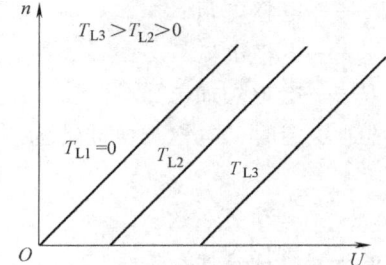

图 6-14　直流伺服电动机调节特性

当转速为零时，对应不同的负载转矩可得到不同的起动电压 U。当电枢电压小于起动电压时，伺服电动机将不能起动。

6.3.2　交流伺服电动机

交流伺服电动机一般是两相交流电动机，由定子和转子两部分组成。交流伺服电动机的转子有笼形和杯形两种，通常转子电阻均较大，其目的是使转子在转动时产生制动转矩，使控制绕组在不加电压时能及时制动，防止自转。

与普通两相异步电动机相比，伺服电动机有较宽的调速范围；当励磁电压不为零，控制电压为零时，其转速也应为零；机械特性为线性并且动态特性好。为达到上述要求，伺服电动机的转子电阻应当大，转动惯量应当小。

交流伺服电动机的控制方式有三种，分别是幅值控制、相位控制和幅相控制。

（1）幅值控制　控制电压和励磁电压保持相位差 90°，只改变控制电压幅值，这种控制方法称为幅值控制。当励磁电压为额定电压，控制电压为零时，伺服电动机转速为零，电动

机不转；当励磁电压为额定电压，控制电压也为额定电压时，伺服电动机转速最大，转矩也为最大；当励磁电压为额定电压，控制电压在额定电压与零电压之间变化时，伺服电动机的转速在最高转速与零转速之间变化。

（2）相位控制　与幅值控制不同，相位控制时控制电压和励磁电压均为额定电压，通过改变控制电压和励磁电压的相位差，实现对伺服电动机的控制。

设控制电压与励磁电压的相位差为 β，$\beta = 0° \sim 90°$。根据 β 的取值可得出气隙磁场的变化情况。当 $\beta = 0°$ 时，控制电压与励磁电压同相位，气隙总磁通势为脉振磁通势，伺服电动机转速为零不转动；当 $\beta = 90°$ 时，为圆形旋转磁通势，伺服电动机转速最大，转矩也为最大；当 $\beta = 0° \sim 90°$ 时，磁通势从脉振磁通势变为椭圆形旋转磁通势，最终变为圆形旋转磁通势，伺服电动机的转速由低向高变化。β 值越大，越接近圆形旋转磁通势。

（3）幅相控制　幅相控制是对幅值和相位差都进行控制，通过改变控制电压的幅值及控制电压与励磁电压的相位差控制伺服电动机的转速。幅相控制的机械特性和调节特性不如幅值控制和相位控制，但由于其电路简单，不需要移相器，因此在实际应用中用得较多。

6.3.3　直流驱动装置

电动机的调速是电动机驱动的主要问题，其中心问题是电动机转速的自动调节和稳定。直流电动机不仅具有良好的起动、调速、制动性能，而且直流调速系统的分析是理解交流调速系统的重要基础。直流伺服电动机用直流供电，要实现直流电动机的转速控制，大多只要灵活控制加在直流电动机电枢上的电压即可。

在数控机床驱动装置中，直流电动机控制多采用晶闸管调速系统和脉宽调制（PWM）调速系统。

1. 晶闸管调速系统

晶闸管又称可控硅（Semiconductor Control Rectifier，SCR），是一种大功率半导体器件，由阳极 A、阴极 K 和控制极 G（又称门极）组成。当阳极与阴极间施加正电压且控制极出现触发脉冲时，可控硅导通。触发脉冲出现的时刻称为触发角。控制触发角即可控制可控硅的导通时间，从而达到控制电压的目的。

2. 脉宽调制调速系统

脉宽调制调速系统是利用脉宽调制器对大功率晶体管开关放大器的开关时间进行控制，将直流电压转换成某一频率的矩形波电压，加到直流电动机的电枢两端，通过对矩形波脉冲宽度的控制，改变电枢两端的平均电压，以达到调节电动机转速的目的。

6.3.4　交流驱动装置

随着生产的发展，直流电动机的缺点越来越突出，于是人们将目光转向结构简单、运行可靠、维修方便、价格便宜的交流电动机，特别是交流异步电动机。但是，异步电动机的调速特性不如直流电动机。随着电力电子技术的发展，交流变频驱动技术得到了飞速发展。各种交流电动机的驱动控制装置不断出现，交流调速也进入了同直流调速相媲美的时代，使交流电动机获得了和直流电动机一样优良的静、动态特性，在高速、大功率场合有取代直流调速的趋势。

对交流电动机实现变频调速的装置称为变频器。变频器有交-直-交变频器与交-交变频器两大类。交-交变频器没有明显的中间滤波环节,电网交流电被直接变成可调频调压的交流电,又称为直接变频器。而交-直-交变频器先把电网交流电转换为直流电,经过中间滤波环节后,再进行逆变才能转换为变频变压的交流电,故称为间接变频器。在数控机床上,一般采用交-直-交型的正弦波脉宽调制(SPWM)变频器和矢量变换控制的正弦波脉宽调制(SPWM)调速系统。

1. 交流调速的基本概念

由电动机学基本原理可知,交流异步电动机(感应电动机)的转速公式为

$$n = \frac{60f}{p}(1-s) \tag{6-17}$$

式中　f——定子电源频率(Hz);
　　　s——转差率;
　　　p——极对数。

根据式(6-17),改变交流电动机的转速有三种方法,即变频调速、变极调速和变转差率调速。其中,变频调速范围宽、平滑性好、效率高,具有优良的静态和动态特性,目前高性能的交流变频调速系统都是采用变频调速技术来改变电动机转速的。

根据电动机学知识,异步电动机定子每相绕组的感应电动势为

$$E = 1.44fNK\Phi_m \tag{6-18}$$

式中　N——定子绕组每相串联的匝数;
　　　K——基波绕组系数;
　　　Φ_m——每极气隙磁通(Wb)。

为了保持气隙磁通 Φ_m 不变,应满足 E/f = 常数。但实际上,感应电动势难以直接控制。如果忽略了定子漏阻抗压降,则可以近似认为定子相电压和感应电动势相等,即 $U \approx E = 1.44fNK\Phi_m$。若要实现恒磁通调速,则应满足 E/f = 常数。在交流变频调速装置中,同时兼有调频调压功能。

2. 正弦波脉宽调制(SPWM)

异步电动机的变频调速所要求的变频变压功能(VVVF)是通过变频器完成的。变频器实现 VVVF 控制技术有脉冲幅度调制 PAM(Pulse Amplitude Modulation)和脉宽调制 PWM(Pulse Width Modulation)两种方式,而 PWM 控制技术分为等脉宽 PWM 法、正弦波 PWM(SPWM)法、磁链追踪型 PWM 法和电流跟踪型 PWM 法四种。

SPWM 法是变频器中使用最为广泛的 PWM 调制方法,属于交-直-交型静止变频装置,可以用模拟电路和数字电路等硬件电路实现,也可以用微型计算机软件以及软件和硬件结合的办法实现。用硬件电路实现 SPWM 法,就是用一个正弦波发生器产生可以调频调幅的正弦波信号(调制波),用三角波发生器生成幅值恒定的三角波信号(载波),将它们在电压比较器中进行比较,输出 PWM 调制电压脉冲。图 6-15 所示为 SPWM 法调制 PWM 脉冲的原理图。

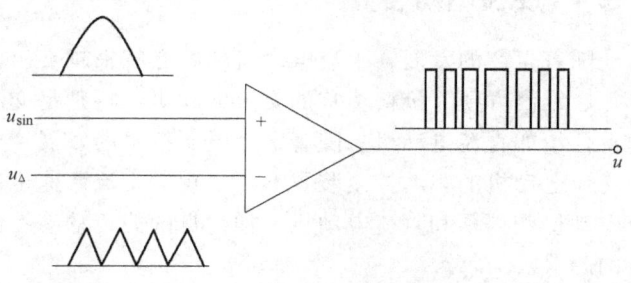

图 6-15　SPWM 法调制 PWM 脉冲的原理图

三角波电压和正弦波电压分别接在电压比较器的"-""+"输入端。当 $u_\triangle < u_{\sin}$ 时，电压比较器输出高电平；反之则输出低电平。PWM 脉冲宽度（电平持续时间长短）由三角波和正弦波交点之间的距离决定，两者的交点随正弦波电压的大小而改变。因此，在电压比较器输出端就输出幅值相等而脉冲宽度不等的 PWM 电压信号。

生成 PWM 信号的方法有很多种，最基本的方法就是利用正弦波与三角波相交来产生 PWM 信号，三角波与正弦波相交交点与横轴包围的面积用幅值相等、脉宽不同的矩形来近似，模拟正弦波。图 6-16 所示为 SPWM 调制波示意图。

工程上获得 SPWM 调制波的方法是根据三角波与正弦波的交点来确定逆变器功率开关的工作时刻。调

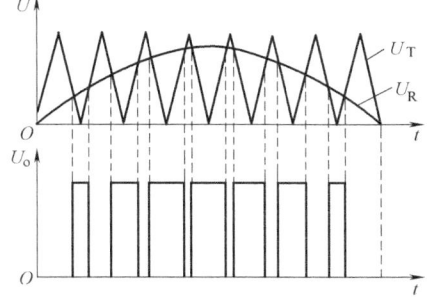

图 6-16　SPWM 调制波示意图

节正弦波的频率和幅值便可以相应地改变逆变器的输出电压基波的频率和幅值。正弦波脉宽调制是一种比较完善的调制方式，目前国际上流行的变频调速装置大都采用这种方法。

本章小结

伺服驱动系统位于数控装置和机床工作装置之间，主要包括伺服控制系统和电动机两个部分。本章首先对伺服驱动系统进行了概述，然后具体介绍了开环伺服驱动系统中所使用的步进电动机的工作原理、工作特性、选用方法和驱动装置，以及闭环伺服驱动系统中所使用的直流和交流伺服电动机的结构、工作原理和驱动装置。

练习题

6-1　步进电动机的工作原理是什么？

6-2　什么是单三拍、双三拍和三相六拍通电方式？

6-3　步进电动机环形分配器的功能是什么？实现的方法有哪些？

6-4　直流伺服电动机应如何调速？

6-5　解释名词：环形分配、PWM、SPWM、交流变频调速。

6-6　计算题：某开环伺服系统采用步进电动机，电动机有 40 个齿，当采用三相六拍通电方式时，丝杠导程为 5mm。试求：

1）步进电动机的步距角；

2）当脉冲频率为 50Hz 时，步进电动机的输出转速 n；

3）螺母带动的工作台的平稳运行速度 v。

第 7 章 检 测 系 统

7.1 检测系统概述

位置检测系统是闭环控制系统的重要组成部分。对于位置精度要求不高的数控设备,开环系统即可满足要求。当位置精度要求较高时,均应采用闭环系统。位置闭环控制系统采用一个或多个位置检测装置(常称传感器)测出工作机构的实际位置,并将实际位置输入计算机和预先给定的理想位置相比较,得到一个差值,根据差值,计算机向伺服系统发出相应的控制指令。伺服电动机带动工作机构向理想位置趋近,直到差值为零时,工作机构停止动作。

数控机床检测元件的作用是检测位移和速度,发送反馈信号,构成闭环控制。数控机床的加工精度主要由检测系统的精度决定。位移检测系统能够测量的最小位移量称为分辨率。分辨率不仅取决于检测元件本身,也取决于测量线路。

数控机床对检测元件的主要要求是:
1) 寿命长,可靠性要高,抗干扰能力强。
2) 满足精度和速度要求。
3) 使用维护方便,适合机床运行环境。
4) 成本低。
5) 便于与电子计算机连接。

数控机床全部采用电传感器性质位置检测元件,即能将被测对象的位置变化量转换成电信号经数字化处理后再送入计算机。

不同类型的数控机床对检测系统的精度与速度的要求不同。一般来说,对于大型数控机床以满足速度要求为主,而对于中小型和高精度数控机床以满足精度要求为主。选择测量系统的分辨率或脉冲当量时,一般要求比加工精度高一个数量级。

7.2 脉冲编码器

脉冲编码器是一种位置检测元件,用以测量轴的旋转角度和速度变化,其输出信号为电脉冲。在数控机床上属于间接测量,它通常与驱动电动机同轴安装,驱动电动机可以通过齿轮箱或同步带与丝杠连接,也可以直接与丝杠连接。脉冲编码器随着电动机旋转时,可以连续发出脉冲信号。例如,电动机每转一圈,脉冲编码器可发出 2000 个均匀的方波信号,数控系统通过对该信号的接收、处理、计数即可得到电动机的旋转角位移变化,从而算出当前工作台的位置。目前,脉冲编码器每转可发出数百至数万个方波信号,因此可满足高精度位置检测的需要。

脉冲编码器按码盘的读取方式可分为光电式、接触式和电磁式。就精度与可靠性来讲,光电式脉冲编码器优于其他两种。数控机床上大多使用光电式脉冲编码器。按照编码的方式，其又可分为增量式和绝对式两种。数控机床上最常用的光电脉冲编码器见表 7-1。

表 7-1 光电脉冲编码器

丝杠长度单位	脉冲编码器/(p/r)	每转脉冲移动量/mm	丝杠长度单位	脉冲编码器/(p/r)	每转脉冲移动量/in
mm（米制）	2000	2,3,4,6,8	mm（米制）	2000	0.1,0.5,0.2,0.3,0.4
	20000			20000	
	2500	5,10		2500	0.25,0.5
	25000			25000	
	3000	3,6,12		3000	0.15,0.3,0.6
	30000			30000	

注：1in＝25.4mm。

表 7-1 中的 20000p/r、25000p/r、30000p/r 为高分辨率脉冲编码盘，需根据速度、精度和丝杠螺距来选择。

7.2.1 增量式脉冲编码器

通常的脉冲编码器为增量式的，也称为光电码盘、光电脉冲发生器等。编码器轴每转动一圈，编码器都会输出一定数量的脉冲。周期性的测量或者对单位时间内的脉冲计数可以用来测量旋转的速度。如果对一个参考点后脉冲数累加，计算值就代表了转动角度或行程的参数。双通道编码器输出脉冲之间相差为 90°，能使接收脉冲的电子设备接收轴的旋转感应信号，因此可用来实现双向的定位控制。另外，三通道增量式脉冲编码器每转一圈产生一个称之为零位信号的脉冲。

增量式光电脉冲编码器原理如图 7-1 所示。它由光源、聚光镜、光电盘、光栏板、光敏元件（光电管）、整形放大电路和数显装置等组成。在光电盘的圆周上等分地制成透光狭缝，其数量从几百条到上千条不等。双通道编码器的光栏板上的透光狭缝为两条，每条后面安装一个光敏元件。

光电盘转动时，光电管把通过光电盘和光栏板射来的忽明忽暗的光信号（近似于正弦信号）转换为电信号，经整形、放大等电路的变换后变成脉冲信号，通过统计脉冲的数目，即可得出工作轴的转角，并通过数显装置进行显示。通过测定计数脉冲的频率，即可测出工作轴的转速。

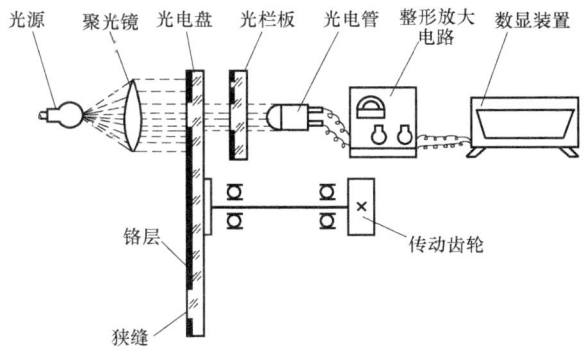

图 7-1 增量式光电脉冲编码器原理

从光栏板上两条狭缝中检测的信号 A 和 B，是具有 90° 相位差的两个正弦波，这组信号经放大器放大与整形后，输出波形如图 7-2 所示。根据先后顺序，即可判断光电盘的正反转。若 A 相超前于 B 相，则对应电动机正转；若 B 相超前于 A 相，则对应电动机反转。若以该方波的前沿或后沿产生计数脉冲，可以形成代表正向位移或反向位移的脉冲序列。

此外，在脉冲编码器的里圈还有一条透光条纹，用以产生基准脉冲，又称零点脉冲，它是轴旋转一周在固定位置上产生的一个脉冲。例如，数控车床切削螺纹时，可将这种脉冲当作车刀进刀点和退刀点的信号使用，以保证切削螺纹不会乱齿；也可用于高速旋转的转数计数或加工中心等数控机床上的主轴准停信号。

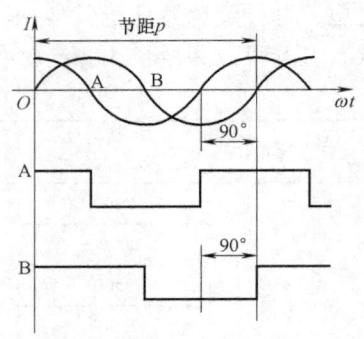

图 7-2 光电编码器的输出波形

在应用时，从脉冲编码器输出的信号是差动信号，差动信号的传输大大提高了传输的抗干扰能力。同时。在数控装置中，常对上述信号进行倍频处理，进一步提高其分辨率，从而提高位置控制精度。如果数控系统的接口电路从信号 A 的上升沿和下降沿各取一个脉冲，则每转所检测的脉冲数提高了一倍，称为二倍频。同样，如果从信号 A 和信号 B 的上升沿和下降沿均取一个脉冲，则每转所检测的脉冲数为原来的四倍，称为四倍频。例如，选用配置 2000p/r 光电编码器的电动机直接驱动 8mm 螺距的丝杠，经数控装置四倍频处理，可达 8000p/r 的角度分辨率，对应工作台的分辨率为 0.001mm。

7.2.2 绝对式脉冲编码器

增量式脉冲编码器的缺点是有可能发生由于噪声或其他外界干扰产生的计数错误；因停电、刀具破损而停机，事故排除后不能再找到事故前执行部件的正确位置。

采用绝对式编码器可以克服以上缺点。绝对式编码器为每一个轴的位置提供一个独一无二的编码数字值。特别是在定位控制应用中，绝对式编码器减轻了电子接收设备的计算任务，从而省去了复杂的和昂贵的输入装置。而且，当机器合上电源或电源故障后再接通时，不需要回到位置参考点，就可保留当前的位置值。

在功能上，单圈绝对式编码器把轴细分成规定数量的测量步，最大分辨率为 13 位，这就意味着最多可区分 8192 个位置。多圈绝对式编码器不仅能在一圈内测量角位移，而且能利用多步齿轮测量圈数。多圈的圈数为 12 位，也就是说，最大 4096 圈可以被识别。总的分辨率可达到 25 位或者 33、554、432 个测量步数。

1. 工作原理

绝对式编码器是通过读取编码盘上的图案来表示数值的。图 7-3a 所示为四码道接触式二进制编码器结构及工作原理，图中黑色部分为导电部分，表示为"1"，白色部分为绝缘部分，表示为"0"，四个码道都装有电刷，最里一圈是公共极，由于 4 个码道产生 4 位二进制数，码盘每转一周产生 0000~1111 共 16 个二进制数，因此将码盘圆周分成 16 等份。当码盘旋转时，四个电刷依次输出 16 个二进制编码 0000~1111，编码代表实际角位移，码盘分辨率与码道数有关，n 位码道的码盘分辨率为

$$\theta = \frac{360°}{2^n} \tag{7-1}$$

普通二进制编码器的主要缺点是，码盘上的图案变化较大，在使用中容易产生较多的误读。经改进后的结构为图 7-3b 所示的格雷编码器（二进制循环码盘），它的特点是每相邻码道之间只有一位二进制码不同。因此，图案的切换只在一位数（二进制的位）间进行。所

以能把误读控制在一个数单位之内，提高了可靠性。

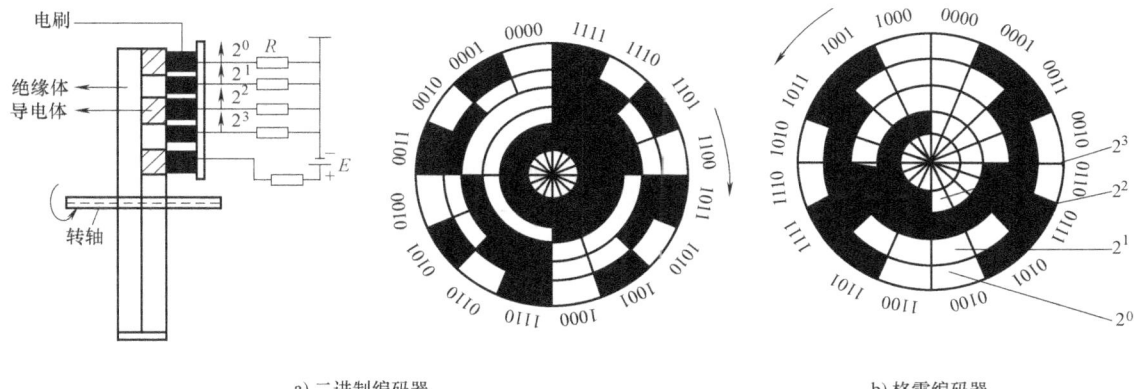

a) 二进制编码器　　　　　　　　　　　b) 格雷编码器

图 7-3　绝对式脉冲编码器

2. 绝对式脉冲编码器的特点

绝对式脉冲编码器的优点：

1) 角度坐标值可从绝对编码盘中直接读出。
2) 允许的最高旋转速度较高。
3) 编码器本身具有机械式存储功能，即使因停电或其他原因造成坐标值清除，通电后，仍可找到原绝对坐标位置。

绝对式脉冲编码器的缺点：为提高精度和分辨率，必须增加码道数，从而增大总体尺寸；当进给转数大于一转时，需做特别处理，即整圈数标记；组成多级检测装置时，需用减速齿轮与编码器连接，这样使其结构更复杂、成本更高。

7.3　光栅

光栅用于数控机床作为检测装置，用以测量长度、角度、速度、加速度、振动和爬行等。它是数控机床闭环系统中用得较多的一种检测装置。

7.3.1　光栅的种类

光栅种类很多，其中有物理光栅和计量光栅之分。物理光栅的刻线细而密，栅距（两刻线间的距离）为 0.002~0.005mm，通常用于光谱分析和光波长的测定。计量光栅，相对来说刻线较粗，栅距为 0.004~0.25mm，通常用于数字检测系统，是数控机床上应用较多的一种检测装置。

1. 直线光栅

（1）玻璃透射光栅　在玻璃的表面上制成透明与不透明间隔相等的线纹，称为透射光栅。其制造工艺是在玻璃表面感光材料的涂层上或金属镀膜上刻成光栅线纹，也有用刻蜡、腐蚀、涂黑工艺的。

（2）金属反射光栅　在不透明的钢直尺或不锈钢带的镜面上用照相腐蚀工艺制作光栅，或用钻石刀直接刻画制作光栅线纹，称为反射光栅。常用的反射光栅的刻线密度为

4 条/mm、10 条/mm、25 条/mm、40 条/mm 和 50 条/mm。

2. 圆光栅

圆光栅是用来测量角位移的。圆光栅是在玻璃圆盘的外环端面上，做成黑白间隔条纹，条纹呈辐射状、相互间的夹角相等。根据不同的使用要求，其圆周内线纹数也不相同。一般有三种：

1) 十六进制，如 10800、21600、32400、64800 等。
2) 十进制，如 1000、2500、5000 等。
3) 二进制，如 512、1024、2048 等。

7.3.2 直线透射光栅的组成及工作原理

1. 直线透射光栅的组成

光栅位置检测装置由光源、长光栅（标尺光栅）、短光栅（指示光栅）、光电接收元件等组成，如图 7-4 所示。长光栅安装在机床固定部件上，长度相当于工作台移动的全行程，短光栅则固定在机床移动部件上。长、短光栅保持一定间隙（0.05~0.1mm）重叠在一起，并在自身的平面内转一个很小角度 θ，形成莫尔条纹，如图 7-5 所示。

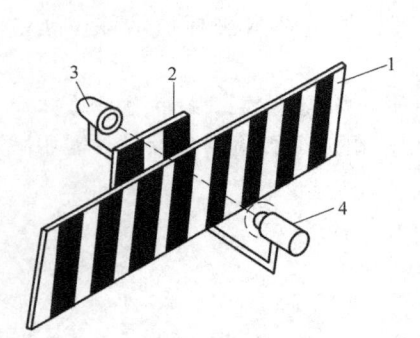

图 7-4 直线透射光栅
1—长光栅（标尺光栅） 2—指示光栅 3—光电接收元件 4—光源

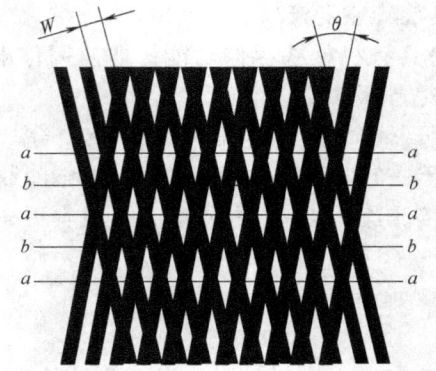 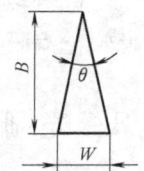

图 7-5 莫尔条纹的形成

光栅读数头又称光电转换器，它将光栅莫尔条纹变成电信号。光栅读数头由光源、透镜、指示光栅、光敏元件和驱动线路组成，是一个单独的部件。图 7-4 中的标尺光栅不属于光栅读数头，但它要穿过光栅读数头，且保证与指示光栅有准确的相互位置关系。光栅读数头有分光读数头、垂直入射读数头和镜像读数头等几种。

2. 莫尔条纹的产生和特点

若光源以平行光照射光栅，由于挡光效应和光的衍射，在与线纹垂直方向，更确切地说，在与两块光栅线纹夹角的平分线相垂直的方向上，出现了明暗交替、间隔相等的粗大条纹，称为"莫尔干涉条纹"，简称莫尔条纹，如图 7-5 所示。

莫尔条纹有以下特点：

(1) 放大作用 当交角 θ 很小时，栅距 W 和莫尔条纹节距 B（单位为 mm）有下列关系

$$B = \frac{W}{\sin\theta} \approx \frac{W}{\theta} \qquad (7\text{-}2)$$

由式（7-2）可知，莫尔条纹的节距为光栅栅距的 $1/\theta$ 倍。由于 θ 很小（小于 $10'$），因此节距 B 比栅距 W 放大了很多倍。若 $W=0.01\text{mm}$，通过减小 θ 角，将莫尔条纹的节距调成 10mm 时，其放大倍数相当于 1000 倍（$1/\theta = B/W$）。因此，不需要经过复杂的光学系统，便将光栅的栅距放大了 1000 倍，从而大大简化了电子放大线路，这是光栅技术独有的特点。

（2）平均效应　莫尔条纹是由若干线纹组成的，如 10mm 长的光栅上，每毫米 100 线的光栅莫尔条纹，即由 2000 根亮暗条纹交叉形成。对个别栅线的间距误差（或缺陷）就平均化了，这在很大程度上消除了短周期误差的影响。因此，莫尔条纹的节距误差就取决于光栅刻线的平均误差。

（3）规律移动　莫尔条纹的移动与栅距之间的移动成比例，当光栅向左或向右移动一个栅距 W 时，莫尔条纹也相应地向上或向下准确地移动一个节距 B。而且莫尔条纹的移动还具有以下规律：若将指示光栅沿逆时针方向转一很小的角度（设为 $+\theta$）后，当标尺光栅向右移动时，莫尔条纹向下移动；反之，当标尺光栅向左移动时，莫尔条纹向上移动。若将指示光栅沿顺时针方向转一很小的角度（设为 $-\theta$）后，当标尺光栅向右移动时，莫尔条纹向上移动；反之，当标尺光栅向左移动时，莫尔条纹向下移动。

7.3.3　直线光栅检测装置的辨向

采用一个光电元件所得到的光栅信号只能计数，不能辨识运动的方向，为了确定运动方向，至少要有两个光电元件，如图 7-6 所示。安装两个相距 $W/4$ 的隙缝 S_1 和 S_2（图 7-6a），通过 S_1 和 S_2 的光束分别为两个光电元件所接收，当光栅移动时，莫尔条纹通过两个缝隙的时间不同，所以两个光电元件所获得的电信号虽然波形相同，但相位相差 $90°$，如图 7-6b 所示。

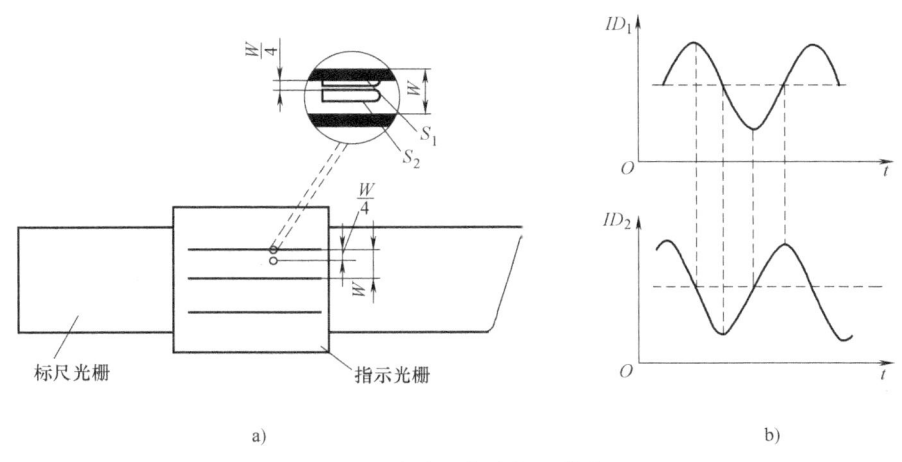

图 7-6　直线透射光栅的辨向

7.3.4　提高光栅分辨精度的措施

为了提高光栅检测装置的精度，可以提高刻线精度和增加刻线密度。但刻线密度达 200

条/mm 以上的细光栅,刻线制造比较困难,成本较高。因此,通常采用倍频的方法来提高光栅的分辨精度,如图 7-7 所示。采用四倍频方案,光栅刻线密度为 50 条/mm,采用 4 个光电元件和 4 个隙缝,每隔 1/4 光栅节距产生一个脉冲,分辨精度可提高 4 倍。

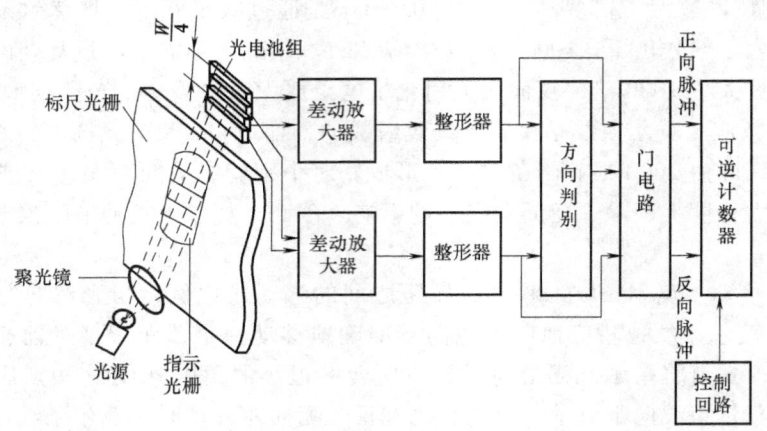

图 7-7 细分电路原理图

7.3.5 光栅检测装置的特点

1) 由于光栅的刻线可以制作得十分精确,同时莫尔条纹对刻线局部误差有均化作用,因此栅距误差对测量精度影响较小;也可采用倍频的方法来提高分辨率精度,所以测量精度高。

2) 在检测过程中,标尺光栅与指示光栅不直接接触,没有磨损,因而精度可以长期保持。

3) 光栅刻线要求很精确,两光栅之间的间隙及倾角都要求保持不变,故制造调试比较困难。另外,光学系统容易受外界的影响产生误差,如灰尘、切削液等污物的侵入,易使光学系统污染甚至变质。为了保证精度和光电信号的稳定,光栅和读数头都应放在密封的防护罩内,对工作环境的要求也较高,测量精度高时,还要放在恒温室中使用。

7.4 旋转变压器和感应同步器

旋转变压器和感应同步器均属于电磁式测量传感器,其输出电压随被测角位移或直线位移的变化而变化,就其测量方式而言,属于模拟式测量。其中,感应同步器又分为直线式和旋转式两种,前者用于直线测量,后者用于角度测量。旋转变压器使用时,输出轴通常与被测轴直接连接,以便提高检测精度。由于成本较高,故其在应用上受到一定限制。

7.4.1 旋转变压器

旋转变压器常用于数控机床中角位移的检测,具有结构简单、牢固,对工作环境要求不高,信号输出幅度大,以及抗干扰能力强等优点。但普通的旋转变压器测量精度较低,为角分数量级,在应用上受到一定限制。一般用于精度要求不高或大型机床的粗测及中测系统。使用中常通过增速齿轮和被测轴连接,以便提高检测精度,但其成本较高。

1. 旋转变压器工作原理

旋转变压器是一种角度测量元件，在结构上与两相绕线式异步小型交流电动机相似，由定子和转子组成。旋转变压器是根据电磁互感原理工作的，它在结构设计与制造上保证了定子与转子之间空气间隙内磁通分布呈正弦规律。其中，定子绕组作为变压器的一次侧，接收励磁电压，励磁频率通常为 400Hz、500Hz、3000Hz 及 5000Hz；转子绕组是变压器的二次侧。当定子绕组加上交流励磁电压时，通过电磁耦合在转子绕组中产生感应电动势，其输出电压的大小取决于定子与转子两个绕组轴线在空间的相对位置，两者平行时互感最大，二次侧的感应电动势也最大；两者垂直时互感的电感量为零，感应电动势也为零。

旋转变压器分为单极和多极两种。为了便于对旋转变压器工作原理的理解，先讨论一下单极的工作情况。如图 7-8 所示，单极型旋转变压器的定子和转子各有一对磁极，假设加到定子绕组的励磁电压 $u_1 = U_m \sin\omega t$，则转子通过电磁耦合，产生感应电压 u_2。当转子转到使它的绕组磁轴和定子绕组磁轴垂直时，转子绕组感应电压 $u_2 = 0$；当转子绕组的磁轴自垂直位置转过一定角度 θ 时，转子绕组中产生的感应电压为

$$u_2 = ku_1\sin\theta = kU_m\sin\omega t\sin\theta \tag{7-3}$$

式中 k——旋转变压器的匝数比，$k = \omega_1/\omega_2$；
  ω_1、ω_2——定子、转子绕组匝数；
  U_m——最大瞬时电压；
  θ——两绕组轴线间夹角。

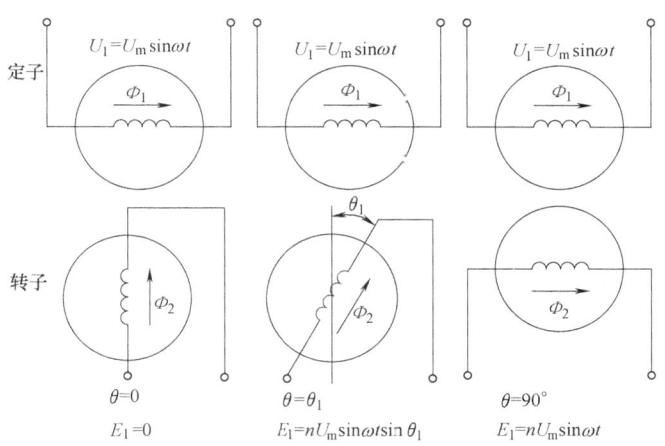

图 7-8 旋转变压器的工作原理

转子转过 90°（即 $\theta = 90°$），两磁轴平行，此时转子绕组中的感应电压最大，即

$$u_2 = kU_m\sin\omega t \tag{7-4}$$

旋转变压器在结构上保证了转子绕组中的感应电压随转子的转角以正弦规律变化。当转子绕组中接以负载时，其绕组中便有正弦感应电流通过，该电流所产生的交变磁通将使定子和转子间的气隙中的合成磁通畸变，从而使转子绕组中输出电压也发生畸变。为了克服上述缺点，通常采用正弦、余弦旋转变压器，其定子和转子绕组均由两个匝数相等，且相互垂直的绕组构成，如图 7-9 所示。一个转子绕组作为输出信号，另一个转子绕组接高阻抗作为补偿。若将定子中的一个绕组短接而另一个绕组通以单相励磁交流电压 $u_1 = kU_m\sin\omega t$，则在转

子的两个绕组中得到的输出感应电压分别为

$$u_{2s} = ku_1\cos\theta = kU_m\sin\omega t\cos\theta$$
$$u_{2c} = ku_1\sin\theta = kU_m\sin\omega t\sin\theta \quad (7\text{-}5)$$

由于两个绕组中的感应电压恰恰是关于转子转角 θ 的正弦和余弦的函数，所以称之为正弦、余弦旋转变压器，实际工作时，通常使用一路转子绕组感应，由定子两路绕组励磁。

2. 旋转变压器工作方式

以正弦、余弦旋转变压器为例，如图 7-9 所示，若把转子的一个绕组短接，而定子的两个绕组分别通以励磁电压，应用叠加原理，可得到两种典型的工作方式。

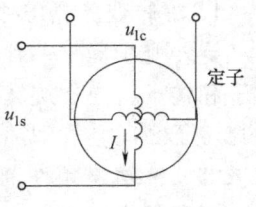
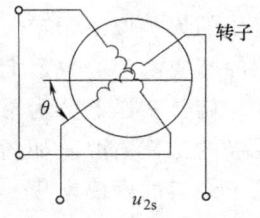

图 7-9　正弦、余弦旋转变压器原理图

（1）鉴相工作方式　给定子的两个绕组分别通以同幅、同频但相位相差 π/2 的交流励磁电压，即

$$u_{1s} = U_m\sin\omega t$$
$$u_{1c} = U_m\cos\omega t = U_m\sin(\omega t + \pi/2) \quad (7\text{-}6)$$

这两个励磁电压在转子绕组中都产生了感应电压，并叠加在一起，因而转子中的感应电压应为这两个电压的代数和：

$$u_2 = u_{1s}\sin\theta + u_{1c}\cos\theta = kU_m\sin\omega t\sin\theta + kU_m\cos\omega t\cos\theta$$
$$= kU_m\cos(\omega t - \theta) \quad (7\text{-}7)$$

同理，假如转子逆向转动，可得

$$u_2 = kU_m\cos(\omega t + \theta) \quad (7\text{-}8)$$

由式（7-7）和式（7-8）可以看出，转子感应电压的相位角和转子的偏转角之间有严格的对应关系，这样，只要检测出转子输出电压的相位角，就可知道转子的转角。由于旋转变压器的转子是和被测轴连接在一起的，故被测轴的角位移也就测得了。

（2）鉴幅工作方式　给定子的两个绕组分别通以同频率、同相位但幅值不同的交流励磁电压，即

$$u_{1s} = U_{sm}\sin\omega t \quad (7\text{-}9)$$
$$u_{1c} = U_{cm}\sin\omega t \quad (7\text{-}10)$$

其幅值分别为正、余弦函数

$$U_{sm} = U_m\sin\alpha \quad (7\text{-}11)$$
$$U_{cm} = U_m\cos\alpha \quad (7\text{-}12)$$

则转子上的叠加感应电压为

$$u_2 = u_{1s}\sin\theta + u_{1c}\cos\theta = kU_m\sin\alpha\sin\omega t\sin\theta + kU_m\cos\alpha\sin\omega t\cos\theta$$
$$= kU_m\cos(\alpha - \theta)\sin\omega t \quad (7\text{-}13)$$

同理，如果转子逆向转动，可得

$$u_2 = kU_m\cos(\alpha + \theta)\sin\omega t \quad (7\text{-}14)$$

由式（7-13）和式（7-14）可以看出，转子感应电压的幅值随转子的偏转角 θ 而变化，测量出幅值即可求得转角 θ。

在实际应用中，应根据转子误差电压的大小，不断修改励磁信号中 α 角（即励磁幅值），使其跟踪 θ 的变化。

普通旋转变压器的精度较低，为了提高精度，近年来在数控系统中广泛采用磁阻式多极旋转变压器（又称细分解算器），简称多极旋转变压器，其误差不超过 3.5″。这种旋转变压器是无接触式磁阻可变的耦合变压器。在多极旋转变压器中定子（或转子）的极对数根据精度要求而不等，增加定子（或转子）的极对数，使电气转角为机械转角的倍数，从而提高精度，其比值即为定子（或转子）的极对数。

7.4.2 感应同步器

感应同步器是由旋转变压器演变而来的，它是利用两个平面形印刷绕组，其间保持均匀气隙（0.25mm±0.05mm），相对平行移动时，根据交变磁场和互感原理而工作的。实质上，感应同步器是多极旋转变压器的展开形式，两者的工作原理基本上相同。

感应同步器按被测量位移分为两种：测量直线位移的称为直线型感应同步器；测量角位移的称为圆型感应同步器。直线型感应同步器由定尺和滑尺组成；圆型感应同步器由转子和定子组成。

直线型感应同步器测量精度高，应用广泛。标准型直线感应同步器测量长度超过 175mm 时，可以将定尺接长使用。窄型直线型感应同步器的定尺、滑尺的宽度减小了，适用于在设备安装位置受限制的场合，它的电磁感应强度减低，比标准型的精度低。带状直线型感应同步器由于定尺最长可至 3m 以上，不需接长，因此便于在设备上安装。由于定尺较长，刚性稍差，其总测量精度要比标准型的低。

图 7-10 所示为标准型直线型感应同步器的绕组原理图。滑尺上有正弦和余弦励磁绕组，在空间位置上相差 1/4 节距。定尺和滑尺绕组的节距相同，即 $W = 2\tau$（一般为 2mm）。当滑尺绕组上加励磁电压时，由于电磁感应，在定尺绕组上就产生感应电压。

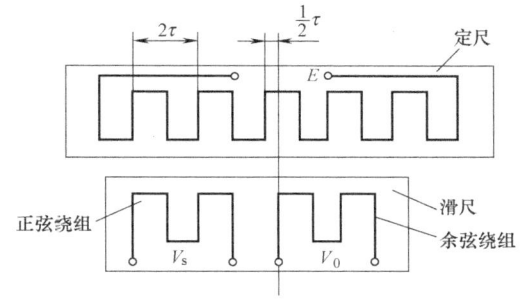

图 7-10 标准型直线型感应同步器的绕组原理图

定尺绕组产生感应电压原理图如图 7-11 所示。当定尺和滑尺的绕组（一个绕组励磁）相重合时，如图 7-11 中的 A 点，这时感应电压最大；当滑尺相对定尺做平行移动时，感应电压慢慢减小，在刚好移动 1/4 节距的位置时，即移到 B 点位置，感应电压为零；如果再继续移动到 1/2 节距，即 C 点位置，得到的感应电压值与 A 点位置相同，但极性相反；其后，移动到 3/4 节距，即 D 点位置，感应电压又变为零。这样，滑尺在移动一个节距的过程中，感应电压（按余弦波形）变化了一个周期。若励磁电压为

$$u = U_m \sin\omega t \tag{7-15}$$

则在定尺绕组产生的感应电压为

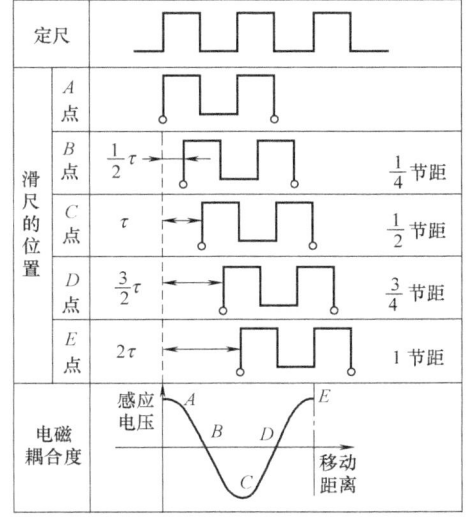

图 7-11 定尺绕组产生感应电压原理图

$$e = kU_m\cos\theta\cos\omega t \tag{7-16}$$

式中 U_m——励磁电压幅值（V）；
　　ω——励磁电压角频率（rad/s）；
　　k——比例常数，其值与绕组间最大互感系数有关；
　　θ——滑尺相对定尺在空间的相位角。

在一个节距 W 内，位移 x 与 θ 的关系应为

$$\theta = \frac{2\pi}{W}\times x \tag{7-17}$$

感应同步器就是利用这个感应电压的变化，来检测在一个节距 W 内的位移量的，可见这为绝对式测量。

感应同步器的特点及使用范围和光栅较相似，但和光栅比，它的抗干扰性较强，对环境要求低，机械结构简单，大量程接长方便，加之成本较低，所以虽然精度上不如光栅，但在数控机床检测系统中得以广泛应用。

本章小结

检测系统是闭环控制系统的重要组成部分，其作用是检测位移和速度，发送反馈信号。本章首先阐述了检测系统和检测元件的概念和要求，然后介绍了几种常用位置检测元件的结构和工作原理，包括脉冲编码器、光栅、旋转变压器和感应同步器等。

练习题

7-1　光栅和感应同步器有何区别？
7-2　接触式编码器采用格雷码盘代替二进制码盘的优势如何？
7-3　光栅是如何辨向的？
7-4　光栅细分电路是如何提高其测量精度的？
7-5　正弦、余弦旋转变压器的工作方式有哪些？各种工作方式的工作条件是什么？

单元3

数控机床篇

本单元主要介绍数控机床机械机构的特点，数控主传动系统和进给传动系统的组成及其部件结构，以及数控机床导轨、自动换刀装置和回转工作台的结构。

本单元内容包括：
第 8 章　数控机床的主传动系统
第 9 章　数控机床的进给传动系统
第 10 章　数控机床的典型结构

第8章 数控机床的主传动系统

主运动是机床实现切削的基本运动。在切削过程中,它为切除工件毛坯上多余的金属提供所需的切削速度和动力,是切削过程中速度最高、消耗功率最多的运动。由主轴电动机经一系列传动元件和主轴构成的具有运动、传动联系的系统称为主传动系统。数控机床的主传动系统包括主轴电动机、传动装置、主轴、主轴轴承和主轴定向装置等。

8.1 对主传动系统的基本要求和变速方式

为了实现高效可靠的加工,数控机床与普通机床相比具有机床转速高、功率大,同时要求主轴转速变换迅速可靠并能实现无级变速的特点,因此数控机床主传动系统的基本要求与普通机床相比有所不同。

8.1.1 对主传动系统的基本要求

数控机床与普通机床比较,其主传动系统应达到以下基本要求:

1. 主轴转速高,变速范围宽,并可实现无级变速

为了获得高生产率和良好的表面质量,数控机床必须具有高转速和宽变速范围,使加工时能合理选用切削用量。由于数控机床的变速是按照控制指令自动进行的,因此要求主轴能够无级变速,并能迅速可靠地自动实现,使切削过程始终处于最佳状态。

2. 主轴传动平稳,噪声低,精度高

数控机床的加工精度与主传动系统的刚度密切相关。为此,应提高传动件的制造精度和刚度,齿轮齿面应进行高频淬火以增加耐磨性;最后一级采用斜齿轮传动,以使传动平稳;采用高精度轴承及合理的支承跨距等,以提高主轴组件的刚度。

3. 具有良好的抗振性和热稳定性

数控机床一般要同时承担粗加工和精加工的任务,加工时可能由于断续切削、加工余量不均匀、运动部件不平衡以及切削过程中的自激振动等原因造成主轴振动,影响加工精度和表面质量。因此,在主传动系统中的主要零部件不但要具有一定的静刚度,而且要求具有良好的抗振性。此外,在切削加工过程中,主传动系统的发热往往使零部件产生热变形,破坏零部件之间的相对位置精度和运动精度,造成加工误差。为此,要求主轴部件具有较高的热稳定性,通常是用保持适合的配合间隙,并采用循环润滑等措施来实现。

4. 能实现刀具的快速和自动装卸

在自动换刀的数控机床中,主轴应能准确地停在某一固定位置上,以便在该处进行换刀等动作,因而要求主轴实现定向控制。此外,为实现主轴快速自动换刀功能,必须具备刀具的自动夹紧机构。

总之,数控机床主传动系统将主轴电动机的原动力通过该传动系统变成可供切削加工用的切削力矩和切削速度。为了适应各种不同材料的加工及各种不同的加工方法,要求数控机床的主传动系统有较宽的转速范围及相应的输出转矩。此外，由于主轴部件将直接装夹刀具对工件进行切削，因此其对加工质量（包括加工表面粗糙度）及刀具寿命有很大的影响，所以对主传动系统有较高要求。为了能高效率地加工出高精度、低表面粗糙度值的工件，必须具备良好性能的主传动系统和高精度、高刚度、振动小、热变形与噪声符合限定要求的主轴部件。

8.1.2 主传动的变速方式

根据上述要求，数控机床主传动主要有无级变速和分段无级变速两种传动方式。

主传动采用无级变速传动方式，不仅能在一定的变速范围内选择合理的切削速度，而且能在运动中自动变速，此种变速传动方式采用直流主轴伺服电动机或交流主轴伺服电动机做驱动。交流主轴电动机及交流变频驱动装置（笼型感应交流电动机配置矢量变换变频调速系统），由于没有电刷，不产生火花，所以使用寿命长，且性能已达到直流驱动系统的水平，甚至在噪声方面还有所降低，因此目前应用较为广泛。

由于数控机床主运动的调速范围较大（最高转速与最低转速比 $R>100\sim200$，甚至 $R>1000$），单靠无级变速电动机无法满足如此大的调速范围，另一方面无级变速电动机的功率转矩特性也难于直接与机床的功率和转矩要求相匹配。因此，数控机床主传动变速系统常常在无级变速电动机之后串联机械有级变速传动，以满足数控机床要求的调速范围和转矩特性，此即分段无级变速传动方式。

1. 主轴的传动类型

为了适应不同的加工要求及适应数控机床调速自动进行的要求，数控机床主轴有多种传动类型，如图 8-1 所示。

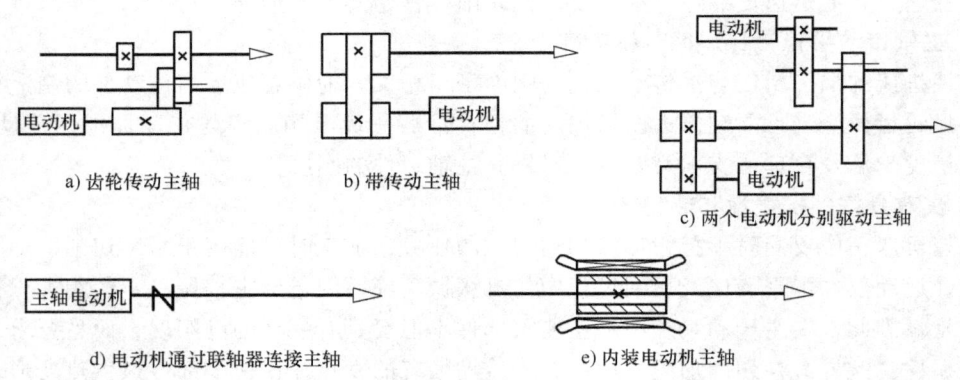

a) 齿轮传动主轴 b) 带传动主轴 c) 两个电动机分别驱动主轴
d) 电动机通过联轴器连接主轴 e) 内装电动机主轴

图 8-1 数控机床主轴的传动类型

（1）**齿轮传动主轴**（图 8-1a） 这是大中型数控机床较常采用的传动类型，它使用无级变速交、直流电动机，再通过几对齿轮传动后，实现分段无级变速，这种变速方式使得变速范围扩大。其优点是在低速时能满足主轴输出转矩特性的要求。但齿轮变速机构通常采用液压拨叉或电磁离合器变速方式，造成主轴箱结构复杂，成本提高，另外这种传动机构容易引起振动和噪声。

（2）**带传动主轴**（图 8-1b） 这种传动类型主要用在转速较高、变速范围不大的小型数控机床上。它通过一级带传动实现变速，其优点是结构简单，安装调试方便。电动机本身的调整就能够满足要求，不用齿轮变速，可以避免由齿轮传动时所引起的振动和噪声。但变速范围受电动机调速范围的限制，只能适用于高速低转矩特性要求的主轴。带传动变速中，常用的传动带类型（图 8-2）有 V 带、平带、多楔带和同步带。

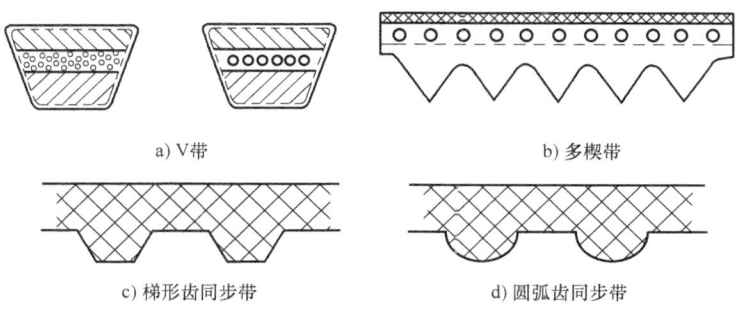

图 8-2 几种常用传动带截面图

同步带传动是一种综合了带、链传动优点的新的带传动类型。同步带的带型有梯形齿和圆弧齿，如图 8-2c、d 所示，同步带的结构与传动如图 8-3 所示。带的工作面及带轮外圆上均制成齿形，通过带轮与轮齿相嵌合，做无滑动的啮合传动。同步带内部采用了加载后无弹性伸长的材料做强力层，以保持带的节距不变，可使主、从动带轮做无相对滑动的同步传动。

与一般带传动相比，同步带传动具有以下特点：

1）无滑动，传动比准确。
2）传动效率高，可达 98% 以上。
3）传动平稳，噪声小。
4）使用范围较广，速度可达 50m/s，传动比可达 10 左右，传递功率可从几瓦至数千瓦。

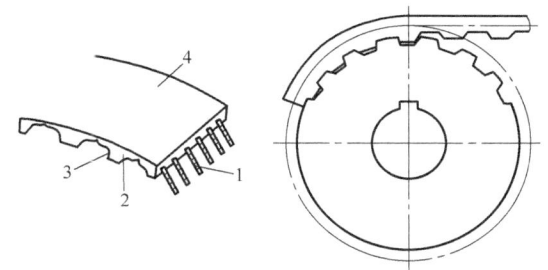

图 8-3 同步带的结构与传动
1—强力层 2—齿带 3—包布层 4—带背

5）维修保养方便，不需要润滑。
6）安装时中心距要求严格，带与带轮的制造工艺较复杂，成本高。

（3）两个电动机分别驱动主轴（图 8-1c） 这是上述两种方式的混合传动类型，兼有上述两种方式的性能。高速时由一个电动机通过带传动；低速时，由另一个电动机通过齿轮传动，齿轮起到降速和扩大变速范围的作用，因而使恒功率区增大，扩大了变速范围，避免了低速时转矩不够且电动机功率不能充分利用的问题，但两个电动机不能同时工作。

（4）电动机通过联轴器连接主轴 如图 8-1d 所示，主轴电动机输出轴通过精密联轴器与主轴连接，其优点是结构紧凑，传动效率高，但主轴转速的变化及转矩的输出完全与电动机的输出特性一致，因而在使用上受到一定限制。

（5）内装电动机主轴 内装电动机主轴即主轴与电动机转子合为一体，如图 8-1e 所示。其优点是省去了中间的所有传动环节，主轴组件结构紧凑，重量轻，惯量小，可提高起动、停止的响应特性，并利于控制振动和噪声。缺点是电动机运转产生的热量易使主轴产生热变形。因此，温度控制和冷却是使用内装电动机主轴的关键问题。图 8-4 所示为内装电动机主轴的结构示意图。

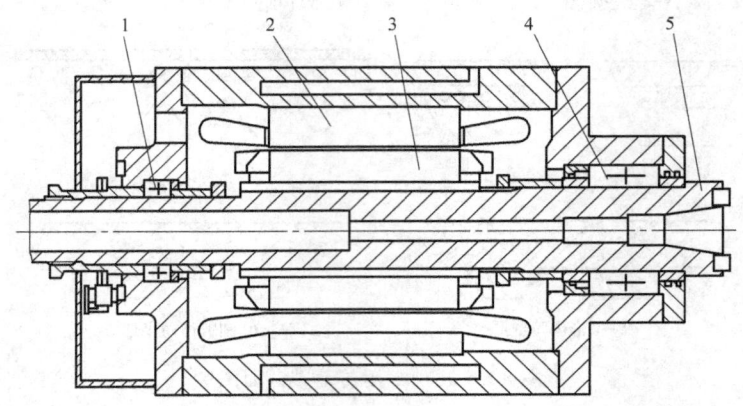

图 8-4　内装电动机主轴的结构示意图
1、4—主轴支承　2—内装电动机定子　3—内装电动机转子　5—主轴

2. 主传动的齿轮变速装置

主传动中齿轮变速常用的两种装置是液压拨叉变速装置和电磁离合器变速装置。

（1）液压拨叉变速装置　在齿轮传动的主传动系统中，齿轮的换档主要靠液压拨叉来完成。图 8-5 所示为三位液压拨叉的工作原理图。通过改变不同的通油方式可以使三联齿轮块获得三个不同的变速位置。此机构除液压缸和活塞杆外，还增加了套筒 4。当液压缸 1 通入压力油，而液压缸 5 卸压时，活塞杆 2 便带动拨叉 3 向左移动到极限位置，此时拨叉带动三联齿轮块移动到左端（图 8-5a）。当液压缸 5 通入压力油，而液压缸 1 卸压时，活塞杆 2 和套筒 4 一起向右移动，在套筒 4 碰到液压缸 5 的端部后，活塞杆 2 继续右移到极限位置，此时，三联齿轮块被拨叉 3 移动到右端（图 8-5b）。当压力油同时进入液压缸 1 和 5 时，由于活塞杆 2 的两端直径不同，使活塞杆处在中间位置（图 8-5c）。在设计活塞杆 2 和套筒 4 的截面直径时，应使套筒 4 的圆环面上的向右推力大于活塞杆 2 的向左推力。

液压拨叉换档在主轴停转之后才能进行，但主轴停转后拨叉带动齿轮块移动又可能产生"顶齿"现象。因此，在这种主传动系统中通常增设一台微电动机，它在拨叉移动齿轮块的同时带动各传动齿轮做低速回转，使移动齿轮与主动齿轮顺利啮合。

（2）电磁离合器变速装置　电磁离合器变速装置是利用电磁效应，通过接通或断开电磁离合器的运动部件实现变速。其优点是便于实现操作自动化，并有现成的系列产品可供选用，因而其已成为自动装置中常用的执行元件。

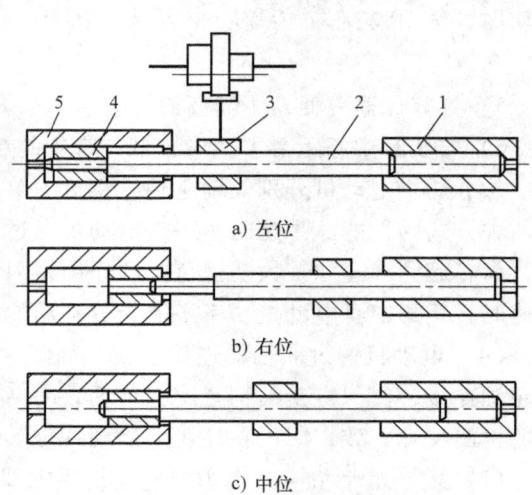

图 8-5　三位液压拨叉的工作原理图
1、5—液压缸　2—活塞杆　3—拨叉　4—套筒

电磁离合器应用于数控机床的主传动时，能简化变速机构，通过若干个安装在各传动轴上离合器之吸合与分离的不同组合来改变齿轮的传动路线，实现主轴的变速。

图 8-6 所示为 THK6380 型自动换刀数控铣镗床的主传动系统图，该机床采用双速电动机和六个电磁离合器完成 18 级变速。

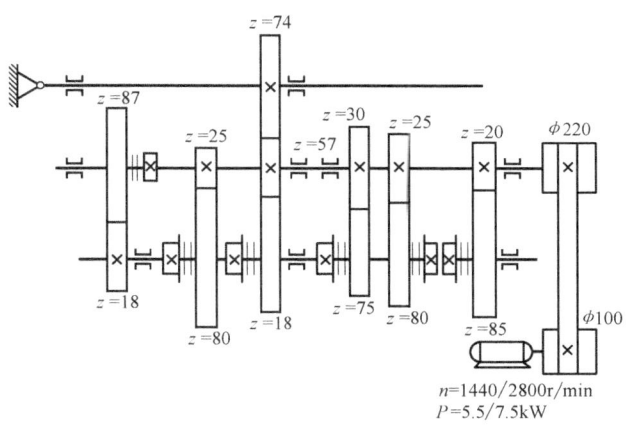

图 8-6　THK6380 型自动换刀数控铣镗床的主传动系统图

图 8-7 是数控铣镗床主轴箱中使用的无集电环摩擦片式电磁离合器。传动齿轮 1 通过螺钉固定在连接件 2 的端面上，根据不同的传动结构，运动既可以从传动齿轮 1 输入，也可以从套筒 3 输入。连接件 2 的外周开有六条直槽，并与外摩擦片 4 上的六个花键齿相配，这样就把传动齿轮 1 的转动直接传递给外摩擦片 4。套筒 3 的内孔和外圆都有花键，而且和挡环 6 用螺钉 11 连成一体。内摩擦片 5 通过内孔花键套装在套筒 3 上，并一起转动。当线圈 8 通电时，衔铁 10 被吸引右移，通过内摩擦片 5 和外摩擦片 4 之间的摩擦力矩将传动齿轮 1 与套筒 3 结合在一起。无集电环电磁离合器的线圈 8 和铁心 9 是不转动的，在铁心 9 的右侧均匀分布着六条键槽，用斜键将铁心固定在主轴箱的壁上。当线圈 8 断电时，外摩擦片 4 的弹性爪使衔铁 10 迅速恢复到原来位置，内、外摩擦片互相分离，运动被切断。这种离合器的优点在于省去了电刷，避免了磨损和接触不良带来的故障，因此比较适合于高速运转的主传动系统。由于采用摩擦片来传递转矩，所以允许不停车变速。但也带来了另外的缺点，就是变速时将产生大量的摩擦热，而且由于线圈和铁心是静止不动的，因此必须在旋转的套筒上安装滚动轴承 7，从而增加了离合器的径向尺寸。此外，这种摩擦离合器的磁力线通过钢质的摩擦片，在线圈断电之后会有剩磁，所以增加了离合器的分离时间。

图 8-8 所示为啮合式电磁离合器（也称为牙嵌电磁离合器），其在摩擦面上做成一定齿形，以提高传递的力矩。当线圈 1 通电后，带有端面齿的衔铁 2 被吸引与磁轭 9 的端面齿相互啮合。衔铁 2 又通过渐开线齿形花键与定位环 5 相连，定位环 5 再通过连接螺钉 7 与传动齿轮连接，从而在传动轴和齿轮之间传递运动。

与其他型式的电磁离合器相比，啮合式电磁离合器能够传递更大的转矩，因而相应地减小了离合器的径向和轴向尺寸，使主轴箱的结构更为紧凑。啮合过程无滑动是它的另一个优点，这样不但使摩擦热减少，有助于改善数控机床主轴箱的热变形，而且可以在传动比要求严格的传动链中使用。但这种离合器带有旋转集电环 8，电刷与集电环之间有摩擦，影响了

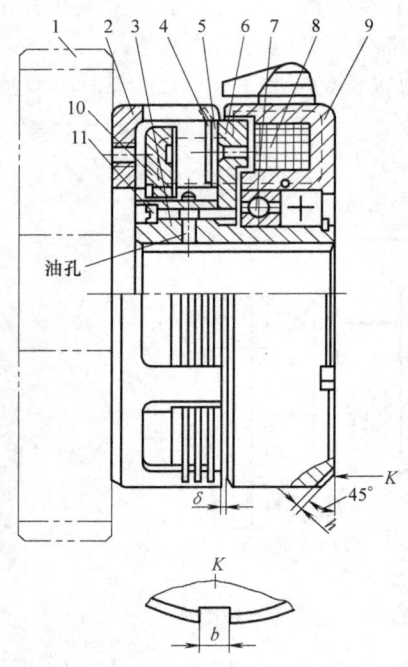
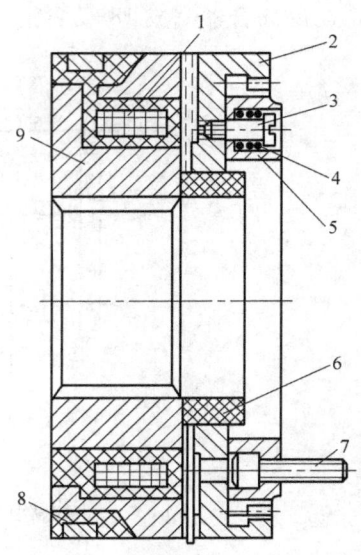

图 8-7 无集电环摩擦片式电磁离合器
1—传动齿轮 2—连接件 3—套筒 4—外摩擦片
5—内摩擦片 6—挡环 7—滚动轴承 8—线圈
9—铁心 10—衔铁 11—螺钉

图 8-8 啮合式电磁离合器
1—线圈 2—衔铁 3—螺钉 4—弹簧 5—定
位环 6—隔离环 7—连接螺钉
8—旋转集电环 9—磁轭

变速的可靠性,而且应避免在很高的转速下工作。另一方面,离合器必须在低于 1~2r/min 的转速下变速,这将给自动变速带来不便。根据上述特点,啮合式电磁离合器较适宜于在要求温升小和结构紧凑的数控机床上使用。

8.2 数控机床的主轴部件

主轴部件是主运动的执行件,它夹持刀具或工件,并带动其旋转。数控机床主轴部件的精度、刚度、抗振性和热变形对加工质量和生产率等有着直接的影响,而且由于数控机床在加工过程中不进行人工调整,这些影响就更为重要。数控机床的主轴部件包括主轴、主轴支承、装在主轴上的传动件和密封件等。对于加工中心的主轴,为实现刀具的快速和自动装卸,主轴部件还包括刀具的自动装卸、主轴定向停止(准停)和主轴孔内的切屑清除等装置。

8.2.1 主轴端部结构

主轴端部是用于安装刀具或夹持工件的夹具。在设计要求上,应能保证定位准确、安装可靠、连接牢固、装卸方便,并能传递足够的转矩。主轴端部的结构形状都已标准化,图 8-9 所示为普通机床和数控机床通用的几种主轴端部的结构型式。

图 8-9a 为车床主轴端部,卡盘靠前端的短圆锥面和凸缘端面定位,用端面键传递转矩,

卡盘装有固定螺栓。卡盘装于主轴端部时，螺栓从凸缘上的孔中穿过，转动快卸卡板将数个螺栓同时拴住，再拧紧螺母将卡盘固定在主轴端部。主轴为空心轴，前端有莫氏锥度孔，用以安装顶尖或心轴。

图8-9b为铣、镗床主轴端部，铣刀或刀杆在前端7∶24的锥孔内定位，并用拉杆从主轴后端拉紧，由前端的端面键传递转矩。

图8-9c为外圆磨床砂轮主轴端部，图8-9d为内圆磨床砂轮主轴端部。

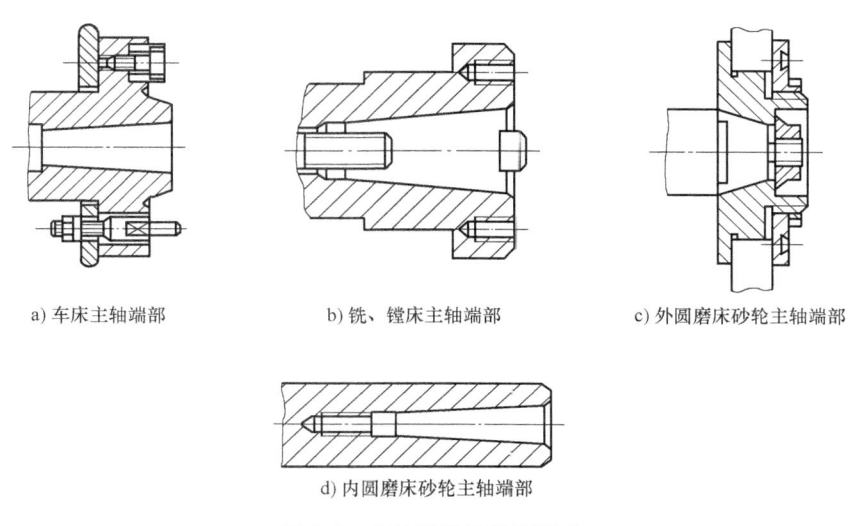

图8-9 主轴端部的结构型式

8.2.2 主轴轴承

1. 主轴轴承的类型

主轴轴承是主轴部件的重要组成部分。它的类型、结构、配置、精度、安装、调整、润滑和冷却都直接影响主轴的工作性能。在数控机床上，常用的主轴轴承有滚动轴承和静压滑动轴承。

（1）滚动轴承 图8-10所示为主轴常用滚动轴承的结构型式。

图8-10a为角接触球轴承，该轴承既可以承受径向载荷又可以承受轴向载荷，多用于高速主轴。常用的接触角有两种：$\alpha=25°$和$\alpha=15°$。$\alpha=25°$角接触球轴承的轴向刚度较高，但径向刚度和允许的转速略低，多用于车、镗、铣加工中心等主轴；$\alpha=15°$角接触球轴承的转速可比前者高些，但轴向刚度较低，常用于轴向载荷较小、转速较高的磨床主轴或不承受轴向载荷的车、镗、铣主轴后轴承。这类轴承为点接触，刚度较低。通常用组配的方法来提高刚度和承载能力。

图8-10b为双列短圆柱滚子轴承，该轴承只承受径向载荷。这种轴承的特点是滚子数量多，两列滚子交错排列，因此承载能力大，刚度好，允许转速较高（比角接触球轴承低）。这种轴承多用于载荷较大、刚度要求较高、中等转速的主轴。

图8-10c为60°角接触双向推力球轴承，该轴承只承受轴向载荷，通常与双列圆柱滚子轴承配套使用。这种轴承的特点是球径小、球数多，能承受双向轴向载荷。轴向刚度高，允许转速高。

图 8-10d 为双列圆锥滚子轴承，该轴承能同时承受较大的轴向载荷和径向载荷。这种轴承由外圈的凸肩在箱体上轴向定位，可通过修磨中间隔套调整间隙和预紧。该轴承承载能力大，但允许主轴转速相对较低，所以通常作为主轴的前支承。

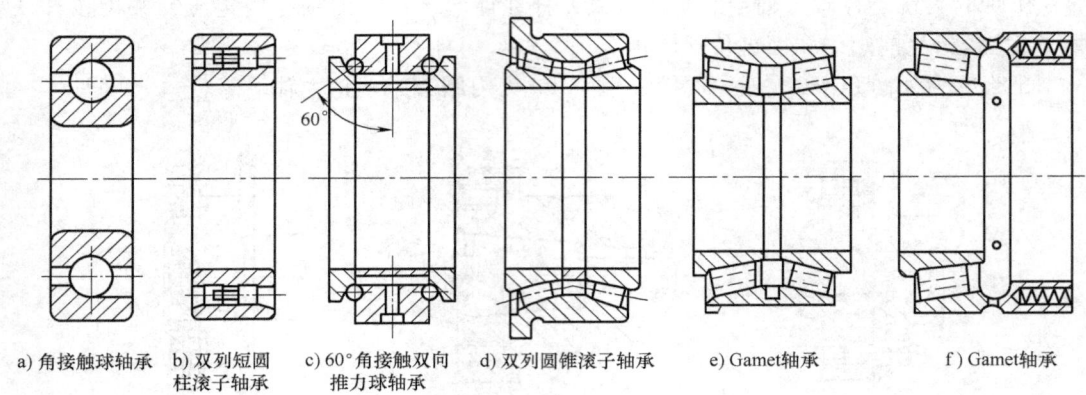

a) 角接触球轴承　b) 双列短圆柱滚子轴承　c) 60°角接触双向推力球轴承　d) 双列圆锥滚子轴承　e) Gamet轴承　f) Gamet轴承

图 8-10　主轴常用滚动轴承的结构型式

图 8-10e、f 为法国 Gamet 公司研制的两种圆锥滚子轴承，可配套使用。前者用作主轴前支承，后者用作主轴后支承。其特点是滚子中空，图 8-10e 所示轴承的两列滚子数量相差一个，从而使两列滚子的刚度变化频率不同，以抑制振动。图 8-10f 所示轴承外围上有 16~20 个弹簧，用作预紧。为了控制发热量，Gamet 轴承保持架是整体的，可以占满滚子之间的空隙。这样，大部分润滑油被迫流过滚子的中孔，冷却不易散热的滚子，小部分润滑油则通过滚子与滚道之间起润滑作用。油液从外圈中部的径向孔进入，流向两端，在此同时中空并填充了润滑油的滚子还可吸收振动。

为了适应主轴高速发展的要求，滚动轴承的滚珠可采用陶瓷滚珠。由于陶瓷材料的重量轻、热膨胀系数小、耐高温，所以具有离心力小、动摩擦力小、预紧力稳定、弹性变形小、刚度高的特点。

陶瓷滚珠适用于工作条件恶劣、高速、高温、大负载的场合。采用陶瓷滚珠的滚动轴承，应考虑轴承成本、轴承与轴的热膨胀系数差异、高温下的润滑、陶瓷滚珠剥落等问题。

（2）静压滑动轴承　数控机床上常用的静压滑动轴承是液体静压滑动轴承。此种静压滑动轴承的油膜压强由液压缸从外界供给，与主轴转速的高低无关（忽略旋转时的动压效应）。它的承载能力不随转速而变化，而且无磨损，起动和运转时摩擦力矩相同。所以液体静压滑动轴承的刚度大，回转精度高，但液体静压滑动轴承需要一套液压装置，故成本较高。

液体静压滑动轴承装置主要由供油系统、节流器和轴承三部分组成，其工作原理如图 8-11 所示。在轴承的内圆柱表面上，对称地开了四个矩形油腔 1、2、3 和 4 以及回油槽 5，油腔与回油槽之间的圆弧面 6 称为周向封油面，封油面与主轴之间有 0.02~0.04mm 的径向间隙。系统的压力油经各节流器降压后进入油腔。在压力油的作用下，主轴浮起而处于平衡状态。油腔内的压力油经封油边流出后，流回油箱。当轴受到外部载荷 F 的作用时，主轴轴颈产生偏移，这时上下油腔的回油间隙发生变化，上腔回油量增大，而下腔回油量减少。根据流体力学中的伯努利方程可知压强与流量的关系，当节流器进油口的压强保持不变时，流量改变，节流器出油口的压强也随之改变。因此，此时上腔压强 p_1 下降，下腔压强 p_3 增大，若油腔面积为 A，当 $A(p_3-p_1)=F$ 时，将平衡外部载荷 F。这样主轴轴线始终保持在回转中心轴线上。

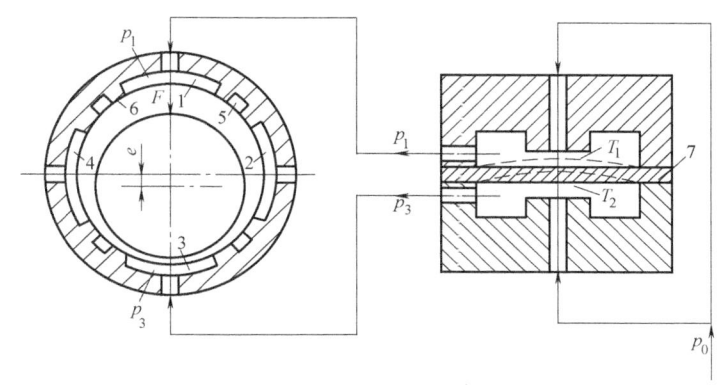

图 8-11 液体静压滑动轴承工作原理

1、2、3、4—油腔 5—回油槽 6—周向封油面 7—薄膜

节流器是使液体静压滑动轴承各油腔形成压强差的关键，因此节流器的性能直接影响到液体静压滑动轴承的工作性能。节流器必须反应灵敏，不易阻塞，便于制造。节流器有固定节流器和可变节流器两大类。固定节流器采用小孔节流，其结构简单，适用于高速、轻载的精密机床。可变节流器一般为双向薄膜可变节流器，其原理如图 8-11 所示。当压强为 p_0 的压力油分两路进入节流器时，分别经薄膜 7 上、下形成的两个节流口产生压强 p_1 和 p_3，进入轴承的油腔 1 和 3。当轴受到外载荷 F 的作用时，轴颈向下移动距离 e，使 p_3 升高，p_1 降低。p_3 和 p_1 同时作用于薄膜的下方和上方，使薄膜因压力差向上突起，如图 8-11 中虚线所示。因而使油膜的上腔面积减少，液阻增大，而下腔面积增大，液阻减小。这种反馈作用使上、下油腔的压强差 p_3-p_1 进一步增大，直至与外载荷 F 平衡为止。对于相同的位移，可变节流器压强差 p_3-p_1 比固定节流器大，因此采用可变节流器的液体静压滑动轴承刚度高。

2. 主轴轴承的配置形式

图 8-12 为数控机床主轴轴承常见的三种配置形式。

图 8-12a 所示的配置形式能使主轴获得较大的径向和轴向刚度，可以满足机床强力切削的要求，普遍应用于各类数控机床的主轴，如数控车床、数控铣床、加工中心等。这种配置的后支承也可采用圆柱滚子轴承，进一步提高后支承的径向刚度。

图 8-12b 所示前支承采用的是背靠背的组配方式，它具有良好的高速性能，但它的承载能力较小，适用于高速轻载和精密数控机床。目前，这种配置形式在立式、卧式加工中心上得到广泛应用，满足了这类机床转速范围大、最高转速高的要求。

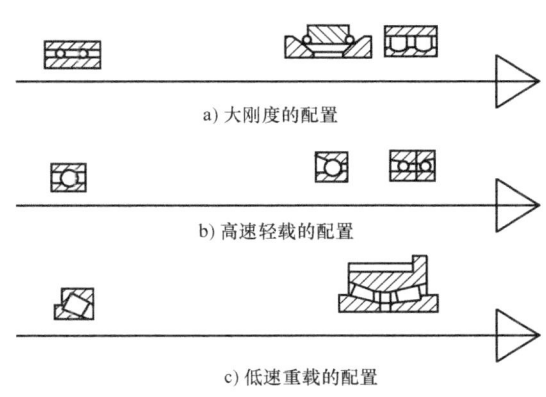

图 8-12 数控机床主轴轴承的配置形式

为提高这种形式配置的主轴刚度，前支承可以用四个或更多的轴承相组配，后支承用两个轴承相组配。

图 8-12c 所示的配置形式能使主轴承受较重载荷（尤其是承受较强的动载荷），径向和轴向刚度高，安装和调整性好。但这种配置相对限制了主轴最高转速和回转精度，适用于中等精度、低速与重载的数控机床主轴。

为提高主轴组件刚度，数控机床还常采用三支承主轴组件。尤其是前后轴承间跨距较大的数控机床，采用辅助支承可以有效地减小主轴弯曲变形。三支承主轴结构中，一个支承为辅助支承，辅助支承可以选为中间支承，也可以选为后支承。辅助支承在径向要保留必要的游隙，避免由于主轴安装轴承处轴径和箱体安装轴承处孔径的制造误差（主要是同轴度误差）造成的干涉。辅助支承常采用深沟球轴承。

液体静压滑动轴承主要应用在主轴高转速、高回转精度的场合，如应用于精密、超精密数控机床主轴、数控磨床主轴。对于要求更高转速的主轴，可以采用气体静压滑动轴承，这种轴承可达每分钟几万转的转速，并有非常高的回转精度。

8.2.3 主轴准停装置

在数控镗床、数控铣床及以镗铣为主的加工中心上，需要进行自动换刀，也就要求每次装卸刀时，都必须使刀柄上的键槽对准主轴的端面键，这就要求主轴每次停在一个固定的准确的角位置上，所以主轴上必须设有准停装置。准停装置分机械式和电气式两种（图 8-13），传统的做法是采用机械挡块来定向，而现代数控机床一般都采用电气式主轴，只要数控系统发出指令信号，主轴就可以准确地定向。

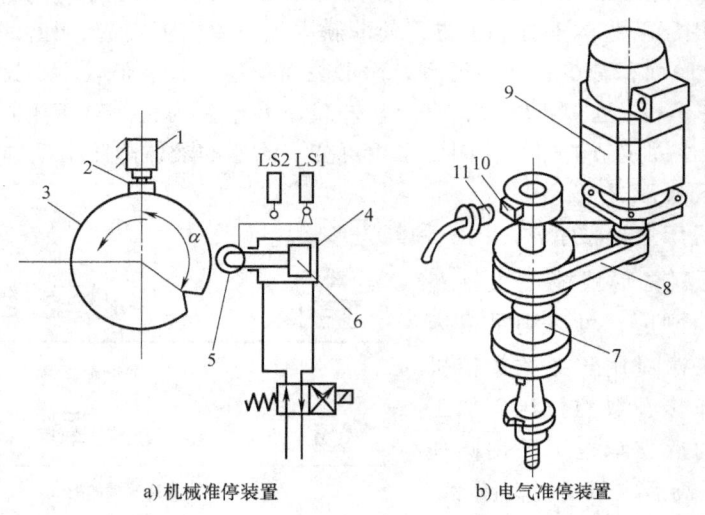

a) 机械准停装置　　　　b) 电气准停装置

图 8-13 主轴的准停装置

1—无触点开关　2—感应块　3—凸轮定位盘　4—定位液压缸　5—定向滚轮　6—定向活塞
7—主轴　8—同步感应器　9—主轴电动机　10—永久磁铁　11—磁传感器

图 8-13a 所示为机械准停装置，其工作原理如下：当接收到主轴准停指令后，主轴电动机减速，主轴箱内齿轮换档使主轴以低速旋转，延时继电器开始动作，并延时 4~6s，保证

主轴可接通无触点开关 1 的电源，当主轴转到图 8-13a 所示位置时，凸轮定位盘 3 上的感应块 2 与无触点开关 1 相接触后发出信号，使主轴电动机停转。另一延时继电器延时 0.2~0.4s 后，压力油进入定位液压缸 4 的下腔，使定向活塞 6 向左移动，当定向活塞 6 上的定向滚轮 5 顶入凸轮定位盘 3 的凹槽内时，行程开关 LS2 发出信号，主轴准停完成。若延时继电器延时 1s 后行程开关 LS2 仍不发信号，说明准停未完成，需使定向活塞 6 后退，重新准停。当活塞杆向右移到位时，行程开关 LS1 发出使定向滚轮 5 退出凸轮定位盘 3 凹槽的信号，此时主轴可起动工作。机械准停还有其他方式，如端面螺旋凸轮准停等，但其基本原理类同。

机械准停装置比较准确可靠，但结构较复杂，因此现代的数控铣床一般都采用电气式主轴准停装置。较常用的电气准停方式有两种：一种是编码器型主轴准停，另一种是用磁传感器主轴准停，其工作原理如图 8-13b 所示。在主轴上安装有一个永久磁铁 10 与主轴一起旋转，在距离永久磁铁 10 旋转轨迹外 1~2mm 处固定有一个磁传感器 11，当主轴需要停车换刀时，数控装置发出主轴停转的指令，主轴电动机 9 立即降速，使主轴以很低的转速回转，当永久磁铁 10 对准磁传感器 11 时，磁传感器发出准停信号，此信号经放大后，由定向电路使电动机准确地停止在规定的周向位置上。这种电气准停装置的机械结构简单，发磁体与磁传感器间没有接触摩擦，准停的定位精度可达 ±1°，能满足一般换刀要求。而且定向时间短，可靠性较高。

8.3 典型数控机床的主轴部件

主轴部件是数控机床的关键部件，其精度、刚度和热变形对加工质量有直接的影响。本节介绍数控车床、数控铣床、加工中心的主轴部件结构。

8.3.1 数控车床的主轴部件

数控车床主轴部件的介绍以 TND360 型数控车床为例。

1. 主传动系统

图 8-14 所示为 TND360 型数控车床主传动系统。它由带测速发电机（一种速度反馈元件）的直流电动机驱动，电动机的额定转速为 2000r/min，最高转速为 4000r/min，最低转速为 35r/min。电动机通过同步带使主轴箱Ⅰ轴旋转。主轴箱内有两对传动齿轮，经过 84/60 齿轮传动时，使主轴得到 800~3150r/min 的高速段；经过 29/86 齿轮传动时，使主轴获得 7~760r/min 的低速段，高速段和低速段的变换由液压缸推动滑移齿轮实现。为了在车床上加工螺纹，车床主轴转速与加工螺纹的刀具进给量之间应保持一定的传动比（当主轴转一圈时刀具移动一个导程）。为此，主传动装置中装有脉冲编码器。主轴通过 60/60 齿轮带动主轴脉冲编码器，与主轴同步旋转，发出脉冲，主轴每转一圈脉冲编码器可发出 1024 个脉冲。这些脉冲输入 CNC 装置后，根据程序段指

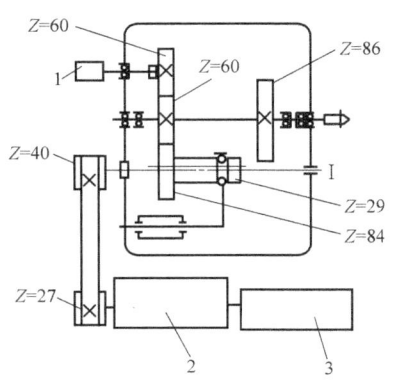

图 8-14 TND360 型数控车床主传动系统
1—脉冲发生器 2—直流电动机 3—测速发电机

令的导程大小和相关参数，对输入脉冲进行分频，作为刀具进给的脉冲源。

2. 主轴及支承

图 8-15 所示为 TND360 型数控车床主轴部件。主轴内孔用于通过长棒料，也可用于通过气动、液压夹紧装置（动力夹盘）的拉杆。主轴前端的大环平面和短圆锥面用于安装卡盘或拨盘。因主轴在切削时承受较大的切削力，所以其轴径较大、刚性较好。前支承为三个轴承一组，均为推力角接触球轴承，前面两个轴承大口朝向主轴前端，接触角为 25°，以承受轴向切削力，后面一个轴承大口朝向主轴后端，接触角为 14°。主轴前轴承的内外圈轴向由轴肩和箱体孔的台阶固定，以承受轴向载荷。后支承由一对背对背的推力角接触球轴承组成，只承受径向载荷，并由后压套进行预紧。主轴为空心主轴，通过棒料的直径可达 60mm。前后轴承都由轴承厂家配好，成套供应，装配时不需修配。

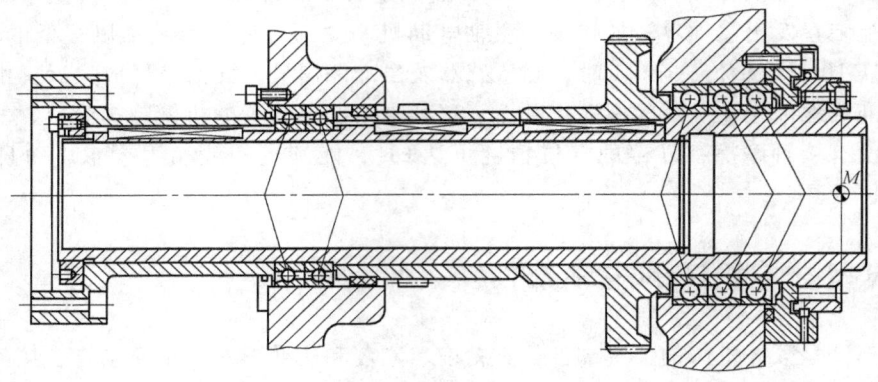

图 8-15 TND360 型数控车床主轴部件

3. 动力卡盘

数控车床工件夹紧装置可采用自定心卡盘、单动卡盘或弹簧夹头（用于棒料加工）。为减少数控车床装夹工件的辅助时间，广泛采用液压或气动动力自定心卡盘。

图 8-16 所示为一种液压传动自定心卡盘。夹紧力由液压缸通过杠杆 2 传给卡爪 1 来实现。

图 8-17 为某数控车床上采用的另一种液压驱动动力自定心卡盘，它主要由固定在主轴后端的液压缸 5 和固定在主轴前端的卡盘 3 两部分组成，改变液压缸左、右腔的通油状态，活塞杆 4 带动卡盘上的驱动爪 1 驱动卡爪 2 夹紧或松开工件，并通过行程开关 6 和 7 发出相应信号，其夹紧力的大小通过调整液压系统的压力进行控制。它具有结构紧凑、动作灵敏、能够实现较大夹紧力的特点。

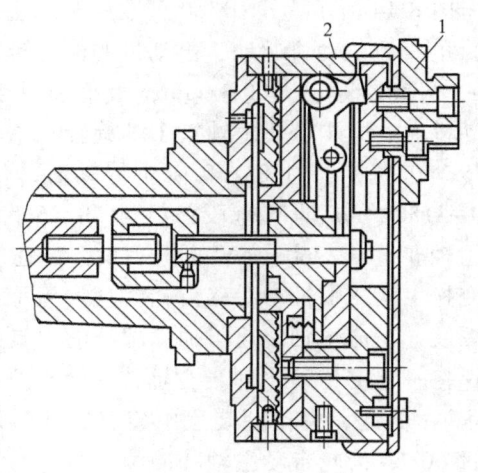

图 8-16 液压传动自定心卡盘
1—卡爪 2—杠杆

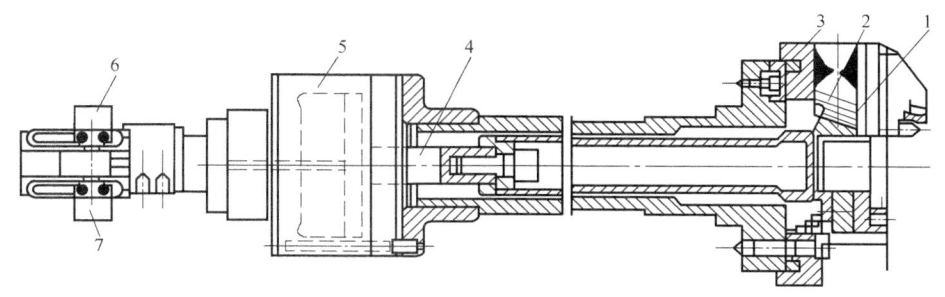

图 8-17 液压驱动动力自定心卡盘
1—驱动爪 2—卡爪 3—卡盘 4—活塞杆 5—液压缸 6、7—行程开关

4. 主轴编码器

数控车床主轴编码器采用与主轴同步的光电脉冲发生器,其可以通过中间轴上的齿轮 1∶1 地同步传动,也可以通过弹性联轴器与主轴同轴安装。

利用主轴编码器检测主轴的运动信号,一方面可实现主轴调速的数字反馈;另一方面可用于进给运动的同步控制,如车螺纹。

数控机床主轴的转动与进给运动之间没有机械方面的直接联系,为了加工螺纹,就要求输入进给伺服电动机的脉冲数与主轴的转速有相应关系,主轴脉冲发生器起到了主轴转动与进给运动的联系作用。

图 8-18 所示为光电脉冲发生器原理。在漏光盘 3 上,沿圆周刻有两圈条纹,外圈为圆周等分线,如外圈为 1024 条,作为发送脉冲用,内圈仅一条。在光栅 5 上,刻有 A、B、C 三条透光条纹,A 与 B 之间的距离应保证当条纹 A 与漏光盘上任一条纹重合时,条纹 B 应与漏光盘上另一条纹的重合度错位 1/4 周期。在光栅的每一条纹的后面均安置一只光敏晶体管,构成一条输出通道。

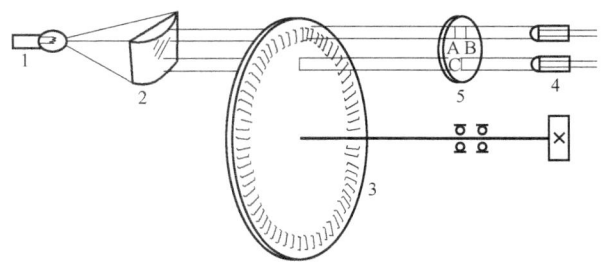

图 8-18 光电脉冲发生器原理
1—灯泡 2—聚光镜 3—漏光盘 4—光敏晶体管 5—光栅

灯泡 1 发出的散射光线,经过聚光镜 2 聚光后成为平行光线。当漏光盘与主轴同步旋转时,由于漏光盘上的条纹与光栅上的条纹出现重合和错位,使光敏晶体管 4 接收到光线亮暗的变化信号,引起光敏晶体管内电流的大小发生变化,变化的信号电流经整形放大电路输出矩形脉冲。由于当条纹 A 与漏光盘条纹重合时,B 条纹与另一个条纹错位 1/4 周期,因此

A、B两通道输出的波形相位也相差1/4周期。

脉冲发生器中漏光盘内圈的一条刻线与光栅上条纹重合时输出的脉冲数为同步（起步，又称零位）脉冲。利用同步脉冲，数控车床可实现加工控制，也可作为主轴准停装置的准停信号。数控车床车螺纹时，利用同步脉冲作为车刀进刀点和退刀点的控制信号，以保证车削螺纹不会乱扣。

8.3.2 数控铣床的主轴部件

数控铣床主轴部件的介绍以 NI-J320A 型数控铣床为例。图 8-19 所示为 NI-J320A 型数控铣床主轴部件。

NI-J320A 型数控铣床主轴可做轴向运动，主轴的轴向运动坐标轴为数控装置中的 Z 轴。如图 8-19 所示，轴向运动由直流伺服电动机 16，经同步带轮 13、15，同步带 14 带动丝杠 17 转动，通过丝杠螺母 7 和螺母支承 10 使主轴套筒 6 带动主轴 5 做轴向运动，同时也带动脉冲编码器 12 发出反馈脉冲信号进行控制。

主轴为实心轴，上端为花键，通过花键套 11 与变速箱连接，带动主轴旋转。主轴前端采用两个特轻系列角接触球轴承 1 支承，两个轴承背靠背安装，通过轴承内圈隔套 2、外圈隔套 3 和主轴台阶与主轴轴向定位，用圆螺母 4 预紧，以消除轴承轴向间隙和径向间隙。后端采用深沟球轴承，与前端组成一个相对于套筒的双支点单固式支承。主轴前端锥孔为 7∶24 锥度，用于刀柄定位。主轴前端的端面键用于传递铣削转矩。快换夹头 18 用于快速松、夹刀具。

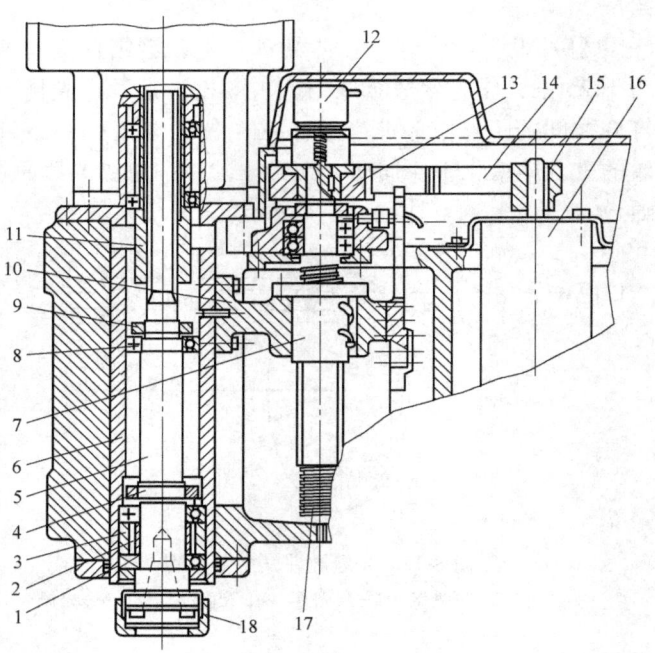

图 8-19 NI-J320A 型数控铣床主轴部件

1—角接触球轴承 2、3—轴承隔套 4、9—圆螺母 5—主轴 6—主轴套筒 7—丝杠螺母 8—深沟球轴承 10—螺母支承 11—花键套 12—脉冲编码器 13、15—同步带轮 14—同步带 16—伺服电动机 17—丝杠 18—快换夹头

8.3.3 加工中心的主轴部件

加工中心主轴部件的介绍以 JCS-018A 型加工中心为例。图 8-20 所示为 JCS-018A 型加工中心主轴部件。

JCS-018A 型加工中心主轴电动机采用 FANUC AC12 型交流伺服电动机，电动机的转动经一对同步带轮传到主轴，使主轴在 22.5～2250r/min 范围内实现无级调速，转速恒功率范围宽，低速转矩大，机床主要构件刚度高，可进行强力切削。因为主轴箱内无齿轮传动，所以主轴运转时噪声低、振动小、热变形小。

如图 8-20 所示，主轴 2 的前支承配置了三个高精度的角接触球轴承，用以承受径向载荷和轴向载荷，前面两个轴承大口朝下，后面一个轴承大口朝上。前支承按预加载荷计算的预紧量由其后的预紧螺母来调整。后支承为一对小口相对配置的角接触球轴承，它们只承受径向载荷，因此轴承外圈不需要定位。该主轴选择的轴承类型和配置形式能满足主轴高转速和承受较大轴向载荷的要求。主轴受热变形向后伸长，不影响加工精度。

1. 自动换刀机构

如图 8-20 所示，主轴内部和后端安装的是刀具自动夹紧机构。它主要由拉杆 8、拉杆端部的四个钢球 4、碟形弹簧 9、活塞 11、液压缸 12 等组成。机床执行换刀指令，机械手从主轴拔刀时，主轴需松开刀具。这时液压缸上腔通压力油，活塞推动拉杆向下移动，使碟形弹簧压缩，钢球进入主轴锥孔上端的槽内，刀柄尾部用于拉紧刀具的拉钉 3 被松开，机械手拔刀。之后，压缩空气进入活塞和拉杆的中孔，吹净主轴锥孔，为装入新刀具做好准备。当机械手将下一把刀具插入主轴后，液压缸上腔无油压，在碟形弹簧 9 和弹簧 10 的恢复力作用下，使拉杆、钢球和活塞退回到图示的位置，即碟形弹簧通过拉杆和钢球拉紧刀柄尾部的拉钉，使刀具被夹紧。

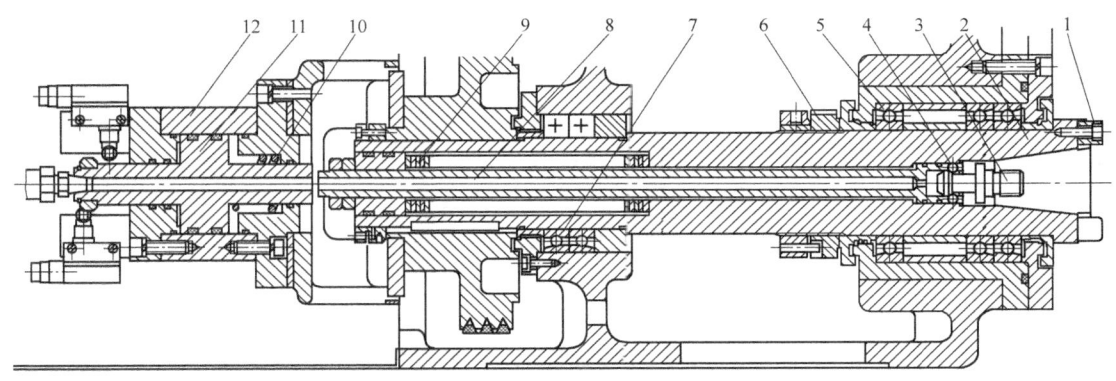

图 8-20 JCS-018A 型加工中心主轴部件
1—端面键 2—主轴 3—拉钉 4—钢球 5、7—轴承 6—螺母 8—拉杆
9—碟形弹簧 10—弹簧 11—活塞 12—液压缸

刀杆夹紧机构用弹簧夹紧、液压放松，以保证在工作中突然停电时，刀杆不会自行松脱。夹紧时，活塞 11 下端的活塞杆端与拉杆 8 的上端部之间有约 4mm 的间隙，以防止主轴旋转时端面摩擦。

2. 切屑清除装置

自动清除主轴孔内的灰尘和切屑是换刀过程中的一个不容忽视的问题。如果主轴锥孔中落入了切屑、灰尘或其他污物，在拉紧刀杆时，锥孔表面和刀杆的锥柄就会被划伤，还会使拉杆发生偏斜，破坏了刀杆的正确定位，影响工件的加工精度，甚至会使工件报废。为了保持主轴锥孔的清洁，常采用的方法是使用压缩空气吹扫。如图 8-20 所示的活塞 11 的心部钻有压缩空气通道，当活塞向右移动时，压缩空气经过活塞由孔内的空气嘴喷出，将锥孔清理干净。为了提高吹屑效率，喷气小孔要有合理的喷射角度，并均匀布置。

3. 刀具夹紧机构

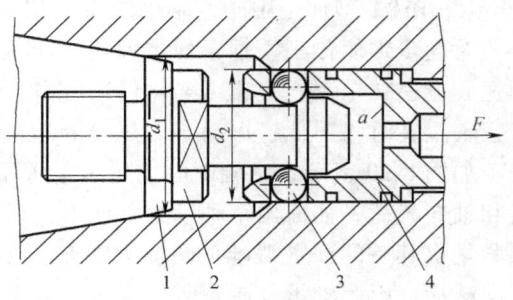

图 8-21 刀具夹紧机构
1—刀夹 2—拉钉 3—钢球 4—拉杆

主轴孔内设有刀具夹紧机构，如图 8-21 所示。机床采用锥柄刀具，锥柄的尾端安装拉钉 2，拉杆 4 通过四个钢球 3 [当钢球进入主轴孔中直径较大的 d_2（$\phi 31$mm）处时] 拉住拉钉 2 的凹槽，使刀具在主轴锥孔内定位及夹紧。拉紧力由碟形弹簧产生。碟形弹簧共有 34 对 68 片。组装后压缩 20mm 时，弹力为 10kN；压缩 28.5mm 时，弹力为 13kN。拉紧刀具的拉紧力等于 10kN。换刀时，活塞推动拉杆，直到钢球进入主轴孔中直径较大的 d_1（$\phi 37$mm）处，这时钢球已不能约束拉钉的头部。拉杆继续下降，拉杆的 a 面与拉钉的顶端接触，将刀具从主轴锥孔中推出，机械手即可将刀取出。

4. 主轴准停装置

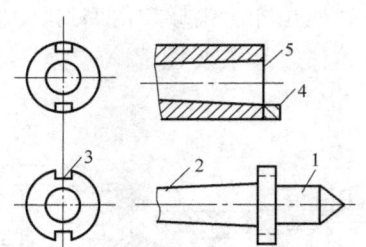

图 8-22 主轴准停示意图
1—刀具 2—刀柄 3—刀柄键槽
4—主轴端面键 5—主轴

主轴准停又称为主轴定向功能，即主轴停止时必须准确停在某固定周向位置，这是自动换刀所必需的功能。加工中心的切削转矩通常是通过主轴上的端面键和刀柄上的键槽来传递的，每次机械手自动装取刀具时，必须保证刀柄上的键槽对准主轴上的端面键，如图 8-22 所示。这就要求主轴具有准确的周向旋转定位的功能。刀具在刀库中存放也利用刀座上的端面键对刀具刀柄进行周向限位，这样机械手在换刀过程中只要保证动作准确就能保证刀具准确地插入主轴。同样，从主轴上卸下的刀具也能准确地存放到刀库的存刀座上，为下次换刀做准备。为满足主轴这一功能而设计的装置称为主轴准停装置或主轴定向装置。准停装置分机械式和电气式两种。JCS-018A 型加工中心采用的是图 8-13b 所示的电气式主轴准停装置。

本章小结

本章对数控机床的主传动系统进行了系统介绍。数控机床主传动系统应达到的基本要求是：主轴转速高，变速范围宽，并可实现无级变速；主轴传动平稳，噪声低，精度高；具有良好的抗振性和热稳定性；能实现刀具的快速和自动装卸。数控机床主传动主要有无级变速和分段无级变速两种传动方式。

本章还介绍了数控机床主轴端部结构、主轴轴承、主轴准停装置等主轴部件的结构，并通过实例介绍了数控车床、数控铣床和加工中心等典型数控机床的主轴部件。

练习题

8-1 数控机床对主传动系统有哪些要求？

8-2 主传动变速的方式有哪几种？有何特点？各应用于何处？

8-3 常用的滚动轴承有哪几种？液体静压滑动轴承装置的组成及其工作原理是什么？

8-4 主轴轴承的配置有几种形式？

8-5 以数控车床为例了解数控机床的主轴部件结构。

8-6 加工中心主轴是如何实现刀具的自动装卸和夹紧的？主轴为何需要"准停"？如何实现"准停"？

第9章 数控机床的进给传动系统

数控机床的主运动多为提供主切削运动,它代表的是生产率。而进给运动是以保证刀具与工件相对位置关系为目的。数控机床的机械传动装置是进给传动系统的重要组成部分,其作用是将伺服电动机的旋转运动转变为执行件的直线运动或旋转运动,主要包括减速装置、运动转换装置和导向元件等。

9.1 对进给传动系统的基本要求

在数控机床中,进给运动是数字控制系统的直接控制对象。无论是开环还是闭环伺服进给系统,工件的加工精度均要受到进给运动的传动精度、灵敏度和稳定性的影响。为此,对进给运动的传动设计和传动结构的组成有以下要求。

1. 提高传动部件的刚度

一般来说,数控机床直线运动的定位精度和分辨率都要达到微米级,回转运动的定位精度和分辨率都要达到角秒级,伺服电动机的驱动力矩(特别是起动、制动时的力矩)也很大。如果传动部件的刚度不足,必然会使传动部件产生弹性变形,影响系统的定位精度、动态稳定性和响应的快速性。加大滚珠丝杠的直径,对滚珠丝杠副、支承部件进行预紧,对滚珠丝杠进行预拉伸等,都是提高传动系统刚度的有效措施。

2. 减小传动部件的惯量

若驱动电动机已确定,传动部件的惯量就直接决定进给系统的加速度,其是影响进给系统快速性的主要因素。特别是在高速加工的数控机床上,由于对进给系统的加速度要求高,因此,在满足系统强度和刚度的前提下,应尽可能减小零部件的质量、直径,以降低惯量,提高快速性。

3. 减小传动部件的间隙

在开环、半闭环进给系统中,传动部件的间隙直接影响进给系统的定位精度;在闭环进给系统中,它是系统的主要非线性环节,影响系统的稳定性,因此必须采取措施消除传动系统内的间隙。常用的消除传动部件间隙的措施是对齿轮副、丝杠螺母副、联轴器、蜗轮蜗杆副以及支承部件进行预紧或消除间隙。但是,值得注意的是,采取这些措施后可能会增加摩擦阻力及降低机械部件的使用寿命,因此必须综合考虑各种因素,使间隙减小到合理范围。

4. 减小系统的摩擦阻力

进给系统的摩擦阻力一方面会降低传动效率,产生发热;另一方面,它还直接影响系统的快速性。此外,由于摩擦力的存在,动、静摩擦因数的变化,将导致传动部件弹性变形,产生非线性的摩擦死区,影响系统的定位精度和闭环系统的动态稳定性。采用滚珠丝杠副、静压丝杠副、直线滚动导轨、静压导轨和塑料导轨等高效执行部件,可以减少系统的摩擦阻力,提高运动精度,避免低速爬行。

9.2 数控机床进给传动系统的基本型式

数控机床的进给运动可以分为直线运动和圆周运动两大类。直线进给运动包括机床的基本坐标轴（X、Y、Z 轴）以及与基本坐标轴平行的坐标轴（U、V、W 轴）的运动；圆周进给运动是指绕基本坐标轴 X、Y、Z 回转的坐标轴运动。在数控机床上，实现直线进给运动主要有三种型式。

1. 丝杠螺母副

丝杠螺母副通常为滚珠丝杠或静压丝杠，将伺服电动机的旋转运动变为直线运动。

2. 齿轮-齿条副

通过齿轮-齿条副将伺服电动机的旋转运动变成直线运动。

3. 直线电动机

直接采用直线电动机进行驱动，以实现直线进给运动。

实现圆周进给运动除少数情况直接使用齿轮副外，一般都采用蜗轮蜗杆副。

9.2.1 滚珠丝杠副

为了提高数控机床进给系统的快速响应性能和运动精度，必须减少运动部件的摩擦阻力和动静摩擦力之差。为此，在中小型数控机床中，滚珠丝杠副是采用最普遍的结构。

1. 滚珠丝杠副的工作原理及特点

（1）滚珠丝杠副的工作原理　滚珠丝杠副是回转运动与直线运动相互转换的新型传动装置，是在丝杠和螺母之间以滚珠为滚动体的螺旋传动元件。其结构原理如图9-1所示，图中滚珠丝杠1和滚珠螺母2上都加工有弧形螺旋槽，将它们套装在一起时，这两个圆弧形的螺旋槽对合起来就形成了螺旋滚道，并在滚道内装满滚珠3。当丝杠相对于螺母旋转时，滚珠在滚道内自转，同时又在封闭的滚道内循环，使丝杠和螺母相对产生轴向运动。为了防止滚珠从螺母中滚出来，在螺母的滚道两端用滚珠返回装置4（又称回珠器）连接起来，使滚珠滚动数圈后离开滚道，通过滚珠返回装置4返回其入口继续工作，如此往复循环滚动。

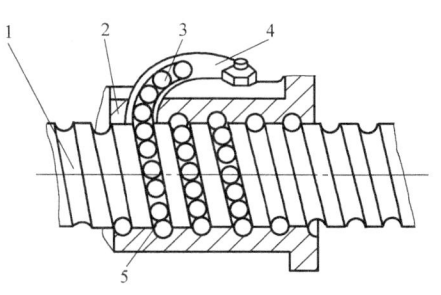

图 9-1　滚珠丝杠副的结构原理
1—滚珠丝杠　2—滚珠螺母　3—滚珠
4—滚珠返回装置　5—滚道

（2）滚珠丝杠副的特点　由以上滚珠丝杠副传动的工作过程，可以明显看出滚珠丝杠副的丝杠与螺母之间是通过滚珠来传递运动的，故为滚动摩擦。这是滚珠丝杠区别于普通滑动丝杠的关键所在，其特点主要有以下几点：

1) 传动效率高。滚珠丝杠副的传动效率高达 92%～96%，是普通梯形丝杠的 3～4 倍，功率消耗减少 2/3～3/4，如图 9-2 所示。

2) 灵敏度高、传动平稳。由于是滚动摩擦，动、静摩擦因数相差极小，因此低速不易产生爬行，高速传动平稳。

3) 定位精度高、传动刚度高。用多种方法可以消除丝杠螺母的轴向间隙，使反向无空行程，定位精度高，适当预紧后，还可以提高轴向刚度。

4）不能自锁、有可逆性。滚珠丝杠副既能将旋转运动转换成直线运动，也能将直线运动转换成旋转运动。因此，丝杠在垂直状态使用时，应增加制动装置。

5）制造成本高。滚珠丝杠和螺母等元件的加工精度及表面粗糙度等要求高，制造工艺较复杂，成本高。

（3）滚珠丝杠副的循环方式　常用的循环方式有两种：滚珠在循环返回过程中，与丝杠滚道脱离接触的称为外循环；而在整个循环过程中，滚珠始终与丝杠各表面保持接触的称为内循环。

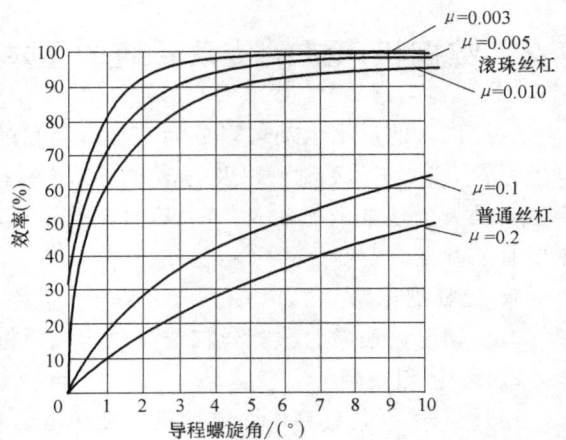

图 9-2　滚珠丝杠副传动的机械效率

外循环滚珠丝杠副按滚珠循环时的返回方式主要有插管式和螺旋槽式。图 9-3a 所示为螺旋槽式，它是在螺母外圆上铣出螺旋槽，槽的两端钻出通孔并与螺纹滚道相切，形成返回通道，这种型式的结构比插管式结构径向尺寸小，但制造上较为复杂。图 9-3b 所示为插管式，它用弯管作为返回管道，这种型式结构工艺性好，但由于管道突出于螺母体外，径向尺寸较大。

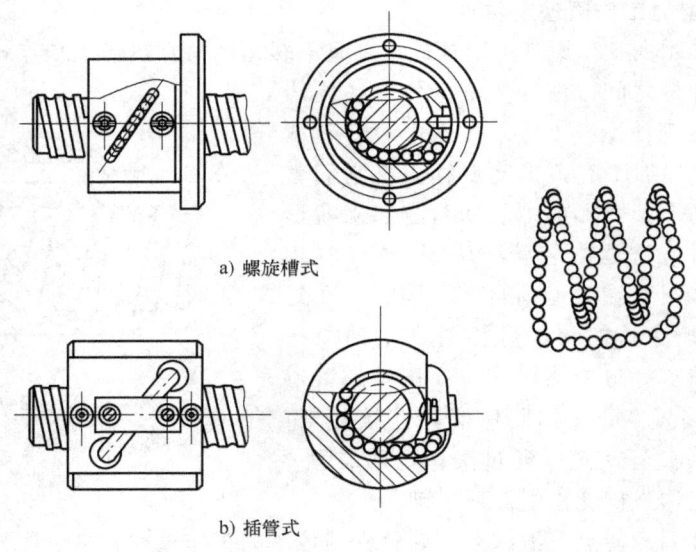

a) 螺旋槽式

b) 插管式

图 9-3　外循环滚珠丝杠

图 9-4 所示为内循环滚珠丝杠。在螺母滚道的外侧孔中装有一个接通相邻滚道的反向器，反向器上铣有 S 形回珠槽，将相邻两螺纹滚道连接起来。滚珠从螺纹滚道进入反向器，借助反向器迫使滚珠越过丝杠牙顶进入相邻滚道，实现循环。一般一个螺母上装有 2~4 个反向器，反向器沿螺母圆周等分分布。其优点是径向尺寸紧凑，刚性好；因其返回滚道较短，摩擦损失小。缺点是反向器加工困难。

2. 滚珠丝杠副轴向间隙的调整

滚珠丝杠的传动间隙是轴向间隙。为了保证反向传动精度和轴向刚度，必须消除轴向间隙。消除轴向间隙的方法常采用双螺母结构，利用两个螺母的相对轴向位移，使两个滚珠螺母中的滚珠分别贴紧在螺旋滚道的两个相反的侧面上。用这种方法预紧消除轴向间隙时，应注意预紧力不宜过大，预紧力过大会使空载力矩增加，从而降低传动效率，缩短使用寿命。此外还要消除丝杠安装部分和驱动部分的间隙。

常用的双螺母丝杠消除轴向间隙的方法如下：

（1）垫片调隙式　如图9-5所示，调整垫片的厚度使左右两螺母产生方向相反的位移，使两个螺母中的滚珠分别贴紧在螺旋滚道的两个相反的侧面上，即可消除间隙和产生预紧力。这种方法结构简单，刚性好，但调整不便，滚道有磨损时不能随时消除间隙和进行预紧。

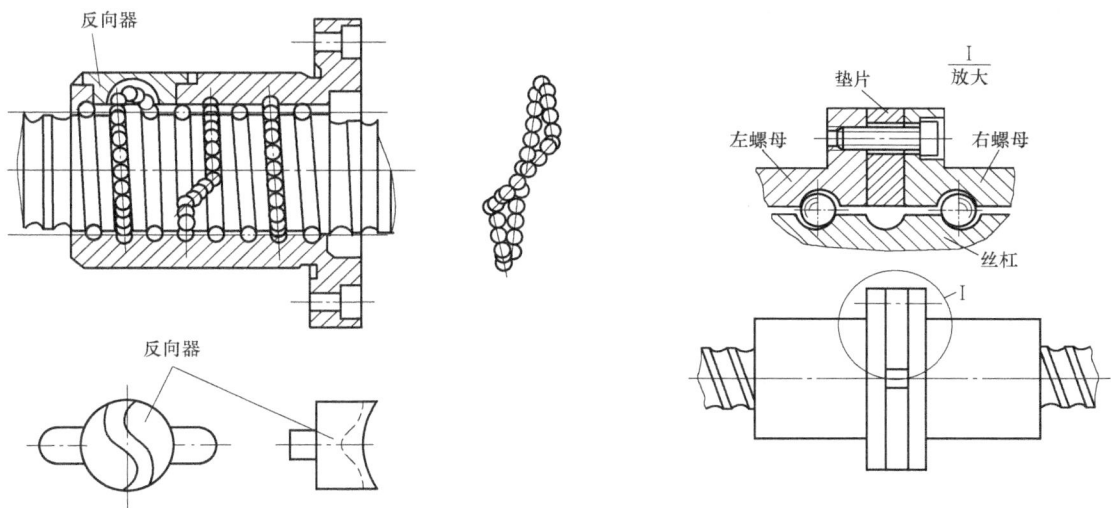

图9-4　内循环滚珠丝杠　　　　　　　图9-5　双螺母垫片调隙式结构

（2）螺纹调隙式　图9-6所示为双螺母螺纹调隙式结构，它用平键限制了螺母在螺母座内的转动。调整时，只要拧动调整螺母就能将滚珠螺母沿轴向移动一定距离，在消除间隙之后将其锁紧。这种调整方法具有结构简单，调整方便等优点，其缺点是调整精度较差。

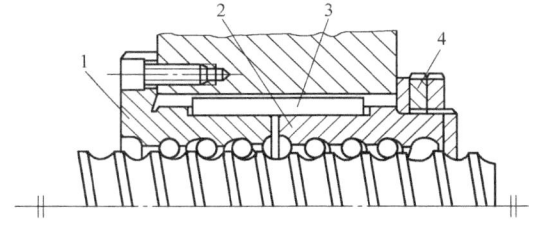

图9-6　双螺母螺纹调隙式结构
1、2—丝杠螺母　3—平键　4—调整螺母

（3）齿差调隙式　图9-7所示为双螺母齿差调隙式结构，在两个螺母2和5的凸缘上各制有一个圆柱齿轮，两个齿轮的齿数只相差一个齿，即 $z_2 - z_1 = 1$。两个内齿圈1和4与外齿轮齿数分别相同，并用螺钉和销钉固定在螺母座3的两端。调整时先将内齿圈取下，根据间隙的大小调整两个螺母2、5分别向相同的方向转过一个或多个齿，使两个螺母在轴向移近了相应的距离，以达到调整间隙

和预紧的目的。

间隙消除量 Δ 可用下式简便地计算出：

$$\Delta = \frac{nt}{z_1 z_2} \quad \text{或} \quad n = \Delta \frac{z_1 z_2}{t} \quad (9\text{-}1)$$

式中　n——螺母在同一方向转过的齿数；
　　　t——滚珠丝杠的导程；
　　　z_1、z_2——齿轮的齿数。

例如，当 $z_1 = 99$、$z_2 = 100$、$t = 10$mm 时，如果两个螺母向相同方向各转过一个齿时，其相对轴向位移量为

$$s = t/(z_1 z_2) = 10\text{mm}/(100 \times 99) \approx 0.001\text{mm}$$

若间隙消除量为 0.005mm，则

$$n = \Delta(z_1 z_2)/t = \Delta/s = 0.005/0.001 = 5$$

所以相应的两螺母沿同方向转过 5 个齿即可消除间隙。

齿差调隙式的结构较为复杂，尺寸较大，但是调整方便，可获得精确的调整量，预紧可靠不会松动，适用于高精度传动。

3. 滚珠丝杠的支承

滚珠丝杠主要承受轴向载荷，它的径向载荷主要是卧式丝杠的自重。因此，对滚珠丝杠的轴向精度和刚度要求较高。此外，滚珠丝杠的正确安装及其支承的结构刚度也不容忽视。滚珠丝杠两端常用支承形式如图 9-8 所示。

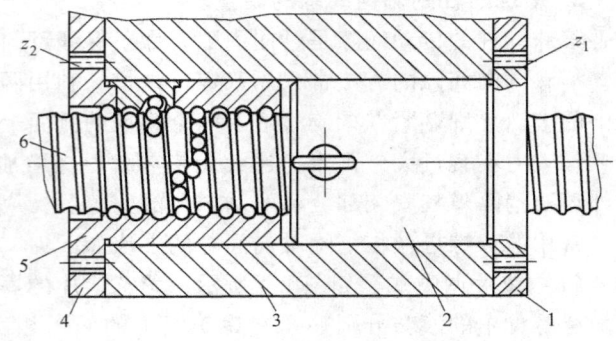

图 9-7　双螺母齿差调隙式结构
1、4—内齿圈　2、5—螺母　3—螺母座　6—丝杠

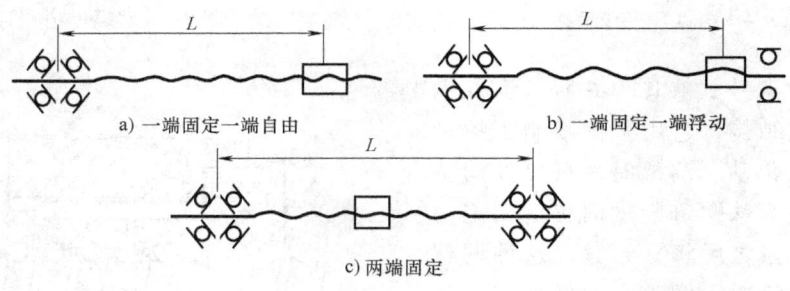

图 9-8　滚珠丝杠两端常用支承形式

图 9-8a 所示为一端固定一端自由的支承形式。其特点是结构简单，轴向刚度低，适用于短丝杠及垂直布置丝杠，一般用于数控机床的调整环节和升降台式数控铣床的垂直坐标轴。

图 9-8b 所示为一端固定一端浮动的支承形式。丝杠轴向刚度与图 9-8a 所示形式相同，丝杠受热后有膨胀伸长的余地，需保证螺母与两支承同轴。这种形式的配置结构较复杂，工艺较困难，适用于较长丝杠或卧式丝杠。

图 9-8c 所示为两端固定的支承形式。这种支承结构只要轴承无间隙，丝杠的轴向刚度约为一端固定形式的 4 倍，固有频率比一端固定形式的高，可预拉伸，在它的一端装有碟形弹簧和调整螺母，这样既可对滚珠丝杠施加预紧力，又可使丝杠受热变形得到补偿，保持恒定预紧力，但结构工艺都较复杂。

为了提高支承的轴向刚度，选择适当的滚动轴承也十分重要。目前，中小型数控机床多采用接触角为 60°的双向推力角接触球轴承，如图 9-9 所示。这是一种能够承受很大轴向力的特殊角接触球轴承，与一般角接触球轴承相比，其接触角增大到 60°，增加了滚珠的数目并相应减小了滚珠的直径，并且采用特殊设计的尼龙成型保持架。这种轴承比一般轴承的轴向刚度提高两倍以上。其与圆锥滚子轴承、圆柱滚子轴承相比，起动力矩小，而且使用极为方便。这种轴承产品成对出售，本身可以是背靠背、面对面或同向布置，前两种可承受双向推力，同向组合只承受一个方向的推力但承载能力提高。装配时只要用螺母和端盖将内外环压紧，就能获得出厂时已经调整好的预紧力。

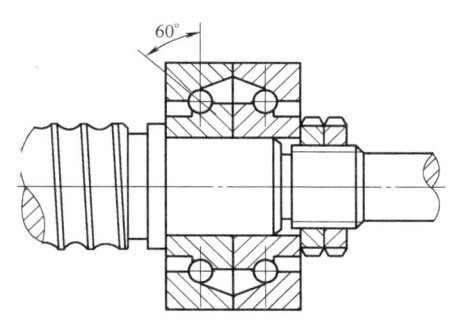

图 9-9 滚珠丝杠用 60°双向推力角接触球轴承

4. 滚珠丝杠副的密封与润滑

（1）密封 如果滚珠丝杠副的滚道上落入了脏物，或使用不干净的润滑油，不仅会妨碍滚珠的正常运转，而且使磨损急剧增加。对于制造误差和预紧变形量以微米计算的滚珠丝杠副来说，这种磨损就特别敏感，因此有效地防护密封和保持润滑油的清洁就显得十分必要。

通常滚珠丝杠副可用防尘密封圈和防护套密封，以防止灰尘及杂质进入滚珠丝杠副。密封圈有接触式和非接触式两种，装在滚珠螺母的两端。防护套可防止尘土及杂质进入滚珠丝杠，影响其传动精度。对于暴露在外面的丝杠一般采用螺旋钢带、伸缩套筒、锥形套管以及折叠式防护罩，以防止尘埃和磨粒黏附到丝杠表面。这些防护罩一端连接在滚珠螺母的端面，另一端固定在滚珠丝杠的支承座上。近年来还出现了一种钢带缠卷式丝杠防护装置。

（2）润滑 使用润滑剂，以提高耐磨性及传动效率，从而保持传动精度，延长使用寿命。常用的润滑剂有润滑油和润滑脂两类。润滑脂一般在安装过程中放进滚珠螺母的滚道内，定期补充。使用润滑油时，应注意要经常通过注油孔注油。

5. 滚珠丝杠的参数、标记方法及选择

滚珠丝杠副的参数如图 9-10 所示。

（1）公称直径 d_0 公称直径是滚珠与螺纹滚道在理论接触角状态时包络滚珠球心的圆柱直径，它是滚珠丝杠副的特性尺寸。

（2）导程 P_h 导程是丝杠相对于螺母旋转 2π 弧度时，螺母上的基准点的轴向位移。

（3）接触角 α 接触角是滚珠与滚道在接触点处的公法线与螺纹轴线的垂直线间的夹角，理想接触角为 $\alpha=45°$。

此外，还有丝杠螺纹大径 d、丝杠螺纹小径 d_1、螺纹全长 l、滚珠直径 d_b、螺母螺纹大径 D、螺母螺纹小径 D_1、滚道圆弧半径 R 等参数。

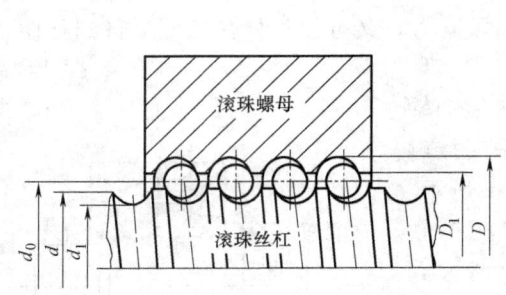
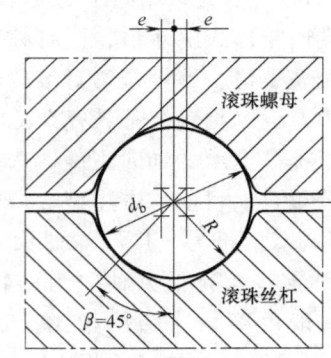

图 9-10 滚珠丝杠副的参数

导程的大小根据机床的加工精度要求确定。精度要求高时,应将导程取小些,可减小丝杠上的摩擦阻力。但导程取小后,势必将滚珠直径 d_b 取小,使滚珠丝杠副的承载能力降低。若滚珠丝杠副的公称直径 d_0 不变,导程小,则螺纹升角也小,传动效率 η 也变小。因此,在满足机床加工精度的条件下导程应尽可能取大些。

公称直径 d_0 与承载能力有直接的关系,有的资料推荐滚珠丝杠副的公称直径 d_0 应大于丝杠工作长度的 1/30。数控机床常用的进给丝杠的公称直径 $d_0 = 20 \sim 80 \mathrm{mm}$。

根据国家标准 GB/T 17587.1—2017 规定,滚珠丝杠副的型号根据其公称直径、公称导程、螺纹长度、类型、标准公差等级、螺纹旋向等特征,采用汉语拼音字母、数字及汉字结合的方式按图 9-11 所示的格式编写。

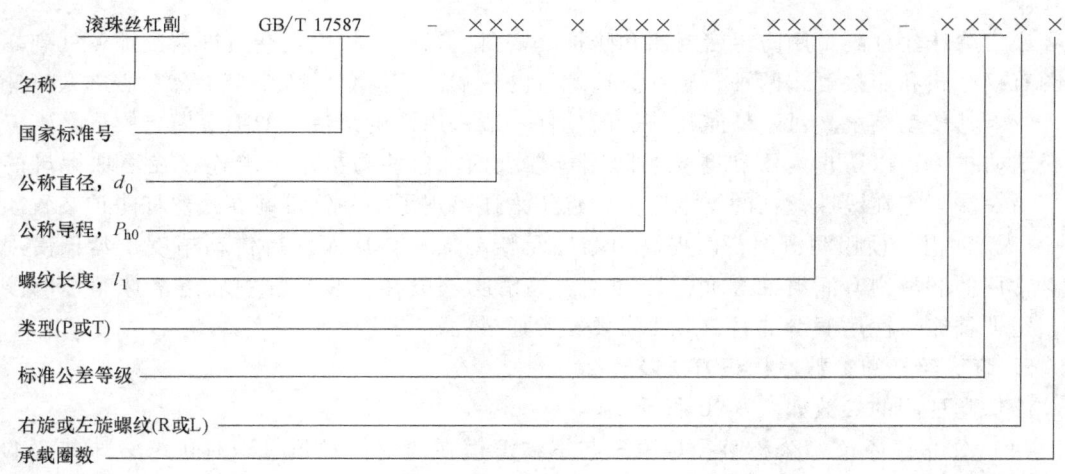

图 9-11 滚珠丝杠副的型号格式

P 型滚珠丝杠副的功用是定位;T 型滚珠丝杠副的功用是传动。

为了满足各种需要,滚珠丝杠副采用了七个标准公差等级,即 1、2、3、4、5、7 和 10。一般情况下,标准公差等级为 1、2、3、4 和 5 的滚珠丝杠副采用预紧型式,而 7 和 10 的采用非预紧型式。

在滚珠丝杠副的公差等级中 1 级最高，依次递减。一般动力传动可选用 4、5、7 级精度，数控机床和精密机械可选用 2、3 级精度，精密仪器仪表机床、螺纹磨床可选用 1、2 级精度。滚珠丝杠副的精度直接影响定位精度、承载能力和接触刚度，因此它是滚珠丝杠副的重要指标，选用时要认真考虑。

9.2.2 静压丝杠副

静压丝杠副是通过油压在丝杠和螺母的接触面之间，产生一层保持一定厚度且具有一定刚度的压力油膜，使丝杠和螺母之间由边界摩擦变为液体摩擦。当丝杠转动时通过油膜推动螺母直线移动，反之，螺母转动也可使丝杠直线移动。

1. 工作原理

图 9-12 所示为静压丝杠副的工作原理。油膜在螺旋面的两侧且互不相通，如图 9-12 所示。压力油经节流器进入油腔，并从螺纹根部与端部流出。设供油压力为 p_H，经节流器后的压力为 p_1（即油腔压力），当无外载时，螺纹两侧间隙 $h_1 = h_2$，从两侧油腔流出的流量相等，两侧油腔中的压力也相等，即 $p_1 = p_2$。这时，丝杠螺纹处于螺母螺纹的中间平衡状态的位置。

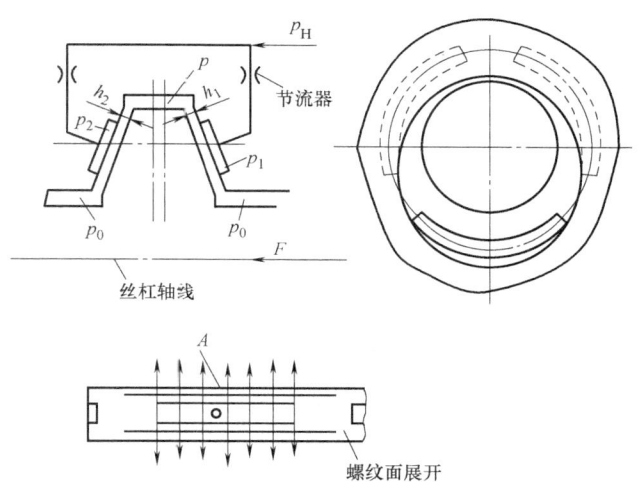

图 9-12 静压丝杠副的工作原理

当丝杠或螺母受到轴向力 F 作用后，受压一侧的间隙减小，油腔压力 p_2 增大。相反的一侧间隙增大，而油腔压力 p_1 下降。因而形成油膜压力差 $\Delta p = p_2 - p_1$，以平衡轴向力 F。平衡条件近似地表示为

$$F = (p_2 - p_1) A n Z \tag{9-2}$$

式中　A——单个油腔在丝杠轴线垂直面内的有效承载面积；
　　　n——每扣螺纹单侧油腔数；
　　　Z——螺纹的有效扣数。

油膜压力差力图平衡轴向力，使间隙差减小到一定程度后保持不变，这种调节作用是自动进行的。

图 9-13 所示为静压丝杠副的结构，8 为丝杠，节流器 7 装在螺母 1 的侧端面，并用油塞 6 堵住，螺母全部有效牙扣上的同侧同圆周位置上的油腔共用一个节流器控制，每扣同侧圆周分布有三个油腔，螺母全长上有四扣，则应有三个节流器，每个节流器并联四个油腔，因此两侧共有六个节流器。从油泵来的油液由螺母座 4 上的油孔 3 和 5 经节流器 7 进入螺母外圆面上的油槽 12，再经油孔 11 进入油腔 10，油液经回油槽 9 从螺母端面流回油箱。油孔 2 用于安装油压表。

螺纹面上油腔的连接形式与节流控制方式有两种，如图 9-14 所示。图 9-14a 中每扣螺纹

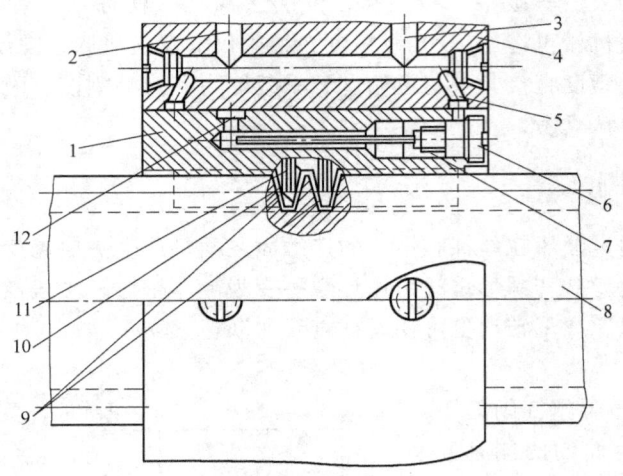

图 9-13 静压丝杠副的结构

1—螺母　2、3、5、11—油孔　4—螺母座　6—油塞　7—节流器　8—丝杠　9、12—油槽　10—油腔

每侧中径上开 3~4 个油腔，每个油腔用一个节流器控制，称为分散阻尼节流。图 9-14b 是将分布于同侧、同方位上的 3~4 个油腔用一个节流器控制，称为集中阻尼节流。

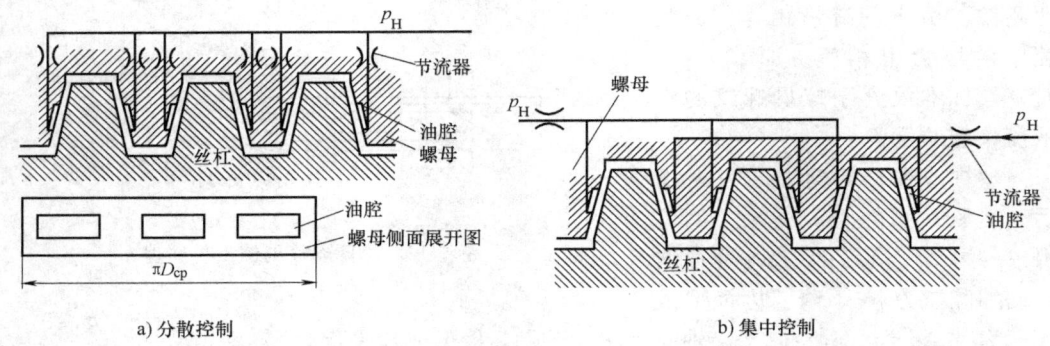

图 9-14　油腔的连接形式与节流控制方式

2. 特点

静压丝杠副的特点如下：

1) 摩擦因数很小，仅为 0.0005，比滚珠丝杠副（摩擦因数为 0.002~0.005）的摩擦损失还小，因此，其起动力矩很小，传动灵敏，避免了爬行。

2) 油膜层可以吸振，提高了运动的平稳性。

3) 由于油液的不断流动，有利于散热和减少热变形，提高了机床的加工精度和表面粗糙度值。

4) 油膜层具有一定刚度，减小了反向间隙。

5) 油膜层介于螺母与丝杠之间，对丝杠的误差有"均化"作用，即可以使丝杠的传动误差小于丝杠本身的制造误差。

6) 承载能力与供油压力成正比，与转速无关。但静压丝杠副应有一套供油系统，而且对油的清洁度要求高，如果在运动中供油因故中断，将造成不良后果。

9.2.3 静压蜗杆-蜗轮条副

大型数控机床不宜采用丝杠传动，因长丝杠制造困难，且容易弯曲下垂，影响传动精度，同时轴向刚度与扭转刚度也很难提高。如果加大丝杠直径，则转动惯量增大，伺服系统的动态特性不易保证，故常用静压蜗杆-蜗轮条副和齿轮-齿条副传动。

1. 工作原理

蜗杆-蜗轮条机构是丝杠螺母机构的一种特殊形式。如图 9-15 所示，蜗杆可看作长度很短的丝杠，其长径比很小。蜗轮条则可看作一个很长的螺母沿轴向剖开后的一部分，其包容角为 90°~120°。

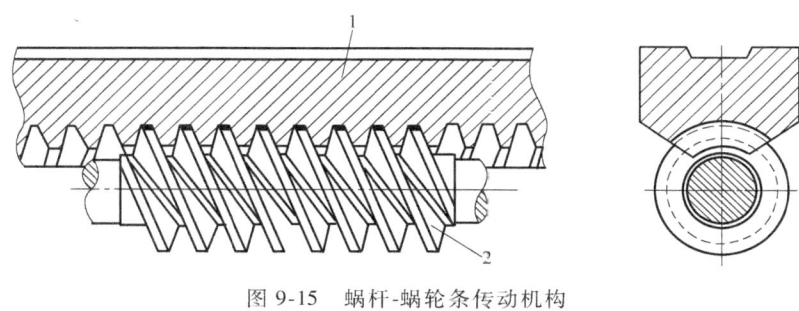

图 9-15　蜗杆-蜗轮条传动机构
1—蜗轮条　2—蜗杆

液体静压蜗杆-蜗轮条机构是在蜗杆-蜗轮条的啮合面间注入压力油，以形成一定厚度的油膜，使两啮合面间成为液体摩擦，其工作原理如图 9-16 所示。图中油腔开在蜗轮上，用毛细管节流的定压供油方式给静压蜗杆-蜗轮条供压力油。从液压泵输出的压力油，经过蜗杆螺纹内的毛细管节流器 10，分别进入蜗轮条齿的两侧面油腔内，然后经过啮合面之间的间隙，再进入齿顶与齿根之间的间隙，压力降为零，流回油箱。

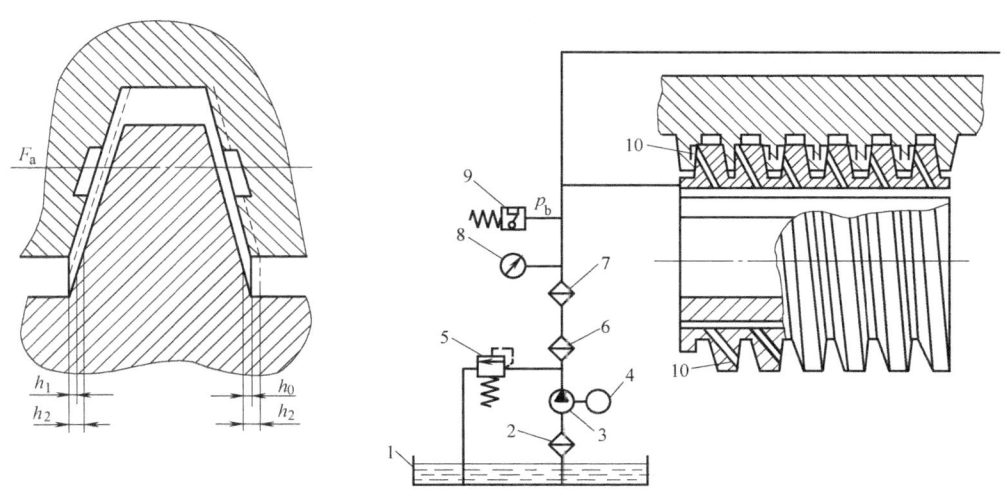

图 9-16　静压蜗杆-蜗轮条工作原理
1—油箱　2—过滤器　3—液压泵　4—电动机　5—溢流阀　6—粗过滤器
7—精过滤器　8—压力表　9—压力继电器　10—节流器

2. 特点

静压蜗杆-蜗轮条传动由于既有纯液体摩擦的特点，又有蜗杆-蜗轮条机构结构的特点，因此特别适合在重型机床的进给传动系统上应用。其优点是：

1) 摩擦阻力小，起动摩擦因数小于 0.0005，功率消耗少，传动效率高，可达 0.94～0.98，在很低的速度下运动也很平稳。
2) 使用寿命长。齿面不直接接触，不易磨损，能长期保持精度。
3) 抗振性能好。油腔内的压力油层有良好的吸振能力。
4) 有足够的轴向刚度。
5) 蜗轮条能无限接长，因此运动部件的行程可以很长，不像滚珠丝杠那样受结构的限制。

9.2.4 双齿轮-齿条副

在大型数控机床（如大型数控龙门铣床）的直线进给运动中，可采用的另一种传动方式是齿轮齿条结构，它的效率高，结构简单，从动件易于获得高的移动速度和长行程，适合在工作台行程长的大型机床上用作直线运动机构。但一般齿轮齿条传动机构的位移精度和运动平稳性较差。为克服此缺点，除提高齿条本身的制造精度或采用精度补偿措施外，还应采取措施消除传动间隙。

当负载小时，可采用双片薄齿轮错齿调整法，分别与齿条齿槽左、右两侧贴紧，从而消除齿侧间隙。但双片薄齿轮错齿调整法不能满足大型机床的重负载工作要求。所以当负载大时，采用预加负载双齿轮-齿条无间隙传动机构能较好地解决这个问题。

图 9-17a 是预加负载的双齿轮-齿条无间隙传动机构示意图。进给电动机经两对减速齿轮传递到调整轴 3，轴 3 上有两个螺旋方向相反的斜齿轮 5 和 7，分别经两级减速传至与床身齿条 2 相啮合的两个小齿轮 1。轴 3 端部有加载弹簧 6 和调整螺母，可使轴 3 上下移动。由于轴 3 上两个齿轮的螺旋方向相反，因而两个与床身齿条啮合的小齿轮 1 产生相反方向的微量转动，以改变间隙。当调整螺母将轴 3 向上调时，间隙减小、预紧力加大，反之则间隙加大、预紧力减小。传动间隙的调整也可以靠液压加负载，如图 9-17b 所示。

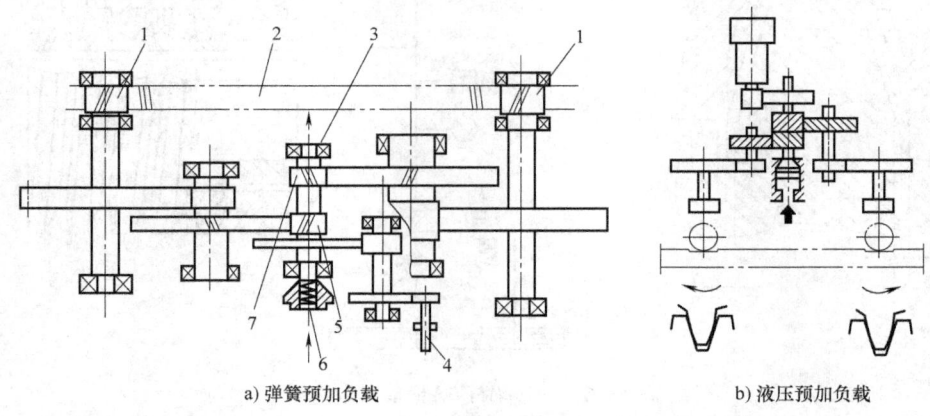

a) 弹簧预加负载   b) 液压预加负载

图 9-17 双齿轮-齿条无间隙传动机构
1—双齿轮 2—齿条 3—调整轴 4—进给电动机 5—右旋齿轮 6—加载弹簧 7—左旋齿轮

9.2.5 直线电动机直接驱动

直线电动机是近年来发展起来的高速、高精度数控机床最有代表性的先进技术之一。利用直线电动机驱动,可以完全取消传动系统中将旋转运动变为直线运动的环节,大大简化了机械传动系统的结构,实现所谓的"零传动"。它可从根本上消除传动环节对精度、刚度、快速性和稳定性的影响,故可以获得比传统进给驱动系统更高的定位精度、快进速度和加速度。直线电动机进给系统外观如图9-18所示。

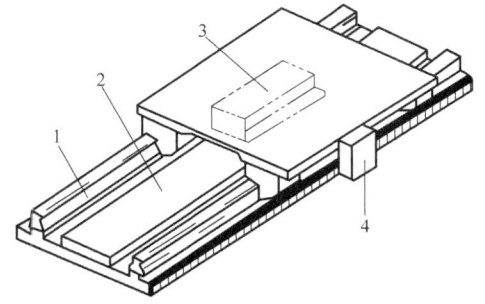

图9-18 直线电动机进给系统外观
1—导轨 2—次级 3—初级 4—检测系统

1. 工作原理

直线电动机的工作原理与旋转电动机相比,并没有本质的区别,可以将其视为旋转电动机沿圆周方向拉开展平的产物,如图9-19所示。对应于旋转电动机的定子部分,称为直线电动机的初级;对应于旋转电动机的转子部分,称为直线电动机的次级。当多相交变电流通入多相对称绕组时,就会在直线电动机初级和次级之间的气隙中产生一个行波磁场,从而使初级和次级之间相对移动。当然,两者之间也存在一个垂直力,可以是吸引力,也可以是推斥力。

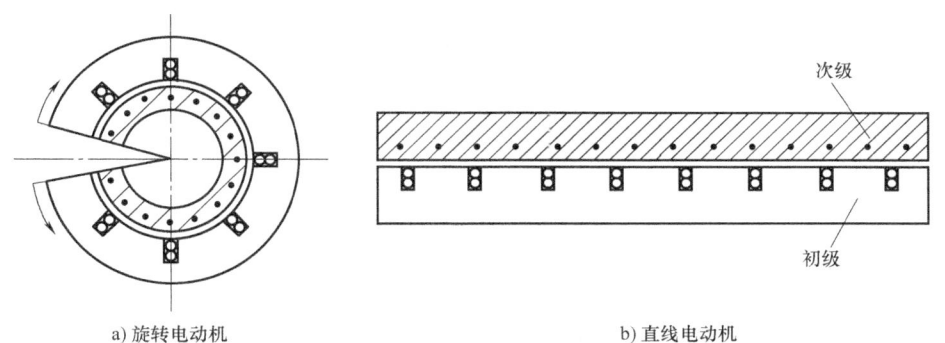

a) 旋转电动机　　　　b) 直线电动机

图9-19 将直线电动机视为旋转电动机拉开展平体的示意图

直线电动机可以分为直流直线电动机、步进直线电动机和交流直线电动机三大类。

从结构上,可以有如图9-20所示的短次级和短初级两种形式。为了减小发热量和降低成本,高速机床用直线电动机一般采用图9-20b所示的短初级、动初级结构。

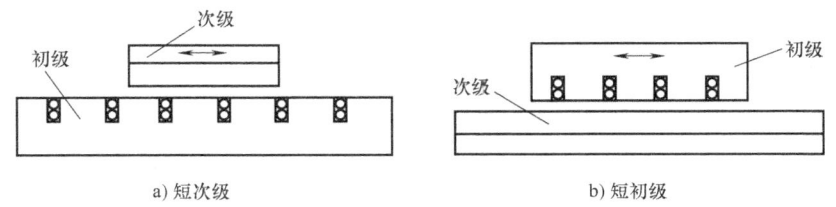

a) 短次级　　　　b) 短初级

图9-20 直线电动机的形式

在励磁方式上,交流直线电动机可以分为永磁(同步)式和感应(异步)式两种。永磁式直线电动机的次级是一块一块铺设的永久磁钢,其初级是含铁心的三相绕组。感应式直线电动机的初级和永磁式直线电动机的初级相同,而次级是用自行短路的不馈电栅条来代替永磁式直线电动机的永久磁钢。永磁式直线电动机在单位面积推力、效率、可控性等方面均优于感应式直线电动机,但其成本高,工艺复杂,而且给机床的安装、使用和维护带来不便。感应式直线电动机在不通电时是没有磁性的,因此有利于机床的安装、使用和维护。近年来,其性能不断改进,已接近永磁式直线电动机的水平。

2. 特点

现代机械加工对机床的加工速度和加工精度提出了越来越高的要求,传统的"旋转电动机+滚珠丝杠"体系已很难适应这一趋势。使用直线电动机的进给系统,有以下特点:

1) 使用直线伺服电动机,电磁力直接作用于运动执行件(工作台)上,而不用机械连接,因此没有机械滞后或齿节周期误差,精度完全取决于反馈系统的检测精度。

2) 直线电动机上装配全数字伺服系统,可以达到极好的伺服性能。由于电动机和工作台之间无机械连接件,工作台对位置指令几乎是立即反应(电气时间常数约为 1 ms),从而使得跟随误差减至最小而达到较高的精度。而且,在任何速度下都能实现非常平稳的进给运动。

3) 直线电动机进给系统在动力传动中由于没有低效率的中间传动部件而能达到高效率,可获得很好的动态刚度(动态刚度指在脉冲负荷作用下伺服系统保持其位置的能力)。

4) 直线电动机进给系统由于无机械零件相互接触,因此无机械磨损,不需要定期维护,也不像滚珠丝杠那样有行程限制,使用多段拼接技术可以满足超长行程机床的要求。

5) 由于直线电动机的动件已和机床的工作台合二为一,因此与滚珠丝杠进给单元不同,直线电动机进给系统只能采用全闭环控制系统,还必须采取措施防止磁力和热变形对工作台导轨的影响。

6) 直线电动机与同容量旋转电动机相比,其效率和功率因数较低,尤其在低速时功率因数下降更明显。

7) 直线电动机,尤其是感应式直线电动机的起动推力受电源电压的影响较大,故对驱动器的要求较高,需要采取措施保证或改变电动机的有关特性以减少或消除这种影响。

9.3 进给传动系统齿轮传动间隙消除方法

对于数控机床进给系统中的减速齿轮,除了要求其本身具有很高的运动精度和工作平稳性以外,还必须尽可能消除配对齿轮之间的传动间隙,否则在进给系统每次反向之后就会使运动滞后于指令信号,这将对加工精度产生很大影响。所以,对于数控机床的进给系统,必须采用有效方法来减少或消除齿轮传动间隙。常用的方法有刚性调整法和柔性调整法。

9.3.1 刚性调整法

刚性调整法是指调整之后齿侧间隙不能自动补偿的调整方法。这种调整法结构比较简单,传动刚度好,能传递较大的动力,但齿轮磨损后齿侧间隙不能自动补偿,因此加工时对齿轮的齿厚及齿距公差要求较严,否则传动的灵活性将受到影响。

1. 偏心套调隙

图 9-21 所示为偏心套调隙结构。电动机 1 是用偏心套 2 与箱体连接的,通过转动偏心套 2 的位置就能调整两啮合齿轮中心距,从而消除齿侧间隙。其结构非常简单,常用于电动

机与丝杠之间的齿轮传动。但这种方法只能补偿齿厚误差与中心距误差引起的齿侧间隙，不能补偿偏心误差引起的齿侧间隙。

2. 垫片调隙

如图 9-22 所示，在加工相互啮合的两个齿轮 1、2 时，将分度圆柱面制成带有小锥度的圆锥面，使齿轮齿厚在轴向稍有变化（其外形类似于插齿刀）。装配时，只需改变垫片 3 的厚度，使齿轮 2 做轴向移动，调整两齿轮在轴向的相对位置即可达到消除齿侧间隙的目的。

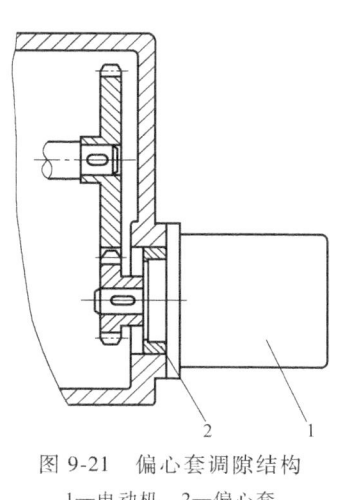

图 9-21　偏心套调隙结构
1—电动机　2—偏心套

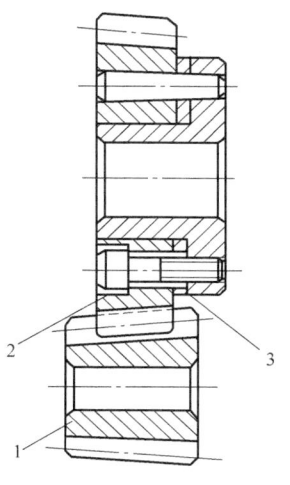

图 9-22　垫片调隙结构
1、2—齿轮　3—垫片

3. 斜齿轮调隙

图 9-23 所示为斜齿轮调隙结构。厚齿轮 4 同时与两个相同齿数的薄齿轮 1 和 2 啮合，薄齿轮由平键与轴连接，互相不能相对回转。薄齿轮 1 和 2 的齿形拼装在一起加工，并与键槽保持确定的相对位置。加工时，在两薄齿轮之间装入已知厚度为 t 的垫片 3。装配时，将垫片厚度增加或减少 Δt，然后再用螺母拧紧。这时两齿轮的螺旋线就产生了错位，其左、右两齿面分别与厚齿轮的齿面贴紧，消除了间隙。垫片厚度的增减量 Δt 可以用下式计算：

$$\Delta t = \Delta \cot\beta \tag{9-3}$$

式中　Δ——齿侧间隙；

　　　β——斜齿轮的螺旋角。

垫片的厚度通常由试测法确定，一般要经过几次修磨才能调整好。这种结构的齿轮承载能力较小，因为在正向或反向旋转时分别只有一个薄齿轮承受载荷。

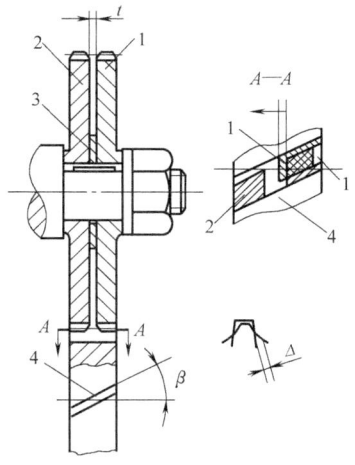

图 9-23　斜齿轮调隙结构
1、2—薄齿轮　3—垫片　4—厚齿轮

9.3.2　柔性调整法

柔性调整法是指调整之后齿侧间隙可以自动补偿的调整方法。这种调整法在齿轮的齿厚和齿距有差异的情况下，仍可始终保持无间隙啮合。其缺点是会影响传动的平稳性，而且这种调整法的结构比较复杂，传动刚度低。

1. 直齿轮的调隙

图 9-24 所示为双齿轮错齿式调隙结构。两个相同齿数的薄齿轮 7 和 8 与另一个厚齿轮啮合。两个薄齿轮套装在一起，并可做相对回转。每个齿轮的端面均匀分布着四个螺孔，分别装上凸耳 5 和 6。薄齿轮 8 的端面还有另外四个通孔，凸耳 6 可以在其中穿过。拉簧 1 的两端分别钩在凸耳 5 和螺钉 4 上，通过调整螺母 2 调节拉簧的拉力，调整完毕用锁紧螺母 3 锁紧。拉簧的拉力使薄齿轮错位，即两个薄齿轮的左、右齿面分别紧贴在厚齿轮齿槽的左、右齿面上，消除了齿侧间隙。由于正向和反向旋转时分别只有一个薄齿轮承受转矩，因此承载能力受到了限制。在设计时必须计算弹簧的拉力，使它能够克服最大转矩，否则将失去消除间隙的作用。

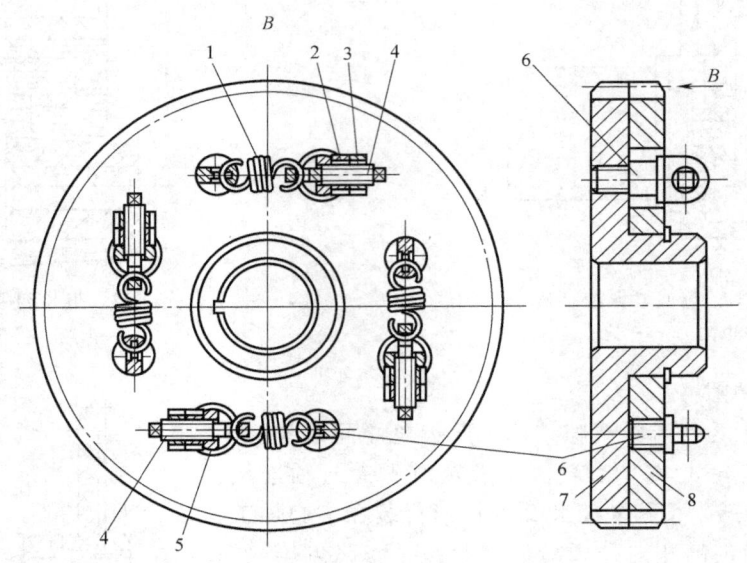

图 9-24 双齿轮错齿式调隙结构

1—拉簧 2—调整螺母 3—锁紧螺母 4—螺钉 5、6—凸耳 7、8—薄齿轮

2. 斜齿轮的调隙

图 9-25 所示为碟形弹簧调隙结构。斜齿轮 1 和 2（两齿轮间有弹性元件，图上未画出）同时与宽齿轮 6 啮合，螺母 5 通过垫圈 4 调节碟形弹簧 3，使它保持一定的压力。弹簧作用力的调整必须适当，压力过小，达不到消隙作用；压力过大，将会使齿轮磨损加快。为了使齿轮在轴上能左右移动，而又不允许产生偏斜，这就要求齿轮的内孔具有较长的导向长度，因而增大了轴向尺寸。

3. 锥齿轮的调隙

（1）周向压簧调隙 对锥齿轮传动，也可以采用类似于圆柱齿轮的消除间隙方法。图 9-26 所示为周向压簧调隙结构。它将一个大锥齿轮加工成 1 和 2 两部分，齿轮的外圈 1 上带有三个周向圆弧槽 8，齿轮的内圈 2 的端面带有三个凸爪 4，套装在圆弧槽内。弹簧 6 的两端分别顶在凸爪 4 和镶块 7 上，使内、外齿圈的锥齿错位，起到了消除间隙的作用。为了安装方便，用螺钉 5 将内、外齿圈相对固定，安装完毕之后将螺钉卸去。

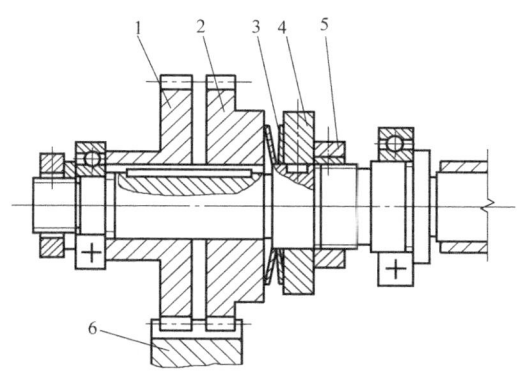

图 9-25 碟形弹簧调隙结构
1、2—斜齿轮 3—碟形弹簧 4—垫圈 5—螺母 6—宽齿轮

（2）轴向压簧调隙 如图 9-27 所示，锥齿轮 1、2 相互啮合，在锥齿轮 1 的轴 5 上装有压簧 3，用螺母 4 调整压簧 3 的弹力。锥齿轮 1 在弹力作用下沿轴向移动，从而消除锥齿轮 1 和 2 的间隙。

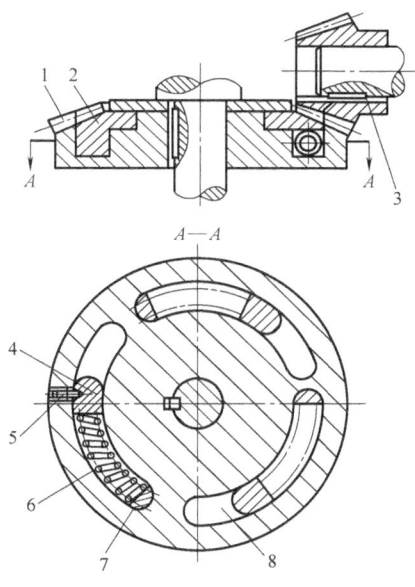

图 9-26 周向压簧调隙结构
1、2—锥齿轮 3—键 4—凸爪 5—螺钉
6—弹簧 7—镶块 8—圆弧槽

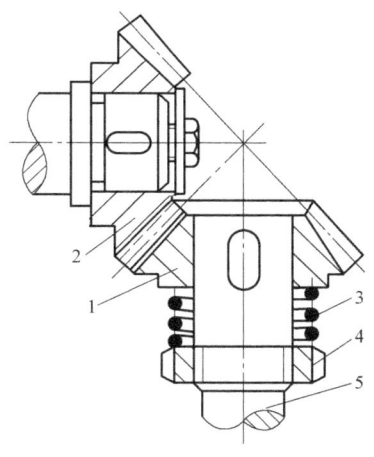

图 9-27 轴向压簧调隙结构
1、2—锥齿轮 3—压簧 4—螺母 5—传动轴

本章小结

本章主要对数控机床的进给传动系统的机械部分进行了介绍。数控机床的进给运动形式主要为移动，所采用的基本传动方式主要有滚珠丝杠副、静压丝杠副、静压蜗杆-蜗轮条副、双齿轮-齿条副和近年来发展起来的高速驱动方式——直线电动机直接驱动。根据它们的特

点，其分别适用于不同的数控机床。在本章最后还对进给传动系统中齿轮传动间隙的调整进行了介绍。

练习题

9-1 数控机床对进给传动系统的基本要求是什么？
9-2 进给传动的基本形式有哪几种？它们各自的特点是什么？
9-3 什么是直线电动机？数控机床采用直线电动机驱动有什么优点和不足？
9-4 滚珠丝杠副的工作原理与特点是什么？什么是内循环和外循环方式？
9-5 滚珠丝杠副的标识符号包括哪些内容并应该按哪种顺序排列？
9-6 滚珠丝杠副消除轴向间隙的方法有哪些？
9-7 滚珠丝杠的支承形式有哪几种？其特点是什么？各适用于什么情况？
9-8 消除传动齿轮副的传动间隙有哪几种方法？
9-9 什么是齿轮传动间隙的刚性调整法？什么是齿轮传动间隙的柔性调整法？各自的特点是什么？

第10章 数控机床的典型结构

数控机床的机械结构和布局与普通机床有很大差异,现代数控机床的机械结构和布局随着数控技术的发展又发生了很多变化。数控机床的重要组成部分——导轨、自动换刀装置、回转工作台更是如此。

10.1 数控机床机械结构的组成、特点及要求

数控机床机械结构的组成虽与普通机床相似,但由于功能和性能的区别而有其特点和要求。

10.1.1 数控机床机械结构的主要组成

机床本体是数控机床的主体部分。来自于数控装置的各种运动和动作指令,都必须由机床本体转换成真实的、准确的机械运动和动作,才能实现数控机床的功能,并保证数控机床的性能要求。

数控机床的机床本体由下列各部分组成:

1)主传动系统,其功用是实现主运动。
2)进给系统,其功用是实现进给运动。
3)机床基础件,通常指床身、底座、立柱、滑座和工作台等。其功用是支承机床本体的零、部件,并保证这些零、部件在切削加工过程中占有准确位置。
4)实现某些部件动作和某些辅助功能的装置,如液压、气动、润滑、冷却以及防护、排屑等装置。
5)实现工件回转、分度定位的装置和附件,如回转工作台。
6)刀库、刀架和自动换刀装置(ATC)。
7)自动托盘交换装置(APC)。
8)特殊功能装置,如刀具破损检测、精度检测和监控装置等。

其中,机床基础件、主传动系统、进给系统以及液压、润滑、冷却等辅助装置是构成数控机床具有基本功能所必需的基本部件,其他部件则按数控机床的功能和需要选用。尽管数控机床的机床本体的基本构成与普通机床相似,但由于数控机床在功能和性能上的要求与普通机床存在着很大的差距,所以数控机床的机床本体在整体布局、结构、性能上与普通机床有许多明显的差异,出现了许多适应数控机床功能特点的完全新颖的机械结构和部件。

10.1.2 数控机床机械结构的主要特点

数控机床作为一种高速、高效和高精度的自动化加工设备,由于其控制系统功能强大,使机床的性能得到大大提高。部分机械结构日趋简化,新的结构、功能部件不断涌现,使得其机械结构与普通机床相比,有了明显的改进和变化,主要体现在以下几个方面:

1. 结构简单、操作方便、自动化程度高

数控机床需要根据数控系统的指令，自动完成对主轴转速、进给速度、刀具运动轨迹以及其他机床辅助功能（如自动换刀、自动冷却等）的控制。它必须利用伺服进给系统代替普通机床的进给系统，并可以通过主轴调速系统实现主轴自动变速。因此，在机械结构上，数控机床的主轴箱、进给变速箱结构一般都非常简单；齿轮、轴类零件、轴承的数量大为减少；电动机可以直接连接主轴和滚珠丝杠，不用齿轮。在使用直线电动机、电主轴的场合，甚至可以不用丝杠、主轴箱。在操作上，它不像普通机床那样，需要操作者通过手柄进行调整和变速，操作机构比普通机床要简单得多，许多机床甚至没有手动机械操作机构。此外，由于数控机床的大部分辅助动作都可以通过数控系统的辅助功能（M 功能）进行控制，因此，常用的操作按钮也较普通机床少，操作更方便、更简单。

2. 广泛采用高效、无间隙传动装置和新技术、新产品

数控机床进行的是高速、高精度加工，在简化机械结构的同时，对机械传动装置和元件也提出了更高的要求。高效、无间隙传动装置和元件在数控机床上得到了广泛的应用。如滚珠丝杠副、塑料滑动导轨、静压导轨、直线滚动导轨等高效执行部件，不仅可以减少进给系统的摩擦阻力，提高传动效率，而且可以使运动平稳并获得较高的定位精度。

近年来，随着新材料、新工艺的普及和应用，高速加工已经成为目前数控机床的发展方向之一。快进速度达到了每分钟数十米，甚至上百米，主轴转速达到每分钟上万转，甚至十几万转，采用电主轴、直线电动机、直线滚动导轨等新产品、新技术已势在必行。

3. 具有适应无人化、柔性化加工的特殊部件

"工艺复合化"和"功能集成化"是无人化、柔性化加工的基本要求，也是数控机床最显著的特点和当前的发展方向。在加工中心上，工件一次装夹，可以完成钻、铣、镗、攻螺纹等多工序加工；在车削中心上，除能加工内孔、外圆、端面外，还可在外圆、端面的任意位置进行钻、铣、镗、攻螺纹和曲面的加工。因此，自动换刀装置（ATC）、动力刀架、自动排屑装置、自动润滑装置等特殊机械部件是必不可少的，有的机床还带有自动托盘交换装置（APC）。

"功能集成化"是当前数控机床的另一重要发展方向。在现代数控机床上，自动换刀装置、自动托盘交换装置等已经成为基本装置。随着数控机床向无人化、柔性化加工发展，功能集成化更多地体现在工件的自动装卸、自动定位；刀具的自动对刀、破损检测、寿命管理；工件的自动测量与自动补偿等功能上。此外，国外还最新开发了几种突破普通机床界限，集钻、铣、镗、车、磨等加工于一体的所谓"万能加工机床"，大大提高了机床的附加值，并随之不断出现新颖的机械部件。

4. 对机械结构、零部件的要求高

高速、高效、高精度的加工要求，无人化的管理以及工艺复合化、功能集成化，一方面可以大大提高生产率，另一方面，也必然会使机床的开机时间、工作负载随之增加，机床必须在高负载下，长时间可靠工作。因此，对组成机床的各种零部件和控制系统的可靠性要求很高。

此外，为了提高加工效率，充分发挥机床性能，数控机床通常既能进行粗加工又能做精加工。这就要求机床既能满足大切削量的粗加工对机床刚度、强度和抗振性的要求，而且能达到精密加工对机床精度的要求。因此，数控机床的主轴电动机的功率一般都比同规格的普

通机床大；主要部件和基础件的加工精度通常比普通机床高；对组成机床各部件的动、静态性能，热稳定性和精度保持性也提出了更高的要求。

10.1.3 数控机床机械结构的基本要求

在数控机床发展的最初阶段，其机械结构与普通机床相比没有多大的变化，只是在自动变速、刀架和工作台自动转位以及手柄操作等方面做些改变。随着数控技术的发展，考虑到它的控制方式和使用特点，才对数控机床的机械结构提出以下要求：

1. 较高的静、动刚度

数控机床是按照数控编程提供的指令自动进行加工的。由于机械结构（如机床床身、导轨、工作台、刀架和主轴箱等）的几何精度与变形产生的定位误差在加工过程中不能人为地调整与补偿，因此，必须把各处机械结构部件产生的弹性变形控制在最小限度内，以保证所要求的加工精度与表面质量。

为了提高数控机床主轴的刚度，选用刚性很好的双列短圆柱滚子轴承和角接触向心推力轴承，以减小主轴的径向和轴向变形。为了提高机床大件的刚度，采用封闭界面的床身，并采用液力平衡减少移动部件因位置变动造成的机床变形。为了提高机床各部件的接触刚度，增加机床的承载能力，采用刮研的方法增加单位面积上的接触点，并在接合面之间施加足够大的预加载荷，以增加接触面积。这些措施都能有效地提高接触刚度。

为了充分发挥数控机床的高效加工能力，并能进行稳定切削，在保证静态刚度的前提下，还必须提高动态刚度。常用的措施主要有提高系统的刚度、增加阻尼以及调整构件的自振频率等。试验表明，提高阻尼系数是改善抗振性的有效方法。钢板的焊接结构既可以增加静刚度、减轻结构重量，又可以增加构件本身的阻尼。因此，近年来在数控机床上采用了钢板焊接结构的床身、立柱、横梁和工作台。封砂铸件也有利于振动衰减，对提高抗振性也有较好的效果。

2. 减少机床的热变形

在内外热源的影响下，机床各部件将发生不同程度的热变形，使工件与刀具之间的相对运动关系遭到破坏，也是机床精度下降的原因。对于数控机床来说，因为全部加工过程是由指令控制的，热变形的影响就更为严重。为了减少热变形，在数控机床结构中通常采用以下措施：

（1）减少发热　机床内部发热是产生热变形的主要热源，应当尽可能地将热源从主机中分离出去。

（2）控制温升　在采取了一系列减少热源的措施后，热变形的情况将有所改善。但要完全消除机床的内外热源通常是十分困难的，甚至是不可能的。所以必须通过良好的散热和冷却来控制温升，以减少热源的影响。其中比较有效的方法是在机床的发热部位强制冷却，也可以在机床低温部分通过加热的方法，使机床各点的温度趋于一致，这样可以减少由于温差造成的翘曲变形。

（3）改善机床结构　在同样发热条件下，机床结构对热变形也有很大影响。例如，数控机床过去采用的单立柱结构有可能被双立柱结构所代替。由于左右对称，双立柱结构受热后的主轴线除产生垂直方向的平移外，其他方向的变形很小，而垂直方向的轴线移动可以方便地用一个坐标的修正量进行补偿。

数控机床中的滚珠丝杠常在预加载荷大、转速高以及散热差的条件下工作，因此丝杠容易发热。滚珠丝杠热产生造成的后果是严重的，尤其是在开环系统中，它会使进给系统丧失定位精度。目前某些机床用预拉的方法减少丝杠的热变形。对于采取了上述措施仍不能消除的热变形，可以根据测量结果由数控系统发出补偿脉冲加以修正。

3. 减少运动副间的摩擦和消除传动间隙

数控机床工作台（或拖板）的位移量是以脉冲当量为最小单位的，通常又要求能以极低的速度运动。为了使工作台能对数控装置的指令做出准确响应，就必须采取相应的措施，如采用滑动导轨（塑料导轨）、滚动导轨和静压导轨。在进给系统中用滚珠丝杠代替滑动丝杠也可以收到同样的效果。目前，数控机床几乎无一例外地采用滚珠丝杠传动。

数控机床（尤其是开环系统的数控机床）的加工精度在很大程度上取决于进给传动链的精度。除了减少传动齿轮和滚珠丝杠的加工误差之外，另一个重要措施是采用无间隙传动副。对于滚珠丝杠螺距的累积误差，通常采用脉冲补偿装置进行螺距补偿。

4. 提高机床的寿命和精度保持性

为了提高机床的寿命和精度保持性，在设计时应充分考虑数控机床零部件的耐磨性，尤其是机床导轨、进给丝杠及主轴部件等影响精度的主要零件的耐磨性。在使用过程中，应保证数控机床各部件润滑良好。

5. 减少辅助时间和改善操作性能

数控机床的单件加工中，辅助时间（非切削时间）占有较大的比重。要进一步提高机床的生产率，就必须最大限度地压缩辅助时间。目前已经有很多数控机床采用了多主轴、多刀架以及带刀库的自动换刀装置等，以减少换刀时间。对于切削用量较大的数控机床，床身结构必须有利于排屑。

10.2 数控机床的整体布局

机床的整体布局直接影响机床的结构和性能。数控机床布局合理，不但可以满足数控化的要求，而且能使机械结构更简单、合理、经济。从本质上说，数控机床与普通机床一样，也是一种用切削的方法将金属材料加工成各种不同形状零件的加工设备。所以数控机床与普通机床有很多相似之处。随着数控技术的发展，特别是近年来，随着电主轴、直线电动机等新技术、新产品在数控机床上的应用，数控机床的机械结构和布局正在发生变化，尤其是高速加工机床的出现，使数控机床的布局型式发生较大变化，出现了一些独特的结构。

10.2.1 数控车床常见布局型式

数控车床床身和导轨的布局型式如图 10-1 所示，它有四种布局型式。

图 10-1a 所示水平床身的工艺性好，便于导轨面的加工。水平床身配上水平放置的刀架可提高刀架的运动精度，一般可用于大型数控车床、小型精密数控车床和经济型数控车床的布局。但是水平床身由于下部空间小，因而排屑困难。从结构尺寸上看，刀架水平放置使得滑板横向尺寸较长，从而加大了机床宽度方向的结构尺寸。

水平床身配上倾斜放置的滑板如图 10-1c 所示，并配置倾斜式导轨防护罩，这种布局型式一方面具有水平床身工艺性好的特点，另一方面机床宽度方向的尺寸较水平配置滑板的要小，排屑方便。

水平床身配上倾斜放置的滑板（图10-1c）和斜床身配置斜滑板（图10-1b）的布局型式普遍用于中、小型数控车床。这是因为这两种布局型式排屑容易，切屑不会堆积在导轨上，也便于安装自动排屑器，操作方便，易于安装机械手以实现单机自动化，机床占地面积小，外形美观，容易实现封闭式防护。

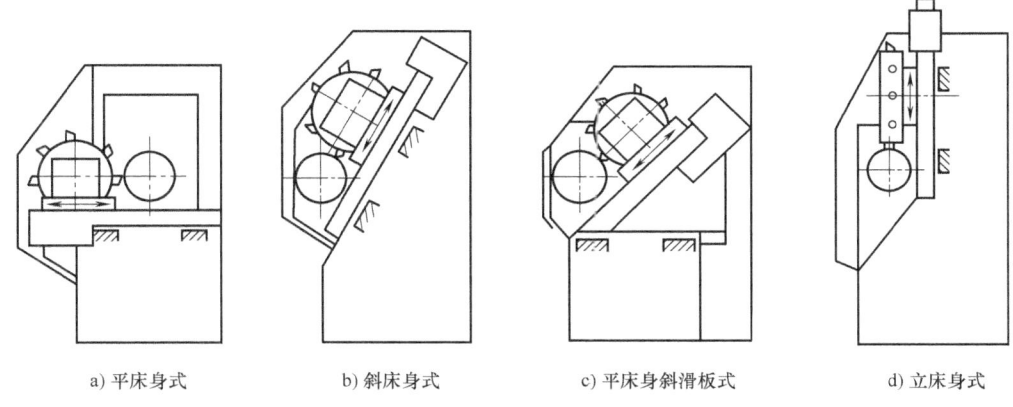

a) 平床身式　　b) 斜床身式　　c) 平床身斜滑板式　　d) 立床身式

图 10-1　数控车床床身和导轨的布局型式

斜床身的导轨倾斜角度一般有 30°、45°、60°、75°和 90°（称为立床身，见图10-1d）。倾斜角度小，排屑不便；倾斜角度大，导轨的导向性及受力情况差。导轨倾斜角度的大小还直接影响机床外形尺寸中高度与宽度的比例。综合考虑上述诸因素，中、小规格的数控车床，其床身的倾斜度以 60°为宜。

10.2.2　加工中心常见布局型式

1. 卧式加工中心的常见布局型式

卧式加工中心的布局型式种类较多，其主要区别是立柱的结构型式和 X、Z 坐标轴的移动方式（Y 轴移动方式无区别）。常用的立柱有单立柱和框架结构双立柱两种型式，如图 10-2a、b 所示；Z 坐标轴的移动方式有两种：工作台移动式，如图 10-2a、b 所示；立柱移动式，如图 10-2c 所示。以上基本型式通过不同组合，还可以派生其他多种变型，如 X、Z 两轴都采用立柱移动，工作台完全固定的结构型式；或 X 轴为立柱移动、Z 轴为工作台移动的结构型式等。

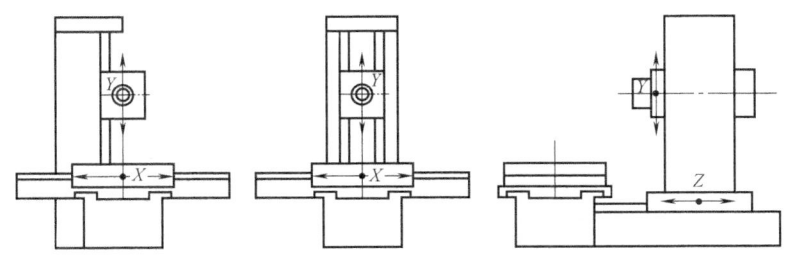

a) 单立柱、工作台移动式　b) 双立柱、工作台移动式　c) 双立柱、立柱移动式

图 10-2　卧式加工中心的常见布局型式

在图 10-2 所示的三种中、小规格卧式加工中心常见的布局型式中,图 10-2a 所示结构型式和传统的卧式镗床相同,是单立柱、Z 轴工作台移动式布局;图 10-2b 采用了框架结构双立柱、Z 轴工作台移动式布局,是中、小规格卧式数控机床常用的结构型式;图 10-2c 用了 T 型床身、框架结构双立柱、Z 轴立柱移动式布局,是卧式加工中心的典型结构。

框架结构双立柱采用了对称结构,主轴箱在两立柱中间上、下运动,与传统的主轴箱侧挂式结构相比,大大提高了结构刚度。另外,主轴箱是从左、右两导轨的内侧进行定位,热变形产生的主轴中心变位被限制在垂直方向上,因此可以通过对 Y 轴的补偿,减小热变形的影响。

T 型床身布局可以使工作台沿床身做 X 向移动,在全行程范围内,工作台和工件完全支承在床身上,因此,机床刚性好,工作台承载能力强,加工精度容易得到保证。而且,这种结构可以很方便地增加 X 轴行程,便于机床品种的系列化、零部件的通用化和标准化。

立柱移动式结构的优点:首先,这种型式减少了机床的结构层次,使床身上只有回转工作台、X 向移动工作台,共三层结构,它比传统的四层十字工作台更容易保证大件结构刚性;同时又降低了工件的装卸高度,提高了操作性能。其次,Z 轴的移动在后床身上进行,进给力与轴向切削力在同一平面内,承受的扭曲力小,镗孔和铣削精度高。此外,由于 Z 轴导轨的承重是固定不变的,它不随工件质量改变而改变,所以有利于提高 Z 轴的定位精度和精度的稳定性。但是,由于 Z 轴承载较重,对提高 Z 轴的快速性不利,这是其不足之处。

2. 立式加工中心的常见布局型式

立式加工中心的布局型式与卧式加工中心类似,如图 10-3 所示是三种常见的布局型式。

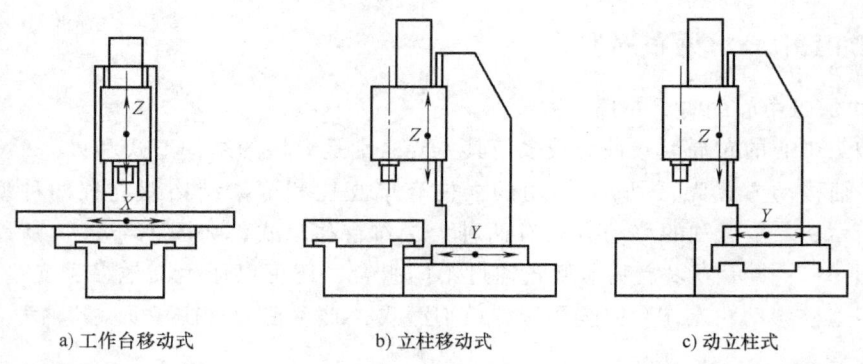

a) 工作台移动式　　b) 立柱移动式　　c) 动立柱式

图 10-3　立式加工中心的常见布局型式

这三种布局型式中,图 10-3a 所示结构型式是常见的工作台移动式立式加工中心的布局,为中、小规格机床的常用结构型式;图 10-3b 采用了 T 型床身,Y 轴为立柱移动式的布局。图 10-3c 则采用了 T 型床身,X、Y、Z 三轴都是立柱移动式的布局,图 10-3c 所示的布局方式称为动立柱式,多见于长床身(大 X 轴行程)或采用交换工作台的立式数控机床。这三种布局型式的结构特点基本和卧式加工中心的对应结构相同。

10.2.3 高速数控机床的布局型式

高速加工是提高数控机床加工效率最有效的方法之一。近年来,高速数控机床已成为机床制造业的主要发展方向,高速数控机床的性能,已成为衡量机床制造厂家产品性能水平的主要标志之一。

高速数控机床需要同时满足高移动速度、高加速度、高主轴转速以及高加工精度的要求,因而在结构布局上需要集高速、高精度和高刚度于一体。在机床整体布局上必须考虑到高速数控机床的特殊性。

图 10-4 所示为两种高速数控机床的布局型式。图 10-4a 中的立式数控机床采用固定门式立柱的布局型式,图 10-4b 中的卧式数控机床采用"内外双框架"即"箱中箱"(Box in Box)结构的布局型式。这两种布局型式在整体上的共同特点是运动部件质量小,结构刚性好。机床进给系统的结构全部(或部分)移出工作台外,以最大限度减小移动部件的质量和惯量,是高速数控机床结构布局的总原则。

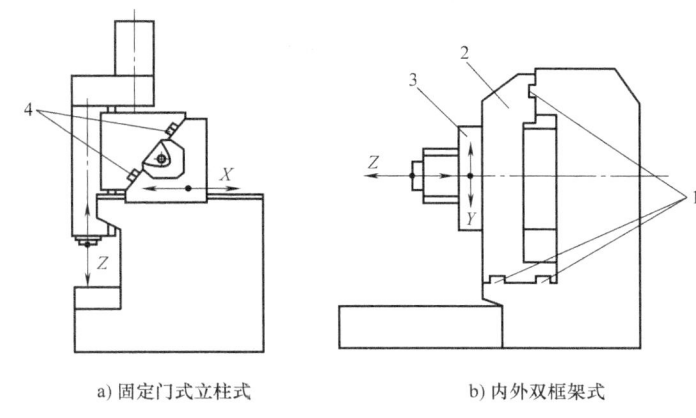

a) 固定门式立柱式　　b) 内外双框架式

图 10-4　高速数控机床的布局型式
1—X 轴导轨　2—内框　3—主轴箱　4—Y 轴导轨

图 10-4a 所示的布局型式已脱离传统的门式结构,仅仅为了满足大行程或重型加工需要的理念,目的是提高机床的整体刚性和快速性,以满足高速加工的要求。它通过在上面架设 X 轴导轨,利用滑座实现 X 轴移动,从而降低了运动部件的质量,而且运动部件的质量和加工工件的质量无关。机床的 Y 轴采用上置式结构,虽然滑座仍为两层,但与传统的立柱移动式布局相比,移动部件中已经去除了立柱本身的质量,从而达到了减重的目的。

图 10-4b 所示的布局型式采用外框架固定,上设 X 轴导轨,通过内框的移动实现 X 轴的运动;Z 轴的运动通过安装在主轴箱内的滑枕实现。与传统的立柱移动式布局比较,这两轴在移动部件中都去除了立柱本身的质量,质量不到原来的三分之一,而且 X 轴上、下均有导轨支承,彻底改变了传统立柱受悬臂式弯曲的状况,提高了整体刚度。另外,X、Y 轴的对称布局型式,也提高了机床的热稳定性,使机床的加工精度得到了提高。

10.2.4　并联运动机床的布局型式

并联运动机床是以空间并联机构为基础,利用计算机数字控制的方法,以软件取代部分硬件,以电气装置和电子器件取代部分机械传动,使将近两个世纪以来以笛卡儿坐标直线位移为基础的机床结构和运动学原理发生了根本变化。

以图 10-3c 所示动立柱立式加工中心为例,传统数控机床从基座(床身)至末端运动部件,是经过床身到滑座(在床身上做 X 轴运动);滑座到立柱(在滑座上做 Y 轴运动);立柱到主轴箱(在立柱上做 Z 轴运动);按此先后顺序,逐级串联相连接的。因此,当滑座在做 X 轴运动时,滑座上的 Y 轴和立柱上的 Z 轴也做相应的空间运动,也即后置的轴必须随同前置的轴一起运动。这无疑增加了 X 轴运动部件的质量。

同时，加工时主轴上刀具所受的切削力的反作用力，也依次传递给立柱、滑座，最终传递给床身，即末端所受的力按顺序依次也是串联地传至最前端。此外，这些作用力一般是不通过构件重心的，必然会产生弯矩和扭矩，而构件抵抗弯矩和扭矩的变形能力一般仅为抵抗拉、压力变形的 1/6~1/5。因此，前端构件不但要额外负担后端构件的重力（重量），而且要考虑承受切削力。这样一来，为了达到数控机床高刚度的要求，每部分结构件都得考虑以上因素，使其具有相应体积和材料。总之，传统数控机床的串联结构特性，必然会导致移动部件的质量大、系统刚度低，而成为机床致命的弱点；特别是当机床运动速度高和工件质量大时，这些弱点更为突出。

并联运动机床布局的基本特点是，以机床框架为固定平台的若干杆件组成空间并联机构，图 10-5 所示的并联运动机床是由六根杆并联地连接的，主轴部件安装在并联机构的动平台上，改变杆件的长度或移动杆件的支点，按照并联运动学原理形成刀头点的加工表面轨迹。

由于并联运动机床结构以桁架杆系取代传统机床结构的悬臂梁和两支点梁来承载切削力和部件重力，加上运动部件的质量明显减小以及主要由电主轴、滚珠丝杠、直线电动机等机电一体化部件组成，主轴平台的受力由六根杆分摊承担，每根杆受力要小得多，且只承受拉力或压力，不承受弯矩或扭矩，因而具有刚度高、动态性能好、机床的模块化程度高、易于重构以及机械结构简单等优点，是新一代数控机床结构的重要发展方向。

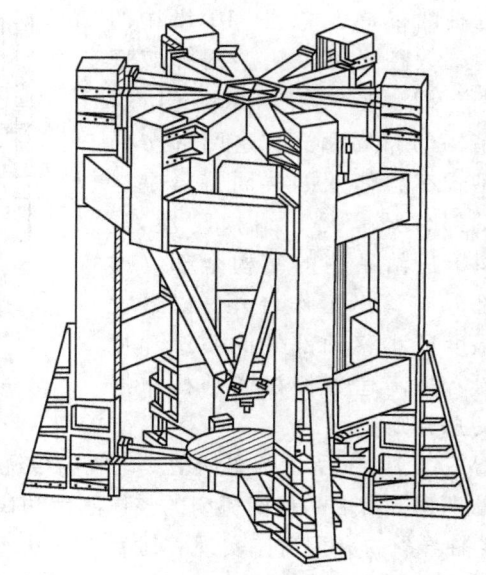

图 10-5　并联运动机床

10.3　数控机床的导轨

数控机床导轨相比于普通机床导轨，为满足其基本要求，广泛采用塑料滑动导轨、滚动导轨和静压导轨等。

10.3.1　数控机床对导轨的基本要求

导轨是机床的基本结构要素之一，是机床进给传动系统的重要环节。导轨对运动部件起导向和支承的作用，因此机床的加工精度、承载能力和使用寿命很大程度上取决于机床导轨的精度和性能。数控机床对导轨的主要要求如下：

1. 导向精度高

导向精度是指动导轨运动轨迹的精确度。影响导向精度的主要因素有导轨的几何精度和接触精度、导轨的结构型式、组合方式、导轨及其支承件的刚度和热变形、导轨间隙调整等。各种机床对于导轨本身的精度都有具体的规定或标准，以保证导轨的导向精度。

2. 精度保持性好

精度保持性是指导轨能否长期保持原始精度。影响精度保持性的主要因素是导轨的耐磨性，耐磨性与导轨的材料、导轨的结构型式、导轨副的摩擦性质、导轨上的压强及其分布规律等因素有关。数控机床的精度保持性要求比普通机床高，应采用摩擦因数小的滚动导轨、塑料导轨或静压导轨。

3. 足够的刚度

机床各运动部件所受的外力，最后都由导轨面来承受。若导轨受力后变形过大，不仅会破坏导向精度，而且会恶化导轨的工作条件。导轨的刚度主要取决于导轨类型、结构型式和尺寸大小、导轨与床身的连接方式、导轨材料和表面加工质量等。数控机床的导轨截面积通常较大，有时还需要在主导轨外添加辅助导轨来提高刚度。

4. 良好的摩擦特性

数控机床导轨的摩擦因数要小，而且动、静摩擦因数应尽量接近，以减小摩擦阻力和导轨热变形，使运动轻便平稳，低速无爬行。

此外，导轨结构工艺性要好，以便于制造、装配、检验、调整和维修，而且要有合理的防护和润滑措施等。

10.3.2 数控机床导轨的种类与特点

按运动部件的运动轨迹，导轨可分为直线运动导轨和圆周运动导轨。按导轨接合面的摩擦性，导轨可分为滑动导轨、滚动导轨和静压导轨。数控机床的运动精度与定位精度不仅受机床零部件的加工精度、装配精度、刚度和热变形的影响，而且与导轨的摩擦特性有密切关系。所以导轨性能的好坏，直接影响机床的加工精度、承载能力和使用性能。

1. 滑动导轨

滑动导轨具有结构简单、制造方便、刚度好、抗振性高等优点，是机床上使用最广泛的导轨类型。滑动导轨又可分为普通滑动导轨和塑料滑动导轨。普通滑动导轨是金属与金属的摩擦，如铸铁—铸铁、铸铁—淬火钢，这类导轨的缺点是静摩擦因数大，而且动摩擦因数随速度变化而变化，摩擦损失大，低速（1~60mm/min）时易出现爬行从而会降低运动部件的定位精度，所以一般使用在普通机床上。

塑料滑动导轨是塑料与金属的摩擦，其动静摩擦因数基本相同，具有良好的摩擦特性、耐磨性及吸振性且无爬行，同时又具有生产成本低、应用工艺简单、经济效益显著等特点。因此，在数控机床上得到了广泛的应用。

2. 滚动导轨

滚动导轨是在导轨面之间放置滚珠、滚柱、滚针等滚动体，使导轨面之间的滑动摩擦变成滚动摩擦，如图10-6所示。与滑动导轨相比，滚动导轨的优点是：

1）灵敏度高，且其动摩擦因数与静摩擦因数相差甚微，因而运动平稳，低速移动时不易出现爬行现象。

2）定位精度高，重复定位精度可达 0.2μm。

3）摩擦阻力小，移动轻便，磨损小，精度保持性好，寿命长。

但滚动导轨的抗振性较差，对防护要求较高。

滚动导轨特别适用于机床的工作部件要求移动均匀、运动灵敏及定位精度高的场合。这

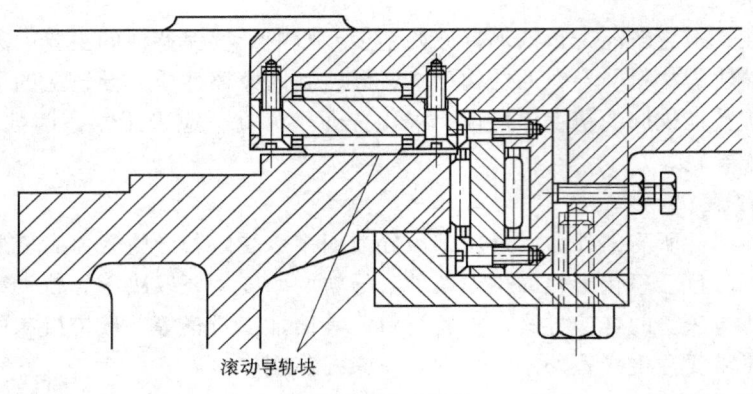

图 10-6 滚动导轨

是滚动导轨在数控机床上得到广泛应用的原因。根据滚动体的类型，滚动导轨分为下列三种类型：

(1) 滚珠导轨　这种导轨以滚珠作为滚动体，运动灵敏度好，定位精度高，但其承载能力和刚度较小，一般都需要通过预紧来提高承载能力和刚度。为了避免在导轨面上压出凹坑而丧失精度，一般采用淬火钢制造导轨面。滚珠导轨适用于运动部件质量不大，切削力较小的数控机床。

(2) 滚柱导轨　这种导轨的承载能力及刚度都比滚珠导轨大，但对于安装的要求也高。若安装不良，则会引起偏移和侧向滑动，使导轨磨损加快、精度降低。目前数控机床，特别是载荷较大的机床，通常都采用滚柱导轨。

(3) 滚针导轨　滚针导轨的滚针比同直径的滚柱长度更长。滚针导轨的特点是尺寸小，结构紧凑。为了提高工作台的移动精度，滚针的尺寸应按直径分组。滚针导轨多应用于导轨尺寸受限制的机床上。

根据滚动导轨是否预加负载，滚动导轨还可以分为预加载和无预加载两类。预加载的优点是提高了导轨的刚度，适用于颠覆力矩较大和垂直方向的导轨中，数控机床的坐标轴通常都采用这种导轨。无预加载的滚动导轨常用于数控机床的机械手、刀库等传送机构。

此外，近年来数控机床还普遍采用另一种被称为直线滚动导轨的滚动导轨装置，它已做成独立的标准部件，其特点是刚度高，承载能力大，便于拆装，可直接装在任意行程长度的运动部件上。

3. 静压导轨

静压导轨的滑动面之间开有油腔，将有一定压力的油通过节流输入油腔，形成压力油膜，浮起运动部件，使导轨工作表面处于纯液体摩擦，不产生磨损，精度保持性好；同时摩擦因数也极低（约为 0.0005），使驱动功率大大降低；低速无爬行，承载能力大，刚度好。此外，油液有吸振作用，抗振性好。其缺点是结构复杂，要有供油系统，对油的清洁度要求高。

静压导轨横截面的几何形状一般有 V 形和矩形两种。采用 V 形便于导向和回油，采用矩形便于做成闭式静压导轨。另外，油腔的结构对静压导轨性能影响很大。

静压导轨较多地应用在大型、重型数控机床上。

10.3.3 塑料滑动导轨

1. 滑动导轨的结构

如图 10-7 所示，滑动导轨的常见截面形状有矩形、三角形、燕尾形和圆柱形。

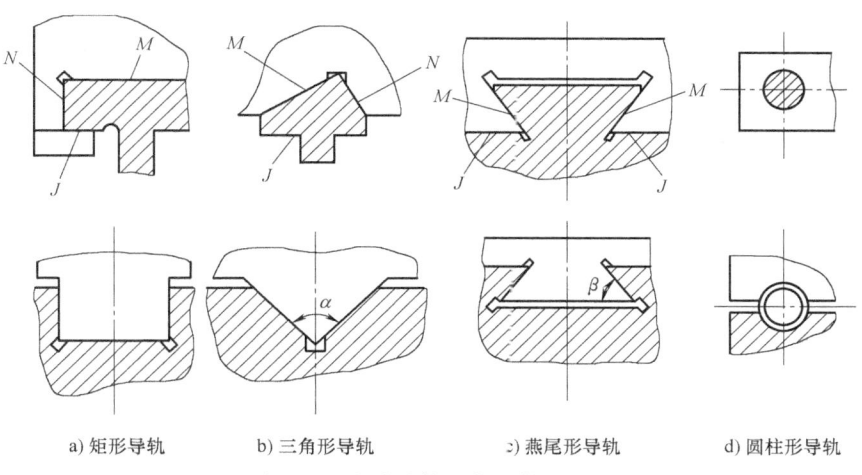

a) 矩形导轨　　b) 三角形导轨　　c) 燕尾形导轨　　d) 圆柱形导轨

图 10-7　滑动导轨的常见截面形状

图 10-7a 是矩形导轨，具有刚度高，承载能力大，制造、检验和维修方便等。但这种导轨不可避免地存在侧面间隙，导向精度较差。由于侧面间隙不能自动补偿，因此必须设置间隙调整机构。

图 10-7b 是三角形导轨，有两个导向面，同时控制垂直方向和水平方向的导向精度，导向性能与顶角 α 有关，α 越小导向性越好，但 α 减小时导轨面当量摩擦因数加大；α 加大时承载能力增加。当其水平布置时，导轨磨损后可自动补偿。此外，当 M 面和 N 面上的负荷相差较大时，可制成不对称的三角形导轨。

图 10-7c 是燕尾形导轨，是三角形导轨的变形。其高度较小，可承受颠覆力矩；但刚度差，摩擦阻力也大，制造、检验和维修都不方便。β 通常取为 55°，用一根镶条可同时调整 M、J 两个方向的间隙。

图 10-7d 是圆柱形导轨，易制造，不易积存较大切屑和润滑油，磨损后难以调整和补偿间隙。它主要用于受轴向载荷的场合。

以上截面形状的导轨有凸形（图 10-7 中上排）和凹形（图 10-7 中下排）两类。支承导轨为凸形时，不易积存切屑，也不易存润滑油；支承导轨为凹形时，导轨副易存润滑油并产生动压效应，但防尘性差。

2. 滑动导轨的材料

传统的铸铁—铸铁滑动导轨，除经济型数控机床外，在其他数控机床上已很少采用。取而代之的是铸铁—塑料或镶钢—塑料滑动导轨。塑料导轨常用在导轨副的运动导轨上，与之相配的金属导轨有铸铁导轨和镶钢导轨两种。铸铁牌号为 HT300，表面淬火硬度为 45~50HRC，表面粗糙度为 $Ra0.20~0.10\mu m$；镶钢导轨常用 55 钢或其他合金钢，淬硬至 58~62HRC。常用的导轨塑料有聚四氟乙烯导轨软带和环氧型耐磨涂层两类。

（1）聚四氟乙烯导轨软带　这种导轨软带材料是以聚四氟乙烯为基体，加入青铜粉、二硫化钼和石墨等填充剂混合烧结，并做成软带状。聚四氟乙烯导轨软带的特点主要有以下四点：

1）摩擦特性好。聚四氟乙烯导轨软带动、静摩擦因数基本不变，而且摩擦因数很低，能防止低速爬行，使运动平稳和获得较高的定位精度。普通导轨副的动、静摩擦因数相差很大，几乎差一倍。

2）耐磨性好。聚四氟乙烯导轨软带材料中含有青铜、二硫化钼和石墨，本身具有自润滑作用，对润滑油的供油量要求不高，采用间歇供油即可。此外塑料质地较软，即使嵌入金属碎屑、灰尘等，也不致损坏金属导轨和软带本身。

3）减振性好。塑料的阻尼性能好，其减振消声性能对提高摩擦副的相对运动速度有很大的意义。

4）工艺性好。可降低对粘贴塑料的金属基体的硬度和表面质量的要求，而且塑料易于加工（铣、刨、磨、刮），能获得优良的导轨表面质量。

由于聚四氟乙烯导轨软带具有以上优点，所以被广泛地应用于中、小型数控机床的运动导轨。常用的进给移动速度为15m/min以下。图 10-8 是加工中心工作台的横剖面，在移动工作台的各面都粘贴有聚四氟乙烯导轨软带。

导轨软带粘贴工艺很简单。首先将导轨粘贴面加工至表面粗糙度 $Ra3.2 \sim 1.6\mu m$，有时为了

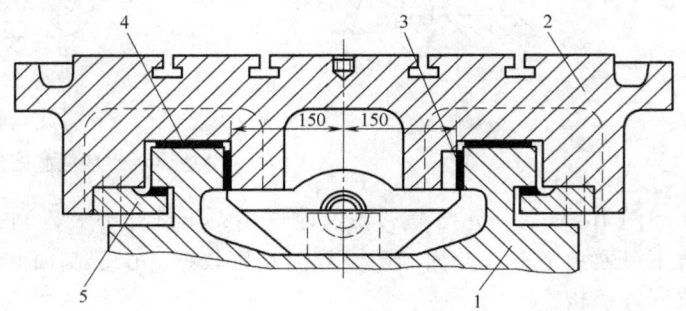

图 10-8　塑料软带导轨示意图
1—床身　2—工作台　3、4—导轨软带　5—下压板

固定软带，将导轨粘贴面加工成 0.5~1mm 深的凹槽，如图 10-9 所示。用汽油或金属清净剂或丙酮清洗黏合面后，用胶粘剂黏合。固化 1~2h 后再合拢到配对的固定导轨或专用夹具上，施加一定的压力，并在室温固化24h，取下清除余胶即可开油槽和进行精加工。由于这类导轨采用粘接方法，习惯上称为"贴塑导轨"。

（2）环氧型耐磨涂层　环氧型耐磨涂层是另一类已成功地用于金属—塑料导轨的材料。它是以环氧树脂和二硫化钼为基体，加入增塑剂，混合成液状或膏状为一组和固化剂为另一组的双组分塑料涂层。

环氧型耐磨涂层导轨具有良好的可加工性，可经车、铣、刨、钻、磨削和刮削加工；具有良好的摩擦特性和耐磨性，而且其抗压强度比聚四氟乙烯导轨软带要高，固化时体积不收缩，尺寸稳定。特别是可在调整好固定导轨和运动导轨间的相关位置精度后注入涂料，可节省许多加工工时，故它特别适用于重型机床和不能用导轨软带的复杂配合型面。

这类耐磨涂层材料的使用工艺也很简单。首先，将导轨涂层面粗刨或粗铣成如图 10-10 所示的粗糙表面，以保证有良好的黏附力。图 10-10 中，导轨面刀纹的宽度为 1mm，刀纹的深度为 0.5~0.8mm，两侧凸台宽2mm，凸台高1.5mm。与塑料涂层导轨相配的金属导轨面或模具表面用溶剂清洗后涂上一薄层硅油或专用脱模剂，以防与耐磨涂层粘接。按配方加入固化剂调好耐磨涂层材料，涂抹于导轨面，然后叠合在金属导轨面或模具上固化。叠合

前可放置形成油槽、油腔的模板。固化24h后，即可将两导轨分离。涂层硬化两三天后可进行下一步加工。图10-10所示为环氧型耐磨涂层导轨。从图中可以看出，其导轨面宽度与贴塑导轨一样，需小于相配的金属导轨面。空隙处要用密封条堵住。由于这类涂层导轨采用注入膏状塑料的方法，习惯上称为"注塑导轨"。

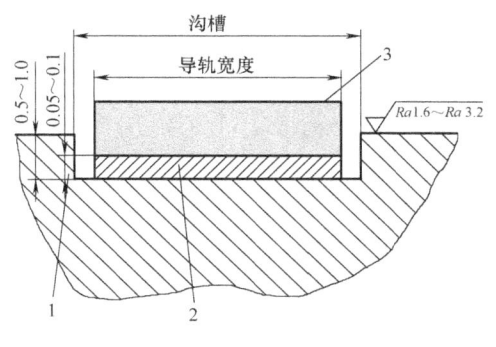

图 10-9 导轨软带黏合
1—粘接层厚度 2—粘接材料 3—导轨软带

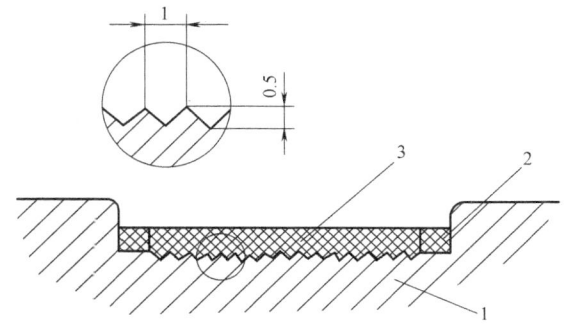

图 10-10 环氧型耐磨涂层导轨
1—滑座 2—胶条 3—注塑层

10.3.4 滚动导轨

1. 滚动导轨的结构原理及特点

滚动导轨具有摩擦因数小（一般在0.003左右），动、静摩擦因数相差小，且几乎不受运动速度变化的影响，定位精度和灵敏度高，精度保持性好等优点。现代数控机床常采用的滚动导轨有滚动导轨块和直线滚动导轨两种。

（1）滚动导轨块 滚动导轨块是由标准导轨块构成的滚动导轨。移动部件运动时滚动体沿封闭轨道做循环运动，滚动体多为滚珠或滚柱，其结构如图10-11所示。1为防护板，端盖2与导向片4引导滚动体（滚柱3）返回，5为保持器，6为本体。使用时，滚动导轨块安装在运动部件的导轨面上，每一导轨至少用两块，导轨块的数目取决于导轨的长度和负载的大小，与之相配的导轨多用镶钢淬火导轨。当运动部件移动时，滚柱3在支承部件的导轨面与本体6之间滚动，同时又绕本体6循环滚动，滚柱3与运动部件的导轨面不接触，因而该导轨面不需淬硬磨光。滚动导轨块的特点是刚度高，承载能力大，便于拆装。

滚动体为滚柱时，由于圆柱度的一致性很难做得很精，滚动块容易引起轴线歪斜；对镶钢导轨表面在精度和硬度上也有很高的要求，并在装配调整时需要花费大量的人力和时间。因此，目前在加工中心上很少采用滚动导轨块，最常见的是单元式直线滚动导轨。

（2）直线滚动导轨 直线滚动导轨是近年来新出现的一种滚动导轨，直线滚动导轨的外形如图10-12所示。它是将支承导轨和运动导轨组合在一起，作为独立的标准导轨副部件（单元）由专门生产厂家制造，故又称单元式直线滚动导轨。使用时用户只要把导轨单元的轨道和导轨块分别固定在机床的固定导轨和运动导轨上即可，因此在装配调试上十分简单方便。

图10-13所示为直线滚动导轨的结构。这种滚动导轨由导轨体、滑块、滚珠、保持器和端盖等组成。当滑块沿轨道移动时，滚珠在轨道和滑块之间的圆弧直槽内滚动，并通过挡板内的滚道，从负荷区移到非负荷区，然后继续滚动回到负荷区，不断地循环，从而把轨道和

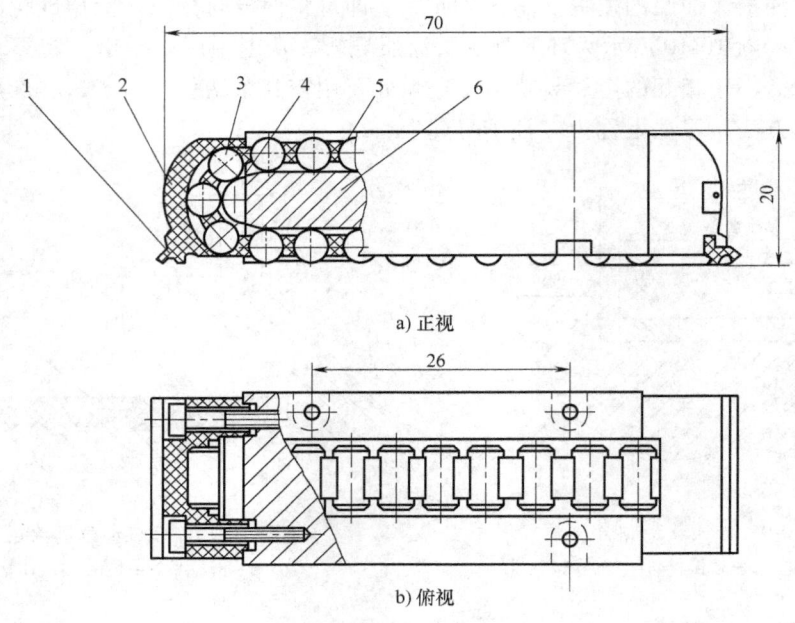

图 10-11 滚动导轨块的结构
1—防护板 2—端盖 3—滚柱 4—导向片 5—保持器 6—本体

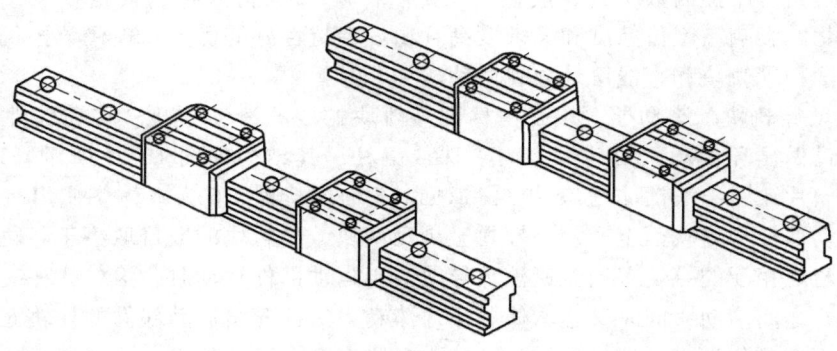

图 10-12 直线滚动导轨的外形

滑块之间的移动变成了滚珠的滚动。为防止灰尘和脏物进入导轨滚道，滑块两端及下部均装有塑料密封垫。滑块上还有润滑油注油杯。

直线滚动导轨除有一般滚动导轨的共性优点外，还有以下特点：
1) 具有自调整能力，安装基面许用误差大。
2) 制造精度高。
3) 可高速运行，运行速度可超过 60m/min。
4) 高精度保持性好。
5) 可预加负载，提高刚度。

2. 直线滚动导轨的安装使用

直线滚动导轨副的安装、固定方式主要有螺栓固定、斜楔块固定、压板固定和定位销固定等,如图 10-14 所示。

在数控机床上,导轨通常是成对使用,其中之一为基准导轨。通过对基准导轨的正确安装,可以保证运动部件相对于支承件的正确导向。在这种情况下,图 10-14 适用于对基准导轨的安装。

图 10-14 中的安装方式虽然型式有所不同,但其总的原则都是一致的,即将基准导轨的定位面(图中均为右侧)紧靠在安装基准面上,然后用螺栓、斜楔块、压板或定位销固定。滑块的定位方式与导轨相同。

对于从动导轨,安装时应保证其位置可以调整,使运动轻便,无干涉。

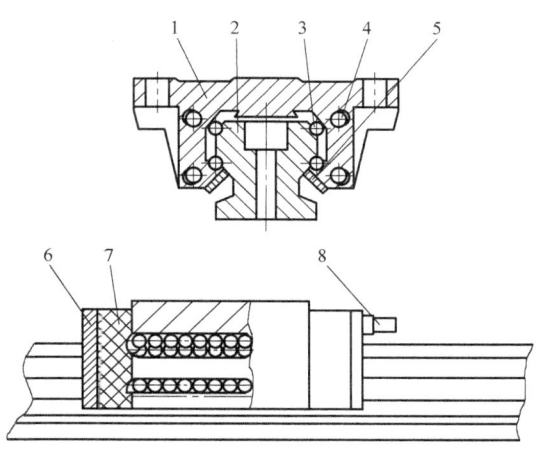

图 10-13 直线滚动导轨的结构
1—滑块 2—导轨体 3—钢球 4—回珠孔 5—下密封 6—密封端盖 7—挡板 8—油杯

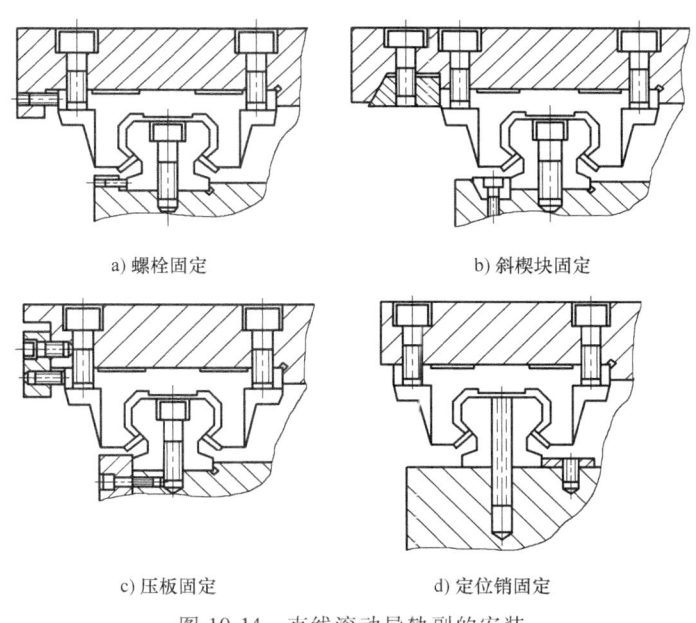

a) 螺栓固定　　b) 斜楔块固定

c) 压板固定　　d) 定位销固定

图 10-14 直线滚动导轨副的安装

10.3.5 静压导轨

静压导轨是在两个相对运动的导轨面间通入压力油,将运动件浮起,使导轨面间处于纯液体摩擦状态。由于承载的要求不同,静压导轨分为开式和闭式两种。

开式静压导轨的工作原理如图 10-15a 所示。液压泵 2 启动后,油经过滤器 1 吸入,用溢流阀 3 调节供油压力 p_s,再经过滤器 4,通过节流器 5 降压至 p_r(油腔压力)进入导轨的油腔,并通过导轨间隙向外流出,回到油箱 8。油腔压力形成浮力将运动部件 6 浮起,形成一定的导轨间隙 h_0。当载荷增大时,运动部件下沉,导轨间隙减小,液阻增加,流量减小,从而使油经过节流器时的压力损失减小,油腔压力 p_r 增大,直至与载荷 W 平衡。

开式静压导轨只能承受垂直方向的负载,承受颠覆力矩的能力差。而闭式静压导轨能承受较大的颠覆力矩,导轨刚度也较高,其工作原理如图 10-15b 所示。当运动部件 6 受到颠覆力矩 M 后,油腔 h_1、h_3 的间隙增大,油腔 h_4、h_6 的间隙减小。由于各相应节流器的作用,使油腔 h_1、h_3 的压力减小,油腔 h_4、h_6 的压力增高,从而产生一个与颠覆力矩相反的力矩,使运动部件保持平衡。在承受载荷 W 时,油腔 h_1、h_4 的间隙减小,压力增大;油腔 h_3、h_6 的间隙增大,压力减小,从而产生一个向上的力,以平衡载荷 W。

由于导轨面间处于纯液体摩擦状态,故导轨不会磨损,精度保持性好,寿命长,而且导轨摩擦因数极小(约为 0.0005),功率消耗少。压力油膜厚度几乎不受速度影响,油膜承载能力大,刚度高,吸振性好,导轨运行平稳,既无爬行,也不会产生振动。但静压导轨结构复杂,并需要一个具有良好过滤效果的液压装置,制造成本较高。

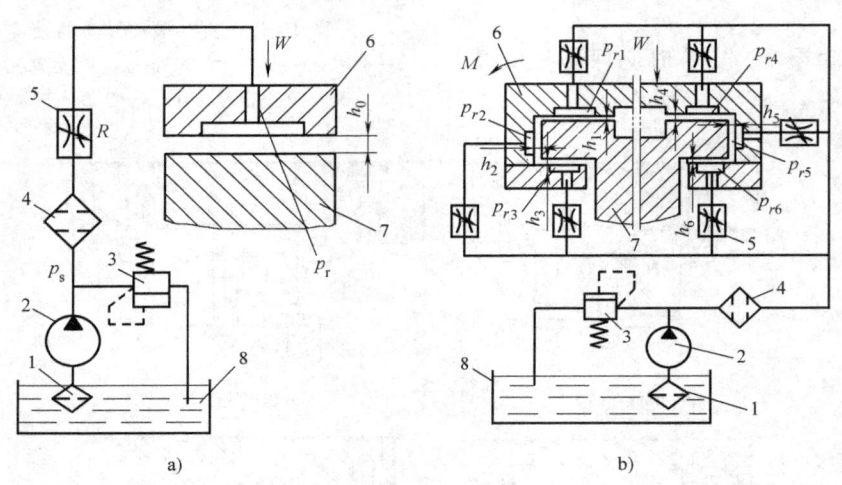

图 10-15 静压导轨的工作原理
1、4—过滤器 2—液压泵 3—溢流阀 5—节流器 6—运动部件 7—固定部件 8—油箱

10.3.6 导轨的润滑与防护

导轨润滑的目的是减少摩擦阻力和摩擦磨损,避免低速爬行,降低高速时的温升。常用的润滑剂有润滑油和润滑脂,前者用于滑动导轨,而滚动导轨两者均可采用。数控机床上滑动导轨的润滑主要采用压力润滑。常用压力循环润滑和定时定量润滑两种方式。直线滚动导轨副的运动速度为高速时($v \geq 15\text{m/min}$),通常使用 N32 润滑油润滑;低速时($v < 15\text{m/min}$),通常推荐使用锂基润滑脂润滑。

导轨的防护是防止或减少导轨副磨损,延长导轨寿命的重要措施之一。为防止切屑、磨粒或切削液散落在导轨面上,引起磨损加快、擦伤和锈蚀,导轨面上应有可靠的防护装置。常用的防护装置有刮板式、卷帘式和伸缩式等,数控机床上大多采用伸缩式防护罩。

10.4 数控机床的自动换刀装置

数控机床为了能在工件一次装夹中完成多个工步,以缩短辅助时间和减少多次安装工件所引起的误差，通常带有自动换刀系统。自动换刀系统由控制系统和自动换刀装置组成，本书只讨论自动换刀装置。本节按照数控机床的类型分别介绍数控车床刀架和加工中心刀库。

10.4.1 数控机床对自动换刀装置的基本要求

自动换刀系统是数控机床的重要组成部分。刀具夹持元件的结构特性及它机床主轴的连接方式，将直接影响机床的加工性能。刀库结构型式及刀具交换装置的工作方式，则会影响机床的换刀效率。自动换刀系统本身及相关结构的复杂程度，又会对整机的成本造价产生直接影响。数控机床对自动换刀装置的基本要求如下：

1）换刀时间短，以减少非加工时间。
2）减少换刀动作对加工范围的干扰。
3）刀具重复定位精度高。
4）识刀、选刀可靠，换刀动作简单可靠。
5）刀库刀具存储量合理。
6）刀库占地面积小，并能与主机配合，使机床外观协调美观。
7）刀具装卸、调整、维修方便，并能得到清洁的维护。

10.4.2 数控车床刀架

刀架是数控车床的重要功能部件，其结构主要取决于机床的类型、加工范围以及刀具的种类和数量。数控车床刀架主要有两种类型：回转刀架和排式刀架。

1. 回转刀架

目前国内数控回转刀架以电动为主，分为立式和卧式两种。立式刀架有四、六工位两种类型，主要用于简易数控车床；卧式刀架有八、十、十二等工位，可正、反方向旋转，就近选刀，用于全功能数控车床。另外卧式刀架还有液动刀架和伺服驱动刀架。

由于数控车床的加工精度在很大程度上取决于刀尖位置，而在加工过程中刀尖位置不能进行人工调整，因此回转刀架在结构上必须有良好的强度和刚度，以及合理的定位结构，以保证回转刀架在每一次转位之后具有尽可能高的重复定位精度。

图10-16a所示为CK7815型数控车床自动回转刀架结构图。该刀架可配置12位（A型或B型）和8位（C型）刀盘。回转刀架由驱动电动机作为动力源，端面齿盘定位。端面齿盘2与轴6固定在一起；端面齿盘3被固定在刀架箱体上。驱动电动机11尾部有电磁制动器。通过机械传动，自动实现刀盘的放松、转位、定位及夹紧等动作。其工作循环是：刀架接收数控装置的指令→松开→转到指令要求的位置→夹紧→发出转位结束的信号。按照这个规律就可以分析各种结构刀架的工作过程。换刀动作步骤如下：

（1）刀架松开　换刀开始后，电动机11通电，尾部的电磁制动器在30ms后松开，电动机开始转动，通过传动齿轮10、9、8带动蜗杆7、蜗轮5旋转。由于蜗轮5与轴6之间采用螺纹连接，因此，通过蜗轮5的旋转带动轴6沿轴向左移，使端面齿盘2和3脱开，刀架完成松开动作。

（2）刀架转位　由图10-16a可见，在轴6上开有两个对称槽，内装两个滑块4。另外蜗轮5的右侧固连圆环14，圆环左侧端面上有凸块。当端面齿盘脱开后，电动机继续带动蜗轮旋转，蜗轮转到一定角度时，与蜗轮固定的圆环14上的凸块便碰到滑块4，蜗轮便通过

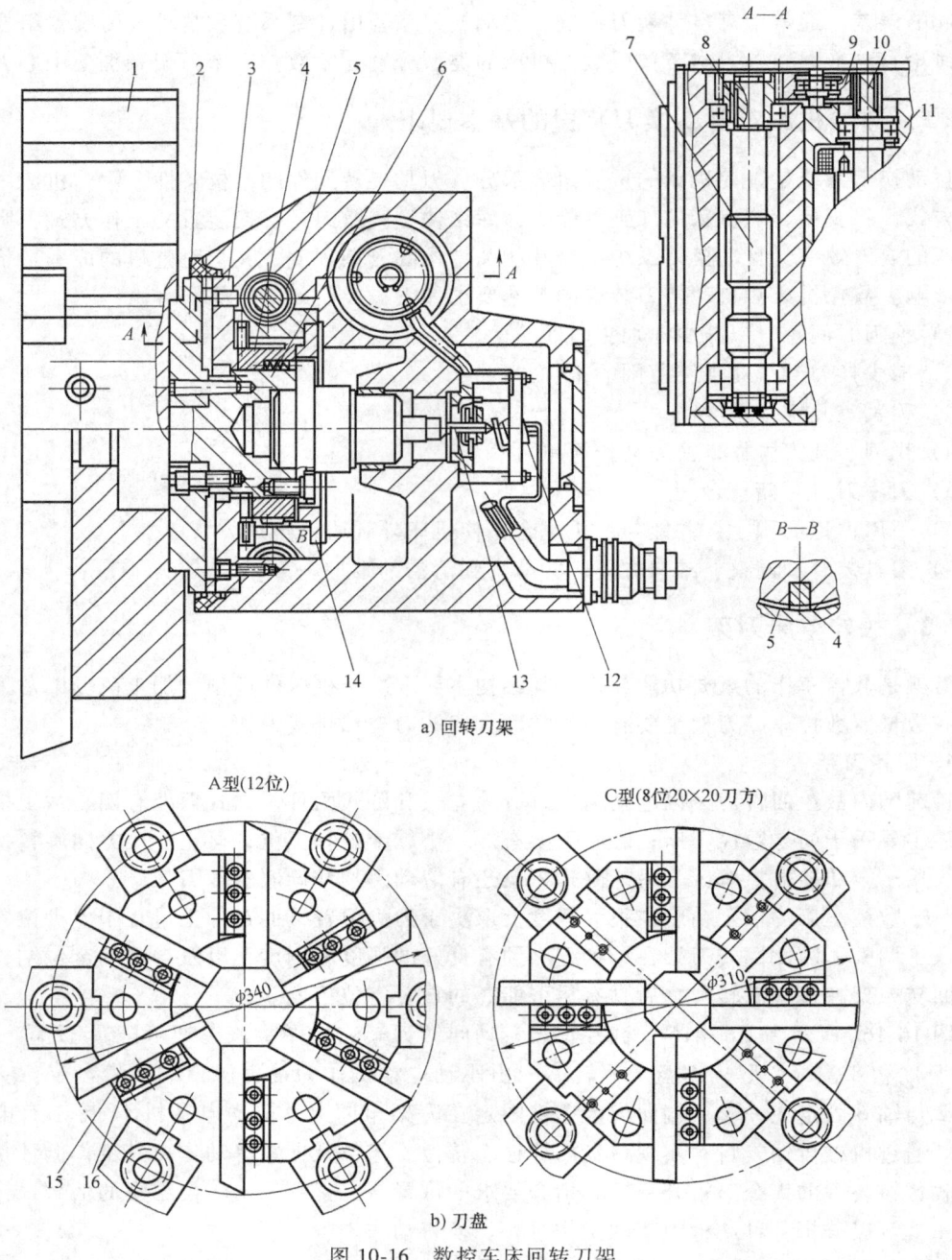

a) 回转刀架

A型(12位)　　　C型(8位20×20刀方)

b) 刀盘

图 10-16　数控车床回转刀架

1—刀架　2、3—端面齿盘　4—滑块　5—蜗轮　6—轴　7—蜗杆　8、9、10—传动齿轮
11—电动机　12—微动开关　13—小轴　14—圆环　15—压板　16—调节楔铁

圆环 14 上的凸块带动滑块，连同轴 6、刀盘一起进行旋转，刀架进行转位动作。

（3）刀架定位　当刀架转到要求的位置之后，驱动电动机 11 反转，这时圆环 14 上的凸块便与滑块 4 脱离，不再带动轴 6 转动。蜗轮通过螺纹带动轴 6 右移，端面齿盘 2 和 3 啮合定位，完成刀架定位动作。

(4) 刀架夹紧　刀架定位完成后，电动机的电磁制动器制动，保持电动机轴上的反转力矩，以保证鼠齿盘之间有一定的夹紧力。同时轴 6 右端的小轴 13 压下微动开关 12，发出转位结束信号，电动机断电，换刀动作结束。

刀具在刀盘上由压板 15 和调节楔铁 16（图 10-16b）进行夹紧，更换和对刀十分方便。

2. 排式刀架

排式刀架一般用于小规格数控车床，以加工棒料或盘类零件为主，其工作原理如图 10-17 所示。

夹持着各种不同用途刀具的刀夹沿着机床的 X 轴方向排列在横向滑板上。这种刀架在刀具布置和机床调整等方面都较为方便，可以根据具体工件的车削工艺要求，任意组合各种不同用途的刀具，一把刀具完成车削任务后，横向滑板只要按程序沿 X 轴移动预先设定的距离后，第二把刀就到达加工位置，这样就完成了机床的换刀动作。这种换刀方式迅速省时，有利于提高机床的生产率。图 10-18 所示为数控车床排式刀架使用实例。

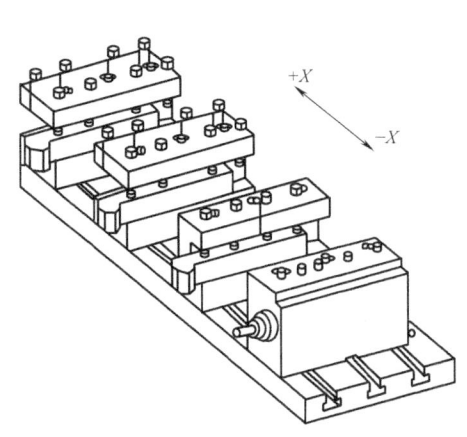

图 10-17　排式刀架工作原理

图 10-18　数控车床排式刀架使用实例

3. 车削中心的动力刀架

图 10-19a 为意大利 Baruffaldi 公司生产的适用于全功能数控车及车削中心的动力转塔刀架。刀盘上既可以安装各种非动力辅助刀夹（车刀夹、镗刀夹、弹簧夹头、莫氏刀柄），夹持刀具进行加工，还可以安装动力刀夹进行主动切削，配合主机完成车、铣、钻、镗等各种复杂工序，实现加工程序自动化、高效化。

图 10-19b 为该转塔刀架的传动示意图。刀架采用端齿盘作为分度定位元件，刀架转位由三相异步电动机驱动，电动机内部带有制动机构，刀位由二进制绝对编码器识别，并可双向转位和就近选刀。动力刀具由交流伺服电动机驱动，通过同步带、传动轴、传动齿轮、端面齿离合器将动力传递到动力刀夹，再通过刀夹内部的齿轮传动带动刀具回转，实现主动切削。

10.4.3　加工中心的自动换刀装置

加工中心有立式、卧式和龙门式等多种，其刀库及自动换刀方式更是多种多样。

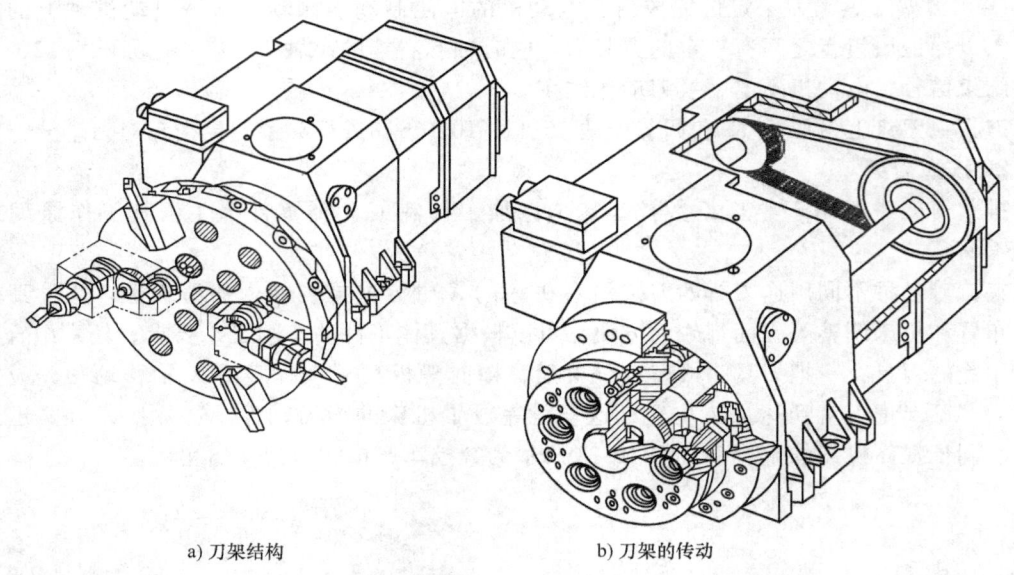

a) 刀架结构　　　　　　　　b) 刀架的传动

图 10-19　车削中心的动力刀架

1. 刀库类型与容量

(1) 刀库类型　刀库是用来储存加工刀具及辅助工具的,是自动换刀装置中最主要的部件之一。由于多数加工中心的取送刀具位置都是在刀库中某一固定刀位,因此刀库还需要有使刀具运动的机构来保证换刀的可靠性。刀库中刀具的定位机构是用来保证要更换的每一把刀具或刀套都能准确地停在换刀位置上。其控制部分可以采用简易位置控制器或类似半闭环进给系统的伺服位置控制器,也可以采用电气和机械相结合的销定位方式,一般要求其综合定位精度达到 0.1~0.5mm,即可采用电动机或液压系统为刀库转动提供动力。加工中心上目前最常见的刀库型式主要有鼓轮式刀库和链式刀库,并根据不同的机床可以采用多种布局型式,如图 10-20~图 10-22 所示。

1) 鼓轮式刀库。鼓轮式刀库又称为圆盘刀库,其中最常见的型式有刀具轴线与鼓轮轴线平行式 (图 10-20) 布局和刀具轴线与鼓轮轴线倾斜式 (图 10-21) 布局两种。

图 10-20a 所示的刀库因结构简单、紧凑,在中小型加工中心上应用较多。但因刀具为单环排列,空间利用率较低,而且刀具长度较长时,容易和工件、夹具发生干涉。另外,大容量的刀库外径比较大,转动惯量大,选刀时间长,因此这种刀库型式一般适用于刀库容量不超过 24 把的场合。

图 10-20b、c 分别为刀具轴线与鼓轮轴线平行的鼓轮式刀库在卧式及立式加工中心上的典型布局。在图 10-20c 中,刀库置于立式加工中心立柱的侧面,换刀时可以通过刀库的左右运动,结合主轴箱的上下运动或刀库的上下运动,实现与主轴直接进行刀具交换,不需要换刀机械手,使换刀结构简单、可靠。图 10-20b 则置于卧式主轴的机床顶部,刀库中的刀具安装不妨碍操作,并且通过主轴的上下运动,结合刀库的前后运动,即可实现换刀。同样也不需要机械手,就可以对主轴直接进行换刀。

图 10-20d 为刀库横向置于立式加工中心侧面的布局,允许使用长度较长的刀具,刀库

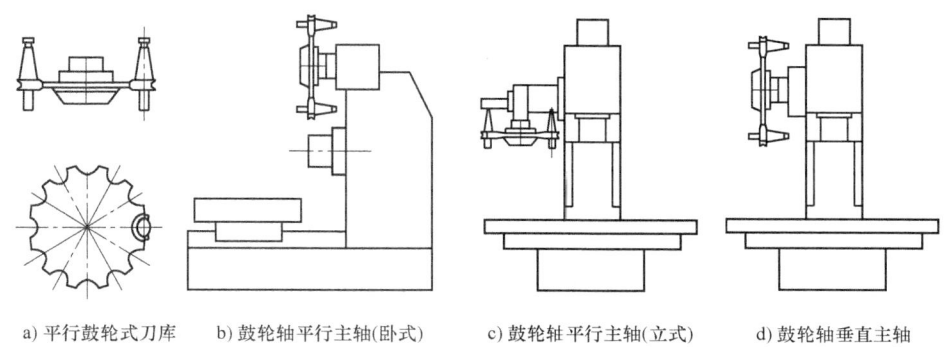

a) 平行鼓轮式刀库　　b) 鼓轮轴平行主轴(卧式)　　c) 鼓轮轴平行主轴(立式)　　d) 鼓轮轴垂直主轴

图 10-20　平行鼓轮式刀库布局型式

中的刀具安装也不妨碍操作，换刀速度也较快，但必须通过机械手进行换刀。

图 10-21 所示为刀具轴线与鼓轮轴线成一定角度的布局型式。这种结构在立式加工中心上（图 10-21b），一般都是以机床的 Z 轴作为动力，通过机械联动结构，由主轴箱的上下运动完成刀库的摆入、摆出动作，并实现自动换刀，因此换刀速度极快。但可以安装的刀具数量较少，刀具尺寸不宜过大，刀具的安装也不方便，在小型高速钻削中心上使用较多。

图 10-21c 是这种结构采用卧式布局的情况，刀具交换动作类似于数控车床回转刀架动作，通过刀库的抬起、回转、落下、夹紧进行换刀。但由于布局的限制，刀具数量不宜过多，因此常被做成通用部件的型式，多用于数控组合机床。

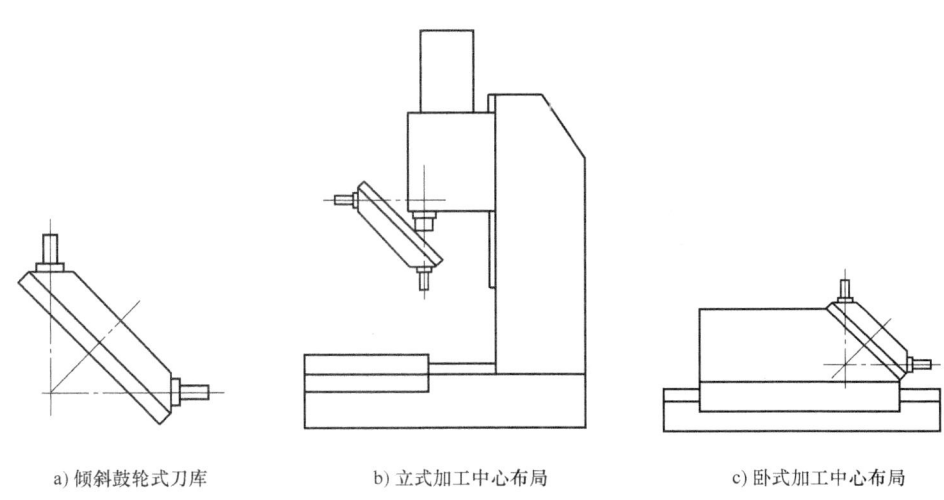

a) 倾斜鼓轮式刀库　　b) 立式加工中心布局　　c) 卧式加工中心布局

图 10-21　倾斜鼓轮式刀库布局型式

2）链式刀库。链式刀库的优点是结构紧凑、布局灵活、刀库容量大，可以实现刀具的"预选"，换刀时间短。但刀库一般都需要独立安装于机床侧面（图 10-22c）或顶部（图 10-22b），占地面积通常较大。另外，由于通常情况为刀具轴线和主轴轴线垂直，因此，换刀必须通过机械手进行，机械结构比鼓轮式刀库复杂。

刀库链环既要考虑机床的整体布局，又要考虑利于换刀机构的工作，在刀库容量较大时，可采用 U 形布置（图 10-22d、e）或多环链式刀库布置，使其外形更紧凑，占用空间更小。在增加刀库容量时，这种结构型式可以通过增加链条长度来实现。由于它并不增加链轮直径，故链轮的圆周速度不增加，因此，在刀库容量增加时，刀库的运动惯量不会增加太多。

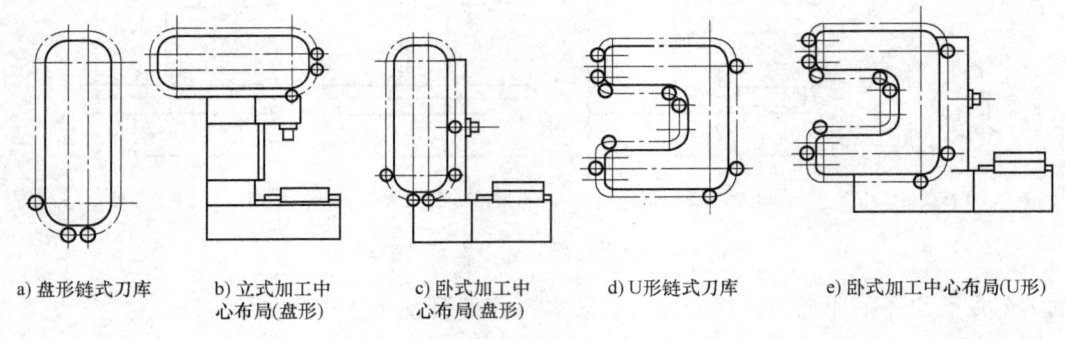

a) 盘形链式刀库　　b) 立式加工中　　c) 卧式加工中　　d) U形链式刀库　　e) 卧式加工中心布局(U形)
　　　　　　　　心布局(盘形)　　　心布局(盘形)

图 10-22　链式刀库

除以上两种最常见的刀库型式外，在不同机床上，还有多种刀库布局型式。

（2）刀库容量　刀库中的刀具并不是越多越好，太大的容量会增加刀库的尺寸和占地面积，使选刀过程时间增长。刀库的容量首先要考虑加工工艺的需要。根据对以钻、铣为主的立式加工中心所需刀具数的统计，绘制出图 10-23 所示的曲线。该曲线表明，用 10 把孔加工刀具可完成 70% 的钻削工艺，4 把铣刀可完成 90% 的铣削工艺，据此可以看出用 14 把刀具就可以完成 70% 以上的钻铣加工。若是从完成对被加工工件的全部工序考虑进行统计，得到的结果是大部分（超过 80%）的工件完成全部加工过程有 40 把刀具就够了。因此，刀库的容量一般为 10~40 把。

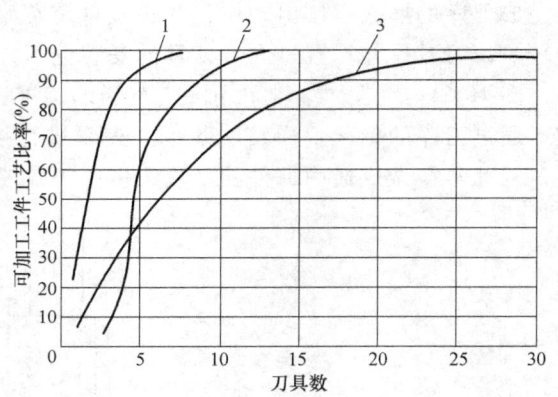

图 10-23　加工工件与刀具数的关系
1—铣削　2—车削　3—钻削

2. 带刀库的自动换刀方式

带刀库的自动换刀装置由刀库和换刀机构组成，目前这种换刀方法在数控机床上的应用最为广泛。刀库可以存放数量很多的刀具，可进行复杂零件的多工序加工，可明显提高数控机床的适应性和加工效率。这种带刀库的自动换刀装置特别适用于数控钻床、加工中心等机床。

带刀库的自动换刀装置换刀过程较为复杂，首先应把加工过程中需要使用的全部刀具分别安装在标准刀柄上，在机外进行尺寸调整之后，按一定的方式放入刀库，换刀时按刀具编号在刀库中进行选刀，并由刀具交换装置从刀库和主轴上取出刀具进行交换，将新刀装入主轴，把从主轴上取下的旧刀具放回刀库。存放刀具的刀库有较大的容量，刀库可安放在主轴箱的侧面或上方，也可单独安装在机床以外作为一个独立部件，由搬运装置运送刀具。这种换刀方式的整个工作过程动作较多，换刀时间较长，并且使系统变得更为复杂，降低了工作可靠性。

在带刀库的自动换刀装置中，为了传递刀库与机床主轴之间的刀具并实现刀具装卸的装置称为刀具的交换装置。刀具的交换方式通常分为两种：由机械手交换刀具和由刀库与机床主轴的相对运动实现刀具交换即无机械手交换刀具。刀具的交换方式及它们的具体结构直接影响机床的工作效率和可靠性。

（1）无机械手交换刀具方式　无机械手的自动换刀装置一般是采用把刀库放在主轴箱可以运动到达的位置，或整个刀库或某一刀位能移动到主轴箱可以到达的位置，同时，刀库中刀具的存放方向一般与主轴上的装刀方向一致。换刀时，由主轴运动到刀库上的换刀位置，利用主轴直接取走或放回刀具。图 10-24 是一种卧式加工中心无机械手自动换刀装置的换刀过程。

图 10-24a 为主轴准停定位，主轴箱上升。

图 10-24b 为当主轴箱上升到顶部换刀位置时，刀具进入刀库交换位置的空刀位并被刀库上的固定钩固定，主轴上的刀具自动夹紧装置松开。

图 10-24c 为刀库前移，从主轴孔中将需要更换的刀具拔出。

图 10-24d 为刀库转位，根据程序指令将下一工步加工所需要的刀具转到换刀的位置，同时主轴孔的清洁装置将主轴上的刀具孔清扫干净。

图 10-24e 为刀库后退并将所选用的刀具插入主轴孔内，主轴上的刀具自动夹紧装置将刀具夹紧。

图 10-24f 为主轴箱下降回落到工作位置，准备进行加工。

无机械手自动换刀装置的优点是结构简单，成本低，换刀的可靠性较高。缺点是换刀时间长，刀库因结构所限容量不多。这种自动换刀装置多为中、小型加工中心采用。

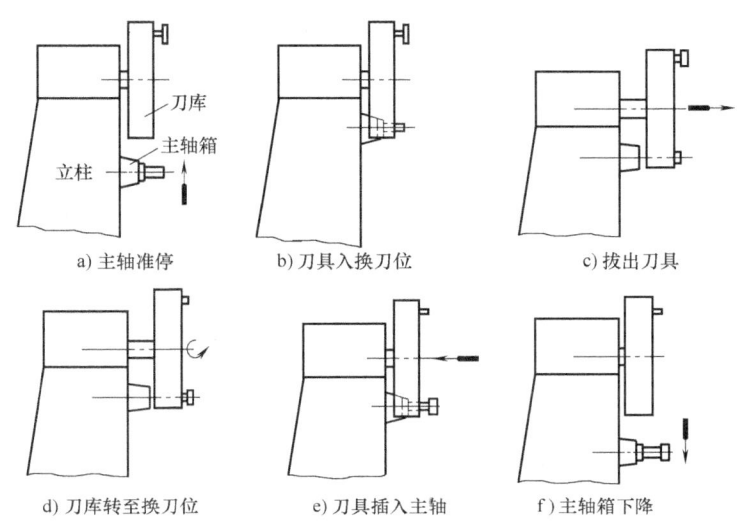

图 10-24　无机械手换刀过程

（2）机械手交换刀具方式　采用机械手进行刀具交换的方式应用得最为广泛，这是因为机械手换刀有很大的灵活性，而且可以减少换刀时间。机械手的结构型式是多种多样的，因此换刀运动也有所不同。下面以卧式镗铣加工中心为例说明采用机械手换刀的工作原理。

该机床采用的是链式刀库，位于机床立柱左侧。由于刀库中刀具的轴线与主轴的轴线垂直，故机械手需要三个自由度。机械手沿主轴轴线的插拔刀具动作，由液压缸实现；绕水平轴（其轴线既与刀库中刀具轴线垂直，又与主轴轴线垂直）摆动90°完成刀库与主轴间刀具的传送，由液压马达实现；绕竖直轴（其轴线与主轴轴线平行）旋转180°完成刀库与主轴上刀具交换的动作，也由液压马达实现。其机械手换刀过程如图10-25所示。

图10-25a为抓刀爪伸出，抓住刀库上的待换刀具，刀库刀座上的锁板拉开。

图10-25b为机械手带着待换刀具绕水平轴沿逆时针方向转90°，与主轴轴线平行，另一个抓刀爪抓住主轴上的刀具，主轴将刀杆松开。

图10-25c为机械手下移，将刀具从主轴锥孔内拔出。

图10-25d为机械手绕自身竖直轴转180°，将两把刀具交换位置。

图10-25e为机械手上移，将新刀具装入主轴，主轴将刀具锁住。

图10-25f为抓刀爪缩回，松开主轴上刀具。机械手绕竖直轴沿顺时针方向转90°，将刀具放回刀库的相应刀座上，刀库刀座上的锁板合上。

最后，抓刀爪缩回，松开刀库上的刀具，恢复到原始位置。

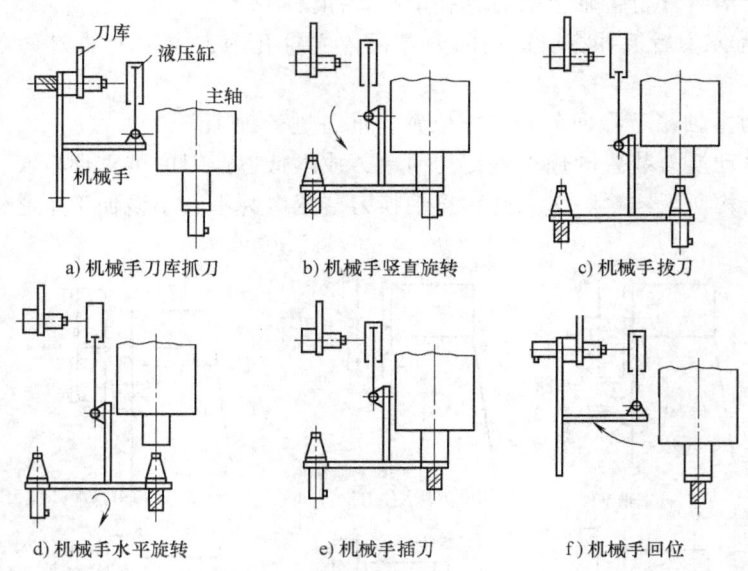

图10-25 机械手换刀过程

10.5 数控机床的回转工作台

为了扩大数控机床的加工范围，提高生产率，数控机床除了沿坐标轴 X、Y、Z 三个方向的直线进给运动之外，常常还需要有绕 X、Y、Z 三个基本坐标轴回转的圆周运动，通常为 A、B、C 轴。数控机床靠回转工作台实现圆周运动，常用的回转工作台有分度工作台和数控回转工作台，它们的功能各不相同。分度工作台只是将工件分度转位，实现分别加工工件的各个表面的目的，给零件的加工尤其是箱体类零件的加工带来了很大的方便，分度属于辅助运动。而数控回转工作台除了分度和转位的功能之外，还能实现圆周进给运动。对于回转工作台应该满足分辨率小，定位精度高，运动平稳，动作迅速，转台刚性好的基本要求。分度工作台的外形和数控回转工作台没有多大差别，但在结构上则具有各自的特点。

10.5.1 分度工作台

分度工作台的功能是完成回转分度运动，即在需要分度时，将工作台连同工件回转一定角度。其作用是在加工中自动完成工件的转位换面，实现工件一次安装完成几个面的加工。由于结构原因，通常分度工作台的分度运动只限于某些规定的角度，不能实现 0°~360° 范围内任意角度的分度。

为了保证加工精度，分度工作台的定位精度（定心和分度）要求很高。实现工作台转位的机构很难达到分度精度的要求，所以要有专门的定位元件来保证。按照采用的定位元件不同，又分为鼠齿盘式分度工作台和定位销式分度工作台。

1. 鼠齿盘式分度工作台

鼠齿盘式分度工作台主要由工作台面底座、夹紧液压缸、分度液压缸和鼠齿盘等零件组成，其结构如图 10-26 所示。鼠齿盘是保证分度精度的关键零件，在每个齿盘的端面有数目相同的三角形齿。当两个齿盘啮合时，能自动确定周向和径向的相对位置。

机床需要进行分度工作时，数控装置发出指令，电磁铁控制液压阀（图 10-26 中未示出），使压力油经管道 23 进入位于工作台 7 中央的升降液压缸下腔 10 推动活塞 6 向上移动，经推力轴承 5 和 13 将工作台 7 抬起，上鼠齿盘 4 和下鼠齿盘 3 脱离啮合，与此同时，在工作台 7 向上移动过程中带动齿圈 12 上移并与齿轮 11 啮合，完成分度前的准备工作。

当工作台 7 上升时，推杆 2 在弹簧力的作用下向上移动使推杆 1 能在弹簧作用下向右移动，离开微动开关 S_2，使 S_2 复位，控制电磁阀（图 10-26 中未示出）使压力油经管道 21 进入分度液压缸左腔 19，推动齿条活塞 8 向右移动，带动与齿条相啮合的齿轮 11 沿逆时针方向转动。由于齿轮 11 已经与齿圈 12 相啮合，分度工作台也将随着转过相应的角度。回转角度的近似值将由微动开关和挡块 17 控制，开始回转时，挡块 14 离开推杆 15 使微动开关 S_1 复位，通过电路互锁，始终保持工作台处于上升位置。

当工作台转到预定位置附近时，挡块 17 通过推杆 16 使微动开关 S_3 工作，控制电磁阀开启使压力油经管道 22 进入升降液压缸上腔 9。活塞 6 带动工作台 7 下降，上鼠齿盘 4 与下鼠齿盘 3 在新的位置重新啮合，并定位压紧。升降液压缸下腔 10 的回油经节流阀可限制工作台的下降速度，保护齿面不受冲击。

当分度工作台下降时，通过推杆 2 及 1 的作用启动微动开关 S_2，压力油通过管道 20 进入分度液压缸右腔 18，齿条活塞 8 退回。齿轮 11 沿顺时针方向转动时带动挡块 17 及 14 回到原处，为下一次分度工作做准备。此时齿圈 12 已与齿轮 11 脱开，工作台保持静止状态。

鼠齿盘式分度工作台的优点是定位刚度好，重复定位精度高，分度精度可达 ±(0.5″~3″)，结构简单。缺点是鼠齿盘制造精度要求很高，且不能分度任意角度，它只能分度能除尽鼠齿盘齿数的角度。这种工作台不仅可与数控机床做成一体，也可作为附件使用，被广泛应用于各种加工和测量装置中。

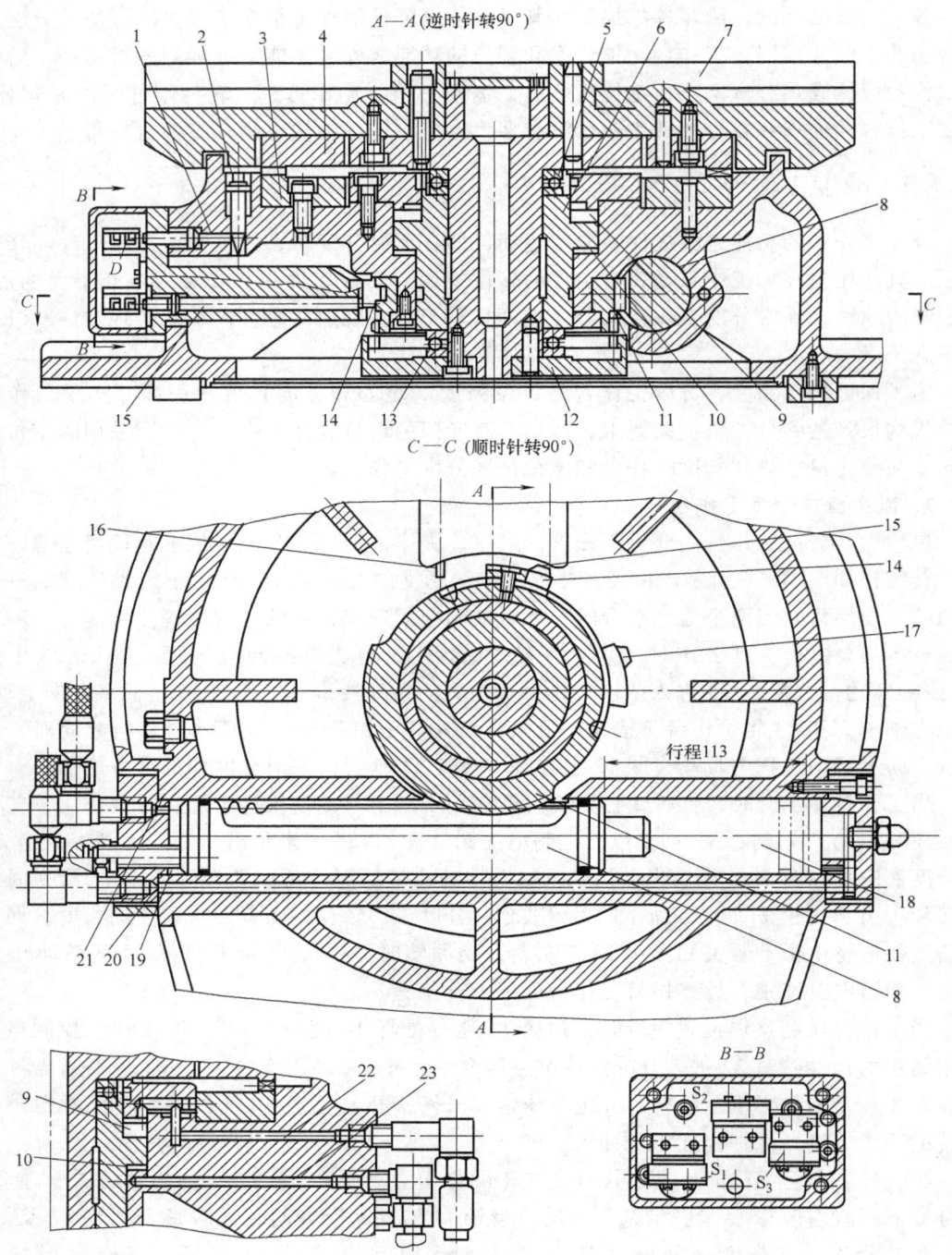

图 10-26 鼠齿盘式分度工作台

1、2、15、16—推杆 3—下鼠齿盘 4—上鼠齿盘 5、13—推力轴承 6—活塞 7—工作台 8—齿条活塞 9—升降液压缸上腔 10—升降液压缸下腔 11—齿轮 12—齿圈 14、17—挡块 18—分度液压缸右腔 19—分度液压缸左腔 20、21—分度液压缸进油管道 22、23—升降液压缸进油管道

S_1、S_2、S_3—微动开关

2. 定位销式分度工作台

定位销式分度工作台采用定位销和定位孔作为定位元件，定位精度取决于定位销和定位孔的精度（位置精度、配合间隙等），最高可达±5″。因此，定位销和定位孔衬套的制造和装配精度要求都很高，硬度的要求也很高，而且耐磨性要好。

图 10-27 所示是自动换刀数控卧式镗铣床的定位销式分度工作台。分度工作台 1 位于长方形工作台 10 的中间，在不单独使用分度工作台 1 时，两个工作台可以作为一个整体工作台来使用。在分度工作台 1 的底部均匀分布着八个削边圆柱定位销 7，在工作台上底座 21 上置有一个定位孔衬套 6 以及供定位销移动的环形槽。其中只能有一个定位销 7 进入定位孔衬套 6 中，其余七个定位销则都在环形槽中。因为八个定位销在圆周上均匀分布，之间间隔为 45°，因此工作台只能做二、四、八等分的分度运动。

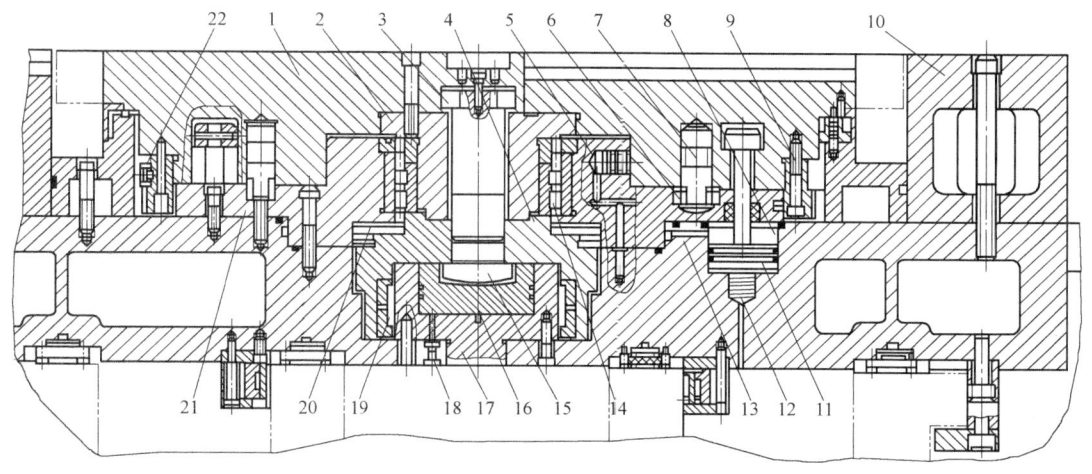

图 10-27 定位销式分度工作台

1—分度工作台 2—锥套 3—螺钉 4—支座 5—消隙液压缸 6—定位孔衬套 7—定位销 8—锁紧液压缸
9—大齿轮 10—长方形工作台 11—锁紧缸活塞 12—弹簧 13—下底座 14、19、20—轴承
15—螺栓 16—活塞 17—中央液压缸 18—油管 21—上底座 22—挡块

分度时，数控装置发出指令，由电磁阀控制下底座 13 上的六个沿圆周均匀分布的锁紧液压缸 8 中的压力油经环形槽流向油箱，锁紧缸活塞 11 被弹簧 12 顶起，分度工作台 1 处于松开状态。与此同时，消隙液压缸 5 卸荷，压力油经油管 18 流入中央液压缸 17，使活塞 16 上升，并通过螺栓 15 由支座 4 将推力轴承 20 向上抬起，顶在上底座 21 上，通过螺钉 3、锥套 2 使分度工作台 1 抬起。固定在工作台面上的定位销 7 从定位孔衬套 6 中拔出，做好分度前的准备工作。

分度工作台 1 抬起之后，数控装置发出指令使液压马达转动，驱动两对减速齿轮（图 10-27 中未示出），带动固定在分度工作台 1 下面的大齿轮 9 回转，进行分度。在大齿轮 9 上每 45°间隔设置一挡块 22。分度时，工作台先快速回转，当定位销即将进入规定位置时，挡块碰撞第一个限位开关，发出信号使工作台减速，当挡块碰撞第二个限位开关时，工作台停止转动，此刻相应的定位销 7 正好对准定位孔衬套 6。分度工作台的回转速度由液压马达和液压系统中的单向节流阀来调节。

完成分度后,数控装置发出信号使中央液压缸 17 卸荷,分度工作台 1 靠自重下降。相应的定位销 7 插入定位孔衬套 6 中,完成定位工作。定位完毕后消隙液压缸 5 通入压力油,活塞向前顶住分度工作台 1 消除径向间隙。然后使锁紧液压缸 8 的上腔通入压力油,推动锁紧缸活塞 11 下降,通过活塞杆上的 T 形头压紧工作台。至此分度工作全部完成,机床可以进行下一工位的加工。

工作台的回转轴支承是滚针轴承 19 和径向有 1∶12 锥度的加长型圆锥孔双列圆柱滚子轴承 14。轴承 19 装在支座 4 内,能随支座 4 做上升或下降移动。当工作台抬起时,支座 4 所受推力的一部分由推力轴承 20 承受,这就有效地减少了分度工作台回转时的摩擦力矩,使转动更加灵活。轴承 14 内环由螺钉 3 固定在支座 4 上,并可以带着滚柱在加长的外环内做 15mm 的轴向移动,当工作台回转时它就是回转中心。

10.5.2 数控回转工作台

数控机床的回转工作台不但能完成分度运动,而且能进行连续圆周进给运动。数控回转工作台可以按照数控系统的指令,进行连续回转,回转速度是无级、连续可调的。同时,它也能实现任意角度的分度定位。因此,它与直线运动轴在控制上是相同的,也必须采用伺服电动机驱动。

回转工作台从安装型式上可以分为立式和卧式两种。立式回转工作台用于卧式数控机床,台面为水平安装,其回转直径通常都比较大。卧式回转工作台用于立式数控机床,台面为垂直安装,由于受机床结构的限制,其回转直径通常都比较小,一般都不超过 $\phi500mm$。

图 10-28 所示是一种比较典型的立式数控回转工作台,它由传动系统、消除间隙机构、蜗轮蜗杆副、夹紧机构等部分组成。其工作原理如下:

当数控工作台接到数控系统的指令后,首先把蜗轮松开,然后起动伺服电动机,电动机按指令脉冲来确定工作台的回转方向、回转速度及回转角度大小等参数。实现回转轴的进给运动或分度运动。

工作台的运动由驱动电动机 1 驱动,经齿轮 2 和 4 带动蜗杆 9,通过蜗轮 10 使工作台回转。为了尽量消除传动间隙和反向间隙,齿轮 2 和齿轮 4 相啮合的侧隙,是靠调整偏心套 3 来消除。齿轮 4 与蜗杆 9 是靠楔形拉紧圆柱销 5（A—A 剖面）来连接,这种连接方式能消除轴与套的配合间隙。为了消除蜗杆副的传动间隙,采用了双螺距渐厚蜗杆,通过移动蜗杆的轴向位置来调整间隙。这种蜗杆的左右两侧面具有不同的螺距,因此蜗杆齿厚从一端向另一端逐渐增厚。但由于同一侧的螺距是相同的,所以仍然保持着正常的啮合。调整时先松开螺母 8 上的锁紧螺钉 7,使压块 6 与调整套 11 松开,同时将楔形拉紧圆柱销 5 松开。然后转动调整套 11,带动蜗杆 9 做轴向移动。蜗杆有 10mm 的轴向移动调整量,这时蜗杆副的侧隙可调整 0.2mm。调整后锁紧调整套 11 和楔形拉紧圆柱销 5。蜗杆的左右两端都由双列滚针轴承支承。左端为自由端可以伸长以消除温度变化的影响;右端装有双列推力轴承,能轴向定位。

当工作台静止时必须处于锁紧状态。工作台面用沿其圆周方向分布的八个夹紧液压缸进行夹紧。当工作台不回转时,夹紧液压缸 14 的上腔进压力油,使活塞 15 向下运动,通过钢球 17、夹紧瓦 13 及 12 将蜗轮 10 夹紧。当工作台需要回转时,数控系统发出指令,使夹紧液压缸 14 上腔的油流回油箱,在弹簧 16 的作用下,钢球 17 抬起,夹紧瓦 12 及 13 松开蜗轮,然后由驱动电动机 1 通过传动装置,使蜗轮和回转工作台按照控制系统的指令做回转运动。

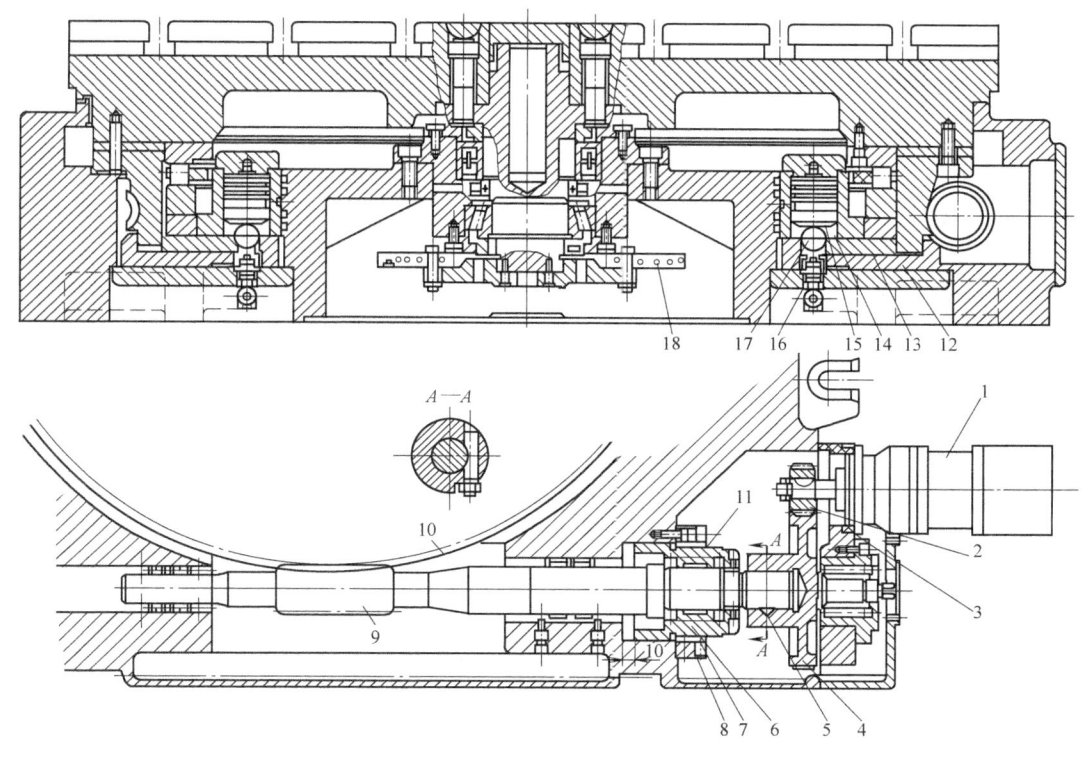

图 10-28 立式数控回转工作台
1—驱动电动机 2、4—齿轮 3—偏心套 5—楔形拉紧圆柱销 6—压块 7—锁紧螺钉 8—螺母
9—蜗杆 10—蜗轮 11—调整套 12、13—夹紧瓦 14—夹紧液压缸 15—活塞
16—弹簧 17—钢球 18—位置检测装置

本章小结

本章主要介绍了数控机床的典型机械结构,包括数控机床机械结构的组成、特点及要求;数控车床、加工中心、高速数控机床、并联运动机床的整体布局;数控机床广泛采用的塑料滑动导轨、滚动导轨、静压导轨的结构;数控机床的自动换刀装置及刀库结构、自动换刀实例;数控机床的分度工作台、数控回转工作台的传动及结构。

练习题

10-1 数控机床机械结构的主要组成部分及特点是什么?

10-2 数控车床比普通车床在床身布局上有什么不同?为什么采用这种布局型式?

10-3 数控镗铣床及加工中心常见布局有几种型式?各自有什么特点?

10-4 什么是"箱中箱"结构？高速加工机床为什么要采用"箱中箱"结构？

10-5 什么是并联机床（或虚拟轴机床）？其结构特点是什么？与传统机床相比具有哪些主要优点？

10-6 导轨的功能有哪些？

10-7 数控机床对导轨的基本要求是什么？数控机床的导轨主要有哪几种？它们各有什么特点？

10-8 数控机床采用的滑动导轨与普通机床采用的滑动导轨有什么不同？为什么采用塑料导轨？

10-9 滚动导轨具有哪些优点？

10-10 数控机床对自动换刀装置的基本要求是什么？自动换刀装置根据其组成结构有哪几种类型？

10-11 数控车床的回转刀架是如何实现自动换刀的？

10-12 试述JCS-018A型加工中心的换刀过程、刀库及机械手结构。

10-13 数控机床常用的工作台有哪几类？它们有何区别？

10-14 鼠齿盘式分度工作台保证分度精度的关键零件是什么？其工作原理及功用是什么？

10-15 定位销式分度工作台保证分度精度的关键零件是什么？其工作原理及功用是什么？

10-16 数控回转工作台是如何将旋转部件实现夹紧的？

参 考 文 献

[1] 黄新燕. 机床数控技术及编程 [M]. 北京：人民邮电出版社，2015.
[2] 张建成，方新. 数控机床与编程 [M]. 2版. 北京：高等教育出版社，2013.
[3] 于涛，范云霄. 数字控制技术与数控机床 [M]. 北京：中国计量出版社，2004.
[4] 程俊兰，赵先仲. 数控加工工艺与编程 [M]. 2版. 北京：电子工业出版社，2015.
[5] 胡占齐，杨莉. 机床数控技术 [M]. 3版. 北京：机械工业出版社，2014.
[6] 田坤，聂广华，陈新亚，等. 数控机床编程、操作与加工实训 [M]. 2版. 北京：电子工业出版社，2015.
[7] 斯密德. 数控编程手册 [M]. 罗学科，陈勇钢，张从鹏，等译. 3版. 北京：化学工业出版社，2012.
[8] 余英良. 数控加工编程及操作 [M]. 北京：高等教育出版社，2007.
[9] 韩加好. 数控编程与操作技术 [M]. 北京：冶金工业出版社，2008.
[10] 魏杰. 数控机床编程加工技术 [M]. 成都：电子科技大学出版社，2007.
[11] 雷保珍. 数控加工工艺与编程 [M]. 北京：中国林业出版社，2006.
[12] 赵长明，刘万菊. 数控加工工艺及设备 [M]. 2版. 北京：高等教育出版社，2015.
[13] 全国数控培训网络天津分中心. 数控编程 [M]. 3版. 北京：机械工业出版社，2012.
[14] 李善术. 数控机床及其应用 [M]. 2版. 北京：机械工业出版社，2012.
[15] 张曙，Heisel U. 并联运动机床 [M]. 北京：机械工业出版社，2003.
[16] 张伯霖. 高速切削技术及应用 [M]. 北京：机械工业出版社，2003.
[17] 申晓龙. 数控加工技术 [M]. 北京：冶金工业出版社，2012.
[18] 仲兴国. 数控机床与编程 [M]. 2版. 沈阳：东北大学出版社，2011.
[19] 张德荣. 数控车床/加工中心工艺编程与加工 [M]. 武汉：华中科技大学出版社，2011.
[20] 田宏宇. 数控技术 [M]. 北京：科学出版社，2008.
[21] 全国数控培训网络天津分中心. 数控原理 [M]. 3版. 北京：机械工业出版社，2012.
[22] 罗学科，谢富春，王莉. 数控原理与数控机床 [M]. 2版. 北京：化学工业出版社，2008.
[23] 董玉红. 数控技术 [M]. 北京：高等教育出版社，2004.
[24] 王永章，杜君文，程国全. 数控技术 [M]. 北京：高等教育出版社，2001.
[25] 陈子银. 数控机床结构、原理与应用 [M]. 2版. 北京：北京理工大学出版社，2009.
[26] 全国数控培训网络天津分中心. 数控机床 [M]. 3版. 北京：机械工业出版社，2012.
[27] 文怀兴，夏田. 数控机床系统设计 [M]. 2版. 北京：化学工业出版社，2011.
[28] 夏凤芳. 数控机床 [M]. 北京：高等教育出版社，2005.
[29] 韩鸿鸾，荣维芝. 数控机床的结构与维修 [M]. 北京：机械工业出版社，2005.
[30] 武文革，辛志杰，成云平，等. 现代数控机床 [M]. 3版. 北京：国防工业出版社，2016.